Handbuch gesundes Bauen und Wohnen
Von Asbest bis Zentralheizung

Von Manfred Fritsch

Deutscher
Taschenbuch
Verlag

dtv

Originalausgabe
Dezember 1996

Umschlaggestaltung: Klaus Meyer, Costanza Puglisi
Gesetzt aus der Times 9/10'
Gesamtherstellung: C. H. Beck'sche Buchdruckerei, Nördlingen
Gedruckt auf säurefreiem, chlorfrei gebleichtem Papier
Printed in Germany · ISBN 3-423-36010-0

Wer sich in seinem Wohnbereich rundum wohl fühlen will, der muß über schädliche Wohngifte und gesunde Alternativen Bescheid wissen. In einem neuen Haus oder einer renovierten Wohnung können bis zu 70 000 verschiedene chemische Verbindungen auftreten, viele davon sind hochgradig gesundheitsschädlich. Ob Formaldehyd in der Einbauküche, Lindan und Arsen im Holzschutzmittel, freiwerdende Mikrofasern in Dämmstoffen, Radioaktivität in Fliesen – in Häusern und Wohnungen stecken unzählige Gefahrenquellen für die Gesundheit. Aber nur wenige, die bauen oder renovieren wollen, wissen, was sie selbst gegen Wohngifte tun können. In diesem Handbuch vergibt Manfred Fritsch baubiologische Wertungen der verschiedenen Materialien und Verfahren und liefert ganz konkrete Alternativvorschläge zu Asbest & Co. Über gesundheitlich unbedenkliche Baustoffe kann man sich hier ebenso informieren wie über giftfreie Beleuchtung, umweltschonende Heizung, die richtige Trinkwasseraufbereitung oder die Abschirmung gegen elektromagnetische Wechselfelder. Das übersichtliche, engagiert geschriebene Handbuch liefert von A bis Z Informationen über gesundes Wohnen.

Manfred Fritsch, geb. 1946, arbeitet als freier Architekt. Er ist Initiator des Arbeitskreises zur Förderung des giftfreien und gesunden Wohnens und Gründer des privaten Instituts für baubiologische Anwendungen in Fellbach bei Stuttgart.

Inhalt

Einleitung

Zur Baubiologie gehört eine ganzheitliche Betrachtung des Lebens. Gesund bauen und wohnen kann man nur, wenn man sich von einseitigen Detailbetrachtungen löst und komplexe Zusammenhänge berücksichtigt. Ein Architekt alleine kann keine gesunden und giftfreien Wohnungen und Häuser erstellen. Er muß fachübergreifend mit Psychologen, Geologen, Medizinern, Physikern, Chemikern, Ökologen und Soziologen zusammenarbeiten. Nur gemeinsam können sie in einer interdisziplinären Runde abwägen, welcher Bauplatz, welche Bauart, welche Baustoffe und welche Innenausbaumaterialien für den Menschen ungiftig und nicht störend, also neutral und gesundheitserhaltend sind, und ihm Geborgenheit und Wärme geben.

Da der Begriff Baubiologie in den letzten Jahren immer mehr zweckentfremdet für Geschäftemacherei bis hin zum Geschäft mit der Angst verwendet wird, sollte man differenzieren und biologische Grundsätze für ein gesundes und giftfreies Leben und Wohnen als »Wohn- und Lebensbiologie« bezeichnen.

Mit Hilfe der modernen Technik entfernen wir uns immer mehr von einer natürlichen, gesunden Bauweise. Wir greifen gewaltsam in die Natur ein und belasten durch die Verwendung giftiger Materialien die Umwelt – und natürlich uns selbst – erheblich. Das Ziel der Wohn- und Lebensbiologie ist es, die Entfremdung des Menschen vom natürlichen Maß aller Dinge zu beenden und Häuser und Wohnungen frei von toxischen Chemikalien nach ökologischen Gesichtspunkten zu gestalten. Das oberste Gesetz ist dabei der harmonische Einklang mit der Natur. Nicht der Mensch darf bei der Planung als Maßstab im Zentrum des Geschehens stehen, sondern einzig und allein die Natur. Erst wenn das Haus umweltschonend mit natürlichen und unbelasteten Materialien ganzheitlich der Umgebung angepaßt ist, soll der Mensch den Mittelpunkt des Hauses bilden. Ausbaumaterialien, Farben, Möbel und Wandbekleidungen sollen die Bewohner seelisch, geistig und körperlich positiv beeinflussen. Der Mensch muß Ruhe, Erholung und Entspannung in ungiftigen und störungsfreien Räumen finden. Eigentlich ist dieses Ziel der Wohn- und Lebensbiologie vom Ansatz her sehr einfach. Da aber die meisten Innenausbaumaterialien heute künstlich entweder in der Chlor- oder Petrochemie hergestellt werden, ist es immer schwieriger, dieses Ziel zu verwirklichen; man mißachtet dabei seit Jahrmillionen bestehende Naturgesetze.

Kleine Ansätze zum Denken mit der Natur gehen bereits von einigen Verbänden, Initiativen, Universitäten und Instituten dieser Erde aus. In Amerika werden die ersten Umweltmediziner ausgebildet, in Europa gibt es einige wenige Lehrdisziplinen, die den schonenden Umgang mit Naturressourcen vermitteln. Erste, allerdings sehr kleine Zeichen sind erkennbar, daß Biologen und Mediziner an der Neuentwicklung bestimmter künstlich hergestellter Baumaterialien teilhaben, um von vornherein gesundheitliche und ökologische Risiken auszuschalten. Bis heute und sicher auch noch bis weit in das nächste Jahrtausend hinein wird aber blind Neues entwickelt und in Häuser eingebaut.

Aufgrund der unkontrollierten Entwicklung der künstlichen Baustoffe, die in der Regel keiner Gesundheitsverträglichkeitsprüfung unterzogen werden, entstehen immer mehr »Hauskrankheiten«. Die Menschen werden krank, weil die künstlichen Baumaterialien und Einrichtungsgegenstände oft hochgiftige Substanzen abgeben. Über 30 000 unterschiedliche Krankheitsbilder werden in der modernen Medizin heute schon gezählt, und täglich werden es mehr. Schulmediziner sind schon lange nicht mehr in der Lage, richtige Diagnosen zu stellen oder gar die Ursachen zu finden. Die Menschen sind heute viel häufiger krank als z. B. vor 30 Jahren. So stieg in den letzten drei Jahrzehnten in Deutschland die Zahl der Krankenhausfälle um sechs Millionen.

In der Medizin und bei vielen Kosmetikartikeln werden bei der Entwicklung oft jahrelange Versuche durchgeführt, um mögliche schädigende Wirkungen frühzeitig zu erkennen. Bei

Baustoffen gibt es so etwas nicht. Vor allem Langzeitstudien auf mögliche Gesundheitsschädigungen sind unüblich, so daß im Bereich des Bauens und Renovierens wir Menschen immer noch die Versuchskaninchen für jedes neue künstlich hergestellte Material sind.

In einem neuen Haus oder in einer frisch renovierten Wohnung kann es bis zu 70 000 verschiedene chemische Verbindungen geben. Die Zahl der neuen chemischen Verbindungen hat sich in den letzten 30 Jahren mehr als verdreißigfacht. Die meisten chemischen Zusammensetzungen von Farben, Klebern, Teppichen und Spachtelmassen sind Betriebsgeheimnisse der Herstellerfirmen, so daß sie bei Messungen nicht analysiert werden können und über Gesundheitsgefährdungen keinerlei Aussage möglich ist. Arbeitsmediziner haben errechnet, daß 10 bis 30 Prozent aller Krebsfälle durch den Arbeitsplatz ausgelöst werden. Über den hohen Prozentsatz von Krebsfällen, die durch Wohngifte entstanden sind, gibt es keinerlei reale Aussagen, weil die Latenzzeit zwischen 6 und 60 Jahren betragen kann. Der Nachweis also, daß Hirntumore oder Bauchspeicheldrüsenkrebs aufgrund von Lösemitteln wie z. B. Toluol, Xylol oder Benzol entstehen, die permanent aus den Klebern der Bodenbeläge ausgasen, ist noch nicht möglich.

Ich bin auf das bewußte, giftfreie Bauen und Renovieren durch eigene, leider sehr negative Erfahrungen gekommen. Aufgefallen war mir, daß Menschen, oft sogar alle Personen einer Familie, bereits kurze Zeit nach dem Einzug in ihre nagelneuen Häuser über Unwohlsein und Beschwerden klagten. In ihren »alten« Häusern und Wohnungen waren sie kerngesund und hatten weder von solchen Hauskrankheiten gehört noch jemals welche gehabt. Hier ein paar Beispiele gesundheitsschädlicher Stoffe in unseren Wohnungen, die Krankheiten auslösen können:

- Giftiges Formaldehyd kann austreten aus Schränken, Deckenpaneelen und Einbauküchen. Die Bewohner bekommen Niesanfälle, Bronchitis, Kopfkrämpfe, Haarausfall, Augenbrennen bis hin zu Organerkrankungen.

- Holzschutzmittelzusätze wie z. B. Lindan, Pentachlorphenol, Dichlofluanid, Arsen, Permethrin und viele andere können aus Innenholzanstrichen und Teppichen in die Wohnluft ausdampfen und vergiften die Atemluft der Menschen.
- Polychlorierte Biphenyle (PCB) entweichen aus Gebäudetrennfugen, Kondensatoren von älteren Leuchtstoffröhren und können dadurch bei den Bewohnern schwere Krankheiten bis hin zum Krebs verursachen.
- Hochtoxische Löse- und Bindemittel entweichen aus Farben, Lacken, Teppichen, Tapeten, Klebern, Schaumstoffen, Matratzen, Ortschäumen und führen häufig zu Allergien, Kontaktekzemen, Atemnot, Kreislaufstörungen und akuten Vergiftungserscheinungen.
- Kunststoffe, vor allem das immer noch am meisten verwendete PVC (Polyvinylchlorid) belasten durch hochgiftige Verbindungen nicht nur die Innenraumluft, sondern die gesamte Umwelt.
- Dämmstoffe aus Mineralwolle setzen kleinste Staubfasern in die Raumluft frei und gelangen über die Atemwege in den menschlichen Körper. Ähnlich wie krebserzeugendes Asbest können auch sie ernsthafte Krankheiten auslösen.
- Abwanderungen von Schwermetallen, z. B. Cadmium, Blei oder Quecksilber aus Farben, Kunststoffen oder Holzschutzmitteln führen zu schwersten Krankheiten.
- Wasserenthärtungsanlagen auf der Basis von Ionentauschern können zu Allergien, Hautausschlägen, Sehstörungen, Kreislauferkrankungen bis hin zu Herzinfarkten führen.
- Überhöhte Radioaktivität in verschiedenen Baumaterialien und Fliesen kann zu Zellteilungsmanipulationen führen, die zu schweren Erkrankungen wie Krebs ausarten können.
- Das radioaktive Edelgas Radon kann aus Kellerböden und bestimmten Baustoffen ausgasen und dadurch zu Lungenkrebs führen.
- Natürliche Störzonen unter dem Schlafplatz, wie z. B. bestimmte geologische Formationen, Wasseradern und Verwer-

fungen, können eine Vielzahl von Krankheiten und Symptomen auslösen.

- Dauernde elektromagnetische Belastungen, wie z. B. ein Radiowecker am Kopfende des Bettes, können zu Schlafstörungen, Migräne, Schweißausbrüchen oder Organerkrankungen führen.
- Ausgasende Flammschutzmittel von neuen Matratzen, Fernsehapparaten, Computern oder Haarfönen können die Innenraumluft hochgradig vergiften.
- Mückensprays und giftige Hinterlassenschaften von Kammerjägern können Wohnungen und Häuser für viele Jahre unbewohnbar machen.

Aufgrund vieler Lösemittel-, Biozid- und Formaldehyd-Messungen müßte in Deutschland mindestens jede fünfte Neubauwohnung als unbewohnbar erklärt werden, weil die Luftbelastungen von Formaldehyd und Lösemitteln die gültigen Richtwerte überschreiten.

Im vereinigten Europa werden verschiedene Stoffe, die in Deutschland wegen ihrer starken Gesundheitsgefährdung bereits verboten sind, bald wieder auf den Markt kommen. So sind z. B. europaweite Richtlinien in Vorbereitung, die unsere ohnehin schon stark lösemittelhaltigen Schaumstoffmatratzen noch giftiger machen werden. Aus Brandschutzgründen sollen alle Matratzen mit einem hochgiftigen Flammschutzmittel imprägniert werden.

Dieses Handbuch soll Rat und Hilfe für ein gesundes und giftfreies Renovieren und Bauen geben. Wie man z. B. den richtigen Bauplatz auswählt, wie man Schlaf-, Kinder- und Wohnzimmer einrichtet. Welche Alternativen es für giftige Holzschutzmittel gibt, welche Farben und Kleber, Dämmstoffe und Bodenbeläge man ohne Bedenken verwenden kann. Der Leser erfährt dies in über 200 Stichwörtern, die alphabetisch geordnet sind. Diese Gliederung ermöglicht den raschen Zugriff auf jedes gewünschte Stichwort. Weiterführende Informationen sind unter den mit dem Zeichen → markierten Querverweisen zu finden.

A

Abschirmgeräte

Wohl auf kaum einem Gebiet der Baubiologie und der → Geobiologie ist die Grenze zwischen Betrug und echter Hilfeleistung so verwischt wie bei Abschirmgeräten.

Abschirmgeräte erhält man von Heilpraktikern, Wissenschaftlern, Ärzten, Radiästhesisten (→ Radiästhesie), Baubiologen und Heilern.

Die Wirkung von Abschirmmatten gegen künstliche → elektromagnetische Wechselfelder kann unkompliziert durch physikalische Messungen überprüft werden. Das gleiche gilt für Abschirmmatten gegen radioaktive Strahlung (→ Radioaktivität).

Abschirmgeräte gegen sogenannte Erdstrahlen oder geopathogene Reizzonen (→ Geobiologie) können dagegen nicht mit wissenschaftlichen Methoden auf ihre Wirkung überprüft werden. Abschirmsysteme, die man unter das Bett legt, in die Erde vergräbt, auf den Sicherungskasten legt oder in den Keller stellt, gibt es in vielen verschiedenen Ausführungen, Materialien, Formen und Farben. Bei harmlosen Naturprodukten ohne Metall- oder Kunststoffgeflecht sind keine Nebenwirkungen bekannt. Bei Abschirm- oder Entstörungsgeräten aus Metallen dagegen ist große Skepsis geboten. Meistens handelt es sich um Spiralen, Drähte oder Platten, Geflechte, Spulen, Antennenkonstruktionen oder um Magneten bis hin zu elektrisch betriebenen Magnetfeldern oder mikrowellenproduzierenden Systemen (→ Mikrowellen). Die Preise für die Installation von Abschirm- oder Entstörungsgeräten sind ebenso vielfältig. Eine einfache Abschirmmatte ist bereits für DM 50,– zu haben, während komplizierte Entstörungsmaßnahmen für ein ganzes Haus den Betrag von DM 10000,– weit übersteigen können.

Baubiologische Bewertung
Da bis heute die exakten Wirkmechanismen der sogenannten → Wünschelrutenphänomene nicht bekannt sind, kann man Erdstrahlen oder geopathogene Reizzonen nicht entstören. Da man auch die Wirkung von Abschirm- und Entstörungsgeräten gegen Erdstrahlen nicht nachprüfen kann, ist grundsätzlich von diesen Geräten abzuraten.

Acrylfarben → Farben und Lacke.

Akarizide → Biozide.

Aktivkohlefilter

Aktivkohlefilter können die Trinkwasserverschmutzung nur zu einem kleinen Teil lösen (→ Wasserreinigung). Herausgefiltert werden Kohlenwasserstoffverbindungen, Pestizide und Insektizide (→ Biozide), → Chlor und organische Stoffe, so daß sich zumindest der Geschmack des Trinkwassers erheblich verbessert. Giftige Arsenverbindungen, → Schwermetalle, Phosphate, Chloride oder Nitrate sowie Viren können allerdings nicht entfernt oder ausgefiltert werden. Ein großer Nachteil von Aktivkohlefiltern ist, ähnlich wie beim Ionentauscher (→ Wasserentkalkung), die Verkeimung.

Regelrecht gesundheitsschädlich kann das sogenannte Ausbluten werden. Dazu kommt es, wenn sich im Aktivkohlefilter Schadstoffe bis zur Sättigungsgrenze angesammelt haben. Wird der Filter zu diesem Zeitpunkt nicht erneuert, werden die Schadstoffe in hohen Konzentrationen schubweise wieder an das Trinkwasser abgegeben. Leider reichern heute noch einige Hersteller ihre Aktivkohlefilter mit Silber zum Entkeimen an, was wiederum zu einer gesundheitlichen Belastung führen kann.

Baubiologische Bewertung
Aktivkohlefilter, wie sie z.B. für den Haushalt in Form von Patronen für das Trinkwasser angeboten werden, sollten Sie nur verwenden, wenn der Hersteller garantiert, daß keine Silberzusätze darin enthalten sind. Die angegebene Auswechselzeit der Filterpatronen von bis zu einem Monat kann schon zu lang und damit gesundheitsschädlich sein. Auch wegen der Gefahr der Verkeimung sollten die Patronen spätestens alle sieben Tage erneuert werden. Wenn Sie diese Empfehlungen berücksichtigen, kann ein Aktivkohlefilter die Qualität Ihres Trinkwassers erheblich verbessern.

Aluminium

Aluminium ist ein elastisches, dehnbares, silberweißes Leichtmetall, das sehr reaktionsfähig ist. Wenn Rohaluminium mit Luft in Berührung kommt, reagiert es mit Sauerstoff, so daß sich an der Oberfläche schnell eine widerstandsfähige Oxydschicht bildet, die das Material vor Korrosion schützt. Das Oxydieren von Aluminium läßt sich künstlich durch ein sogenanntes Eloxalverfahren verstärken. Aluminiumteile mit eloxierten Oberflächen zählen zu den widerstandsfähigsten Baumaterialien. Aluminium ist mit einem Anteil von acht Prozent das Metall, das in der Erdkruste am häufigsten enthalten ist. Es kommt nur in gebundener Form vor. Bauxit ist der Rohstoff mit dem höchsten Anteil von Aluminium: Er beträgt 50 bis 70 Prozent. Für die Aluminiumgewinnung wird daher vorwiegend Bauxit verwendet. Durch eine energieaufwendige Schmelzflußelektrolyse wird in einem komplizierten Verfahren das Rohprodukt Aluminium hergestellt. Der Energieaufwand für die Herstellung ist höher als bei allen anderen technisch hergestellten Materialien. Zudem fallen dabei pro Kilogramm Aluminium ein bis zwei Kilogramm hochgiftiger Rotschlamm an, der deponiert werden muß und somit die Umwelt belastet. Bis Anfang der neunziger Jahre wurde Rotschlamm als Recyclingprodukt teilweise sogar als Rohstoffzuschlag für die Ziegelherstellung (→ Mauerziegel, → Ziegelsteine) oder im Landbau genutzt. Darüber hinaus verwendete man ihn als Rotfüller für die Betonsteinherstellung (→ Beton) und als Deckschicht für den Straßenbau. Aufgrund seiner umweltbelastenden Wirkungen mußten sämtliche Recyclingverfahren für Rotschlamm im Baubereich eingestellt werden. Seitdem müssen jährlich in der Bundesrepublik ca. zwei Millionen Tonnen auf absolut wasserdichten Spezialdeponien abgelagert werden.

Bei der Herstellung von Aluminium fallen neben Rotschlamm erhebliche Schadstoffmengen an, die die Luft belasten, wie z.B. Chlorwasserstoff, → Chlor, Fluoride, Stickoxide oder Schwefeldioxid. Allein der Anteil an hochgiftigen gasförmigen Fluorverbindungen beträgt 0,8 bis 5 Kilogramm pro Tonne Aluminium. Die Abluftmenge schwankt, weil Rauchgasreinigung und Ofentypen sehr unterschiedlich funktionieren. Das Abwasser, das bei der Herstellung von Aluminium in riesigen Mengen anfällt, ist hauptsächlich durch Fluoride, Metallionen, Säuren und andere gelöste Stoffe belastet.

Aluminium wird im Bausektor vielfältig verwendet, so z.B. für → Fenster (→ Aluminiumfenster), Türen, Fensterbänke, Rinnen, Rohre, Blechabdeckungen, Fassadenverkleidungen, Beschläge, Beschilderungen und vieles mehr.

Baubiologische Bewertung
Da für die Herstellung von Aluminium im Vergleich zu anderen Materialien ein überdurchschnittlich hoher Anteil an Energie notwendig ist und hohe Schadstoffbelastungen von Luft und Wasser enstehen, ist es aus ökologischer und baubiologischer Sicht kein empfehlenswerter Baustoff. Positiv zu bewerten ist die sehr gute Recyclingfähigkeit: Einschmelzen und Wiederverwertung verbrauchen nur ca. fünf bis zehn Prozent der Energie, die bei der ursprünglichen Herstellung aufgewendet werden muß.

Aluminiumfenster

Aluminiumfensterrahmen liegen im Verkauf an dritter Stelle sämtlicher Fenstermaterialien. Ihr Marktanteil in Deutschland beträgt ca. 14 Prozent.

Aluminiumfenster werden bevorzugt für Büro- und Geschäftshäuser und weniger für den Wohnungsbau verwendet.

Aus dem zermahlenen und getrockneten Erz Bauxit wird → Aluminium hergestellt. Der Energieaufwand zur Herstellung von Aluminium ist höher als bei allen anderen technisch hergestellten Materialien. Im Vergleich zu Holzrahmen benötigt man für Aluminiumrahmen ca. das Dreißigfache an Energie. Bei dem Herstellungsverfahren fallen große Mengen von Rotschlamm an (ca. ein bis zwei Kilogramm pro Kilogramm Aluminium), der umweltbelastend deponiert werden muß. Bis Anfang der neunziger Jahre wurde Rotschlamm als Recyclingprodukt und teilweise sogar als Rohstoffzuschlag für die Ziegelherstellung und im Landbau genutzt oder als Rotfüller für → Beton und als Deckschicht im Straßenbau verwendet. Aufgrund seiner umweltbelastenden Auswirkungen mußten sämtliche Recyclingverfahren im Baubereich eingestellt werden. Jetzt müssen jährlich in der Bundesrepublik Deutschland ca. zwei Millionen Tonnen auf wasserdichten Spezialdeponien abgelagert werden. Bei der Herstellung von Aluminium fallen zudem auch in erheblichem Maß Schadstoffe an, die die Luft belasten, wie z.B. Chlorwasserstoff, → Chlor, Fluoride, Stickoxide oder Schwefeldioxid. Das Abwasser wird bei der Herstellung von Aluminium vor allem durch Fluoride, Metallionen, Säuren und andere gelöste Stoffe belastet.

Um die schlechten Wärmedämmeigenschaften der Aluminiumfenster zu verbessern, werden Polyamide beziehungsweise Polyurethane (→ Isocyanate) zur → Wärmedämmung in die Hohlprofile eingebracht. Trotz dieser zusätzlichen Maßnahmen und thermisch getrennter Rahmenkonstruktionen ist der Wärmedämmwert von Aluminiumfenstern erheblich schlechter als der von → Holz- beziehungsweise → Kunststoffenstern, da Aluminium ein idealer Wärmeleiter ist. Auf der Oberfläche von Rohaluminium bildet sich mit der Zeit eine häßliche Oxidschicht, daher werden die Fensterrahmen entweder pulverbeschichtet oder erhalten einen Anstrich, meistens aus Acryllack (→ Farben und Lacke).

Vorteilhaft an Aluminiumfenstern ist, daß sie formstabil, pflegeleicht und sehr langlebig sind. Sie eignen sich also besonders für Büroräume und große Fensteröffnungen, z.B. für Schaufenster.

Baubiologische Bewertung

Aluminiumfenster sind aufgrund des sehr hohen Energiebedarfs bei der Herstellung sowie der großen anfallenden Mengen von Rotschlamm und Luftschadstoffen für den Wohnbereich ökologisch nicht zu empfehlen. Eine Entsorgung ist nicht möglich, da Aluminium unverrottbar ist. Die Wiederverwertbarkeit ist dagegen sehr gut, weil für die Gewinnung von Sekundäraluminium nur noch ca. fünf Prozent der Energie eingesetzt werden muß, die für die Primärproduktion notwendig ist.

Aluminiumprofile sollten weder im Wohnungsbau noch für Krankenhäuser,

Schulen oder Kindergärten verwendet werden, anstelle dessen sollte einheimisches → Holz – ein nachwachsender Rohstoff – als Alternative bevorzugt werden.

Anhydritestrich

Anhydrit oder wasserfreies Calciumsulfat ($CaSO_4$) ist ein natürlicher Stoff, nämlich gebrannter → Gips. Während bei der Gipsherstellung der Gipsstein bei einer Temperatur zwischen 150 und 180 Grad Celsius gebrannt wird, muß er zur Herstellung von Anhydrit mit über 300 Grad Celsius gebrannt werden. Als fertiger Anhydritbinder findet Anhydrit in → Estrichen und in → Gipsputzen Verwendung. In Estrichen wird in der Regel synthetisches Anhydrit verarbeitet. Synthetisches Anhydrit ist ein Abfallprodukt, das bei der Herstellung von Flußsäure entsteht. Damit das verhältnismäßig weiche Anhydrit als Estrich auch stärkeren Druckbelastungen standhält, wird es mit Quarz- und Flußsand vermischt. Anhydrit eignet sich nicht nur für schwimmenden Estrich, sondern auch für Verbundestriche. Ein gewichtiger Nachteil von Anhydritestrich ist seine große Feuchtigkeitsaufnahmefähigkeit. Darum sollte er nicht in Räumen mit überdurchschnittlich hoher Feuchtigkeit, wie z.B. Badezimmern oder Kellern, verlegt werden.

Baubiologische Bewertung
Bei der Verwendung von natürlichem Anhydrit ohne Kunstharzzusätze ist keinerlei Schadstoffemission möglich. Wenn synthetisches Anhydrit verarbeitet wird, können Schadstoffemissionen, z.B. durch die Freisetzung von Restmonomeren, und erhöhte → Radioaktivität auftreten.

Asbest

Asbest ist sicherlich das älteste Hausgift, das auch heute noch fast jeder in seiner Wohnung hat. Da Asbest sogar offiziell als krebserzeugend eingestuft ist, muß ganz besonders vor ihm gewarnt werden. Das Wort Asbest kommt übrigens vom Griechischen »asbestos« und bedeutet soviel wie unvergänglich oder unauslöschlich.

Asbestfasern bestehen aus mineralischen Silikaten, die sich grob in Blau- und Weißasbest unterteilen lassen. Asbestfasern sind tausendmal feiner als Menschenhaare. Einzelne Asbestfasern spleißen immer wieder in viele tausend Fasern auf, die in der Luft schweben und mit dem bloßen Auge nicht sichtbar sind. In der freien Natur sollte eigentlich keine einzige Asbestfaser in der Luft schweben. Die Umweltverschmutzung mit Asbest ist aber bereits so stark fortgeschritten, daß selbst in Gebirgen und über dem Meer

100 Fasern pro Kubikmeter Luft gemessen wurden. 500 Fasern pro Kubikmeter Luft in exponierten Lagen der deutschen Mittelgebirge sind keine Seltenheit. In der Nähe von Hochhäusern, die mit Asbestplatten verkleidet sind, werden Werte von 1000 bis 10000 Fasern pro Kubikmeter gemessen. Die deutsche Senatskommission zur Prüfung gesundheitsschädlicher Arbeitsstoffe (Herausgeber der → MAK-Werte) hat Asbest in die Kategorie krebserzeugender Stoffe eingestuft. Das bedeutet, daß jede Angabe von Richtwerten nur eine ganz grobe Empfehlung sein kann, da krebserzeugendes Potential auch in kleinster Menge dem menschlichen Organismus großen Schaden zufügen kann. Das Bundesgesundheitsamt hat daher eine Empfehlung ausgegeben, wonach nicht mehr als 1000 Fasern pro Kubikmeter Luft vorhanden sein sollten. Auch diese Angabe schützt aber keinesfalls vor schweren gesundheitlichen Schäden. Da die Luft in Ballungsgebieten bereits stark mit Asbestfasern belastet ist, stellt dieser Richtwert keine echte Schutzmaßnahme zur Vorbeugung von Krankheiten dar, sondern zeigt einzig und allein die Grenzen der technischen Möglichkeiten.

Das bedeutet, daß die Grenzwerte lediglich an die Gegebenheiten angepaßt worden sind. In den USA sind nach Angaben der amerikanischen Umweltbehörde (EPA) bereits ca. 100000 Menschen an asbestbedingten Krebserkrankungen gestorben. Für die Zukunft, so die Aussage der EPA, rechnet man dort mit weiteren 350000 Opfern. Werden diese Werte im Verhältnis zur Einwohnerzahl auf die Bundesrepublik Deutschland umgerechnet, bedeutet das, daß hier noch über 100000 Menschen aufgrund der Einatmung von Asbeststaub werden sterben müssen.

Vom Einatmen der Asbestfasern bis zum Ausbruch von Lungenkrebs oder eines Bronchialkarzinoms können bis zu 40 Jahre vergehen. Diese äußerst lange Inkubationszeit war die Ursache für die jahrzehntelang dauernden wissenschaftlichen Untersuchungen, um den Zusammenhang zwischen Asbest und Krebs festzustellen. Erst die Mikrobiologen konnten nachweisen, daß Asbestfasern die Zellstruktur des Menschen regelrecht zerstören können. Bevor diese Zellzerstörung bewiesen war, sprach man von Widerhaken am Ende der kleinen Asbestfasern, die sich beim Einatmen im Lungengewebe festsetzen. Inzwischen weiß man, daß die Asbestfasern zwar keine Widerhaken besitzen, aber so winzig klein und widerstandsfähig sind, daß sie beim Einatmen wie Speerspitzen durch die Zellmembranen dringen. Sie stechen in die Zellen hinein und setzen sich dort lebenslänglich fest. Durch die Einstiche der winzigen Asbestfasern entstehen in den Zellen Öffnungen, durch die Zellflüssigkeiten austreten können; außerdem wird der lebenswichtige Schutzschild, den die Zellmembranen bilden, so porös, daß der Stoffwechsel gefährlich gestört ist. Mißbildungen und Fehlsteuerungen sind die Folge, im schlimmsten Falle Krebs. Asbestose, Lungenkrebs, Bauchhöhlenkarzinome oder Mesotheliome führen im Spätstadium häufig zum Tod. Das Mesotheliom ist eine sehr seltene Tumorart, die in zwei von drei Fällen durch

Asbest hervorgerufen wird. Männer sind viel häufiger davon betroffen als Frauen.

Die Altlasten der Millionen von Tonnen bereits produzierter asbesthaltiger Produkte werden sicherlich noch in den nächsten 50 Jahren eine ernsthafte gesundheitliche Gefahr für den menschlichen Organismus bedeuten. Da Asbestfasern weder verbrannt noch auf andere Weise zerstört werden können, ist die Entsorgung das allergrößte Problem. Getreu dem Namen des Haupterzeugers von Asbestzementprodukten, der Firma Eternit (abgeleitet vom lateinischen »aeternus«, was soviel wie »ewig« bedeutet) ist nur eine Endlagerung möglich. Millionen von Tonnen Asbestprodukte müssen so endgelagert werden, daß sich keine Faserstäube mehr lösen können. Bei Sanierungen anfallende Faserstäube müssen regelrecht einzementiert oder luftdicht in Tonnen und Fässern endgelagert werden. Über 700000 Tonnen Asbest sind seit 1950 in der Bundesrepublik Deutschland verarbeitet worden. Bei dieser enormen Menge ist eine sichere Endlagerung nicht realisierbar, zumal es für leicht asbesthaltige Produkte keine Entsorgungsvorschriften gibt.

Krebserzeugendes Asbest ist in über 3000 Produkten des täglichen Gebrauchs enthalten: angefangen bei Fassadenplatten über Dachdeckungsmaterialien, Bremsbeläge, Trinkwasserleitungen, Wärmedämmungen an Dekken von Wohnhäusern, Turnhallen und Schulen über Verkleidungen von Stützen, Innenschichten von Klimaanlagen, Blumenkästen, Garten- oder Grilltische, Fensterbänke, Heizkörperverkleidungen, Wärmestrahler, Fußbodenbeläge, bis hin zu Haartrocknern und Toastern. Die verschiedenen Asbestarten werden auch weiterhin bösartige Tumore auslösen können, weil auch noch in Jahren nicht alle Asbestplattenverkleidungen, Welleternitdächer oder Faserzement-Trinkwasserrohre (→ Asbestzementrohre) erneuert oder saniert sein werden.

Auskleidungen von Nachtstrom-Speichergeräten wurden bis 1977 mit Asbest hergestellt. In Toastern wurde bis 1982 Asbest verwendet. In Füllmitteln, Kitten, Klebstoffen, Mörtel, Spachtelmasse, Anstrich- und Bindemitteln wurde bis 1984 Asbest verarbeitet.

Blumenkästen, Garten- und Grilltische durften bis 1986 Zusätze von Asbest enthalten. Fußbodenbeläge (verschiedene Arten von PVC-Belägen) wiesen bis 1987 Asbestzusätze auf. Heute dürfen asbesthaltige Bodenbeläge grundsätzlich nicht mehr in den Handel gebracht werden. Leider kommen durch Importe trotzdem immer wieder einzelne asbesthaltige Produkte auf den Markt.

Viele Asbestfaserprodukte können von Laien überhaupt nicht als solche erkannt werden, so daß die Menschheit wohl noch einige Jahrzehnte krebserzeugende Asbestfasern einatmen muß, z. B. von Fensterbänken, die aus Mineralfaserzement bestehen, von alten Kochtopfuntersetzern, von Zementfaserplatten hinter oder in Heizkörpern oder von Füllmaterial alter feuerhemmender Türen.

Wichtig ist, Sanierungen nur von Fachleuten durchführen zu lassen. Beim Abbau und Abtransport eines Elektronachtspeicherofens z.B. droht größte Gesundheitsgefahr. Wurden vor der Entfernung eines Nachtspeichergerätes 500 Fasern pro Kubikmeter in der Raumluft gemessen, waren es nach dem Entfernen und dem Abtransport des Gerätes, trotz Zugluft, ca. 15 000 Fasern pro Kubikmeter. Die Schwierigkeit der staubfreien Entsorgung entsteht durch das extrem hohe Gewicht der Nachtspeicheröfen. Zum leichteren Abtransport müssen die Geräte auseinandergebaut und in Einzelteile zerlegt werden. Hunderttausende von Fasern lösen sich aus den asbesthaltigen Wärmedämmatten im Inneren der Öfen beim Herausnehmen der Wärmespeicherplatten. Spezialfirmen können den explosionsartig anfallenden, stark gesundheitsgefährdenden Asbeststaub fachgerecht entsorgen. Die Nachtspeicheröfen werden dabei in luftdichter Folienabdeckung unter Zuhilfenahme von Vakuumgeräten, auseinandergebaut.

Extreme Gesundheitsgefahr besteht auch beim Reinigen von Asbestzementplatten an Fassaden oder Dächern. Selbst wenn die Reinigung mit Wasserdampf-Hochdruckverfahren durchgeführt wird, werden bis zu 500 000 Fasern pro Kubikmeter Luft frei. Wenn ein Heimwerker mit einer Bürste Asbestplatten trocken reinigt, können sich bis zu 1,5 Millionen Fasern pro Kubikmeter Luft lösen. Beim Bohren oder Schleifen von Asbestfaserzement können bis zu 100 Millionen Fasern pro Kubikmeter Luft frei werden. Die wirtschaftlichste Möglichkeit, sich vor Asbestfasern von Welleternitdächern oder Fassadenverkleidungen zu schützen, ist, eine Farb- oder Spritzbeschichtung aufzubringen, da man dadurch eine feste Bindung erhält.

In Deutschland muß jedes Produkt, das noch Asbest enthält, entsprechend gekennzeichnet werden. Dies gilt nicht für Elektroartikel aus dem Ausland, z.B. Produkte aus Asien oder einigen südeuropäischen Ländern, in denen Asbest immer noch nicht verboten ist. Früher wurde Asbest bei sämtlichen Elektroartikeln als Feuerschutz, Flammschutzmittel oder Hitzeabweiser verwendet, darum ist es auch sehr wahrscheinlich, daß das Isoliermaterial eines alten Toasters Millionen von krebserzeugenden Asbestfasern in das Toastbrot eindringen läßt. Wenn bei alten Elektrogeräten Asbestverdacht besteht, dürfen die Geräte niemals geöffnet werden, sondern sollten in Plastik luftdicht verpackt, als Sonderabfall deklariert, entsorgt werden.

Nicht nur Schulen, Kindergärten, Turnhallen, Theater, Rundfunkanstalten und Flughäfen sind bis zum heutigen Tag mit Asbestfasern verseucht und teilweise aus diesem Grund geschlossen, sondern auch neu installierte Klimaanlagen können in Verwaltungs- und Bürogebäuden, in Sanatorien und Kinos die Raumluft verseuchen. Trinkwasser, das in Asbestzementrohren zu den Verbrauchern geleitet wird, fließt auch in die Befeuchtungssysteme von Klimaanlagen. Rechnet man bei einer durchschnittlichen Wasserverdunstung aus, wie viele Fasern pro Kubikmeter Raumluft frei werden, so kommt man auf ca. 6000 Asbestfasern. Der empfohlene Richtwert des Bundesgesundheitsamtes liegt bei maximal 1000. Selbst bei modernsten, computergesteuerten Klimaanlagen, die mit Trinkwasser, das aus asbestfaserhaltigen Rohren kommt, gespeist werden, herrscht permanent große Gesundheitsgefahr. Viele Filtereinsätze können die mikroskopisch kleinen Asbestfasern nicht aufhalten. In jede Klimaanlage gehört deshalb ein Spezialfilter für Feinstäube, der nicht nur Blütenpollen, sondern auch die krebserzeugenden Asbestfasern aufhält. (Man schätzt, daß in Deutschland täglich etwa 2,5 Millionen Menschen in klimatisierten Räumen arbeiten.)

Asbestfasern im Wasser und in Nahrungsmitteln können ebenfalls sehr gesundheitsschädlich sein. Vermutlich können Asbestfasern die Magenwand durchdringen, denn sie sind in den verschiedensten Geweben nachgewiesen worden. Bei Untersuchungen der Asbestausscheidung im Urin von Menschen, die relativ hohe Asbestfasermengen mit dem Trinkwasser aufgenommen hatten, wurde festgestellt, daß nur eine von tausend mit dem Trinkwasser aufgenommenen Fasern mit dem Urin ausgeschieden wird; das läßt auf eine Anreicherung der tödlichen Fasern in verschiedenen Gewebearten schließen. Dazu kommt noch, daß ein erheblicher Teil der inhalierten Fasern nicht im Atemtrakt verbleibt, sondern unter anderem auch in den Verdauungstrakt gelangen kann. Verschiedene Studien haben eine erheblich höhere Krebshäufigkeit bei Menschen beobachtet, die mit vielen Asbestfasern angereicherte Nahrung oder Trinkwasser zu sich genommen hatten. In einer amerikanischen Studie wurden Isolierarbeiter auf die Häufigkeit von Krebssterblichkeit untersucht. Man entdeckte eine 1,5- bis 4fache Erhöhung der Krebsrate in Magen, Darm, Mastdarm und Speiseröhre. Dies bedeutet, daß nicht nur inhalierter Asbeststaub, sondern auch oral aufgenommene Asbestfasern eine extreme Gesundheitsgefahr darstellen, weil man annehmen muß, daß die Wirkung von Asbest auf das Gewebe des Magentraktes und die Wirkung auf die Atmungsorgane Parallelen aufweisen.

Luftmessungen auf Asbest in Wohnräumen sind aufwendig, sehr teuer und nicht besonders aussagekräftig. Wenn begründeter Asbestverdacht besteht, sollte eine Materialprobe in ein entsprechendes Institut zur Analyse gebracht werden. Hier kann die genaue Zusammensetzung ermittelt und eine etwaige Gesundheitsgefahr sicher erkannt werden.

Die amerikanische Umweltbehörde EPA geht bereits so weit, daß sie Schulen gesetzlich vorschreibt, asbesthaltige Produkte grundsätzlich zu entfernen. Eine Sanierung, d.h. eine Beschichtung der Oberfläche, wird nur in den seltensten Fällen akzeptiert, da man davon ausgeht, daß die Langzeitkosten höher sein werden als die einer sofortigen Entfernung des Asbests. Außerdem würde man so das Kontaminierungsproblem nur an nachfolgende Generationen weitergeben.

Um für öffentliche Gebäude, besonders für Schulen und Kindergärten, einen schnellen Überblick über die Notwendigkeit einer Asbestsanierung zu erhalten, wurde ein offizielles Formblatt herausgegeben. Es ist Teil der

›Asbest-Richtlinien‹, die in einer Neufassung 1993 bundesweit als technische Baubestimmung eingeführt wurden. Da die Landesregierungen aber finanziell nicht in der Lage sind, sofort in sämtlichen öffentlichen Gebäuden asbestfaserhaltige Produkte zu entfernen, wurde der Bewertungsbogen in Dringlichkeitsstufen aufgeteilt. Nach den ›Asbest-Richtlinien‹ ist eine Asbestsanierung nur dann dringend, wenn Beschädigungen der Asbestzementprodukte zu erkennen sind oder aber Spritzasbest, asbesthaltige Putze oder unbeschichtete Asbestplatten mit rauhen Oberflächen verwendet worden sind. Entgegen dieser Aussage besteht aber bereits bei geringen Beschädigungen an Oberflächen von Asbestmaterial eine Gesundheitsgefahr. Der Fragebogen kann daher lediglich einer ersten Orientierung von Eltern dienen, die wissen möchten, wie stark ihre Kinder den Asbestfasern in Schul- und Kindergartenräumen ausgesetzt sind.

Formblatt für die Bewertung der Dringlichkeit einer Sanierung:

Asbestprodukte – Bewertung der Dringlichkeit einer Sanierung

Gebäude:
Raum:
Produkt:

Zeile	Gruppe	Bewertungskriterien	Bewertung*	Bewertungszahl
	I	Art der Asbestverwendung		
1		Spritzasbest	O	20
2		Asbesthaltiger Putz	O	10
3		Leichte asbesthaltige Produkte . . .	O	5
4		Sonstige asbesthaltige Produkte . .	O	5–20
	II	Asbestart		
5		Blauasbest	O	2
6		Sonstiger Asbest (weiß, grau)	O	0
	III	Oberflächenzustand des Asbestprodukts/Struktur		
7		Aufgelockerte Faserstruktur	O	10
8		Feste Faserstruktur ohne oder mit nicht ausreichend dichter Oberflächenbeschichtung	O	4
9		Beschichtete, dichte Oberfläche . .	O	0

Zeile	Gruppe	Bewertungskriterien	Bewertung*	Bewertungszahl
	IV	Oberflächenzustand des Asbestprodukts/Beschädigung		
10		Starke Beschädigungen	O	6
11		Leichte Beschädigungen	O	3
12		Keine Beschädigungen	O	0
	V	Beeinträchtigung des Asbestprodukts von außen		
13		Produkt ist durch direkte Zugänglichkeit (Fußboden bis Greifhöhe) Beschädigungen ausgesetzt	O	10
14		Am Produkt werden gelegentlich Arbeiten ausgeführt	O	10
15		Produkt ist mechanischen Einwirkungen ausgesetzt	O	10
16		Produkt ist Erschütterungen ausgesetzt	O	10
17		Produkt ist starken klimatischen Wechselbeanspruchungen ausgesetzt	O	10
18		Produkt liegt im Bereich stärkerer Luftbewegungen.	O	10
19		Im Raum mit dem asbesthaltigen Produkt sind starke Luftbewegungen vorhanden	O	7
20		Am Produkt kann bei unsachgemäßem Betrieb Abrieb auftreten . . .	O	3
21		Das Produkt ist von außen nicht beeinträchtigt	O	0
	VI	Durch das Asbestprodukt beeinträchtigter Raum – Raumnutzung		
22		Regelmäßig von Kindern, Jugendlichen und Sportlern benutzter Raum.	O	25
23		Dauernd oder häufig von sonstigen Personen benutzter Raum	O	20
24		Zeitweise benutzter Raum	O	15
25		Nur selten benutzter Raum	O	8

Zeile	Gruppe	Bewertungskriterien	Bewertung*	Bewertungszahl
	VII	Durch das Asbestprodukt beeinträchtigter Raum – Lage des Produkts		
26		Unmittelbar im Raum	O	25
27		Im Lüftungssystem (Auskleidung oder Ummantelung undichter Kanäle) für den Raum . .	O	25
28		Hinter einer abgehängten undichten Decke oder Bekleidung	O	25
29		Hinter einer abgehängten dichten Decke oder Bekleidung, hinter staubdichter Unterfangung oder Beschichtung, außerhalb dichter Lüftungskanäle	O	0
30		Summe der Bewertungspunkte		
31	Sanierung:	Dringend erforderlich	O	≥ 80
32		Erforderlich	O	70–79
33		Langfristig vormerken	O	< 70

* Zutreffendes bitte ankreuzen. Wurden innerhalb einer Gruppe mehrere Bewertungen angekreuzt, darf bei der Summenbildung (Zeile 30) nur eine – die höchste – Bewertungszahl berücksichtigt werden.

Hinweis: Dieses Formblatt sollte möglichst nicht von Laien ausgefüllt werden, sondern von einem Gutachter.

Baubiologische Bewertung

Die deutsche Senatskommission zur Prüfung gesundheitsschädlicher Arbeitsstoffe (→ MAK-Werte) stellt in ihrem Kommentar die Gefahr, die von Asbest ausgeht, wie folgt dar: »Es muß betont werden, daß ein Schwellenwert nur für die eine, klinisch relevante Asbestose besteht. Die Hypothese über die Existenz einer Schwellendosis für die krebserzeugende Wirkung von Asbestfasern muß aus toxikologischen Gründen abgelehnt werden.« Das bedeutet, daß es vom unzweifelhaft krebserzeugenden Stoff Asbest keine noch so kleine unwirksame Dosis geben kann, daher sollten grundsätzlich sämtliche damit belasteten Materialien aus dem Wohnbereich entfernt und fachmännisch entsorgt werden. Bei schwer zugänglichen, kleinflächigen Asbestzementfaserplatten, wie sie häufig als Ummantelung an Kaminen oder Ofenrohren verwendet wurden, ist ein staubbindender Farbanstrich als Sofortmaßnahme dringend zu empfehlen. Die wirtschaftlichste Möglichkeit, sich vor Asbestfasern zu schützen, ist eine feste Bindung durch eine Farb-Spritzbeschichtung.

Asbestzementrohre

Der Anteil der → Trinkwasserrohre aus Asbestzement in den alten Bundesländern beträgt etwa elf Prozent des gesamten Trinkwasserleitungsnetzes. Von den über 30000 Kilometern Leitungsnetz wurde der größte Anteil in Schleswig-Holstein verlegt. Über 50 Prozent der Trinkwasserrohre bestehen dort aus Asbestfaserzement. Erst seit 1995 dürfen neue Trinkwasser- und Kanalisationsrohre keine Zusätze mehr aus → Asbest enthalten. Von den bereits verlegten Asbestzementrohren für die Trinkwasserversorgung, vor allem von unbeschichteten Rohren, geht eine besonders große gesundheitliche Gefahr aus. Im Laufe der Zeit wird durch die dauernde Wasserberührung und durch Einwirkung von gelösten Salzen und Säuren das Bindemittel → Zement stetig aufgelöst, so daß immer mehr Asbestfasern frei werden und mit dem Leitungswasser in die Haushalte gelangen. Je saurer das Wasser ist, desto stärker greift die darin enthaltene Kohlensäure den Zement an und desto höher wird die Asbestfaserkonzentration im Trinkwasser. Auch bei beschichteten Rohren können große Mengen von Asbestfasern frei werden. Die Beschichtungen bestehen meistens aus → Styrol-Butadien-Kautschuk, Chlorkautschukharzen, Epoxidharzen und → Bitumen. Bei chemischen und mechanischen Beschädigungen werden, besonders bei älteren Asbestzementrohren, große Mengen von Asbestfasern freigeschwemmt und kontaminieren dadurch das Trinkwasser. Das Fraunhofer-Institut veröffentlichte 1983 eine ausführliche Trinkwasseruntersuchung. Daraus geht hervor, daß das Trinkwasser stellenweise frei gelöste Asbestfasern in einer Größenordnung von bis zu 1,57 Millionen Fasern pro Liter enthält. Dieser Spitzenwert wurde in Hamburg gemessen. Obwohl toxikologisch einwandfrei bewiesen ist, daß oral aufgenommene Asbestfasern stark gesundheitsschädigend wirken können, existiert in Deutschland bisher noch kein offizieller Grenzwert für die Trinkwasserbelastung.

Nach Angaben der amerikanischen Umweltbehörde (EPA) ist auch das Duschen mit Wasser, das aus Asbestzementrohren kommt, stark gesundheitsschädigend, da sich beim Versprühen des Duschwassers hohe Asbestfaserkonzentrationen in der Raumluft bilden können.

Baubiologische Bewertung

Sie sollten sich umgehend bei Ihrem zuständigen Wasserwerk erkundigen, ob Ihre Trinkwasserleitungen Asbest enthalten. Schon Teilstücke des Trinkwasserrohrsystems, die aus asbesthaltigem Faserzement bestehen, können das Wasser mit den gefährlichen Asbestfasern verunreinigen. In solchen Fällen sollten Sie unter keinen Umständen Inhalationsgeräte verwenden. Nur mit sehr feinen Filtern, die direkt hinter der Wasseruhr in das Hausleitungssystem eingebaut werden, kann ein großer Teil der Asbestfasern aufgefangen werden.

Außenputze

Ein Außenputz sollte mehrlagig aufgetragen werden und von der äußersten Putzschicht zum Mauerwerk hin an Festigkeit zunehmen. Die Dampfdiffusion sollte ebenfalls von außen nach innen abnehmen. Auf die gereinigte Mauerfläche sollte zuerst ein Spritzbewurf aufgebracht werden. Im zweiten Arbeitsgang folgt der Unterputz, der als Untergrund für die dritte und letzte Lage, den Oberputz, dient. So erhält man einen atmungsaktiven, zwar dampfdurchlässigen, aber dennoch wasserabweisenden Außenputz. Die Außenfeuchtigkeit wandert aufgrund der Kapillarfähigkeit des Oberputzes bis zum Unterputz durch, so daß die Restfeuchte sogar noch vom Spritzbewurf und gegebenenfalls vom Außenmauerwerk aufgenommen werden kann. Genauso schnell, wie die Feuchtigkeit aufgenommen wird, muß sie bei trockenem Wetter wieder nach außen abgegeben werden können. Diese beiden Funktionen, gleichzeitig Wasser abzuweisen und schnell auszutrocknen, kann nur ein Außenputz mit der richtigen Zusammensetzung erfüllen.

Als Putzmaterialien stehen → Zement, Traßzement und → Kalk zur Verfügung. Zementputz wird in der Regel wegen seiner wasserabweisenden Wirkung als Sockelputz oder als Außenwandverputz für Kellerwände verwendet. Zement wird hart, weil die wasserhaltigen Calciumsilikate auskristallisieren. Deshalb kann Zementmörtel auch unter Wasser härten. → Kalkputz, der aus gebranntem Kalk (Calciumoxid) oder gelöschtem Kalk (Calciumhydroxid) besteht, muß erst Kohlendioxid aus der Luft aufnehmen, damit er zu festem Calciumcarbonat abbindet. Der Hauptunterschied zwischen Kalk- und Zementputz besteht in den hygroskopischen Eigenschaften. Kalkputze sind sehr diffusionsfähig, können also viel Wasserdampf aufnehmen, während Zementputze kaum diffusionsfähig sind und daher dampfbremsend wirken. Mittlerweile hat man aber erkannt, daß der dampfbremsende Effekt der Zementputze mehr schaden als nützen kann. Zwischen Außenmauerwerk und der Innenseite des Zementputzes kann sich nämlich Wasserdampf ansammeln, weil der Putz kaum durchlässig ist. Wenn dieser Dampf im Winter gefriert, kann er den Zementputz von der Außenwand regelrecht absprengen. Man geht deshalb in der modernen Bautechnik dazu über, keinen reinen Zementputz mehr zu verwenden, sondern ihn mit Kalk zu mischen. Damit der Verputz dicht wird, müssen Kalkanteil und Kornzusammensetzung stimmen. Dem hochhydraulischen Kalk müssen ca.

30 Prozent Traßkalk zur Kapillarverengung beigemengt werden. Außerdem mischt man scharfkantigen Sand mit hohen Feinstanteilen unter den Putz, um die wasserabweisende Wirkung zu steigern.

Auch bei mehrlagigem Außenputz sollte hauptsächlich Kalk verwendet werden, damit die Putzschicht dampfdurchlässig wird. Die ideale Zusammensetzung besteht aus einer Schicht Spritzbewurf und einer Schicht Putz, der aus hydraulischem Kalk, Traßkalk und scharfkantigem, feinem Sand gemischt wurde. Bei diesem Oberputz hat es sich bewährt, zu gleichen Teilen hydraulischen Kalk und Weißkalk zu verwenden und mit gewaschenem Sand zu vermischen, wobei die Größe der Sandkörnung zur gewünschten Putzstruktur passen sollte. Kalkputze sollten nicht mit wasserdichten Farben gestrichen werden, da sonst ähnlich dampfbremsende Eigenschaften entstehen wie bei reinem Zementverputz. Der richtige Anstrich ist eine Naturharzdispersion, die Wasserdampf sehr gut durchläßt. → Kunstharzputze sind nicht zu empfehlen, weil sie aufgrund der teilweise sehr hohen Kunststoffanteile nicht ausreichend wasserdampfdiffusionsfähig sind und außerdem stark toxische Substanzen enthalten.

Baubiologische Bewertung
Außenputze sollen wie eine Haut funktionieren. Sie sollen Witterungseinflüsse, vor allem Feuchtigkeit, Regen und Schnee abhalten, und gleichzeitig »atmen« können. Sie müssen wasserabweisend und wasserbeständig sein und zugleich eine gewisse Menge Wasser absorbieren können. Außerdem sollen sie dampfdurchlässig, druckfest und elastisch sein. Da weder Kunststoff- noch Zementputze diese Bedingungen erfüllen, sind mineralische Putze auf Kalkbasis ohne Kunststoffzusätze zu empfehlen. Besonders Altbauten, deren Wandflächen ja häufig zu Durchfeuchtungen neigen, sollten nicht mit Zementputz versehen werden, da dampfbremsende oder dampfsperrende Außenputze im Laufe der Jahre auffrieren und großflächig abplatzen können. Bei Hausseiten ohne Dachüberstand, die Schlagregen schutzlos ausgesetzt sind, kann wasserdichter Außenputz von Nutzen sein. Dann muß die Außenfassade aber als Vorsatzschale mit einem Luftzwischenraum zum Mauerwerk angebracht werden.

Im Kellerbereich bewährt sich Traßkalkputz zur Wasserabdichtung. Aus hochhydraulischem Traßkalk und Sand entsteht eine Putzmischung, die zwar wasserundurchlässig, aber sehr dampfdurchlässig ist. Zu beachten ist, daß Traß vulkanisches Gestein ist und daher eventuell radioaktiv belastet sein kann. → Gipsputz, → Kalkputz, → Kunstharzputze.

B

BAT-Werte → Biologische Arbeitsstofftoleranzwerte.

Baugrund

Neben der Auswahl eines geeigneten → Bauplatzes sollte man auch auf die richtige Beschaffenheit des Baugrundes achten, da sich ein schlechter Baugrund negativ auf Fundamente, Kellerboden und -wände und damit auf das Raumklima insgesamt auswirken kann. Der größte Feind im Hausbau ist das Wasser. Durch Nässe oder Wassereintritt in Kellerwänden oder -böden können gravierende Folgeschäden auftreten: von der Zerstörung von Außen- oder Innenputzen über Beeinflussungen der Tragfähigkeit der Fundamente bis hin zu starker Schimmelpilzbildung (→ Schimmel). Voraussetzung für ein gesundes Wohnen ist daher, daß der Grundwasserspiegel mindestens 50 Zentimeter unter der Sohle des Kellerfußbodens liegt. Wasserführende Schichten und stark bindige Böden (hoher Lehm- und Tonanteil), die ein Einsickern des Oberflächenwassers verhindern, sind als Baugrund nicht zu empfehlen. Zu einem gesunden Haus gehört ein wasserdurchlässiger Baugrund. Unter dieser Voraussetzung sollte man das Aushubmaterial nach Fertigstellung des Kellergeschosses wieder zum Einfüllen der Arbeitsräume verwenden. Abgesehen von einem Sperrputz aus hochhydraulischem → Kalk sind zusätzliche Abdichtungsmaßnahmen wie Kaltbitumenanstriche (→ Bitumen), Pappen oder wasserdichte Betonwände (→ Beton) nicht dazu geeignet, ein natürliches Innenraumklima entstehen zu lassen. Auch eine gute Tragfähigkeit des Baugrundes ist sehr wichtig, da man auf starke durchgehende Plattenfundamente wegen des hohen Anteils von Armierungseisen verzichten sollte. Der Baugrund sollte so beschaffen sein, daß Streifenfundamente in normalen Stärken unter sämtlichen Tragwänden ausreichen. Nach Möglichkeit sollte das Haus voll unterkellert werden, da so eine Pufferzone für das überall aus dem Erdreich entweichende → Radon entsteht. Der Erdgeschoßfußboden sollte so hoch liegen, daß das anfallende Aushubmaterial auf dem Grundstück Platz hat und bis zur Oberkante der Kellerdekke angefüllt werden kann. Durch das Verbleiben des gesamten Aushubs auf dem Grundstück entfallen zusätzliche energieaufwendige Transporte, und Auffülldeponien werden nicht unnötig mit Aushubmaterial belastet.

Bauplatz

Einen geeigneten Bauplatz zu finden wird immer schwieriger. Die meisten Gegenden sind stark zersiedelt, und die Bauplätze werden immer kleiner. Die Fülle von Anforderungen, die eigentlich an einen idealen, gesunden Bauplatz zu stellen sind, müssen aufgrund der zahllosen Bauvorschriften häufig sehr reduziert werden. Folgende Voraussetzungen sollte ein Bauplatz erfüllen:

Die Bebauungsmöglichkeiten auf dem Grundstück (Baufenster) sollten so bemessen sein, daß eine lange Hausseite vollständig nach Süden ausgerichtet werden kann. Um zu allen Jahreszeiten die positive Wirkung der Sonnenstrahlen zur Erwärmung des Hauses und zur Abtötung von Keimen bestmöglich ausnutzen zu können, sollte das Grundstück nicht beschattet sein. Zudem sollte es nach Möglichkeit windgeschützt sein. → Hochspannungsleitungen sollten mindestens 1,5 Kilometer entfernt verlaufen. Fernmeldetürme und Mobilfunkanlagen (→ Mobilfunk) sollten nicht in Sichtweite der Schlafzimmer stehen. Technische Anlagen, die gefährliche Schadstoffe produzieren, wie z.B. Müllverbrennungsanlagen, Mülldeponien, metallproduzierende oder metallverarbeitende Anlagen, chemische Reinigungen, Tankstellen sowie Hauptverkehrsstraßen sollten sich nicht in unmittelbarer Nähe befinden. Das Grundstück darf unter keinen Umständen auf einer aufgefüllten Mülldeponie oder einem Steinbruch liegen. Bei der Auswahl sollte man genau auf die Vegetation achten. Sind kranke, schief gewachsene oder mit Krebsgeschwüren befallene Bäume vorhanden, ist ein anderer Bauplatz vorzuziehen. Grasflächen sowie der übrige Pflanzenbewuchs sollten einen gleichmäßigen gesunden Eindruck machen. Große Flächen mit kränkelndem oder gar keinem Bewuchs, der nicht auf einen unregelmäßigen Mutterboden zurückzuführen ist, können auf unterirdische Störzonen hinweisen, die negative Einflüsse auf die Vegetation ausüben. Von einem Naturmediziner sollte man sich Adressen von seriösen Rutengängern und Baubiologen geben lassen, die das Grundstück auf unterirdische Störzonen und künstliche → elektromagnetische Wechselfelder untersuchen. Gegebenenfalls ausgemessene Störzonen sollten dem Architekten für die Planung der Zimmer mitgeteilt werden. → Geobiologie, → Radiästhesie, → Strahlensucher – Strahlenflüchter, → Wünschelrutenphänomene.

Beleuchtung → Energiesparlampen, → Halogenlampen, → Kunstlicht, → Leuchtstoffröhren, → Vollspektrumleuchten.

Benzol

Benzol gehört zu den BTX-Aromaten (Benzol, → Toluol, → Xylol), die der Gruppe der aromatischen Kohlenwasserstoffe zugeordnet werden. Benzol ist eine leicht brennbare Flüssigkeit, stark riechend und extrem giftig. Der Stoff ist in der Gefahrstoffverordnung der Kategorie III A 1 der → MAK-Werte-Liste zugeordnet, d.h., er gilt als eindeutig krebserzeugend. Für derart gesundheitsgefährdende Stoffe kann es keinen Schwellenwert (festgelegte maximale Dosis, bei deren Überschreitung akute Gesundheitsgefahr besteht) geben, da schon die kleinste Dosis Krebs auslösen kann. Da Benzol aber zu den angeblich unverzichtbaren Stoffen der Industrie gehört und es für den Einsatz in bestimmten Lösemittelbereichen noch keine adäquaten Alternativen gibt, wird weder die Produktion noch die Anwendung vom Gesetzgeber verboten. Benzol besitzt nicht nur ein krebserzeugendes, sondern auch ein erbgutveränderndes Potential. Zudem wirkt es stark knochenmark- und blutschädigend, kann also Leukämie verursachen. Obwohl es zu den giftigsten chemisch erzeugten Stoffen gehört, wird es praktisch uneingeschränkt von jedermann täglich verwendet.

Benzol ist ein Zusatzmittel von Benzin. Große Mengen werden auch für die Herstellung von Kunststoffen eingesetzt sowie als → Lösemittel für Harze, Öle, Fette, Synthetikkautschuk (→ Styrol-Butadien-Kautschuk) und bei der Produktion von → Styrol und Epoxidharzen.

In den fünfziger Jahren waren BTX-Aromate und besonders Benzol als Lösemittel für fast jeden Anwendungsbereich sehr beliebt, da es damals noch keine Alternativen gab.

Als Beispiel für die langjährige Beständigkeit von Benzol hier ein Fall aus dem Sanierungsbereich: Vollholz-Parkettboden wurde früher häufig im Dünnbettverfahren in Kaltbitumen (→ Bitumen) direkt auf den → Estrich oder den Betonboden (→ Beton) verlegt. Der Kaltbitumen wurde in großen Eimern mit Benzol verdünnt und flüssig gehalten. Durch das Verdunsten des Lösemittels härtete der Bitumen aus, und der Parkettboden klebte fest auf der Unterfläche. Bei einer Untersuchung von Holzparkett in einem Altbau durch das Institut für baubiologische Anwendungen in Fellbach, konnten noch nach über drei Jahrzehnten Benzolrückstände im Milligrammbereich nachgewiesen werden. Aus gesundheitlichen Gründen mußte daher der noch sehr gut erhaltene, aber mit Benzol verseuchte Parkettboden rückstandsfrei entfernt werden.

Eine gesetzliche Anwendungseinschränkung (Chemikalien-Verbotsordnung) besagt, daß Produkte nicht mehr als 0,1 Prozent Benzol beinhalten dürfen. Gegen diese Bestimmung wird z.B. mit dem Massenprodukt Benzin täglich verstoßen, denn die Millionen von Litern, die täglich von Autos verbraucht werden, weisen einen viel höheren Prozentsatz auf (europaweit stark schwankend bis zu 5 Prozent). Seit September 1995 wurde im Treibstoff »Super-Plus«, der allerdings nur einen Marktanteil von 6 Prozent hat, der Benzolgehalt auf 1 Prozent gesenkt.

Benzoldämpfe verursachen Kopfschmerzen, und beim Inhalieren von mehr als 0,5 mg/kg treten Rauscherscheinungen auf. Übelkeit, Erbrechen,

Schwindelgefühl, Blutdruckabfall, Krämpfe, Erregungszustände sowie Hautreizungen, sind Symptome einer Benzolvergiftung. Auf Dauer kann es zu Herz-, Nieren- und Leberschäden, zu Stoffwechselstörungen, Blutbildveränderungen, Leukämie und anderen Krebserkrankungen, Gehirn- und Knochenmarksveränderungen kommen.

Die EPA (Umweltbehörde in den USA) hat errechnet, daß eine Dauer-Benzol-Belastung von 1 µg/m³ Außenluft bei einer Million Menschen 2,8 zusätzliche Leukämiefälle auslöst. Trotzdem wurde der Grenzwert von Benzol in Deutschland 1993 von 10 auf 15 µg/m³ heraufgesetzt. Dieser Vorgang ist nur mit den Gegebenheiten zu begründen. Da Benzol in immer größeren Mengen verwendet wird, gelangt auch immer mehr davon in die Umwelt, so daß man »zwangsläufig« den Grenzwert erhöht hat, damit dieser nicht überschritten wird.

Baubiologische Bewertung
Für krebserzeugende Stoffe dürfte es eigentlich keine Grenzwerte, sondern nur Verbote geben. Aus Vorsorgegründen sollte niemand an stark befahrenen Straßen oder gar in unmittelbarer Nähe einer Tankstelle leben. Benzolgase sind unbedingt zu meiden. Im Haus oder in der Wohnung sollte man daher keine Kunststoffprodukte verwenden, da zumindest der Laie ihnen nicht ansehen kann, ob sie Benzol enthalten.

Vorsicht ist auch bei Schaumdämmstoffen geboten. Bei der Herstellung von → Polystyroldämmungen wird das Lösemittel in großen Mengen verwendet. Nichtsdestotrotz werden noch immer hunderttausende von Kubikmetern Polystyrol in Dachbereichen und als Vollwärmeschutz verarbeitet.

Beton

Normaler Beton aus Sand, Kies und Wasser ist ohne chemische Zusätze – bis auf das hydraulische Bindemittel → Zement – aufgrund seiner Zusammensetzung gesundheitlich eigentlich unbedenklich. Nachteilig sind bei diesem Beton Eigenschaften wie Schwinden, Kriechen und dadurch entstehende Risse. Da die Zugfestigkeit von Normalbeton mangelhaft ist, wird er in der Regel nur noch für Fundamente verwendet. Moderne Wände und Decken werden dagegen aus Stahlbeton hergestellt. Der Stahl dient dazu, Zugspannungen zu vermeiden.

Der Baustoff Beton für Wände und Decken ist trotz seiner natürlichen Inhaltsstoffe wie Kalk, Sand oder Kies ein sehr kritischer Baustoff, weil ohne den Zusatz des hydraulischen Bindemittels Zement, der hochtoxische Stoffe enthält, eine Verkittung der feinen und groben Körner nicht möglich wäre. Natürliche Zuschläge beim Normalbeton sind Schotter, Split und Brechsand.

Unter den vielen künstlichen Zuschlägen finden sich gesundheitlich unbedenkliche, wie z. B. Sintersplit oder Klinkerbruch, aber auch gesundheitlich bedenkliche, wie Metallschlacken, mineralische Fasern oder Kunststoffzusätze als Porenbildner.

Eine Vielzahl von anderen Betonzusatzstoffen ist für die unterschiedliche Verwendung des Betons im Bauwesen erforderlich. Darunter fallen die unterschiedlichsten Beimengungen künstlicher und natürlicher Zusätze, wie z. B. verschiedene Gesteinsmehle, Kunstharze, → Bitumen, Flugaschen und Zementfarben. Hierbei gibt es derartig giftige Beimengungen, daß sogar die Hersteller selbst Warnungen und Hinweise dazu geben. Da wird z. B. vor dem Einatmen der Farbpulver gewarnt, die aus hochgiftigen Farbpigmenten bestehen. Betonfarben werden nämlich aus anorganischen Pigmenten hergestellt, da organische Farbstoffe hierfür nicht geeignet sind. Bei diesen Pigmenten handelt es sich vorwiegend um hochtoxische Metalloxide und Metallsalze. Titandioxid wird z. B. für die Weißfärbung verwendet, Chromdioxidhydrat für die Grünfärbung und verschiedene Eisenoxide für Schwarz-, Rot-, Gelb- oder Brauntöne.

Beimengungen von Kunstharzen enthalten oft sehr problematische Grundsubstanzen wie: → Styrol, Butadien (→ Styrol-Butadien-Kautschuk), Acrylnitril, Polyvenylacetat, Polyvinylchlorid (→ PVC) und viele mehr. Zusätzlich werden noch Verdickungs- und Stabilisierungsmittel hinzugegeben. Die hervorragenden Eigenschaften, die durch die Zusatzmittel bei Beton und auch bei Maurermörtel (→ Mörtel) erreicht werden, sind ein technischer Leckerbissen: Verringerung des Schrumpfprozesses oder sogar eine Ausdehnung des trocknenden Betons, Reduzierung des Schwindens und Kriechens, Verbesserung der chemischen Widerstandskraft, Erhöhung von Elastizität und Abriebfestigkeit, Verbesserung der Zug- und Biegefestigkeit, bessere Haftung auf vorhandenem Beton und allgemein eine erhebliche Erleichterung bei der Verarbeitung.

Die gesundheitlich unbedenklichen Zuschläge beim Leichtbeton bestehen aus Lava, Holzmehl, Holzwolle, Holzspänen, Holzfasern, → Blähton, Ziegelsplitt und → Perlite. Gesundheitlich kritisch sind Müllschlacke, Steinkohlenflugasche, Hüttenbims, granulierte Hochofenschlacke und Schaumstoffkunststoffe als Leichtzuschläge.

Um den Beton für die verschiedenen Bearbeitungstechniken und jede Art von Beanspruchung gebrauchsfertig an die Baustelle liefern zu können, bedient man sich einer Fülle von zusätzlichen Mitteln. Durch Stabilisierer erreicht man eine Viskosität des Wassers, so daß der Zusammenhalt der einzelnen Bestandteile vergrößert wird und sich das Anmachwasser nicht mehr so schnell vom Betonbrei absondern kann.

Erstarrungsverzögerer werden eingesetzt, damit der Frischbeton noch nach Stunden verarbeitbar ist. So ist man in der Lage, riesige Flächen in einem Arbeitsgang zu betonieren ohne erzwungene Pausen und ohne aufwendige Arbeitsfugen, die sonst aufgrund des zu schnellen Abbindeprozesses anfallen. Erstarrungsbeschleuniger bewirken das Gegenteil. Der Beton bindet hier überdurchschnittlich schnell ab. Als Betonverflüssiger werden Fließmittel eingesetzt, die z.B. auf der Basis von Melaminharzen oder Lignin- oder Naphtalinsulfonaten hergestellt sind. So wird die Verarbeitbarkeit des Betons verbessert und gleichzeitig der Wasseranteil vermindert. Luftporenbildner werden eingesetzt, um Frost- und Tausalzbeständigkeit zu erreichen. Beigemischte Dichtungsmittel sorgen für wasserabstoßende Eigenschaften.

Die Hauptbestandteile der Zusatzmittel sind Silikate, Salze, Tenside und viele Produkte aus der Chlor- und Petrochemie. Schon bei Hautkontakt können sie Schleimhautreizungen, Hautrötungen und Ekzeme, z.B. Maurerkrätze, die eine anerkannte Berufskrankheit ist, sowie Allergien auslösen.

Baubiologische Bewertung

Obwohl Beton zum größten Teil aus natürlichen Stoffen besteht, ist er aufgrund seiner komplizierten Zusammensetzung ein toxischer Baustoff. Hunderte von verschiedenen Beimengungen, teilweise mit hochtoxischen Reaktionen, haben aus dem ursprünglich unproblematischen Allerweltsbaumaterial einen sehr problembehafteten Baustoff gemacht. Da die Vielzahl der Zusatzmittel fast unüberschaubar ist und auch die Hersteller keinen Überblick über sämtliche Inhaltsstoffe ihrer Produkte geben, muß vor den möglichen schädlichen Auswirkungen von Beton, vor allem beim Zusammentreffen der vielen chemischen Verbindungen, die in einem modernen Haus eingebaut sind, gewarnt werden. Selbst aus fertig abgebundenem Beton können aus Kunststoffzusätzen Restmonomere austreten und die Gesundheit gefährden. Besonders früher übliche Beimengungen aus der Chlor- und Petrochemie stellen uns noch heute vor unlösbare Entsorgungsprobleme.

Allerdings ist Beton aufgrund seiner hohen Rohdichte hervorragend für den Schallschutz geeignet, zudem hat er eine sehr gute Wärmespeicherfähigkeit. Zur → Wärmedämmung empfiehlt sich Beton dagegen nicht, weil der Wärmeeindringkoeffizient derart hoch ist, daß grundsätzlich eine Außenwand aus reinem Beton immer mit einer zusätzlichen Außenwärmedämmung versehen werden muß. Da Beton sich sehr gut für die verschiedensten Formgebungen eignet, können mit diesem Material die schwierigsten Konstruktionen gelöst werden. Für Straßen, Brücken oder den Gartenbau ist Beton ein praktikables und vorerst wohl unersetzliches Baumaterial.

Für den Wohnungs- oder für den Hausbau sind aus baubiologischer Sicht grundsätzlich → Mauerziegel und hier insbesondere mit Holzgranulat porosierte → Ziegelsteine vorzuziehen.

Betonsteine

Mauersteine aus → Beton werden in unterschiedlichen Ausführungen als Vollsteine, Vollblöcke, Hohlblöcke, Vormauersteine oder Vormauerblöcke im Baubereich verwendet.

Die Zusammensetzung von Betonsteinen ist dem Baumaterial Beton sehr ähnlich. Mit dem hydraulischen Bindemittel → Zement werden, unter Zugabe von Wasser, verschiedene Zuschlagstoffe mit einer Korngröße von maximal vier Millimeter Durchmesser beigemengt. Meistens handelt es sich hierbei um Traß, Gesteinsmehl und Baukalk. Das natürliche Gesteinsmehl kann aus Split, Brechsand, Grubenkies, Flußkies, Flußsand oder Schotter bestehen. Die künstlichen Zuschläge bestehen aus Metallschlacken, Siliziumkarbid, Sintersplit, Klinkerbruch und verschiedenen künstlichen → Mineralfasern. Die Oberfläche von Betonsteinen ist meistens ähnlich glatt wie die von Betonwänden und hat eine sehr geringe Eigenporigkeit. Dadurch haben die Wände dampfbremsende Eigenschaften, die sich negativ auf das Raumklima auswirken.

Betonsteine sind aufgrund ihrer schlechten Wärmedämmeigenschaften ohne zusätzliche Dämmschichten nicht als Außenwände geeignet. Als tragende und nichttragende Innenwände eignen sich Betonsteine mit einer hohen Rohdichte gut, wenn erhöhter Schallschutz angestrebt wird.

Baubiologische Bewertung
Bis auf das gesundheitlich kritische hydraulische Bindemittel Zement sind Betonsteine, speziell für tragende Trennwände mit erhöhten Schallschutzanforderungen, zu empfehlen. → Kalksandsteine sind allerding für diese Zwecke aus baubiologischen Gründen vorzuziehen, weil sie aus natürlichem Material ohne gefährliche Zusätze bestehen.

Bett

Da der Mensch ein Drittel seines Lebens im Bett verbringt, ist dies der wichtigste Platz für eine störungsfreie Regeneration.

Um Schadstoffemissionen zu vermeiden, sollte ein Bett aus unbehandeltem Naturholz bestehen. Aus → Spanplatten können schädigende Formaldehydgase entweichen (→ Formaldehyd). Auch Lack- und Farbbeschichtungen geben teilweise hochtoxische → Lösemittel an die Raumluft ab (→ Farben und Lacke). Ein Bett sollte möglichst frei von Eisenteilen sein, da diese das natürliche Erdmagnetfeld beeinflussen können. Durch Magnetfeldverschiebungen, die im unmittelbaren Körperbereich auftreten, können bei empfindlichen Menschen Befindlichkeitsstörungen, wie z.B. Schlafstörungen, Kopfschmerzen, Kribbeln der Haut, allgemeine Schwächezustände und

Kreislaufstörungen auftreten. Bei sehr sensiblen Menschen können sich Organschäden entwickeln. Nach einer Umfrage von EMNID und Data Control bevorzugen 68 Prozent der Deutschen das Holzbett. 12 Prozent schlafen in Polsterbetten und 6 Prozent ziehen ein Schlafsofa vor.

Damit ein Bett von allen Seiten belüftet werden kann, sollte es grundsätzlich nicht bis zum Boden abgeschlossen sein. Der beliebte Bettkasten, in dem man die Deckbetten tagsüber verstaut, verhindert die notwendige Unterbelüftung. Die Feuchtigkeit, die der Mensch jede Nacht abgibt, kann nicht mehr abtrocknen. Mit der Zeit entsteht ein Feuchtigkeitsstau, der sogar zu Schimmelbildung (→ Schimmel) führen kann. Die Liegefläche sollte sich mindestens 40 Zentimeter über dem Fußboden befinden, da schädliche Gase, Lösemittelreste und radioaktives → Radon schwerer als Luft sind und sich knapp über dem Boden konzentrieren. Besonders gefährlich werden kann es beim Betrieb von offenen Kaminen durch entweichendes Kohlenmonoxid. Es ensteht durch unvollständige Verbrennung, ist sehr giftig und kann wegen seiner völligen Geruchlosigkeit nicht wahrgenommen werden. Da es schwerer als Luft ist, sammelt es sich zuerst am Boden an und kann beim Schlafenden zum Tode führen.

Umfragen ergaben, daß 60 Prozent aller Menschen einen tiefen störungsfreien Schlaf haben, wenn das Bett nach Süden ausgerichtet ist. Das Kopfende weist dabei nach Norden und das Fußende nach Süden. Die zweitbeste Schlafrichtung ist, wenn der Kopf nach Westen und die Füße nach Osten zeigen.

Zu einem störungsfreien Schlaf gehört zudem eine emissionsfreie → Matratze sowie Bettzeug aus reinen Naturprodukten. Bettbezüge und Laken aus Seide, Damast oder Leinen bieten sich hier an. Die Bettdecken und Kopfkissen sollten nicht, wie heute noch bei über 70 Prozent üblich, mit Daunen oder anderen Federn gefüllt sein. Federbetten bedürfen einer besonderen Pflege, um ihre natürliche feuchtigkeits- und wärmeregulierende Wirkung zu bewahren. Im Laufe der Zeit verklumpen sie und können dadurch die aufgenommene Feuchtigkeit nicht mehr abgeben. Das feuchte Klima macht die Federbetten zu regelrechten Brutstätten für Milben, Keime und Bakterien. Daher müßten diese aus hygienischen Gründen und für die Aufrechterhaltung ihrer an sich hervorragenden biologischen Eigenschaften mindestens alle sechs Monate gereinigt werden. Die chemische Reinigung von Federbetten bringt allerdings unnötige Schadstoffbelastungen mit sich, daher sollten sie nur mit Wasserdampf behandelt werden. Gute Alternativen für Decken- und Kopfkissenfüllungen sind Schafwolle, Kamelhaar, Lama- und Alpakawolle, Kaschmir, Kapok (→ Kapokmatratzen), Baumwolle, Stroh und Hirsekörner. Auch bei diesen Bettfüllungen ist auf gute Hygiene zu achten. Oberbetten und Kopfkissen sollte man nicht mit Tagesdecken zudecken, da diese das Austrocknen zusätzlich erschweren. Wichtig ist, Oberbetten und Kopfkissen täglich auszuschütteln und mindestens eine Stunde draußen zu lüften. Im Sommer sollten sie nach Möglichkeit beidseitig Sonnenstrahlen ausgesetzt werden, so daß Keime und Bakterien schneller abgetötet werden. Federbetten verlieren bei mangelhafter Hygiene bereits nach einem Jahr, bei guter Pflege nach fünf bis acht Jahren ihre guten biologischen Eigenschaften: Wärmeisolation, Feuchtigkeits- und Wärmespeicherung.

Für Allergiker ist die Wahl des richtigen Oberbetten- und Kopfkissenmaterials besonders schwierig. Wenn keine Allergie vorliegt, eignen sich alle Naturmaterialien außer Daunen und anderen Federn. Bei einer Hausstaub- und Milbenallergie muß man ein Naturmaterial verwenden, das ca. alle 14 Tage in der Waschmaschine gewaschen werden kann. Ohne regelmäßiges Waschen kann es nämlich zu einer explosionsartigen Vermehrung von Hausstaubmilben kommen.

Biologische Arbeitsstofftoleranzwerte (BAT)

BAT-Werte werden definitionsgemäß nur für solche Arbeitsstoffe angegeben, die über die Lungen oder andere Organe in nennenswertem Ausmaß in den Organismus dringen. BAT-Werte sind nur für gesunde Menschen gültig, die – wie bei den → MAK-Werten – wöchentlich 40 Stunden einer gesundheitsgefährdenden Arbeitsstoffbelastung ausgesetzt sind. BAT-Werte werden hauptsächlich bei ärztlichen Vorsorgeuntersuchungen als Grundlage für eine Bewertung des Gesundheitszustandes herangezogen. »Der BAT-Wert ist nicht geeignet, biologische Grenzwerte für lang andauernde Belastungen aus der allgemeinen Umwelt, etwa durch Verunreinigungen der freien Atmosphäre oder von Nahrungsmitteln, anhand konstanter Umrechnungsfaktoren abzuleiten.« Diese Aussage der Senatskommission zur Prüfung gesundheitsschädlicher Arbeitsstoffe besagt, daß biologische Grenzwerte eigentlich nichts zum Gesundheitsschutz beitragen können. Grundsätzlich gelten die offiziellen BAT-Werte wie auch die MAK- und TRK-Werte (→ Technische Richtkonzentration) nur für einen einzelnen Stoff. Sie gelten nicht mehr, wenn man mehreren Stoffen oder Chemiziden gleichzeitig ausgesetzt ist. Genau das aber ist der Fall im Alltag eines normalen Menschen, der z.B. in einem modernen Haus lebt. Dort sind gleichzeitig und ununterbrochen eine große Palette von toxischen → Lösemitteln und Zusatzstoffen anzutreffen, wie z.B. → Formaldehyd, → Toluol, → Xylol, → Benzol, Vinylchlorid, → Styrol, → Isocyanate, Butadien oder → Pyrethroide. Daher sind BAT-Werte grundsätzlich nicht auf den Wohnbereich anwendbar.

Biologische Elektroinstallation

In einem gesunden und giftfreien Haus sollten die künstlichen → elektromagnetischen Wechselfelder auf ein Minimum reduziert werden. Schon bei der Elektroplanung und der Auswahl der Elektrogeräte für den Haushalt kann man die Belastung erheblich verringern. Am wichtigsten ist, die übliche Ringverlegung von Elektrokabeln zu vermeiden. Durch eine sternförmige Kabelverlegung, die von einem Punkt des Raumes ausgeht und nirgends ringförmig an den Enden verbunden ist, können elektromagnetische Felder erheblich reduziert werden. Durch abgeschirmte Installationskabel, die sowohl mit einem Metallmantel als auch mit einem speziellen Drahtgeflecht und verdrillten Einzelkabeln im Handel angeboten werden, können elektromagnetische Felder abgeleitet und dadurch zusätzlich verringert werden. (Bei verdrillten Kabeln wird die größte Reduzierung des magnetischen Wechselfeldes erreicht, wenn eine Vollumdrehung auf einer Länge von fünf Zentimetern ausgeführt ist.) Wichtig ist z.B., daß im Schlafzimmer im gesamten Leitungsverlauf die Abschirmung der Kabel lückenlos durchgeführt wird. Das bedeutet, daß sämtliche Installationen an einen Schutzleiter angeschlossen werden müssen. Auch Steckdosen und Schalter müssen mit Metallumhüllungen versehen und sorgfältig geerdet werden. Durch diese Maßnahmen kann man das elektrische Wechselfeld fast völlig abschirmen. Eine direkte Abschirmung des magnetischen Wechselfeldes ist nicht möglich, eine Reduzierung kann nur durch Ableitung über die metallischen Abschirmungen erfolgen. Speziell abgeschirmte Installationskabel sind im Fachhandel in unterschiedlicher Stärke, in flexiblen oder starren Rohren erhältlich.

Wird in einem Neubau eine lückenlose Abschirmung der einzelnen Stromkreise mit entsprechend abgeschirmten Steckdosen und Schaltern vorgenommen, kann man auf den zusätzlichen Einbau eines → Netzfreischalters verzichten. Steckdosen und Lichtstromkreise sollten in den einzelnen Räumen getrennt verlegt werden. Zum einen können elektromagnetische Felder so auf die tatsächlichen Stromquellen reduziert werden und zum anderen wird auch der Einbau einer Solarzellenanlage (→ Solarzellen) für das Lichtnetz erheblich wirtschaftlicher, weil sie gezielt für einzelne Räume angeschlossen werden kann. Sämtliche stromführenden Kabel und auch der Nulleiter sollten im gesamten Installationsverlauf getrennt geführt werden. Um vagabundierende Ströme (Kriechstrom) in Kellerräumen und -böden zu vermeiden, sollte keine Ringverlegung eines Banderders im Fundament erfolgen (das muß vorher mit den zuständigen Elektrizitätsversorgungsunternehmen abgesprochen werden). Anstelle der Erdung über die Fundamente werden Staberder möglichst an der Südseite, mindestens fünf Meter vom Haus entfernt, im Erdreich eingegraben.

Auch die elektromagnetische Leitfähigkeit des gesamten Wasserrohrsystems sollte unterbrochen werden. Zu diesem Zweck wird ein Kunststoffrohr zwischen Wasseruhr und Hausinstallationsleitung eingesetzt. Die Erdung der Wasserrohre sollte über einen separaten Anschluß an einen Staberder erfolgen.

Zu einer biologischen Elektroinstallation gehört auch der Einbau von Hochfrequenzfiltern in den Sicherungskasten. Hierdurch wird das Einleiten von elektromagnetischen Feldern über das Stromnetz erheblich gedämpft. Auch der hochfrequente Elektrizitätsanteil, der von den Elektroversorgungsunternehmen auf die normale Netzfrequenz aufmoduliert wird, um Rundsteuerempfänger für Hoch- und Niedertarife zu schalten, kann dadurch gedämpft werden.

Baubiologische Bewertung
Um einen möglichst spannungsfreien Schlafraum zu erhalten, sollten keine Elektrogeräte mit Dauerbetrieb im Kopfbereich installiert werden. Auch bei abgeschirmter Elektroinstallation kann man die Strahlung der elektromagnetischen Felder von Elektrogeräten nicht reduzieren. Ein nachträglicher Einbau eines Netzfreischalters in den Stromkreis des → Schlafzimmers bewirkt nichts, solange ein Elektrogerät (z.B. Radiowecker) angeschlossen ist. Auch abgeschirmte Elektroinstallationen haben wenig Sinn, wenn für die Helligkeitsregulierung Dimmer verwendet werden. Die Thyristor-Steuerung der Dimmer erzeugt hohe elektromagnetische Störmischfelder, die nur schwer abgeschirmt oder abgeleitet werden können. → Leuchtstoffröhren oder → Energiesparlampen gehören ebensowenig in ein Schlafzimmer. Auch eine biologische Elektroinstallation in Arbeitsräumen nützt wenig, wenn gleichzeitig → Halogenlampen im Niedervoltbereich als Schreibtischlampen verwendet werden. Durch die in den Lampen eingebauten Transformatoren werden starke elektromagnetische Felder produziert, die weder abgeleitet noch abgeschirmt werden können. Eine biologische Elektroinstallation sollte man bei der Neuplanung eines Hauses oder einer Wohnung grundsätzlich vorsehen. Eine nachträgliche Umrüstung ist nämlich sehr kostenaufwendig und nur sehr schwer durchführbar. Ein nachträglicher Einbau eines Netzfreischalters, vor allem für Schlafbereiche, ist dagegen unkompliziert und empfiehlt sich in jedem Fall (→ Elektrosmog).

Bionik

Der Name dieser verhältnismäßig jungen Technologie setzt sich aus den Begriffen Biologie und Technik zusammen. 1958 wurde dieser technisch orientierte, interdisziplinäre Wissenschaftszweig von J.E. Steele ins Leben gerufen. Die bisher bekanntesten Ergebnisse der Bionik sind: der Klettverschluß, die Meerwasserentsalzung in Form einer Umkehrosmose, elektronische Bilderkennungsschaltungen nach dem Vorbild des Insektenauges, das radioastronomische Teleskop, das sich an den Lichtsinnesorganen von Krebsen orientiert, der Schwingflossenantrieb, der wie Fischflossen funktioniert, freitragende Dachkonstruktionen in Anlehnung an die Bauweise von Schneckenhäusern und die Nachahmung der Fotosynthese in Form eines »künstlichen Blattes«.

Biologische Systeme zu analysieren, darin die mögliche Symbiose von Technik und Natur zu erkennen und völlig neue, mit der Natur harmonisierende Lösungen zu entwickeln, ist das erklärte Ziel der Bionik. Mit Hilfe der Biologie eine sanfte, völlig neue Technik zu entwickeln, die das ökologische System nicht zerstört, vergiftet oder angreift, könnte nicht nur den Ausweg aus der heutigen Umweltkrise bedeuten, sondern auch die Naturwissenschaft an sich grundlegend reformieren. Die Bionik der neunziger Jahre ist bereits in zwölf Hauptbereiche aufgeteilt: historische Bionik, Struktur-Bionik, Bau-Bionik, Klima-Bionik, Konstruktions-Bionik, Bewegungs-Bionik, Geräte-Bionik, Anthropo-Bionik, Sensor-Bionik, Neuro-Bionik, Verfahrens-Bionik und Evolutions-Bionik.

Einer der revolutionärsten Bereiche ist die Konstruktions-Bionik, in der die Baupläne der Natur untersucht werden. Wenn das Know-how der Natur optimal genutzt werden kann, gelangt man zu neuen naturnahen Konstruktionsformen. Die Bau-Bionik untersucht die Statik in der Natur und wird in Zukunft sicher zur wichtigsten Wissenschaft für Ingenieure und Architekten avancieren.

Das bislang wichtigste Ergebnis der Bionik für die Baubiologie ist die Erkenntnis, daß künstliches Licht in Wohnräumen, Büros und Fabrikanlagen den Menschen mit der Zeit krank macht. Daher wurde eine völlig neue Form der Beleuchtung entwickelt, die dem Sonnenlichtspektrum ähnelt. → Kunstlicht wird so aufbereitet, daß es aus dem natürlichen Farbspektrum, den Farben Rot, Grün, Gelb, Blau, Violett und Orange zusammengestellt wird. Auch im Bereich der Elektroinstallation und der Kompensation von damit verbundenen Störfeldern (→ Elektrosmog) existieren bereits erfolgversprechende Erkenntnisse. Durch gezielt eingesetzte künstlich erzeugte → elektromagnetische Wechselfelder im Wohnbereich können Beschwerden von Wetterfühligkeit gelindert werden. Durch den Einsatz von Ionisierungsgeräten, die große Mengen von negativen Kleinionen erzeugen, kann man die Innenraumluft entstauben und das Raumklima, durch die Aufwertung der Luftelektrizität, den Klimabedingungen von Meer oder Gebirge vergleichbar, gestalten.

Von dem Moment an, in dem sich mit Hilfe der Bionik die Erkenntnis durchsetzt, daß im Bau- und Wohnbereich nur natürliche Baustoffe verwendet werden sollten, ist das eigentliche Ziel der Baubiologie – gesund und giftfrei zu leben – nahezu erreicht. Dann wird man die für ein gesundes Haus dringend benötigten, für den ökologischen Kreislauf unbedenklichen Baumaterialien in großem Umfang produzieren. Schon heute weiß man, daß die Bionik Lösungen für die dringlichsten Umweltprobleme wie z.B. die zur Neige gehenden Energiereserven, Klimaveränderungen oder das Ozonloch zu bieten hat. Durch die Bionik könnten zugleich viele moderne Wissenschaftsbereiche, die sich mit der Behebung von ökologischen Schäden befassen, überflüssig werden.

Bio-Solar-Haus

Mit einem Bio-Solar-Haus kann man im Vergleich zu einem herkömmlichen Haus einen großen Anteil an Heizenergie einsparen. Das Haus wird von der Grundkonzeption her so gebaut und aufgeteilt, daß jeder Sonnenstrahl voll ausgenutzt und in Wärmeenergie umgewandelt wird. Schon beim Entwurf sollten die Räume so angeordnet werden, daß die Nordseite des Hauses möglichst wenig Fensteröffnungen hat. Eine optimale → Wärmedämmung an dieser Hausseite, wo nur im Hochsommer für wenige Stunden die Sonne hinstrahlt, ist eine weitere Voraussetzung für ein wirkliches Senken des Energieverbrauchs. Die Südseite des Hauses sollte in Glas- und Speicherflächen aus massivem Mauerwerk (→ Mauerziegel, → Ziegelsteine) aufgeteilt werden. Um das Eindringen von Sonnenstrahlen besonders im Winter nicht zu verhindern, sollte hier grundsätzlich keine zusätzliche Außendämmung angebracht werden. Die Südseite muß komplett aus homogenem Mauerwerk, z.B. aus porosierten Tonziegeln, bestehen. Eine pauschale Aussage über zusätzliche Wärmedämmaßnahmen an Ost- und Westwänden eines Hauses kann man nicht machen, da die Gegebenheiten von Fall zu Fall unterschiedlich sind. Bei einer reinen, völlig unbeschatteten Westlage, sollte man auf zusätzliche Wärmedämmaßnahmen verzichten, um auch hier die kostenlose Wärmeenergie der Sonneneinstrahlung voll ausnutzen zu können. Bei einer reinen Ostlage ist die Wärmeeinwirkung der Sonnenstrahlen im Winter dagegen so gering, daß zusätzliche Wärmedämmaßnahmen sinnvoll sind. Grundsätzlich gehört zu einem Bio-Solar-Haus ein → Wintergarten, der als Wärmepuffer dient. Er sollte bevorzugt in südwestlicher Richtung angebaut werden, damit er während des gesamten Tages die Wärme der Sonnenstrahlen einfangen kann. Wichtig ist dabei, daß genügend ungedämmte Mauerwände als Wärmepuffer vorhanden sind, um die gespeicherte Wärme im Winter nachts an die Innenräume abzugeben. Zusätzlich werden aktive Solarelemente (→ Sonnenkollektoren) auf dem Dach oder im Garten installiert, die eine Niedertemperaturheizung wirtschaftlich versorgen. Die optimale Ausnutzung der Sonnenenergie macht aus dem Niedrigenergiehaus ein sogenanntes Passivhaus. In einem Passivhaus können ohne aufwendige zusätzliche Wärmedämmaßnahmen – außer im gesamten Dachbereich – bis zu 80 Prozent der in konventionell gebauten Häusern benötigten Heizenergie eingespart werden.

Biozide

»Biozid« ist der Oberbegriff für sämtliche chemischen Stoffe, die zur Bekämpfung und zur Abwehr von lebenden Organismen verwendet werden. Das Wort Biozid wird aus dem Lateinisch/Griechischen abgeleitet und bedeutet soviel wie Lebenstöter. Die riesige Bandbreite der chemisch hergestellten Biozide reicht von Mitteln gegen Pilze, Insekten, Viren und Muscheln bis hin zu Mitteln gegen Nagetiere. Im Hausbereich werden Biozide vor allem in → Holzschutzmitteln, in → Farben und Lacken, in Klebern (→ Klebstoffe), als Mottenschutz in → Teppichböden und als Desinfektionsmittel eingesetzt. Nach der von der EG-Kommission im Juli 1993 aufgestellten Richtlinie über Biozidprodukte können bestehende Grenz- und Richtwerte sowie schon erteilte Anwendungsverbote in Deutschland wieder aufgehoben werden. Unter dem Sammelbegriff Biozid sind mehrere Unterbegriffe zusammengefaßt:

- Akarizide: Milbenbekämpfungsmittel; häufigster Einsatz im Wohnungsbereich in → Matratzen, Federbetten und in Naturwollmaterialien.
- Fungizide: Pilzbekämpfungsmittel; bestehen meistens aus chlorierten Kohlenwasserstoffen und organischem Phosphorsäureesther. Zudem werden organische Quecksilberverbindungen (→ Quecksilber) und hochgiftige Schwermetallsalze (→ Schwermetalle) eingesetzt. Fungizide werden hauptsächlich in Holzschutzmitteln und zur Konservierung von Farben, Lacken und Klebern verwendet. → PCP (Pentachlorphenol) war in den siebziger und Anfang der achtziger Jahre das am stärksten verbreitete Fungizid, das in Holzschutzmitteln eingesetzt wurde und ist mittlerweile verboten.
- Herbizide: Sie werden in erster Linie als Unkrautbekämpfungsmittel versprüht.
- Insektizide: Insektenbekämpfungsmittel; Einsatzbereich als Pflanzen- und Holzschutzmittel. Sie bestehen meistens aus chlorierten Kohlenwasserstoffen. Am bekanntesten ist das bereits seit Jahren verbotene DDT. Ein weiteres sehr bekanntes Insektizid ist das Nervengift → Lindan. Die neuste Entwicklung im Insektizidbereich ist das hochgiftige, synthetisch hergestellte → Pyrethroid, das auch für den Holzschutz eingesetzt wird.
- Pestizide: Oberbegriff für chemische Schädlingsbekämpfungsmittel.

Baubiologische Bewertung

Biozide sollten Sie aufgrund ihrer meist hochtoxischen Wirkung nicht im Haus oder in der Wohnung einsetzen. Achten Sie auch auf sogenannte verdeckte Biozide im Wohnbereich, vor allem auf Mottenschutzmittel in Teppichböden oder verschiedene Desinfektionspräparate für Luftbefeuchter. Die wichtigsten Biozide:

- Fungizide:
  anorganische Borverbindungen
  anorganische Fluorverbindungen
  Carbendazim
  Chlorthalonil
  → Dichlofluanid

Ethylparathion
→ Furmecyclox
PCP
Phenylquecksilberoleat
Tebuconazol
Tributylzinnverbindungen
Xyligen B, AL, K

- Insektizide:
anorganische Borverbindungen
anorganische Fluorverbindungen
Äthylparathion
Baycarb
Deltamethrin
Endosulfane
Lindan
Permethrin (→ Pyrethroide)
Phoxim

Bitumen

Bitumen ist eine teerartige Abdichtungs- und Isoliermasse, die bei der Erdöldestillation gewonnen wird. Man unterscheidet Destillations-, Oxidations- und Hartbitumen. Bitumen ist eine anthrazitfarbene, je nach Zugabe von → Lösemitteln spröde bis zähe Masse. Die genaue Zusammensetzung von Bitumen ist nicht bekannt. In Bitumen sind schwefel-, sauerstoff-, stickstoff- und metallhaltige Verbindungen enthalten. Dabei ist der Anteil an PAKs (Polyzyklische aromatische Kohlenwasserstoffe) verhältnismäßig gering. Er beträgt, abhänging vom Herkunftsland, zwischen 6 und 60 mg/kg. In der → MAK-Werte-Liste werden die PAKs als stark krebserzeugend der Kategorie III A 2 zugeordnet. Diese natürlichen Kohlenwasserstoffe entstehen auch bei einer unvollständigen Verbrennung von Dieselöl, bei bestimmten Räucherverfahren von Fleisch und Fisch sowie bei einer zu niedrigen Brenntemperatur der Holzkohle beim Grillen von Fleisch.

Bituminöse Materialien werden aufgrund ihrer teilweise sehr toxischen Inhaltsstoffe in die Kategorie III B der MAK-Liste eingestuft, also als Stoff mit begründetem Verdacht auf krebserzeugendes Potential.

Der Straßenbau ist der größte Abnehmer von Bitumen. In Deutschland werden dabei jährlich ca. 4,5 Millionen Tonnen verarbeitet. Stark gesundheitsschädigend kann hierbei das Einatmen von Bitumennebel sein, der aus der ca. 90 Grad heißen Masse austritt, sowie der direkte Hautkontakt. Die stark flüchtigen Lösemittelanteile, vor allem der gefährlichste PAK, das

Benzo(a)pyren, der z.B. beim Verarbeiten von → Gußasphaltestrich in die Luft austritt, kann den menschlichen Organismus aufgrund seiner krebserzeugenden Wirkung akut gefährden.

Bitumen wird aufgrund seiner wassersperrenden Wirkung als Anstrich oder in Klebebahnen im Dach- und Kellerbereich sowie für Fundamente verwendet: So gibt es z.B. Dachabdichtungen mit bituminierten Dachpappen, bituminöse Anstriche als Schutzschicht für Stahlteile oder Bitumenvergußmassen mit verschiedenen Zusätzen von künstlichen → Mineralfasern oder Kunstharzen. Die Vergußmassen werden im Heiß- oder Kaltverfahren auch als Spachtelmassen für das Füllen von Bewegungsfugen verwendet. An Außenseiten von Kellerwänden trägt man gegen drückendes Wasser Bitumenemulsionen als Heiß- oder Kaltanstrich auf. Die unterschiedlichen Anwendungen von Bitumen variieren dabei in ihrer Gefährlichkeit für den Menschen. Da beim Kaltbitumenanstrich am wenigsten Lösemitteldämpfe auftreten, ist diese Anwendung gesundheitlich am ungefährlichsten. Bituminierte Spachtelmassen werden im kalten Zustand verarbeitet und sind trotz der niedrigen Abgabe von Lösemittelanteilen gesundheitsgefährdend, vor allem bei direktem Hautkontakt. Oft wird in Spachtelmassen sowie in kalt aufzubringenden Bitumenklebern zusätzlich der hochtoxische Wirkstoff Ethylendichlorid eingesetzt.

Symptome und Krankheiten, die durch das Einatmen von Bitumennebel oder einen direkten Hautkontakt ausgelöst werden können, sind Schleimhautreizungen, allgemeine Schwächezustände, Kopfschmerzen, bis hin zu Krebs.

Baubiologische Bewertung
Da Bitumen grundsätzlich ein krebserzeugendes Potential hat, sollten Sie keines der Produkte für den Innenausbau verwenden. Hierbei handelt es sich vor allem um Vergußmassen, Schutzanstriche, Spachtelmassen und Gußasphaltestriche. Für Flachabdichtungen gibt es bisher neben den normalerweise verwendeten Bitumenbahnen nur fast ebenso kritische Kunststoffolien. Für diesen Bereich ist also noch keine Alternative als wirtschaftliche Massenproduktionsware vorhanden. Für die Wasserabdichtung von Kellergeschossen stehen für Bitumenkaltanstriche weniger riskante Alternativen zur Verfügung, wie z.B. wasserdichte Betonzusätze (→ Beton), wasserabweisende Putze auf mineralischer Basis oder Anstriche auf der Basis von Oberflächenversiegelungen.

Blähton

Blähton ist ein mineralischer Schüttdämmstoff, der aus Ton hergestellt wird. In den USA wird schon seit Beginn dieses Jahrhunderts geblähter Ton hergestellt. In Europa wurde die Produktion erst Mitte der sechziger Jahre begonnen. Mittlerweile werden hier jährlich ca. zehn Millionen Kubikmeter Blähton produziert. Als Rohmaterial wird Ton verwendet, der aus organischen Bestandteilen besteht. Je gleichmäßiger die Bestandteile verteilt sind, desto höher ist die Qualität des Tons. Für eine qualitativ hochwertige Massenproduktion eignet sich am besten Ton aus den Ablagerungen des Jura, der im sogenannten Lias, etwa vor 150 Millionen Jahren, entstanden ist. Der Ton wird in Dreh-Roll-Ofen-Systemen bei mehr als 1200 °C gebrannt. Die organischen Bestandteile des Rohtons verbrennen, die einzelnen Tonkügelchen blähen sich auf und die Oberfläche schmilzt etwas, so daß sich eine gesinterte Außenhaut bildet. Die so entstandenen Tonperlen sind sehr porös, luftdurchlässig, druckfest und leicht. Blähton ist zudem unbrennbar, fäulnisresistent und formstabil. Es gibt leider immer noch Produktionsverfahren, bei denen die Blähung der Tonkügelchen nicht allein durch die Verbrennung der organischen Stoffe, sondern durch den Zusatz von stark toxischen Schwerölen erreicht wird.

Blähton wird aufgrund seiner hohen Wärmedämmung und seiner großen Druckfestigkeit bevorzugt für Leichtbeton (→ Beton) und Außenmauersteine (→ Mauerziegel) im Bauwesen eingesetzt. Man könnte aber auch einen kompletten Rohbau damit erstellen. Zementgebundene Außenmauerwerkssteine, wärmedämmende → Mörtel und → Estriche bis hin zu Rolladenkästen (→ Rolläden) und Kaminmantelsteinen werden heute schon unter Verwendung von Blähtonzusätzen hergestellt. Für spezielle Wärmedämm- und Schallschutzzwecke im Fußbodenbereich wird Blähton häufig als lose Schüttung unter Estrichen verlegt.

Blähton eignet sich besonders für feuchtigkeitsempfindliche Bereiche, wie z.B. Kellerböden und Holzbalkendecken. Als Dämmaterial für Flachdächer oder geneigte Dächer empfiehlt sich die Verwendung nicht, da es hier geeignetere Materialien gibt.

Baubiologische Bewertung
Trotz des verhältnismäßig hohen Energieaufwands beim Brennprozeß ist Blähton ein empfehlenswerter Baustoff, wenn er ohne Zusätze von Schwerölen gebrannt wird. Auch eine Wiederverwertung ist bei getrennter Entsorgung gut möglich. Bei unsortiertem Abbruch muß Blähton auf einer Bauschuttdeponie gelagert werden.

Blei

Blei ist ein toxisches → Schwermetall. Ca. 350000 Tonnen werden jährlich in Deutschland hergestellt – hauptsächlich als Bleioxide, Antiklopfmittel, Zusatz für Benzin, für Akkumulatoren, Legierungen, Elektrokabelmäntel oder als Oberflächenschutz. Früher wurden häufig → Bleirohre für Sanitärinstallationen verwendet. Da Blei ein sehr weiches und leicht zu verarbeitendes Material ist, verwendet man es immer noch gerne für Dachbleche, Kaminanschlüsse, Dachfensterabdichtungen und Dachrinnen.

Blei ist ein Bestandteil der Erdkruste und belastet die Umwelt aufgrund seiner geringen Löslichkeit in dieser natürlichen Form nicht. Durch die industrielle Verarbeitung, Kohleverbrennung und Müllverbrennungsanlagen treten hochtoxische Belastungen in der Luft, im Wasser, im Boden und in Nahrungsmitteln auf.

Obwohl Blei in Verbindung mit Luft relativ schnell eine Oxidschicht bildet, die weitere Oxidationsprozesse verhindert, können Bleidächer, Bleifassaden oder Bleiblechverwahrungen, besonders durch sauren Regen und starke Auswaschungen, das Regenwasser und den angrenzenden Erdboden erheblich kontaminieren. Staubförmige Bleiverbindungen von größeren Bleiblechflächen können die unmittelbare Umgebung ebenfalls stark belasten.

Nicht zu unterschätzen ist auch der immer noch verhältnismäßig hohe Anteil von Bleiverbindungen, der in Pigmenten von → Farben und Lacken eingesetzt wird.

Der → Grenzwert für Blei im Trinkwasser beträgt offiziell 40 Mikrogramm pro Liter, wird aber von Toxikologen als erheblich zu hoch eingestuft. Blei kann bereits in kleinsten Mengen negative Auswirkungen auf Blut und Nervensystem haben. Ungeborene, Säuglinge und Kleinkinder sind dabei besonders gefährdet.

Folgende Symptome werden durch Blei verursacht: Hyperaktivität bei Kindern, Lernschwächen, Konzentrationsstörungen, Schwächung des Immunsystems und eine damit verbundene erhöhte Infektanfälligkeit. Da sich Blei im Organismus, vor allem im Gehirn, in den Zähnen und in den Knochen ablagert, ist nicht auszuschließen, daß es Krebs verursacht. Abgelagertes Blei wird im menschlichen Organismus nur sehr langsam, über Jahre abgebaut, und kann daher langfristig zu Nieren- und Leberschäden führen. Typische Symptome von Bleianreicherungen im menschlichen Körper sind Müdigkeit, Magen- und Darmbeschwerden sowie Appetitlosigkeit, Muskelschwäche, Hautblässe, Anämie und Koliken.

Die Giftigkeit von Blei wird international sehr unterschiedlich eingestuft. So unterschreitet z.B. die Weltgesundheitsorganisation mit ihrer Grenzwertempfehlung von 10 µg/l den deutschen Grenzwert um das Vierfache.

Baubiologische Bewertung

Für den Strahlenschutz bei Röntgenaufnahmen oder für Akkumulatoren ist Blei immer noch unersetzbar. Für alle anderen Anwendungsgebiete, wie z.B. Farbpigmente, Wasserrohre, Elektrokabel, Rostschutzfarben, Bleche, Abdichtungen und Verwahrungen stehen unkritischere Materialien zur Verfügung. Blei sollte im gesamten Baubereich aufgrund seiner toxischen Eigenschaften nicht mehr verwendet werden.

Bleirohre

Bleirohre werden heute nicht mehr als Trinkwasserleitungen verwendet. Bei älteren Wohnungen und Häusern können allerdings noch Bleirohre installiert sein, die selbst bei nicht aggressivem Trinkwasser zu gesundheitlichen Beeinträchtigungen führen können. Diese Rohre geben toxisches → Blei ins Leitungswasser ab, so daß die betroffenen Bewohner es ohne entsprechende → Wasserreinigung täglich aufnehmen. Der heute gültige Grenzwert für Blei beträgt in Deutschland 40 µg/l. Gemäß WHO (Weltgesundheitsorganisation) ist dieser Grenzwert um das Vierfache zu hoch. Untersuchungen ergaben, daß bereits geringe Mengen von Blei im Trinkwasser das Nervensystem erheblich beeinträchtigen. Ungeborene, Säuglinge und Kleinkinder sind besonders gefährdet. Bleihaltiges Trinkwasser verursacht bei Kindern häufig Hyperaktivität und wirkt sich negativ auf Lernvermögen und Reaktionsfähigkeit aus. Das Schwermetall lagert sich besonders im Knochenmark, in den Nieren und in der Leber ab. Wenn es vermehrt in den Blutkreislauf eintritt, sind die Folgen Appetitlosigkeit, Kopfschmerzen, allgemeine Schwäche bis hin zu Magen- und Darmkoliken. Eingelagertes Blei wird im Körper nur sehr langsam abgebaut.

Baubiologische Bewertung
Nach heutigen medizinischen Erkenntnissen ist es daher sehr wichtig, sämtliche Bleirohre gegen unbedenkliche Materialien auszutauschen. → Trinkwasserrohre.

Bodenbeläge → Fliesen, → Holzböden, → Kork, → Linoleum, Teppichböden.

BTX-Aromaten → Benzol, → Toluol, → Xylol.

C

Cadmium

Cadmium zählt zu den toxischen → Schwermetallen. Es ist ein verhältnismäßig weiches, silberweiß glänzendes Material, das in der Natur nicht in reiner Form auftritt. Der Einsatzbereich für Cadmium war bis zum Ende der achtziger Jahre relativ groß. So wurden in der Bundesrepublik jährlich ca. 1 200 Tonnen hergestellt. Am häufigsten wurde Cadmium als Farbpigment für gelbe und rote Kunststoffe, Lacke (→ Farben und Lacke), Leder und Druckfarben sowie für das Färben von Emailgläsern und Gummiartikeln verwendet.

Aufgrund der hohen toxischen Wirkung ist die Verwendung von cadmiumhaltigen Pigmenten in den Ländern der Europäischen Gemeinschaft seit 1991 eigentlich verboten. Die Liste der Ausnahmegenehmigungen für die Verwendung von Cadmium ist allerdings immens groß und gilt fast uneingeschränkt für die Herstellung von → PVC. Das völlige Verbot für die Färbung von Kunststoffen trat Ende 1995 in Kraft.

Da man Cadmium als Stabilisator für PVC-Artikel angeblich bisher durch keinen anderen Stoff ersetzen kann, enthält PVC für Kinderspielzeug, Eßgeschirr oder Fensterrahmen (→ Kunststoffenster) dieses Schwermetall nach wie vor. Cadmium wird zudem weiterhin verwendet für Galvanisierungen, verschiedene Legierungen, NC-Akkus (Nickel/Cadmium), bei der Herstellung von Röntgen-, TV- und Radarschirmen und in Kernreaktoren. Cadmiumemissionen entstehen bei der Müllverbrennung sowie bei der Herstellung von → Zement, Keramik, Glas, Eisen und Stahl.

In der → MAK-Werte-Liste wird Cadmium der Kategorie III A 2 zugeordnet. Es gehört also zu den gesundheitsgefährdenden Stoffen, die im Tierversuch krebserzeugend sind. Symptome und Krankheiten, die von Cadmium im menschlichen Organismus ausgelöst werden können, sind Leberschädigungen, Reizungen der Atemwege, Anämie, Gelbfärbung der Zahnhälse, Knochenmarksschädigungen, Nierenschäden und möglicherweise Krebs.

Baubiologische Bewertung
Gelbe oder rote Kunststoffprodukte sollten sehr vorsichtig verwendet werden, da sie nach wie vor cadmiumhaltige Farbpigmente enthalten können.

Aus gesundheitlichen und ökologischen Gründen sollten auch keine PVC-haltigen Artikel mehr gekauft werden. Nach Möglichkeit sollten Sie nicht in der näheren Umgebung von metallverarbeitenden Betrieben oder Müllverbrennungsanlagen wohnen, da dies die Hauptemissionsquellen von Cadmium sind. Die Umgebung von Mülldeponien sollten Sie ebenfalls meiden, da das Sickerwasser hier Cadmiumrückstände enthalten kann.

Chinaschilf → Schilfdämmung.

Chlor

Ein stechend riechendes Gas, das in der Natur nur in sehr kleinen Mengen vorkommt. Chlor ist nur als Kleinstanteil in vulkanischen Gasgemischen in Form von Chloridsalzen, in geringen Mengen im Meerwasser und in der Erdkruste vorhanden.

Chlor wurde in großem Umfang erstmals für giftige Chlorgase, die zu Kriegszwecken in Form von Chlorpikrin, Phosgen und Lost benötigt wurden, produziert. Mit der Patentierung des Kunststoffs → PVC im Jahre 1930 expandierte die Chlorchemie in großem Ausmaß. Jährlich werden heute weltweit ca. 40 Millionen Tonnen Chlor produziert. Umgerechnet auf den Bundesbürger bedeutet dies, daß jeder einzelne jährlich ca. 40 Kilogramm Chlor, vor allem in Form von PVC-Artikeln, kauft. Nach Schätzungen ist in über 30000 chemischen Verbindungen Chlor enthalten. Die bekanntesten chlorhaltigen Verbindungen und Produkte sind PVC, Weichmacher für Kunststoffe, → PCB (Polychlorierte Biphenyle), Stabilisatoren in Schmier- und Schneideölen, Flammschutzmittel, Chlorparaffine, Chloressigsäuren, Chlorbenzole, Neopren und Fluorchlorkohlenwasserstoffe (→ FCKW). Enthalten ist Chlor auch in Klebstoffen, Reinigungsmitteln, Abbeizmitteln, Fettlösemitteln, in → Bioziden wie z.B. → Dioxinen, → Lindan, DDT, in synthetischem Kautschuk, Dichtungsprofilen, Kunststoffverkleidungen, manchen → Farben, → Klebstoffen, → Löse- und Bindemitteln und in Elektrokabeln.

Eine große Anzahl der chlorierten Kohlenwasserstoffe hat eine krebserzeugende Wirkung auf den menschlichen Organismus. Viele der chlorierten Verbindungen sind aufgrund ihrer Gefährlichkeit entweder schon verboten oder aber von der Industrie auf freiwilliger Basis zurückgezogen worden. Bei den gefährlichsten oder schon verbotenen Verbindungen handelt es sich um Biozide wie DDT, → PCP (Pentachlorphenol), Lindan, PCB und vor allem um die 210 verschiedenen Dioxine, die unter Toxikologen als Ultragifte gelten.

Unter den organischen Chlorverbindungen existieren nicht nur chlorhaltige, sondern auch chlorfreie Massenprodukte wie z.B. → Polyurethan, Epoxidharze, Frostschutzmittel und andere.

Die Chlorchemie ist aufgrund der Herstellung von Massenprodukten traditionell derart eng an ihren »Rohstoff« Chlor gebunden, daß wohl noch viele Jahrzehnte vergehen werden, bis dieser Stoff durch andere, ökologisch und gesundheitlich ungefährlichere synthetische Verbindungen ersetzt wird.

Toxikologen vertreten die Ansicht, daß es niemals zu einer derartigen Eskalation der chlorhaltigen Produkte gekommen wäre, wenn in der Blüte der Chlorchemie in den fünfziger und sechziger Jahren die großen Risiken schon bekannt gewesen wären.

Baubiologische Bewertung
Die offizielle Bewertung von Chlor in der → MAK-Werte-Liste lautet »gefährlicher Arbeitsstoff«. Der MAK-Wert liegt bei 0,5 ppm (parts per million). Wird dieser Wert nicht überschritten, soll für Schwangere kein Risiko bestehen. Andere chlorierte Kohlenwasserstoffe werden dagegen als eindeutig krebserzeugend und erbgutschädigend eingestuft, egal in welcher Konzentration sie auftreten. Die Krankheiten und Symptome, die Chlor hervorrufen kann, sind Hautekzeme (Chlorakne), Reizungen der Schleimhäute bis hin zu Verätzungen, Haarausfall, Nieren- und Leberfunktionsstörungen, Kopf- und Gliederschmerzen. Aufgrund der stark umweltbelastenden Herstellungsverfahren, ihrer Gefährlichkeit und der problematischen Entsorgung ist vom Kauf oder der Verwendung von Produkten der Chlorchemie abzuraten.

Computer → Heimcomputer.

D

Dacheindeckung

Dachziegel aus Ton und Dachsteine aus → Beton sind die gebräuchlichsten Materialien für die Eindeckung von Satteldächern.

Dachziegel bestehen wie → Ziegelsteine aus Ton, Lehm, Sand und Wasser. Die Farbgebung basiert hauptsächlich auf der natürlichen roten Farbe, die in den Rohstoffen enthalten ist, und kann zusätzlich durch den Einsatz von Eisenoxiden verstärkt werden. Tondachziegel werden mit verschiedenen Oberflächen hergestellt: glasiert, gedämpft, mit farbiger Tonschlämme eingebrannt (engobiert) oder hochverdichtet.

Betondachsteine bestehen aus Normalbeton und dem hydraulischen Bindemittel → Zement. Um die Dachsteine wasserdicht zu machen und die unterschiedlichsten Farbgebungen zu erreichen, werden verschiedene Zusatzstoffe beigemischt.

Dachsteine aus Beton sind zwar kostengünstiger als Dachziegel aus gebranntem Ton, aber die bauphysikalischen Eigenschaften werden beim Ziegelstein besser bewertet als beim → Betonstein. So können sich Betondachsteine mit Wasser vollsaugen. Daher bilden sich hier verstärkt Flechten und Moose, die besonders an den Nordseiten der Dächer auftreten und dort wegen ihres großen Wasserspeicherungsvermögens zu Dauerfeuchtigkeit auf der Oberfläche führen. An exponierten Dachflächen, vor allem auf Südseiten, können außerdem die Farben auf den Betonsteinen durch die UV-Einstrahlung ausbleichen. Zudem kann Schwefelsäure in der Luft die Oberfläche der Dachsteine angreifen, während saure und aggressive Luft gebrannte Tondachziegel nicht zersetzen kann.

Baubiologische Bewertung
Für die Herstellung von Tondachziegeln wird verhältnismäßig viel Energie aufgewendet, da sie bei hohen Temperaturen (zwischen 900 und 1300 °C) gebrannt werden. Die Entsorgung ist allerdings problemlos. Zudem läßt sich Ziegelschutt sehr gut wiederverwerten, z.B. als Auffüllmaterial für Arbeitsräume oder für den Straßenbau.

Bei der Herstellung von Betondachsteinen benötigt man im Vergleich zu Tondachziegeln weniger Energie. Die Entsorgung ist relativ problemlos, und das Recyclingverfahren verhältnismäßig einfach. Es wird jedoch kaum durchgeführt, da die Herstellung von Neuprodukten wirtschaftlicher ist. Trotz des höheren Preises sind Tondachziegel Betondachsteinen vorzuziehen, da sie aus einem natürlichen Material gefertigt und aufgrund ihrer Resistenz gegen die meisten aggressiven Luftschadstoffe haltbarer sind. Sie haben sich in über 1000 Jahren im Baubereich bestens bewährt.

Dachziegel → Dacheindeckung.

Dämmstoffe → Wärmedämmung.

Deckenheizung

Deckenheizsysteme werden heute im Wohnungsbau kaum noch verwendet. Lediglich im Industriebereich, in Büroräumen und auf Terrassen werden häufig Infrarotheizgeräte angebracht, die eine sehr gesunde, direkte Strahlungswärme erzeugen.

Die klassische Deckenheizung als Alternative zur → Fußbodenheizung hat sich nicht durchgesetzt, da sie in der Regel mit Putz überdeckt ist und daher nachträglich nur sehr schwer Renovierungs- oder Umbauarbeiten durchgeführt werden können. Will man beispielsweise nachträglich eine Holzdecke anbringen, Lampenkabel verlegen oder Deckenleuchten installieren, werden die mit Wasser gefüllten Rohre sehr leicht beschädigt. Eine Deckenheizung wird genau wie eine Fußbodenheizung über eine → Zentralheizung erwärmt. Ihre Wärmestrahlung ist höher als die einer Fußbodenheizung, die Wärme verteilt sich besser im Raum, und auch die auftretenden Luftturbulenzen sind erheblich geringer.

Baubiologische Bewertung
Deckenheizungen sind als reine Strahlungswärmeerzeuger sehr positiv zu bewerten. Bei optimaler Einstellung der Deckenoberflächentemperatur – je nach Wärmeempfinden der Bewohner – gibt dieses Heizsystem eine gesunde Wärme in den Raum ab. Deckenheizungen sind allerdings gewöhnungsbedürftig, da die Wärmeeinwirkungen auf den Kopf für die meisten Menschen etwas völlig Unbekanntes ist. Einige Menschen empfinden diese Art der Wärmestrahlung auf Dauer als unangenehm. Zudem reagieren diese Heizungen genau wie Fußbodenheizungen sehr träge, d. h., sie können die Temperatur nur sehr langsam erhöhen oder reduzieren. Man sollte den Einbau eines solchen Heizsystems also ganz besonders durchdenken (→ Heizung).

Destilliergeräte

Destilliergeräte bestehen aus schweren abisolierten Metallgefäßen, in denen Wasser regelrecht verkocht, so daß der Wasserdampf als reines Destillat zurückgewonnen wird. Das so gewonnene Trinkwasser enthält kaum noch Schadstoffe, und auch der Geschmack des ausgekühlten Destillats ist neutral und gut.

Baubiologische Bewertung
Destilliergeräte eignen sich hervorragend zur Herstellung von reinem Trinkwasser. Nachteile sind der verhältnismäßig hohe Preis der Geräte sowie die energie- und zeitaufwendige Herstellung des Trinkwassers.

Daß der Genuß von destilliertem Wasser gesundheitsschädigend oder gar giftig sei, ist falsch. Richtig ist, daß in destilliertem Wasser praktisch keine Mineralstoffe mehr vorhanden sind. Da diese aber in ausreichender Menge in der täglichen Nahrung enthalten sind, kann bei gesunder Ernährung kein Mangel entstehen. → Wasser, → Wasserreinigung, → Wasserentkalkung, → Aktivkohlefilter, → Umkehrosmose.

Dichlofluanid

Dichlofluanid wird seit ca. 30 Jahren als → Holzschutzmittel eingesetzt. Früher nur in sehr geringen Dosen, meistens zusammen mit → PCP (Pentachlorphenol), → Lindan und → Furmecyclox. Heute ist Dichlofluanid ein häufig verwendeter giftiger Ersatzstoff für die, wegen ihrer Gefährlichkeit in Deutschland nicht mehr verwendeten Holzschutzmittelzusätze PCP und Lindan. Gezielt wird Dichlofluanid als Holzschutzmittelzusatz gegen die sogenannte Holzbläue eingesetzt. Das → Biozid tötet Pilze effektiv ab und schützt das Holz wirksam vor den meisten Holzschädlingen. Leider wird Dichlofluanid in vielen anderen Lacken (→ Farben und Lacke) und Anstrichmitteln verwendet, obwohl dafür keine Notwendigkeit besteht.

Laborversuchen zufolge kann Dichlofluanid, das in Holzschutzmitteln, Farben oder Imprägnierungen enthalten ist, über Jahre in die Luft austreten. Da bisher keine Langzeituntersuchung über Raumluftbelastungen durch Dichlofluanid durchgeführt wurde, kann die Menge, die der menschliche Organismus aufnimmt, nur rechnerisch ermittelt werden. Danach nimmt der Mensch durchschnittlich direkt nach einem Holzanstrich in seiner Wohnung ca. 0,276 mg und nach 62 Tagen immerhin noch 0,084 mg Dichlofluanid auf.

Da nach dem Wegfall von PCP- und Lindanzusätzen sofort ein Ersatzstoff hergestellt werden mußte und für toxikologische Untersuchungen nicht genügend Zeit blieb, wurde Dichlofluanid ungeachtet möglicher gesundheitsschädlicher Auswirkungen tonnenweise in Wohnungen und Häusern verstrichen. Allmählich werden nun Ergebnisse von tierexperimentellen Versuchen veröffentlicht. Hierbei werden folgende Gesundheitsstörungen angegeben: Augenreizungen, Apathie mit Atemstörungen, Leber- und Nierenfunktionsstörungen, Übelkeit, Schwindel und Kopfschmerzen. Dabei muß man wissen, daß es bis heute gegen Vergiftungen durch Dichlofluanid keinerlei Gegenmittel gibt. Aktuelle Untersuchungen zeigen, daß Dichlofluanid in hohen Konzentrationen in Innenräumen nachzuweisen ist, wenn Decken- oder Wandbeschichtungen mit modernen Holzschutzmitteln behandelt wurden. Viele Betroffene werden erst durch den penetranten Geruch, der vor allem bei nassem Abwischen der behandelten Hölzer entsteht, auf dieses giftige Holzschutzmittel aufmerksam. Andere klagen hauptsächlich über Kopfschmerzen, Schwindel und Unwohlsein. Da es keinerlei Richtwerte oder offizielle Beobachtungen zu Dichlofluanid gibt, greifen Behörden selbst dann nicht ein, wenn in Schulen oder Kindergärten sehr hohe Dichlofluanidwerte ermittelt wurden. In einem einzigen mir bekannten Fall wurde dichlofluanidhaltige Holzfarbe in einem Kindergarten auf Veranlassung des zuständigen Gesundheitsamtes als sogenannte Schnellsanierung mit einem luftdichten Anstrich überstrichen. Die Maßnahme wurde damit begründet, daß direkter Hautkontakt mit Dichlofluanid vermieden werden sollte.

Grundsätzlich ist es allerdings baubiologisch nicht vertretbar, giftige Holzschutzmittelzusätze mit luftdichten Anstrichen zu »sanieren«. Die Inhaltsstoffe dieser Sanierungsfarben sind ebenfalls kritisch und teilweise sogar hochtoxisch, so daß bei derartigen Sanierungsversuchen nur eine giftige Verbindung gegen eine andere ausgetauscht wird.

Baubiologische Bewertung
Während die Bewohner von sehr vielen Wohnungen und Häusern noch mit den Altlasten der stark gesundheitsschädigenden Holzschutzmittelzusätze von PCP und Lindan zu kämpfen haben, werden als Ersatzstoffe schon wieder hochgiftige Chemizide völlig ungeprüft in breitem Umfang eingesetzt. Da Dichlofluanid hochgradig gesundheitsschädigend ist, sollten Sie Farben, Lacke und Holzschutzmittel, die dieses Chemizid beinhalten, grundsätzlich nicht verwenden.

Dioxine

Dioxine gehören zu den halogenierten aromatischen chlorierten Kohlenwasserstoffen und werden hier den polychlorierten Dibenzodioxinen und den polychlorierten Dibenzofuranen zugeordnet. Insgesamt lassen sich 210 Verbindungen nachweisen. In der breiten Öffentlichkeit ist Dioxin erst 1976 durch die Seveso-Katastrophe bekannt geworden. Das »Seveso-Dioxin« (2, 3, 7, 8 – TCDD) gilt als eines der giftigsten künstlich erzeugten Chemizide.

Dioxine werden von der Industrie nie absichtlich hergestellt, sondern sie entstehen als Nebenprodukte bei Verbrennungs- und Herstellungsprozessen chlorierter organischer Verbindungen, die bei Temperaturen über 200 °C durchgeführt werden. Bei Temperaturen über 300 °C bilden sich die meisten Dioxine. Erst ab 1 200 °C verbrennen sie vollständig und sind damit vernichtet. Bei der PVC-Produktion und -Verbrennung (→ PVC) bilden sich prozentual die größten Mengen von Dioxinen. Die Lagerung und die Verbrennung des dioxinhaltigen Schlamms aus der PVC-Produktion ist dabei am problematischsten. Jährlich fallen mehrere tausend Tonnen an.

Dioxine entstehen auch beim Bleichen in der Papierindustrie, bei der → Aluminium- und Kupferherstellung, bei der Stahlherstellung, bei der Schrottverwertung, z.B. bei der Wertstoffgewinnung aus Computerschrott, und vor allem gelangen sie durch Rauchgase der Chlorchemieproduktion und der Verbrennungsanlagen direkt in die Umwelt. In Deutschland besteht vielerorts die Gefahr einer starken Gefährdung der Gesundheit durch Dioxine auf Mülldeponien und durch Schlacken aus der Kupferherstellung, die sorglos auf Sportplätzen aufgebracht wurden. Das Langzeitproblem der mit Dioxinen verunreinigten → PCP-haltigen → Holzschutzmittel kann in vielen Häusern und Wohnungen noch die nächsten 10 bis 20 Jahre bestehen und die Menschen gesundheitlich schwer belasten.

Die traurigste Berühmtheit erlangten Dioxine durch den Vietnamkrieg, in dem die US-Armee (in den Jahren 1965–1971) ca. 40 Millionen Liter des stark dioxinverseuchten Entlaubungsmittels Agent Orange versprühte. Bei epidemiologischen Studien stellte sich später heraus, daß die Familien der mit Agent Orange in Berührung gekommenen Vietnamesen und Soldaten eine weit überdurchschnittliche Rate von Neugeborenen mit schweren Mißbildungen aufwiesen. Dioxine sind mittlerweile, wie die meisten chlorierten Kohlenwasserstoffe, die sehr fettlöslich und beständig sind, in der gesamten Umwelt nachweisbar: in Luft, Wasser, Boden, Pflanzen, Tieren und im menschlichen Organismus. Am meisten belastet ist fetthaltiges Gewebe und Muttermilch.

Da Dioxine hochtoxisch sind, liegen die Richtwerte für die maximale tägliche Aufnahme pro Kilogramm Körpergewicht im Picogrammbereich (1 Picogramm = 1 Billionstel Gramm). Die Aufnahme von einem Picogramm Dioxin toleriert das Bundesgesundheitsamt. In Toxikologenkreisen allerdings wird dieser Wert vor allem wegen seiner Dauerwirkung (lebenslange Aufnahme von kleinen Dioxindosen) um ein Vielfaches zu hoch eingeschätzt.

Die einzelnen Vergiftungssymptome sind sehr unspezifisch, so daß sie bis auf einige typische Fälle nur schwer direkt auf Dioxine zurückzuführen sind: Seit vielen Jahrzehnten ist eine charakteristische, schwer heilende Hautkrankheit unter dem Namen Chlorakne bekannt. Weitere typische Symptome sind Nevenfehlfunktionen, Muskel- und Gelenkschmerzen, starke Leberschädigungen, Erhöhung des Cholesterinspiegels, Verdauungsstörungen mit Durchfall, Erbrechen, Fettunverträglichkeit, allgemeine Schädigung des Immunsystems, Kopfschmerzen, Seh- und Hörschwäche, Schlaflosigkeit, Nervosität und Depressionen. Im Tierversuch ist die krebserzeugende Wirkung nachgewiesen.

Baubiologische Bewertung
Da zwangsläufig bei der Herstellung von Chlorchemieprodukten Dioxine und Furane frei werden und die gesamte Umwelt langfristig vergiften, sollten derartige Materialien im Hausbau nicht mehr verwendet werden: Dazu gehören z.B. PVC-Bodenbeläge, → Kunststoffenster und Plastikbeschichtungen.

Dispersionsfarben → Kunstharz-Dispersionsfarben, → Naturharz-Dispersionsfarben.

Drainage

Heute werden leider immer noch die meisten Drainagerohre aus dem umweltfeindlichen Material → PVC hergestellt. Polyethylenrohre könnten das hochtoxische PVC-Material in diesem Bereich völlig ablösen und werden auch schon vereinzelt verwendet. Der Sinn und Zweck einer Drainage ist, ein Kellergeschoß trockenzuhalten. Darum soll anfallendes Sickerwasser in Drainagerohren vom Haus weg geführt werden. Jahrelang wurden hierfür Drainagerohre eingebaut, die ringsum mit kleinen Löchern perforiert waren. Bei diesen Rohren sickert das Wasser aber teilweise durch die Löcher in den Boden ein und kann bei nicht richtig abgedichteten Kellerwänden zu erheblichen Durchfeuchtungen führen.

Eine echte und wirkungsvolle Drainage kann nur mit halbgeschlossenen Rohren erzielt werden. Hierbei ist nur die obere Hälfte der Rohre perforiert, so daß auf der unteren wasserundurchlässigen Rohrhälfte das überschüssige Sickerwasser abfließen kann.

Die einzige umweltfreundliche Alternative zu Kunststoff-Drainagerohren sind »althergebrachte« Tonrohre, die mit einem offenen Abstand von ca. einem Zentimeter verlegt werden. Die Tonrohre müssen zusätzlich mit einem Vlies umlegt werden, so daß das Eindringen von Erdreich und Sand in das Rohrinnere verhindert wird. Durch seine extrem hohe Saugfähigkeit nimmt der Ton das Sickerwasser wie ein Schwamm auf und leitet nur das überschüssige Wasser ab. Nach dem Abklingen der Regenfälle trocknen die Tonrohre auf die gleiche natürliche Weise ab wie der angrenzende Drainagekies und das Erdreich.

Die Kunststoffindustrie hat aufgrund ihrer Massenproduktion die ungiftigen Tonrohre völlig vom Markt verdrängt. Der Hauptgrund hierfür ist der enorme Preisunterschied. Ein Ton-Drainagerohr kostet mehr als doppelt so viel wie ein PVC-Rohr, und es gibt kaum einen Handwerker, der heute noch in der Lage ist, die Tonrohre mit dem richtigen Abstand und der notwendigen Vliesabdeckung zu verlegen.

Mittlerweile hat sogar der Gesetzgeber die gefährlichen Auswirkungen der künstlichen Grundwasserabsenkungen erkannt. So ist es in vielen neuen Baugebieten bereits verboten, Sickerwasser oder gar Grundwasser einfach in die Kanalisation abzuleiten. Wenn ein Haus mit seinen Fundamenten oder dem Kellergeschoß den Grundwasserspiegel anschneidet, ist dort eine Drainage zur Ableitung des Wassers verboten. Dies ist eine konsequente und richtige Vorschrift, denn sonst würde der Grundwasserspiegel in diesen Bereichen permanent künstlich abgesenkt. Auch beim Auftreten von Schichtenwasser im Erdreich darf keine ableitende Drainage mehr verlegt werden. Bauherren müssen in solchen Wohngebieten entweder zweischalige Kellerwände oder einschalige wasserdichte Wände und Kellerböden anfertigen lassen. Bei Tausenden von bereits gebauten Häusern, die den Grundwasserspiegel anschneiden, ist eine Abdichtung des Kellergeschosses nur unter großem finanziellem Aufwand möglich, so daß hier weiterhin tagein und tagaus das Grundwasser über Drainagerohre sinnlos in die Kanalisation geleitet wird.

Baubiologische Bewertung

Ein biologisch gesundes Haus sollte niemals im Grundwasser stehen. Wasser und Durchfeuchtungen im Haus führen zu Schäden und sind die Hauptursache für Baumängel. Ein Haus mit einem biologisch intakten Raumklima muß nach allen Seiten aus natürlichen offenporigen Materialien bestehen, so daß auch jeder einzelne Kellerraum einen funktionierenden natürlichen Feuchtigkeitsausgleich von innen nach außen hat. Schon bei der Auswahl des → Bauplatzes ist es darum wichtig, auf die natürlichen Gegebenheiten, die Beschaffenheit des Baugrundes, des Bewuchses und des Mutterbodens zu achten. Sichtbare Trockenrisse im Boden deuten auf einen gesenkten Grundwasserspiegel hin, lange stehendes Wasser auf der Oberfläche ist ein Zeichen für einen bindigen Boden, der wasserundurchlässig ist. Eine Probebohrung vor dem Kauf des Bauplatzes ist unverzichtbar, denn nur so kann die Konsistenz des Bodens und die Höhe des Grundwasserspiegels festgestellt werden.

Wenn in Neubaugebieten auch die Ableitung von Sickerwasser durch Drainagerohre verboten ist, aber der Grundwasserspiegel tief genug ist, sollte man trotzdem eine Drainage aus Tonrohren verwenden. Das überschüssige Wasser, welches sich in den Tonrohren sammelt, kann dann in einiger Entfernung auf dem Grundstück in eine Sickergrube geleitet werden.

Damit werden Kellerboden und Kellerwände trocken gehalten, und das Regenwasser kann auf natürliche Weise über die Sickergrube wieder dem Grundwasserspiegel zugeführt werden. → Baugrund.

E

Edelstahlrohre

Edelstahlrohre sind mit Abstand die besten → Trinkwasserrohre. Sie halten aggressivem Wasser stand, so daß sie auch für das Rohrleitungssystem von Regenwasser-Sammelanlagen (→ Regenwassernutzung) eingesetzt werden können.

Der Nachteil von Edelstahlrohren ist, daß für die Herstellung im Vergleich mit anderen Trinkwasserrohren am meisten Energie verbraucht wird. Zudem sind sie sehr teuer.

Elektroinstallation → Biologische Elektroinstallation.

Elektromagnetische Verträglichkeit (EMV)

Elektrische oder elektronische Systeme sind elektromagnetisch verträglich, wenn sie in einer elektromagnetischen Umgebung fehlerfrei funktionieren und selbst keine Störfelder erzeugen, die andere Systeme beeinflussen könnten. Bei der EMV handelt es sich ausdrücklich nur um eine elektromagnetische Verträglichkeit von Elektrogeräten oder elektronischen Systemen untereinander. Sie bezieht sich also nicht auf den menschlichen Organismus. Elektrische oder elektronische Geräte erzeugen → elektromagnetische Felder in vielen verschiedenen Frequenzbereichen, die sich zum Teil über viele Meter im Raum ausbreiten. Diese elektromagnetischen Felder können andere Geräte in ihrer Funktionsweise beeinflussen. Die EMV kann nur durch besondere Schutzmaßnahmen erreicht werden. So beseitigt man z. B. leitungsgebundene Störungen mit speziellen Filtern. Störfelder hingegen werden durch das Abschirmen der jeweiligen Geräte neutralisiert. Bei Hochfrequenzfeldern (→ elektromagnetische Wechselfelder) ist dies relativ einfach durch leitfähige Abschirmungen zu erreichen. Bei niederfrequenten magnetischen Wechselfeldern (Hauselektrizität) hingegen ist eine viel aufwendigere Abschirmung notwendig.

Von allen elektrischen Systemen reagiert ein Monitor mit Kathodenstrahlröhre am empfindlichsten. Die Beeinträchtigung des Bildes ist abhängig von der Orientierung der Störfelder. Horizontale Störfelder verursachen einen vertikalen Zellenversatz, Längsfelder eine Bilddrehung um das Zentrum der Bildfläche. Statische Felder führen zu einer permanenten Verschiebung oder Drehung des Bildes. Diese vielschichtigen technischen Störeinflüsse sind seit Jahren bekannt. Gleichzeitig ignoriert man aber die Wirkungen, die sie auf den menschlichen Organismus haben können. Eine Abschirmung zum Schutz für den Menschen wird bisher nur in Monitore für PCs eingebaut, die der sogenannten Schweden-Norm (MPR 2 oder TCO) entsprechen müssen. Hierbei wird die elektromagnetische Abstrahlung so stark reduziert, daß sie nur noch ca. einem Zweitausendstel der deutschen → Grenzwerte entspricht. In einem Computer läuft der Informationsfluß über viele elektronische Signale. Im menschlichen Organismus ist das ähnlich. Die Übertragung erfolgt über Milliarden von Einzelzellen, die durch schwache elektromagnetische Signale gesteuert werden. Daß nicht nur elektronische Geräte sich gegenseitig stören, sondern auch der Mensch durch die Dauereinwirkung der künstlich erzeugten elektromagnetischen Felder gestört und dadurch elektrosensibel (→ Elektrosensibilität) wird, belegen unzählige Fallbeispiele. Am meisten werden wir von den dauernd auf uns einwirkenden niederfrequenten Feldern beeinflußt, die uns überall und zu jeder Zeit erreichen. Zwar ist dies bis heute unter Physikern heftig umstritten, von der Naturmedizin aber schon längst erkannt. Von seiten der Schulmedizin gibt es noch keine offizielle Stellungnahme zu diesem Thema.

Abschirmungsmaßnahmen für elektrosmogbelastete Wohnräume sollten dringend entwickelt werden, so daß eine elektromagnetische Verträglichkeit nicht nur für Maschinen und Geräte, sondern auch für biologische Organismen hergestellt werden kann. Komplizierte elektronische Geräte, die durch elektromagnetische Felder anderer Geräte gestört werden, fallen einfach aus und werden durch neue ersetzt. Der menschliche Organismus kann durch die dauernde Einwirkung von → Elektrosmog ebenso in seinen Funktionen beeinträchtigt werden. Wenn seine Systeme zusammenbrechen, wird er krank, weil seine Funktionen außer Kontrolle geraten.

Elektromagnetische Wechselfelder

Elektromagnetische Wechselfelder werden je nach Wellenlänge und Anzahl der Frequenzen (Umpolungen) pro Sekunde unterschiedlichen Bereichen zugeordnet:

Der Niederfrequenzbereich (NF) reicht von 0 bis 30 Kilohertz. Hierzu gehören z.B. die Elektroinstallation von Häusern und die große Anzahl der elektrischen Geräte. Der Hochfrequenzbereich (HF) umfaßt die Wellenlängen von 30 Kilohertz bis 300 Megahertz. Der Mikrowellenbereich hat eine Reichweite von 300 Megahertz bis 300 Gigahertz. Die Phasen der elektrischen Kabel, die in unseren Häusern und Wohnungen installiert sind, liegen ganz dicht beieinander, so daß in der Regel die Summe der hinfließenden Ströme gleichzusetzen ist mit der Summe der wieder zurückfließenden Ströme. Durch dieses Gleichgewicht kompensieren sich die elektromagnetischen Felder nahezu. Je größer der Kabelleitungsabstand ist, desto weniger können sich die Magnetfelder gegenseitig aufheben. Bei → Hochspannungsleitungen ist dies wegen des großen Leitungskabelabstandes überhaupt nicht möglich. Die Ausbreitung der Felder in den Luftraum ist daher extrem hoch. Generell gilt: Je weiter man sich von einem elektrischen Kabel entfernt, desto schwächer wird das elektromagnetische Feld.

Elektromagnetische Wechselfelder setzen sich aus magnetischen und elektrischen Wechselfeldern zusammen. Wenn Strom fließt, durchdringen die magnetischen Felder sämtliche Materialien, Mauerwerk genauso wie dicke Stahlbetonwände und den menschlichen Körper. Eine Abschirmung gegen diese alles durchdringenden Felder ist nicht möglich. Eine Ableitung ist nur durch ein ferromagnetisches Material, das sehr gute magnetische Eigenschaften hat, durchführbar.

Elektrische Wechselfelder beeinflussen das Elektroklima in Häusern und Wohnungen ebenfalls. Im Unterschied zu Magnetfeldern, die sich ringförmig um elektrische Kabel bilden, bewegen sich elektrische Wechselfelder sternförmig von den Kabeln weg. Man kann sie im Gegensatz zu den magnetischen Feldern relativ leicht abschirmen. Abgeschirmte Kabel aus Stahl oder Koaxialkabel können bei richtiger Verlegung die niederfrequenten elektrischen Felder nahezu völlig dämpfen. Auch durch geerdete Metallplatten oder Aluminiumfolien lassen sich elektrische Wechselfelder sehr effektiv abschirmen.

Im Gegensatz zu dem magnetischen Wechselfeld, das nur entsteht, wenn Strom fließt, ist das elektrische Wechselfeld auch bei ausgeschalteten Geräten dauernd vorhanden. Abschalten kann man das elektrische Wechselfeld nur, indem man entweder den elektrischen Schaltkreis durch einen → Netzfreischalter unterbricht oder die Sicherung herausdreht.

Das elektrische Wechselfeld wird in Volt pro Meter (V/m) gemessen. Das Magnetfeld wird bei Hausuntersuchungen in Mikro- oder Nanotesla gemessen.

Bei Mikrowellen breiten sich elektromagnetische Felder auf ähnliche Art und Weise aus wie bei Niedrigfrequenzen. So strahlen von den einzelnen Sendeantennen (Dipolen) der Funktürme hochfrequente elektrische Ladungen ab. Die in einer hohen Frequenz (Wellenlänge) wegschwingenden Elektronen der Dipole erzeugen nicht nur ein elektrisches, sondern auch ein magnetisches Wechselstromfeld. Dieses elektromagnetische Feld umgibt den Dipol ringförmig. Durch die Umpolung wechselt es ständig die Richtung und löst sich daher von der Sendeantenne ab. Durch die Wechselwirkung der elektrischen Felder, die in den Raum hinausgehen, wird ununterbrochen wechselweise ein magnetisches und ein elektrisches Feld aufgebaut. Da beide ständig die Richtung wechseln, verschwindet ab einer bestimmten Entfernung vom Sender der Phasenunterschied zwischen beiden, und sie gehen verkoppelt als elektromagnetische Welle auf ihre lange Reise zur Empfangsantenne. Dort induzieren sie wieder elektrische Schwingungen, die dann durch Verstärker in Musik, Fernsehbilder oder Töne umgewandelt werden. Die Ausbreitungsgeschwindigkeit dieser elektromagnetischen Wellen ist äußerst hoch. Sie entspricht etwa der Lichtgeschwindigkeit, also 300 000 Kilometer pro Sekunde. Diese enorme Geschwindigkeit erklärt, warum man seinen Gesprächspartner am Telefon über Entfernungen von mehreren tausend Kilometern ohne Zeitverzögerung hören kann. Auch Direktübertragungen von Fernsehsendungen rund um den Erdball können nur zeitgleich gesendet und empfangen werden, weil sie mit Lichtgeschwindigkeit in Form von elektromagnetischen Wellen transportiert werden. Die Übertragungsgeschwindigkeit verlangsamt sich lediglich beim Durchdringen von Materie. So beträgt die Ausbreitungsgeschwindigkeit im menschlichen Körper nur noch etwa 3 000 Kilometer pro Sekunde. Das kann je nach Intensität und Dauer der Einwirkung zu thermischen und biologischen Wirkmechanismen im Organismus führen. Elektromagnetische Wellen transportieren grundsätzlich immer Energie. Die einwirkende Strahlungsleistung wird auch als Strahlungsintensität bezeichnet, die sich aus dem vektoriellen Produkt aus elektrischer und magnetischer Feldstärke ergibt. Gemessen wird meistens in Milliwatt pro Quadratmeter (mW/m^2). Unnötige Strahlungsquellen, die negative Auswirkungen auf die Gesundheit haben können, sollten in einem gesunden und giftfreien Haus vermieden werden. Darum ist weder die Benutzung von Mikrowellenherden noch von Mobilfunkgeräten zu empfehlen. → Elektrosensibilität, → Elektrosmog, → Elektrostreß.

Elektrosensibilität

Die Physik geht grundsätzlich davon aus, daß Menschen Elektrizität weder sehen, fühlen, schmecken oder auf andere Weise wahrnehmen können. Bei Dauereinwirkungen oder starken Feldern künstlich erzeugter Elektrizität kann die Wahrnehmung des menschlichen Organismus aber erwiesenermaßen sehr vielschichtig sein: Hörbares Rauschen oder Knistern, Vibrationen, die den Körper durchdringen, verbunden mit Zittern, Augenflimmern, Unruhe und Nervosität können Zeichen für vorhandene → elektromagnetische Wechselfelder sein. Für Elektrizität sensibilisierte Menschen klagen am häufigsten über Kopfschmerzen, Sehstörungen, Konzentrationsmangel, Schwindelgefühle, Schwächezustände und Dauermüdigkeit. Wenn sensibilisierte Menschen nur in die Nähe von Bildschirmen oder Leuchtstoffröhren kommen, beginnen sie häufig am ganzen Körper zu zittern. Andere, die in der Nähe von → Hochspannungsleitungen, Transformatorenstationen, Umspannwerken oder elektrifizierten Bahnstrecken leben, klagen über Müdigkeit während des ganzen Tages, lange schlaflose Nächte, Kopfschmerzen, Verdauungsstörungen, Nervosität, Atembeschwerden, Depressionen, Verkrampfungen und Reizbarkeit. Erfahrungsvergleiche haben gezeigt, daß sich bei den meisten Elektrosensiblen die Anfangssymptome gleichen: Erhitzen und Brennen von Hautstellen, vorwiegend im Gesicht, oder Kribbeln und Wärmegefühle. Wenn die Betroffenen noch nicht wissen, daß sie sich im Anfangsstadium einer Elektroschädigung befinden, kommen neue Symptome hinzu, z.B. Schwindelgefühle, Muskel- und Gliederschmerzen wie bei einer beginnenden Grippe, Zahn-, Kopf- oder Kieferschmerzen und Herzrhythmusstörungen. Wenn sich die Betroffenen in dieser Situation weiterhin elektromagnetischen Strahlungen aussetzen, können sich z.B. schwere Organschäden oder Krebs entwickeln. Außer in Schweden, wo die Elektrosensibilität wissenschaftlich bereits anerkannt und als Magnetfeldallergie bezeichnet wird, gibt es in bisher keinem anderen Land eine offizielle Krankheitsbezeichnung. Typisch für elektrosensible Menschen ist, daß sie besonders nachts unter den Symptomen leiden, so daß sie durch Schlafstörungen zusätzlich geschwächt werden. Die Zunahme der Symptome in der Nachtzeit hängt mit dem Ansteigen der Magnetfelder und der schwächeren Wirkung der Sonne zusammen. Am Tag werden durch die natürlichen elektromagnetischen Felder der Sonne die Magnetfelder auf der Erde abgeschwächt. Dies ist während der Nacht, wenn die Sonne im Erdschatten steht, nicht der Fall. Darum sind sämtliche elektromagnetischen Felder nachts stärker als am Tag.

Elektrosensible Menschen reagieren teilweise auch sehr stark auf natürliche elektromagnetische Felder. Am häufigsten wird beobachtet, daß große Teile der Bevölkerung vermehrt unter den Symptomen der Wetterfühligkeit leiden. Durch Sferics, das sind natürliche elektromagnetische Signale, die bei starken Wetterschwankungen entstehen, z.B. beim Aufeinandertreffen von Hoch- und Tiefdruckgebieten oder aufziehenden Gewitterstörungen, können starke Befindlichkeitsstörungen ausgelöst werden. Am häufigsten leiden die Menschen dabei unter Kopfschmerzen, Migräneanfällen, Kreislaufschwäche, Müdigkeit und allgemeiner Schwäche. Diese Beschwerden klingen nach der Stabilisierung der Wetterlage meist schnell wieder ab.

Bereits 1978 wurde von den Medizinern J. Monro, R. Choy und C. Smith in klinischen Studien nachgewiesen, daß schwache elektromagnetische Felder allergische Reaktionen beim Menschen hervorrufen können. Am häufigsten wurden Müdigkeit, Krämpfe, Hyperaktivität und Migräne beobachtet. Man untersuchte bei über 100 Personen die Reaktionen auf verschiedenste im Hausgebrauch übliche elektrische Geräte. Empfindliche Patienten reagierten dabei nicht, wie man bisher angenommen hatte, auf das magnetische, sondern auf das elektrische Wechselfeld – und zwar schon bei sehr geringen Feldstärken von einem Volt/Meter. Die Zeitspanne bis zur allergischen Reaktion, war unterschiedlich lang. Einige Menschen reagierten sofort beim Einschalten eines Küchengerätes, andere erst nach mehrminütigem Gebrauch. Die Symptome der einzelnen Probanden ähnelten sich. Folgende Beschwerden traten auf: Extreme Drüsenschmerzen und Probleme beim Sprechen, wenn ein Patient unter einer Hochspannungsleitung hindurchging, Migräne und Müdigkeit beim Gebrauch von elektrischen Bügeleisen oder Toastern bei feuchtem Wetter oder vor einem Sturm. Hyperaktivität und extreme Kopfschmerzen in der Nähe von elektrischen Lampen, Computerspielgeräten und Fernsehapparaten. Extreme Kopfschmerzen, Schwierigkeiten beim Atmen und Bewußtlosigkeit traten bei Elektrosensiblen auf, wenn sie sich großen Computerterminals oder Fernsehsendern näherten. Heute gehen immer mehr Wissenschaftler davon aus, daß Reaktionen auf elektromagnetische Felder die Ursache der meisten Allergien sind. Elektromagnetische Felder und allergieauslösende chemische Stoffe verursachen fast identische Reaktionen. Eine Allergie, die von einer der beiden Quellen hervorgerufen wird, kann von der anderen neutralisiert oder aber auch gesteigert werden. Eine äußerst empfindliche Patientin war so stark auf elektromagnetische Felder allergisch, daß sie nicht näher als 200 Meter an eine Hochspannungsleitung herankommen durfte. In der holistisch arbeitenden Medizin werden heute schon so viele Symptome und Krankheiten elektromagnetischen Feldern zugeordnet, daß man davon ausgeht, daß bereits mindestens 15 Prozent der Bevölkerung elektrogeschädigt sind. Da wir fast alle täglich diesen künstlichen Einflüssen ausgesetzt sind, müssen wir zwangsläufig im Lauf der Zeit sensibler darauf reagieren. Die Erfahrung zeigt, daß auch für elektromagnetische Felder gilt, was in der klassischen Medizin längst bekannt ist: Je länger der Organismus durch Fremdeinwirkungen geschädigt wird, desto niedriger kann mit der Zeit auch die Dosis sein, die Schäden auslöst, und je länger die Einwirkung, desto größer die Schädigung. Ein heute noch gesunder Mensch kann bereits morgen durch die Dauereinwirkung der elektromagnetischen Felder typische Streßsymptome zeigen.

Dr. Braun von Gladiss spricht von Wirkungen, die das Stammhirn, das vegetative Nervensystem und das Gleichgewichtsorgan beeinflussen. Die Körperfunktionen werden derart manipuliert, daß man keine bewußt gesteuerte Abwehr aufbauen kann. Da Wechselwirkungsprozesse in der modernen Medizin immer noch zum größten Teil ausgeklammert werden, beschränkt sich diese Wissenschaft nach wie vor auf eine eindimensionale Betrachtungsweise. Wenn Kranke mit modernsten technischen Instrumenten untersucht werden, können immer nur die Symptome registriert werden, auf die das jeweilige Gerät spezialisiert ist. Wenn bestimmte Effekte nicht registriert werden können, ist das aber noch lange kein Beweis dafür, daß sie nicht existieren.

Die Forschungsgemeinschaft Funk e.V. macht seit Ende 1994 medizinische Zugeständnisse bei den Kausalzusammenhängen und Wirkungsmechanismen, die von elektromagnetischen Feldern ausgehen. Bei Untersuchungen von 300 elektrosensiblen Menschen stellte man ausnahmslos synergetische Zusammenhänge fest. Die Untersuchung ist zwar nicht repräsentativ, da über 80 Prozent der Betroffenen älter als 50 Jahre waren, aber der erste offizielle Anfang zur Erforschung der Zusammenhänge zwischen Elektrizität und Krankheit wurde damit gemacht. Das Fazit des Untersuchungsergebnisses war, daß elektromagnetische Felder allein den Menschen nicht schädigen, sondern daß andere Umweltfaktoren dabei eine wesentliche Rolle spielen. Allergiker, Menschen mit Schwermetallbelastungen oder Holzschutzmittelgeschädigte reagieren viel sensibler und schneller auf elektromagnetische Felder als gesunde und wenig belastete Menschen. Zu der Risikogruppe der Elektrosensiblen gehören auch Menschen mit chronischen Krankheiten wie multipler Sklerose, Parkinsonscher Krankheit oder Kinderlähmung. Da die Zahl der Allergiker in Deutschland bereits auf 20 bis 30 Millionen geschätzt wird, ist mittlerweile jeder zweite gefährdet, elektrosensibel zu werden. Das medizinische Fazit lautet: Eine Elektrobelastung darf nicht isoliert gesehen werden. Vielmehr muß man sich bei der Festlegung von → Grenzwerten am Gesamtbelastungsbild der Umwelt orientieren.

Schwermetallbelastete Menschen reagieren besonders häufig auf die Dauereinwirkung von elektromagnetischen Feldern. Eine Schwermetallbelastung liegt oft bei Menschen vor, die über viele Jahre Amalgamfüllungen in den Zähnen hatten. Nach einer völligen Sanierung der Zähne und einer Schadstoffausleitung der Schwermetalle, die oft Jahre dauern kann, werden die heftigen Reaktionen auf elektromagnetische Dauerbelastungen schwächer und können schließlich ganz ausbleiben.

Elektrosensible sollten keinen Schmuck oder Metallteile am Körper tragen. Auch vom Bett sollten Metallverbindungen möglichst weit entfernt sein. Dauerbelastungen durch elektromagnetische Quellen sollten weitestgehend vermieden werden. Da es aufgrund von unbestimmbaren Vorbelastungen und der unterschiedlichen Konstitution des einzelnen heute noch nicht möglich ist, eine Dosis oder eine Zeitdauer für eine ungefährliche Belastung durch elektromagnetische Felder festzulegen, sollte dem Ziel einer zukünftigen »sanften Chemie« das Ziel einer »sanften Elektrizität« folgen. → Elektrosmog, → Elektrostreß.

Elektrosmog

Unter Elektrosmog versteht man die Summe aller künstlich erzeugten elektrischen Felder. Hierzulande gibt es wohl kaum ein Haus, das nicht mit elektrischen Installationen ausgerüstet ist. Nach einschlägigen Erfahrungen wird ein Mensch mit guter körperlicher Verfassung während des Tages kaum von den Feldern der Hausinstallationen beeinflußt. Anders sieht es allerdings bei Kranken, älteren Menschen, Kindern, Schwangeren und Millionen von elektrosensiblen Menschen aus (→ Elektrosensibilität). Während der Schlafenszeit kann das ununterbrochene Einwirken der künstlichen → elektromagnetischen Wechselfelder den menschlichen Organismus besonders stark negativ beeinflussen. In dieser lebenswichtigen Regenerationsphase sollte der Mensch vollkommen unbehelligt von künstlichen Störfaktoren sein. Wenn die Tiefschlafphase durch dauernde Spannung negativ beeinflußt wird, kann es, zumindest auf lange Sicht und besonders bei den genannten Personengruppen, zu verschiedenen Funktionsstörungen bis hin zu schweren Krankheiten kommen. Schon seit langem ist bekannt, daß die Funktion des menschlichen Nervensystems auf elektrischen Strömen basiert. Weil die wichtigsten Lebensfunktionen auch durch elektrische Vorgänge gesteuert werden, können sie mit physikalischen Geräten überprüft werden, um Funktionsstörungen zu erkennen, z.B. das Herz durch EKG und die Gehirnströme mit einem EEG. Anhand von meßbaren Unregelmäßigkeiten dieser körpereigenen elektrischen Vorgänge können Herz- und Hirnfunktionen beurteilt werden. Diese und andere Körperfunktionen können durch den Elektrosmog von Elektrogeräten, Verkabelungen und Sendern gestört werden. Der Elektrosmog strahlt aus von Staubsaugern, Radioweckern, Sicherungskästen, → Energiesparlampen, → Leuchtstoffröhren, Elektroherden, Kühlschränken, Gefriertruhen, Fernsehern, Stereoanlagen, Telefonen, elektrischen Zuführungen im Haus, → Hochspannungsleitungen, Elektrorasierern und im hochfrequenten Bereich von → Mobilfunktelefonen, Sende- und Alarmanlagen und einer Vielzahl anderer elektromagnetischer Quellen.

Das Elektroklima in einem Haus kann nicht nur durch vorbeiführende Hochspannungsleitungen, die Elektroinstallationen im Haus oder die Vielzahl von Elektrogeräten beeinflußt werden, sondern auch durch die elektrostatische Aufladung (→ Luftelektrizität), die Verschiebung des elektrischen Gleichfeldes sowie durch künstliche Veränderungen des Erdmagnetfeldes. Bei einer Nachttischlampe mit einem Verlängerungskabel kann noch in einem Abstand von 1,50 Meter das elektrische und magnetische Wechselfeld nachgewiesen werden. Das Störfeld eines Radioweckers kann sich sogar bis zu zwei Meter ausbreiten. In den meisten Schlafzimmern findet man am Kopfende des Bettes eine Konzentration von Elektroinstallationen und -geräten: Schalter und Steckdosen, Lampen und Elektrouhren, Radios und Stereoanlagen. Alle diese künstlichen elektromagnetischen Felder – die den eigentlichen Elektrosmog ausmachen – wirken ununterbrochen und unmittelbar auf die Schlafenden ein.

Schutz vor elektromagnetischen Feldern
Vor »hausgemachten« elektromagnetischen Feldern, die in den eigenen vier Wänden entstehen, kann man sich durch relativ einfache Maßnahmen schützen:

- Besonders Schwangere und Kinder sollten nicht in unmittelbarer Nähe von Fernsehapparaten, Waschmaschinen, Elektrowerkzeugen oder großen Küchenmaschinen schlafen, wenn der Netzstecker nicht herausgezogen ist. Auch eine Wand zwischen dem Schlafplatz und dem Elektrogerät bietet keinen Schutz, da magnetische Wechselfelder diese ungehindert durchdringen.
- Beim Schlafen sollte zu elektrischen Leitungen, die nicht abgeschirmt sind, wie z.B. Verbindungskabel oder Leitungen von Wand- oder Tischlampen, ein Mindestabstand von 1,5 Metern eingehalten werden.
- Für einen spannungsfreien Schlaf sollte man vor dem Zubettgehen die Sicherung für den Stromkreislauf des Schlafzimmers ausschalten. Ein → Netzfreischalter kann nachträglich ohne großen Aufwand in den Sicherungskasten eingebaut werden und regelt mit niedrigem Gleichstrom das An- und Abschalten des Stromkreises. Das setzt voraus, daß man auf Radiowecker und Elektrouhr zugunsten von mechanischen oder batteriebetriebenen Uhren verzichtet. Das Abschalten des Stromkreises durch einen Netzfreischalter im Schlafzimmer macht auch nur dann einen Sinn, wenn nicht hinter dem Kopfende des Bettes die Küche mit permanent eingeschaltetem Kühlschrank und Gefriertruhe liegt. Beim Einschalten der Kühlaggregate werden nämlich elektromagnetische Störfelder erzeugt, die im Bereich der magnetischen Wechselfelder auch die dickste Wand durchdringen, den menschlichen Körper durchfluten und damit biologische Disharmonien bewirken können. Auf Elektrizität in der Küche kann man meistens nicht völlig verzichten, darum ist die einzig sinnvolle Möglichkeit in diesem Fall, das Bett so weit wie möglich von der Küchenwand entfernt aufzustellen. Grundsätzlich sollten beim Kopfende des Bettes gar keine elektromagnetischen Energiequellen wie Stromkabel, Verbindungsschnüre, Sicherungskästen, Nachtspeicherheizungen, Fernsehapparate, Stereoanlagen oder andere Elektrogeräte installiert sein.
- In Neubauten sollte man mit Kabeln, Steckdosen und Schaltern sparsam umgehen.
- Aufgrund des stroboskopischen Effektes und der Entstehung von hohen elektromagnetischen Feldern sollten Energiesparlampen und Leuchtstoffröhren nicht in Schlafzimmern oder Wohnräumen installiert werden.
- Beim Schlafen sollte ein Mindestabstand von zwei Metern zu Radioweckern, Stereoanlagen, Akkus und Transformatoren von Niedervoltleuchten eingehalten werden.
- Das Bett sollte mindestens drei Meter von Sicherungskästen, Steigleitun-

gen und Stromkreisverteilern entfernt sein. Zu → Elektrospeicherheizungen sollte man einen Mindestabstand von zwei Metern einhalten.

- Das Telefon im Schlafzimmer sollte mindestens zwei Meter vom Kopf entfernt sein.
- Möglichst keine elektrischen Heizkissen oder Heizdecken verwenden. Für Schwangere sollte hierfür sogar ein medizinisches Verbot ausgesprochen werden.
- Bei einem Schwarzweißfernseher sollte der Mindestabstand beim Fernsehen 3 Meter betragen, bei Farbfernsehgeräten vier Meter. Der Netzstecker sollte grundsätzlich gezogen werden, wenn der Fernseher nicht gerade in Betrieb ist. Der Stand-by-Betrieb von Fernsehern und Stereoanlagen erzeugt unnötigen Elektrosmog. Wenn sämtliche Stand-by-Funktionen in Deutschland permanent ausgeschaltet wären, würde dies nach Hochrechnungen so viel Energie sparen, daß ein ganzes Atomkraftwerk eingespart werden könnte.
- Grundsätzlich sollte man jeden Stecker aus der Steckdose ziehen, wenn ein Elektrogerät nicht benutzt wird.
- Für Monitore und TV-Geräte sollten Filtervorsätze verwendet werden, da der Abschirmeffekt sehr groß ist und elektrostatische Aufladungen erheblich reduziert werden.
- Kinder sollten nicht mit Lichtschaltern oder elektrischen Geräten spielen. Die großen Schwankungen von Stromimpulsen, die beim Aus- und Einschalten entstehen, können biologisch besonders schädlich sein.
- Auf überflüssige Elektroartikel sollte man verzichten und versuchen, den Stromverbrauch so stark wie möglich zu reduzieren.
- Mobiltelefone (Handys) erst gar nicht benutzen (→ Mobilfunk). Strahlungsdämpfer zur Abschirmung von Mobiltelefonen sollten keinesfalls verwendet werden. Durch eine automatische Regelschaltung paßt sich die Sendeleistung des Handys der Betriebsbereitschaft des nächstliegenden Sendeturmes an. Durch einen Strahlungsdämpfer wird die Funktion des Handys auf maximale Leistung hochgefahren, die dann trotzdem bei zu großer Entfernung zur nächsten Sendestation nicht mehr ausreicht. Das Resultat des Dämpfers ist dann nur, daß bei maximaler Strahlung keine Verbindung zustande kommt und die Abstrahlung der Leistungsenergie am höchsten ist.
- Dimmer zur stufenlosen Regulierung der Helligkeit sollten nicht benutzt werden, da die so erzeugten Störfelder und Oberwellen biologisch besonders bedenklich sind. Außerdem verbrauchen heruntergedrehte Dimmer unverhältnismäßig viel Strom.
- Fernseh- und Radioempfang über ein unterirdisch verlegtes Kabel ist die mit Abstand biologisch verträglichste Form der Übertragungstechnik. Eventuelle gesundheitlich negative Auswirkungen von Satellitenantennen sind bislang noch umstritten.

- → Mikrowellenherde gehören nicht in eine gesunde und giftfreie Wohnung, da sie eine starke Quelle elektromagnetischer Felder sind. Außerdem besteht auch die Gefahr, daß die durch Mikrowellen erhitzte Nahrung dem menschlichen Organismus schadet.
- Elektrische Störfelder können durch geerdete »Schuko-Steckdosen« erheblich reduziert werden. Deshalb sind Elektrogeräte mit Schuko-Steckern denen mit zweipoligem Euro-Flachstecker vorzuziehen.
- In älteren Wohnungen und Häusern sollte nachträglich ein Fehlerschutzschalter eingebaut werden. Dieser reagiert sofort auf Leck-, Kriech- oder vagabundierende Ströme, die durch beschädigte oder spröde gewordene Leitungen in den Wänden fließen. Fehlerschutzschalter bedeuten zusätzlich Schutz bei Kurzschlüssen. Man kann bei defekten Leitungen keinen »Schlag« mehr bekommen. Für Neubauten sind seit Jahren zumindest für die Schaltkreise in Naßräumen Fehlerschutzschalter vorgeschrieben.
- Bei einem Neubau kann man die elektromagnetischen Felder durch eine → biologische Elektroinstallation erheblich reduzieren.
- Bei der Netzinstallation sind Ringleitungen zu vermeiden. Eine sternförmige Verlegung der Kabel ist biologisch am unbedenklichsten und vermindert die elektromagnetische Ausstrahlung.
- → Abschirmgeräte, bestimmte Schutzfolien oder Drahtgittergeflechte als Schutz vor elektromagnetischen Feldern, die von außen in ein Haus eindringen, sind meistens zwecklos. Abschirmmaßnahmen gegen eine Hochspannungsleitung müßten so aussehen, daß das gesamte Haus lückenlos vollflächig und allseitig, ähnlich wie ein Faradayscher Käfig, mit feinmaschigem Drahtgittergewebe, das gut geerdet sein muß, abgedeckt wird. Der technische Aufwand hierfür ist zu groß. Man sollte daher so weit wie möglich von Hochspannungsleitungen, Transformatorenstationen, Umspannwerken, Bahnlinien und Sendeanlagen entfernt wohnen. Befindet sich ein Funkturm in der Nähe des Hauses, sollte man das Bett in einem Zimmer aufstellen, dessen Fenster auf der dem Turm abgewandten Seite liegen. → Elektrostreß.
- Unnötige Elektroartikel sollte man nicht verwenden. Insgesamt gilt: Sparsam, vorsichtig und überlegt mit der Elektrizität umgehen.

Elektrospeicherheizung

Die Elektrospeicherheizung, für die auch unter dem Namen Nachtstromspeicherheizgerät von den Elektrizitätsversorgungsunternehmen geworben wird, soll dem Verbraucher schon von der Bezeichnung her (nach dem Motto »Nachtstrom ist billiger«) eine hohe Wirtschaftlichkeit vortäuschen. Tatsächlich speisen die meisten Elektrizitätswerke nur nachts zu verbilligten Tarifen die Heizgeräte ihrer Stromkunden. Dies bringt den Verbrauchern zwei gravierende Nachteile: Zum Ende der Nacht und am Vormittag geben die Geräte die höchste Wärmeenergie ab. Die während der Nacht gespeicherte Wärme ist gegen Nachmittag und Abend fast völlig in die Räume abgegeben worden. Genau zu der Tageszeit, an der ein berufstätiger Mensch nach Hause kommt, fängt die Wohnung an, sich aufgrund der stark reduzierten Wärmeabgabe abzukühlen. Ein schnelles Nachheizen ist wegen der ausgekühlten Speichersteine in den Geräten nicht mehr möglich. Um eine behagliche Wohntemperatur zu erhalten, muß der Speicher während der gesamten Nacht neu aufgeladen werden.

Der zweite Nachteil ist, daß durch das Aufladen der Heizgeräte in der Nacht große → elektromagnetische Wechselfelder auftreten. Ein Nachtspeicherheizgerät neben dem Bett kann darum bei einigen Menschen zu starken Befindlichkeitsstörungen führen.

Die Elektrospeicherheizung ist seit Mitte der siebziger Jahre in die Kritik geraten. Zum einen, weil sie sehr viel Energie verbraucht, und zum anderen, weil noch bis 1977 asbesthaltiges Material eingebaut wurde (→ Asbest). Besonders gesundheitsgefährlich ist Asbest, wenn die feinen krebsauslösenden Fasern durch die Luftzirkulation im Speicherheizgerät abgelöst und über den Ventilator mit der Warmluft direkt in den Innenraum geblasen werden. Aus asbesthaltigen Materialien wurden Dichtungen, Isolierungen für elektrische Kabel, Distanzstreifen, Verdrahtungen, Schalt- und Regeleinrichtungen gefertigt. Mit Asbest wurden zum Teil auch die gesamten Rückwände ausgekleidet. Da es sich um verhältnismäßig weiche und elastische Stoffe handelt, sind die Asbestfasern nur schwach gebunden, so daß sie durch kleinste Erschütterungen und schwächste Luftzirkulationen freigesetzt werden und sich in Millionen von Einzelfasern auflösen können. Grundsätzlich muß man davon ausgehen, daß jedes Elektrospeichergerät, das vor 1977 hergestellt worden ist, asbesthaltiges Material enthält. Da Asbest ein sehr großes krebserzeugendes Potential hat, sollten diese alten Elektrospeichergeräte auch dann entsorgt werden, wenn asbesthaltiges Material nur außerhalb des Luftstromes verwendet worden ist. Wenn Nachtspeicheröfen mehr als 20 Jahre in Betrieb sind, lösen sich die schwach gebundenen Asbestteile aufgrund der Alterung langsam auf. Selbst wenn sie nur für Kabelführungen und Abdichtungen außerhalb des Luftstroms verwendet worden sind, besteht die Möglichkeit, daß sich krebserzeugende Asbestanteile zu Faserstäuben zersetzen und durch Ritzen und Öffnungen in die Innenraumluft gelangen.

Der Austausch von asbesthaltigen Elektrospeicherheizgeräten muß von einer Fachfirma durchgeführt werden. Grundsätzlich sollten Sie die Geräte nie selbst auseinandernehmen, da sich hierbei millionenmal mehr Fasern in der Raumluft ausbreiten können als beim Abtransport der ganzen Geräte. Sehr schwere Geräte sollte man – wenn möglich – mit Hubkränen von außen durch die Fenster entfernen. Falls das nicht möglich ist, müssen die Heizgeräte durch Spezialfirmen mit luftdichten Abdeckungsmaßnahmen, Absaug- und Atemschutzgeräten demontiert und entsorgt werden. Nach den Technischen Regeln für Gefahrstoffe (TRGS), muß der Sanierungsbereich dabei absolut staubdicht abgeschottet werden.

Weitere gesundheitliche Gefahren gehen von den Materialien für die → Wärmedämmung aus, welche die gespeicherte Wärme auf viele Stunden abschotten soll. Meistens werden künstliche → Mineralfasern verwendet, die häufig mit Phenol-Formaldehyd-Harzen gebunden sind (→ Phenole, → Formaldehyd). Bewohner von Häusern mit neu installierten Elektrospeicheröfen klagen darum besonders in der ersten Heizperiode über stark ätzende Gerüche, die beim Aufheizen der Geräte entstehen. Die hochtoxischen Bindemittel werden durch die Hitze aus den Mineralfasermatten gelöst und gelangen über den Luftraum ins Zimmer. Zudem wird durch die Lösung eines Großteils der Bindemittel der Zusammenhalt der Fasern gelockert, so daß lungengängige Feinstaubpartikel in den Luftraum dringen. Beim Einatmen sind die Bewohner sowohl durch die toxischen Bindemittel als auch durch die Fasern ernsthaft gefährdet. Mineralfasern werden heute ähnlich gesundheitsgefährdend wie Asbest eingestuft.

Die jahrelang betriebene Werbung der Elektrizitätsversorgungsunternehmen, daß es sich bei Elektrospeicheröfen um umweltfreundliche, sparsame und saubere Energie handelt, darf gemäß Gerichtsbeschluß von 1989 nicht fortgesetzt werden. Diese Heizungsart (abgesehen von offenem Feuer) hat den größten Energieverlust.

Baubiologische Bewertung
Von der Verwendung von Elektrospeicherheizungen ist aus biologischen, ökologischen und ökonomischen Gründen dringend abzuraten. Aufgrund der hohen toxischen Abgasmengen, die bei der Stromerzeugung zwangsläufig anfällt, und des gleichzeitigen hohen Energieverlustes, ist die Verwendung von Elektrospeicherheizungen völlig abzulehnen. Bewohnern von Häusern oder Wohnungen mit älteren Elektrospeicherheizungen (Baujahr vor 1977) sollten als Sofortmaßnahme auf das Einschalten der Ventilatoren verzichten, damit zumindest die Gefahr der Freisetzung von Asbestfeinstaub reduziert wird. Eine fachgerechte Entsorgung dieser alten Geräte ist dringend vorzunehmen.

Da eine direkte Gesundheitsgefährdung durch toxische Bindemittel und gefährliche Mineralfaserstäube auch bei neuen Geräten besteht, sollte man ein gesundheitlich unbedenklicheres Heizungssystem verwenden. → Heizung.

Elektrostreß

Das Wort Streß wird von dem englischen »Distress« abgeleitet und bedeutet soviel wie Qual oder Erschöpfung. Streß entsteht durch körperlichen

Schmerz, psychischen Druck, Angst, Kälte, Hitze oder elektromagnetische Belastungen. Durch Streß werden viele unterschiedliche chemische und elektrische Prozesse im menschlichen Organismus ausgelöst. Der Körper antwortet mit seinem inneren Verteidigungssystem auf äußere Reize. Dabei wird auch das vegetative Nervensystem aktiviert. Es kann zu einer überhöhten Ausschüttung von Adrenalin kommen, zu einer Vergrößerung der Nebennierenrinde mit einer Erhöhung der Kortikosteroidproduktion, zu einer Beschleunigung des Pulsschlages, Kopf- oder Bauchschmerzen, plötzlichem Schweißausbruch, Kältegefühlen oder Beschwerden wie Magengeschwüren, Bluthochdruck und vielen anderen Symptomen. Diese Millionen Jahre alten Abwehrreaktionen bei plötzlichen Gefahren haben die Menschen vor dem Aussterben geschützt: In dem Moment, in dem der Organismus bedroht wird, schalten sämtliche Körperfunktionen auf Abwehr, so daß Leistung, Stärke und Denkvermögen gesteigert werden, damit der Gefahr besser begegnet werden kann. Vor Jahrtausenden hat dieser biologische Mechanismus den Menschen geholfen zu überleben, heute wird ihr Immunsystem durch die Dauergegenreaktion immer mehr geschwächt.

In den letzten Jahrzehnten wurden immer mehr Zusammenhänge zwischen Krankheit und Elektrizität entdeckt. So weiß man heute, daß künstlich erzeugte → elektromagnetische Wechselfelder zusätzliche Streßfaktoren für den menschlichen Organismus darstellen. Besonders stark sind die Belastungen für Menschen, die in unmittelbarer Nähe von → Hochspannungsleitungen leben. G. Becker und A. Marino entdeckten 1975, daß hohe Feldstärken, die von Hochspannungsleitungen ausgehen, Elektrostreß verursachen. Aber auch schon minimale Erhöhungen gegenüber der natürlichen Bioelektrizität kann der Körper wahrnehmen. Es muß nicht unbedingt eine Überdosis sein, die den Organismus schädigt. Meistens sind es die stetig auf den Menschen einwirkenden künstlichen, niederfrequenten elektromagnetischen Wechselfelder, die schon bei geringster Intensität den genau aufeinander abgestimmten Informationsfluß im Körper durcheinanderbringen.

Der Organismus reagiert darauf zuerst mit einem Schock, der die körperliche Alarmreaktion einleitet. Es werden blitzartig elektrochemische Vorgänge ausgelöst. Die Körpertemperatur sinkt, und der Blutdruck fällt ab. Der Organismus stellt sich ganz auf Gegenwehr ein, so daß in Bruchteilen von Sekunden über das vegetative Nervensystem, die Hypophyse, die Nebenniere und viele andere organische Systeme Schutzmechanismen eingeleitet werden. Diese den Körper belastenden Reaktionen werden allerdings kaum bewußt wahrgenommen.

In der zweiten Streßphase, also nach dem ersten Schock, ändern sich die Reaktionen. Es tritt eine Überreaktion des Organismus ein. Wahrscheinlich ist dafür die vermehrte Ausschüttung des Nebennierenhormones Adrenalin ausschlaggebend. Nervosität, Reizbarkeit und Aggressionen sind typische Kennzeichen dieser Streßphase. Der Körper versucht sich mit dieser Überreaktion gegen lebensfeindliche Einwirkungen zu schützen. Bei weiteren Angriffen auf den Organismus kann es vorübergehend zu einer gewissen Resistenz kommen. Ist der Organismus aber ständigen Belastungen ausgesetzt, müssen die Abwehrkräfte zwangsläufig Stück für Stück nachgeben. Das Immunsystem wird derartig geschwächt, daß es in der letzten Streßphase zur totalen Erschöpfung und eventuell zum Zusammenbruch kommt.

Elektrostreß kann ausgelöst werden durch → Elektrosmog im niederfrequenten Bereich der Hauselektrizität, durch Hochspannungsleitungen sowie im Hochfrequenz- und Mikrowellenbereich durch Radar, Funk, Radio, TV und Mobiltelefone.

Baubiologische Bewertung
Nur durch eine Reduzierung und einen vorsichtigen und überlegten Umgang mit der Elektrizität kann der Elektrostreß minimiert werden. → Biologische Elektroinstallation, → Elektromagnetische Verträglichkeit, → Elektromagnetische Wechselfelder, → Elektrosensibilität, → Luftelektrizität, → Mikrowellen, → Mobilfunk, → Netzfreischalter, → Tinnitus.

Energiesparlampen

Kompaktleuchtstofflampen und Gasentladungslampen werden als Energiesparlampen bezeichnet. Das sind stark verkleinerte → Leuchtstoffröhren, die seit Anfang der achtziger Jahre im Handel sind. Man schätzt, daß etwa neun Millionen davon bereits in deutschen Haushalten brennen. Bei Energiesparlampen wird Quecksilberdampf durch elektrischen Strom mittels einer Leuchtstoffschicht in Licht umgewandelt. Diesen Leuchtbirnen ist ein Vorschaltgerät hinzugefügt, das den Zündvorgang auslöst und damit das Gas zum Leuchten bringt. Entweder sind die Vorschaltgeräte in die Lampe eingebaut, oder sie werden getrennt angeboten und über einen Steckanschluß mit der Energiesparlampe verbunden. Konventionelle Vorschaltgeräte verursachen einen Flimmereffekt, der zu Kopfschmerzen führen kann. Mittlerweile sind Energiesparlampen aber meist mit elektronischen Vorschaltgeräten ausgerüstet, so daß die Flimmerfrequenz auf das über 20000fache pro Sekunde steigt und vom Auge nicht mehr direkt wahrgenommen wird. Energiesparlampen helfen zwar einerseits Energie sparen, andererseits sind sie aber durch ihren Quecksilbergehalt von bis zu acht Milligramm ein äußerst kritisches ökologisches und gesundheitliches Gefahrengut. Geht z.B. eine Energiesparlampe in einem Wohnraum zu Bruch, wird die gesamte Raumluft so stark mit Quecksilber kontaminiert, daß die gängigen, ohnehin zu hoch angesetzten → Grenzwerte bei weitem überschritten werden. Alte Energiesparlampen sind Sondermüll. Gerät versehentlich eine Energiesparlampe auf die Hausmülldeponie und wird dort zerschlagen, können durch ihren

Quecksilbergehalt bis zu eine Million Liter Trinkwasser vergiftet werden. Entsorgung, Recycling oder Entgiftung dieser Lampen sind noch nicht ausgereift. Die bisher realisierbare Entsorgung funktioniert nur in einem kleinen Rahmen. Sie ist sehr kostenaufwendig und nur mit einem hohen Energieaufwand möglich. Die schwierigste Recyclingphase ist die Rückgewinnung des Quecksilbers. Man nennt dies Amalgamisieren. Das Quecksilber der Energiesparlampen wird dabei mit Kohlefiltern, in denen Silber angereichert ist, abgesondert. Dadurch entsteht Amalgam, das bereits als Zahnfüllstoff in die Kritik geraten ist. Herkömmliche Vorschaltgeräte von Energiesparlampen enthalten geringe Mengen an radioaktiven Stoffen, die den Zündvorgang unterstützen. Alternativ dazu werden aber auch radioaktivitätsfreie, elektronische Schaltgeräte angeboten. Aus ökologischen Gründen sollte man diese Geräte vorziehen, da man somit bei der Entsorgung zumindest die radioaktive Belastung der Umwelt vermeiden kann. Beim Kauf sollte man sich zudem über den Nachteil einer Kompaktenergiesparlampe im klaren sein, da man später die gesamte Lampe mit eingebautem elektronischen Vorschaltgerät entsorgen muß, während bei einem Kombisystem, bei dem es Adapter und Stecklampe separat zu kaufen gibt, nur die Stecklampe entsorgt wird.

Das natürliche Farbspektrum von Energiesparlampen ist erheblich schlechter als das von Glühbirnen (→ Kunstlicht). Energiesparlampen sind zudem empfindlicher gegenüber äußeren Einflüssen, wie z.B. niedrigen Umgebungstemperaturen oder einer ungünstigen Brennlage (nach unten hängend). Beides verringert die Lichtausbeute (Lichtmenge/Leistung). In den letzten Jahren werden von der Industrie spezielle Dimmer für die Helligkeitsregulierung von Energiesparlampen angeboten. Sie erzeugen aber besonders hohe → elektromagnetische Wechselfelder und sollten daher auch für andere Lichtsysteme nicht verwendet werden. Im Gegensatz zu Glühbirnen oder Leuchtstofflampen mit konventionellen Vorschaltgeräten wird die Lebensdauer von Energiesparlampen mit elektronischen Vorschaltgeräten durch häufiges An- und Ausschalten nicht beeinflußt. Für Taktzeiten unter drei Minuten, z.B. in Fluren oder Treppenhäusern, sind aber weder Energiesparlampen mit elektronischen noch mit konventionellen Vorschaltgeräten geeignet, da sich hier die Lebensdauer um ein Vielfaches reduziert. Bei normalem Gebrauch kann eine Energiesparlampe 6000 bis 8000 Stunden halten, während eine Glühbirne eine Lebensdauer von ca. 1000 bis 1500 Stunden aufweist. 1993 wurde eine Großuntersuchung durchgeführt, um zu prüfen, ob die Lebensdauer von Energiesparlampen tatsächlich achtmal länger ist als die von Glühbirnen. Dabei wurde festgestellt, daß eine Energiesparlampe im Gegensatz zu einer Glühbirne zwar Energie einspart, doch bei weitem nicht soviel, wie von den Herstellern angegeben wird. Auch die tatsächliche Lichtausbeute entsprach nicht den Werksangaben. Insgesamt kann es ca. drei Jahre dauern, bis sich der Kauf durch die effektive Stromeinsparung amortisiert hat. Bei dieser Berechnung ist allerdings der hohe

Energieaufwand für die Herstellung und für das Recycling nicht berücksichtigt. Wahrscheinlich wird hierbei mehr Energie verbraucht, als man durch den Betrieb der Lampe einsparen kann. Vorteilhaft ist, daß der größte Teil der Energie direkt in Licht umwandelt wird und nicht, wie bei der Glühbirne, in Wärme.

Baubiologische Bewertung
Da es sich bei Energiesparlampen grundsätzlich um Leuchtstoffröhren handelt, die Quecksilbergas enthalten, sollte man sie im Wohnbereich nicht verwenden. Ausgebrannte Energiesparlampen dürfen nicht zusammen mit dem Hausmüll entsorgt werden. Sie gehören in den Sondermüll. Auch Vorschaltgeräte werden immer noch mit radioaktiven Substanzen verkauft, die – wie das Quecksilber – bei der Entsorgung große Probleme bereiten. Die elektromagnetischen Wechselfelder sind bei Energiesparlampen in der Regel stärker als bei Leuchtstoffröhren und entsprechen in zehn Zentimetern Entfernung etwa der Stärke, die unter einer → Hochspannungsleitung auftritt. Bei längerem Aufenthalt in der Nähe der Lampe sollte man daher einen Mindestabstand von zwei Metern einhalten.

Entkalkungsanlagen → Wasserentkalkung.

Erdstrahlen → Abschirmgeräte, → Geobiologie, → Wünschelrutenphänomene.

Estrich

Da in der Regel jede Massivdecke eines Hauses, egal ob aus Stahlbeton oder aus Ziegeln, starke Unebenheiten aufweist, muß man vor dem Verlegen fertiger Beläge wie z.B. → Teppichböden, → Fliesen oder → Holzböden eine glatte Oberfläche herstellen. Aus diesem Grund ist es im Wohnungsbau üblich, glatte Estrichbeläge auf Rohböden aufzubringen. Das Estrichmaterial besteht zu über 90 Prozent aus → Zementestrich. Aber immer häufiger werden schneller abbindende Estrichmaterialien verwendet wie z.B. → Anhydritestrich, → Gußasphaltestrich oder kunstharzgebundene Estrichmaterialien. Der vor über 30 Jahren noch am häufigsten verwendete → Magnesiaestrich, auch Holzsteinestrich genannt, wird heute nur noch selten verlegt, obwohl er aus wohnklimatischen Gründen sehr zu empfehlen ist. Völlig giftfrei ist Lehmestrich, der heute eine völlig untergeordnete Rolle spielt. Kaum ein Handwerksbetrieb ist noch in der Lage, einen Lehmestrich fachgerecht zu verlegen, und da die Austrocknungszeit über zehn Wochen betragen kann, wird dieser wohnbiologisch ideale Estrich so gut wie überhaupt nicht mehr verwendet.

Aus Schallschutzgründen und um die → Wärmedämmung zu verbessern, werden Trittschall- und Wärmedämmatten zwischen Rohboden und Estrichschicht verlegt. Damit an den Anschlüssen des Estrichs zu den Wänden keine Körperschallbrücken entstehen, werden diese ebenfalls mit Dämmatten ausgelegt. Um Schallbrücken zum Unterboden oder zum aufgehenden Mauerwerk hundertprozentig zu vermeiden, muß der Estrich an allen Auflagern und Seitenflächen auf einem Dämmaterial »schwimmen«. In Kellerräumen und häufig auch in Industriegebäuden werden dagegen Verbundestriche aufgebracht. Wie der Name schon sagt, geht das Estrichmaterial hier ohne Zwischenschicht eine direkte Verbindung mit der Rohdecke ein. Ein Schall- oder Wärmeschutz ist nicht vorhanden. Estriche ohne Dämmschichten können auch als Nichtverbund auf eine Trennlage aufgebracht werden, die direkt auf dem Rohfußboden verlegt wird, z.B. aus Ölpapier, Bitumenpappe (→ Bitumen) oder PE-Folie.

Besonders bei Altbausanierungen werden aufgrund des hohen Eigengewichts häufig Trockenestrichsysteme verwendet. Hierbei handelt es sich meistens um → Gipskartonplatten, die entweder als Verbundplatten, mit aufgeklebten Dämmschichten oder auf Dämmschüttungen aufgebracht werden.

F

Farben und Lacke

Farben und Lacke sind aufgrund ihrer Binde- und → Lösemittel teilweise hochgiftig. Dies hat die Farbenindustrie auch erkannt und in den letzten Jahren versucht, den Lösemittelanteil zu reduzieren. Acrylfarben, die mit Wasser verdünnbar sind, werden seit 1986 vom Berliner Bundesamt unter der Voraussetzung mit dem Blauen Engel (→ Umweltzeichen) ausgezeichnet, daß ihr Lösemittelanteil nicht mehr als 10 Prozent beträgt. In herkömmlichen Lacken ist heute noch ein Lösemittelanteil von bis zu 50 Prozent üblich. Der einzige Vorteil eines hohen Lösemittelanteils in synthetischen Farben ist, daß man keine zusätzlichen Konservierungsmittel einsetzen muß. Diese sogenannten Topfkonservierer sind bei wasserverdünnbaren Lacken und Dispersionsfarben unbedingt notwendig.

Ungefährlich und harmlos sollen sie klingen, die neuen wasserverdünnbaren Lacke und Dispersionsfarben. Ungefährlich sind sie bei weitem nicht, da sie bis zu 0,5 Prozent → Biozide, d.h. pilzvernichtende Verbindungen enthalten. Diese Biozide, die Farben haltbar machen, werden in der Gefahrstoffverordnung als lokal reizend bis hin zu krebserzeugend eingestuft. Dazu gehören → Dichlofluanid, → Formaldehyd, Benzimidazol-Derivate und → Pyrethroide. Häufig werden auch noch Methyl- und Ethyl-Glykol eingesetzt, die nachweislich bei Schwangeren zu Mißbildungen der Föten oder gar zu Totgeburten führen können. Als Ersatzstoff hierfür werden bei fast jedem zweiten Lack Butyl-Glykol und Ethylen-Glykol-Ether eingesetzt. Allerdings sind diese Ersatzstoffe nach Aussage des US-Forschungsinstitutes NIOSH ebenfalls extrem gesundheitsgefährdend. Schon in geringsten Mengen kann Butyl-Glykol das Knochenmark, sämtliche Organe und das Nervensystem schädigen. Das Gefährliche daran ist, daß ein Wasserlack, der nur Spuren von Butyl-Glykol beinhaltet, bei Hautberührung in wenigen Minuten um ein Vielfaches stärker vom Organismus aufgenommen wird als beim Einatmen.

Nach einer neueren Studie des Technologieinstituts in Stockholm stehen bestimmte Topfkonservierer auch im Verdacht, die Lungenfunktion zu beeinträchtigen. Besonders das Konservierungsmittel Isothiazolinone, das in den meisten mit dem Blauen Engel gekennzeichneten Farben verwendet wird, steht im Verdacht, eine hochtoxische Wirkung auf den gesamten menschlichen Organismus auszuüben.

Immer wieder wird berichtet, daß Maler, die sehr viel mit wasserverdünnbaren Farben im Innenbereich arbeiten, häufig über Magenprobleme, überdurchschnittlich hohen Harndrang, Kopfschmerzen, Kontaktekzeme und Schleimhautreizung klagen.

Der Verbraucher läßt sich von den mit dem Umweltengel ausgezeichneten Eigenschaften des Wasserlacks oft auch in puncto Entsorgung irreführen, wenn er glaubt, »wasserverdünnbar« bedeute, daß diese Farben auch wie Wasser entsorgt werden können. Daß dies tödlich für die Umwelt sein kann, hat man in Schweden bereits erkannt und erwägt sogar ein völliges Verbot für diese Acryllacke, denn wasserverdünnbare Farbreste haben die biologischen Reinigungsvorgänge in Kläranlagen völlig zum »Umkippen« gebracht. Das Wort »wasserverdünnbar« bedeutet zwar grundsätzlich, daß die Farben etwas weniger umwelt- und gesundheitsschädlich sind als konventionell hergestellte synthetische Farben. Farbreste müssen aber wegen der Lösemittel und Konservierungsstoffe trotzdem als Sondermüll entsorgt werden und gehören nicht in die Kanalisation. Die wasserverdünnbaren Lacke haben den großen Vorteil, prozentual weniger chemische Lösemittel zu enthalten, dafür stecken in ihnen aber um so mehr giftige Zusätze wie Fungizide, Emulgatoren, Verdickungsmittel und Entschäumer.

Ein technischer Trick soll bei wasserverdünnbaren Lacken vermeiden, daß der Verdunstungsprozeß von Löse- und Bindemitteln zu schnell abläuft; als Verdunstungshemmer wird vor allem Glykolether eingesetzt. Der Verbraucher ist dadurch aber größeren Gesundheitsgefahren ausgesetzt, denn die Lösemittel treten nun beim Abbindeprozeß genauso aus der Farbbeschichtung aus wie bei anderen Farben, nur dauert dieser Prozeß viel länger, so daß die Bewohner in frisch gestrichenen Räumen und Wohnungen eine viel längere Zeit giftigen Ausdünstungen ausgesetzt sind. Bei nicht wasserverdünnbaren Farben treten in den ersten Wochen 90–95 Prozent der Lösemittel beim Abbindeprozeß aus. Die restlichen 5–10 Prozent verdunsten sehr langsam im Laufe der nächsten Jahre. Hier ist der Bewohner über eine verhältnismäßig kurze Zeit einer hohen Dosis von gesundheitsschädlichen Lösemitteln ausgesetzt, während er nach ca. zwei bis drei Monaten – das allerdings über Jahre hinaus – eine kleine Dosis verkraften muß. Da neue Farbanstriche penetrant und unangenehm riechen, wird automatisch in frisch gestrichenen Räumen mehr gelüftet und dadurch der notwendige vermehrte Luftwechsel erreicht. Aus diesem Grund ist es zweifelhaft, ob der hohe Lösemittelanteil von »Normalfarben« tatsächlich gesundheitlich gefährlicher ist als der niedrige von Wasserlacken.

Bei wasserverdünnbaren Farben bewirkt der Zusatz von Verdunstungshemmern, daß über Jahre hinweg kleine Dosen von Lösemitteln freiwerden. Da diese kleine Dosis den Geruchssinn kaum stört, lüften die Bewohner meist nicht genug. So werden über Jahre die Ausdünstungen von Lösemitteln und Konservierungsstoffen eingeatmet. Es ist inzwischen bekannt, daß kleine Dosen, die langfristig einwirken, erheblich schädlicher für die Gesundheit sind als eine große Dosis, die über kurze Zeit aufgenommen wird.

Synthetische Farben werden aus Erdöl hergestellt. Sie werden in fast jedem Haushalt verwendet, doch kaum ein Verbraucher ist sich im klaren darüber, welche gesundheitsschädlichen Substanzen er sich damit in seine Wohnung holt. Die Bindemittel sind eigentlich die Farbe selbst, sie bilden nach dem Austrocknen des Anstrichs die fertige Farbschicht. Im synthetischen Bereich werden vor allem verwendet: Acrylharz, Alkydharz, Polyacrylat, Polyvenylacetat und Acrylstyrol. Bei → Naturfarben bestehen die Bindemittel ausschließlich aus natürlichen nachwachsenden und unschädlichen Rohstoffen wie z. B. Kolophonium, Leinöl, Harzen oder → Kasein.

Die Farbstoffe und Farbpigmente, die auf synthetischer Basis erzeugt werden, können ebenfalls hochgiftig sein. Enthalten sie Schwermetallverbindungen aus → Blei, Chrom oder sogar → Cadmium, können sie sogar Krebs erzeugen. In synthetischen Farben mit dem Umweltengel dürfen mittlerweile keine Farbpigmente aus giftigen Schwermetallverbindungen mehr enthalten sein.

Naturfarbenhersteller verwenden für Farbstoffe und Pigmente dagegen ausschließlich Naturrohstoffe, die immer wieder nachwachsen.

Die Lösemittelanteile synthetischer Farben bestehen aus Alkoholen, Ketonen, Esther, alphatischen und aromatischen Lösemitteln, chlorierten Kohlenwasserstoffen und verschiedenen Hilfsstoffen wie Fungiziden, Bioziden u. ä. Bei den aromatischen Lösemitteln werden heute in der Regel → Toluol und → Xylol am häufigsten verwendet. Vor allem Verdünner sind gesundheitlich gefährlich für den Anwender. Häufig wird auch unterschätzt, daß die Aufnahme von synthetischen Verdünnern über die Haut genauso gesundheitsschädigend sein kann wie das Einatmen der giftigen Dämpfe. Die häufigsten Symptome und Krankheiten, die daraus resultieren können, sind: Schwächegefühl, Müdigkeit, Kopfschmerzen, Schleimhautreizungen, Reizungen der Bindehaut und der Magenschleimhaut, Lungenentzündung, Blutbildveränderungen, fruchtschädigende Wirkung.

Übersicht des Lösemittelanteils

Pulverlacke	0 %
Dispersionsfarben	bis zu 10 %
Lacke mit Umweltzeichen (Blauer Engel)	bis zu 10 %
Naturharzlacke	15–30 %
Alkydharzlacke	10–50 %
Nitrolacke	ca. 70 %
Verdünner	100 %

Ca. 70 Prozent der deutschen Heimwerker verwenden Farben und Lacke mit dem Umweltengel. Malerbetriebe dagegen benutzen nur zu 15 Prozent Far-

ben, die einen verhältnismäßig geringen Lösemittelanteil aufweisen. Sie bevorzugen nach wie vor Farben mit hohem Lösemittelanteil, weil sie besser decken und dadurch mindestens einen Farbanstrich einsparen. Man atmet bei der Verwendung von lösemittelärmeren Farben und Lacken zwar zunächst beim Streichvorgang weniger schädliche Inhaltsstoffe ein, dafür muß man aber mehrfach nachstreichen, so daß die gesamte Menge der freiwerdenden Lösemittel genauso hoch ist wie bei konventionellen Farben.

Eine Studie der Weltgesundheitsorganisation besagt, daß Maler durch die Ausübung ihres Berufes einem 20 Prozent höheren Krebsrisiko ausgesetzt sind als die übrige Bevölkerung. Bei Lungenkrebs liegt das Risiko der Maler sogar um mehr als 40 Prozent über dem des Durchschnittsbürgers. Malerinnen haben doppelt soviele Fehlgeburten wie andere Frauen. Selbst die Kinder von Malern werden offenbar vom Beruf ihrer Eltern in Mitleidenschaft gezogen, bei ihnen besteht ein erhöhtes Risiko, an Hirntumoren oder Leukämie zu erkranken.

Synthetische Farben enthalten eine Vielzahl von unterschiedlichen Lackhilfsstoffen. Diese Wirkstoffe gasen bis zu 70 Prozent aus der Farbbeschichtung aus und werden als regelrechter Giftcocktail vom Menschen eingeatmet. Am auffälligsten ist dies bei Heizkörperlacken. Wenn ein frisch gestrichener Heizkörper das erste Mal geheizt wird, klagen die Bewohner häufig über Kopfschmerzen, Unwohlsein, Übelkeit und Atembeschwerden. Um die Farben pflegeleicht, streichfähig und »pinselfreundlich« zu machen und um Tropfenbildungen zu vermeiden, werden unter anderem Antiausschwemmittel und Thixotrophiermittel verwendet. Verlaufsmittel wie Silikonöle, Croton- oder auch Benzoesäure werden zugesetzt, um auch dem ungeübten Maler eine perfekte Farboberfläche zu ermöglichen. Um ein Vergilben und Ausbleichen der Farben zu verhindern, werden UV-Absorber untergemischt. Emulgatoren verhindern das Eindicken während der Lagerung. Trockenstoffe wie z.B. Blei-, Kobalt-, Mangan- und Zinksalze werden außerdem zugegeben. Sogenannte Antihautmittel, die aus sehr flüchtigen Substanzen bestehen, werden beigemischt, damit eine offene Farbdose lange Zeit geöffnet stehen kann, ohne daß sie austrocknet oder sich eine störende dicke Haut bildet. Fast ausnahmslos sind diese Lackhilfsstoffe petrochemischen Ursprungs und verdunsten sehr schnell. Meistens haben sie eine starke toxische Wirkung. Lackhilfsstoffe von Naturfarben hingegen sind völlig ungiftig und bestehen in der Regel aus Kasein, ätherischen Ölen, Borax oder Lecithin.

Allgemeine Hinweise

- Farben sollten speziell für den jeweiligen Verwendungszweck gekauft werden. Keinesfalls sollte eine Außenfarbe im Innenbereich verstrichen werden.
- In Schlafzimmern, Eßzimmern und Küchen sollte nach Möglichkeit nur mit Naturfarben gestrichen werden, da Lösemitteldämpfe, Fungizide,

Biozide und andere giftige Inhaltsstoffe hier nicht nur eingeatmet werden, sondern auch in Kleidungsstücke und Lebensmittel eindringen.
- Bei Anstricharbeiten sollte man immer gut lüften, da die Lösemittelabgabe an die Raumluft während des Streichvorgangs um ein Vielfaches über den ohnehin viel zu hohen Grenzwerten liegt.
- Nach dem Anstrich sollten die Räume regelrecht überheizt werden. Je mehr Wärme entsteht, desto schneller binden die Farben ab und desto mehr Lösemitteldämpfe können verdunsten. Gleichzeitig muß für eine gute Lüftung gesorgt werden.
- In frisch gestrichenen Räumen sollte man mindestens 14 Tage lang nicht schlafen. Auch danach sollte grundsätzlich immer ein Fenster gekippt sein.
- Allergiker und Schwangere sollten keine Malerarbeiten ausführen.
- Nach Malerarbeiten sollten Teppichböden alle zwei Tage gesaugt und sämtliche Gegenstände häufig feucht abgewischt werden.
- Kleidungsstücke, Vorhänge oder Stoffverkleidungen sollten luftdicht abgedeckt oder ganz aus frisch gestrichenen Räumen entfernt werden.
- So wenig wie möglich und so sparsam wie es nur geht, lautet der wichtigste Grundsatz für die Verwendung von Farben, Lacken und Lasuren.
- Keine Sprühlacke in Innenräumen verwenden, da nicht nur vermehrt Lösemittel, sondern auch Bindemittel in Form von ganzen Lackpartikeln direkt eingeatmet werden können.
- Pinsel niemals unter fließendem Wasser reinigen, Farbreste – außer von Naturfarben – gehören grundsätzlich in den Sondermüll.

Baubiologische Bewertung
Bei der Herstellung von synthetischen Farben wird nicht nur unverhältnismäßig viel Energie verbraucht, sondern es entstehen auch große Mengen von giftigen Abfallprodukten, die schon in kleinsten Dosen Gesundheitsschäden verursachen können. Die in synthetischen Farben enthaltenen chemischen Lösemittel beinhalten stark gesundheitsschädliche und teilweise sogar krebserzeugende Stoffe. Diese leicht flüchtigen Chemikalien können die Raumluft so stark vergiften, daß die Konzentrationen weit über den zulässigen → MAK-Werten liegen. Der größte Teil der Lösemittel gelangt durch das Einatmen in die Lungenbläschen, von dort in die Blutbahn und wird so im gesamten Körper verteilt. Dadurch können Stoffwechselstörungen entstehen, und auch das zentrale Nervensystem kann in Mitleidenschaft gezogen werden. Bei längerer Belastung kommt es zu regelrechten Vergiftungserscheinungen und somit zu schweren Schädigungen von Nieren und Leber. Besonders gefährlich sind Lösemittel, da hier nicht nur ein einziger giftiger Wirkstoff, sondern gleich ein ganzer Cocktail eingeatmet wird. Die Kombinationswirkungen der Chemizide sind noch völlig unbekannt.

Auch wasserlösliche Farben, sogenannte Wasserlacke, sind gesundheitlich bedenklich.

Aus ökologischen und gesundheitlichen Gründen sollten nur Naturfarben aus nachwachsenden ungiftigen Rohstoffen verwendet werden. Die darin enthaltenen natürlichen Lösemittel sind bei richtiger Anwendung ungiftig.

Naturfarben sind zwar immer noch etwas teurer als synthetische Farben, aber in der Regel sind sie qualitativ gleichwertig, was Streichfähigkeit und Haltbarkeit angeht. → Wandfarben.

FCKW

Fluorchlorkohlenwasserstoffe (FCKW) sind Kohlenstoffverbindungen, bei denen Wasserstoff meistens vollständig durch Fluor und Chlor ersetzt worden ist. Es sind unbrennbare farblose Gase bzw. Flüssigkeiten, deren stabile Verbindungen erst bei Flammtemperatur gelöst werden. FCKW können auch nicht mit anderen Chemikalien reagieren und sich nicht durch Mikroorganismen abbauen. Wegen dieser Eigenschaften werden sie immer noch weltweit tonnenweise eingesetzt. Halogenierte Kohlenwasserstoffe (FCKW), welche die chemischen Elemente Chlor, Fluor, Brom oder Jod enthalten, werden hauptsächlich eingesetzt für die Aufschäumungen von → Dämmstoffen wie z. B. Polyurethan-Ortschaum oder -Hartschaum (→ Isocyanate) sowie Polystyrol-Hartschaum (→ Polystyrol) als Treibmittel, Schäumungs- und → Lösemittel sowie für verschiedenste Kunststoffverschäumungen, Kühlschränke, → Wärmepumpen, → Klimaanlagen, Spraydosen und Löse- und Reinigungsmittel für elektronische Bauteile.

Unter normalen Anwendungsbedingungen konnte bisher keine negative Beeinflussung biologischer Organismen durch FCKW im erdnahen Bereich festgestellt werden. Die Wirkung für die Umwelt allerdings ist hochgradig schädigend. FCKW entweichen bei der Produktion und Verwendung grundsätzlich in die Atmosphäre. Die äußerst langlebigen Verbindungen benötigen 20 bis 50 Jahre, um von der Erdoberfläche in die Stratosphäre einzudringen. In einer Höhe von 15 bis 45 Kilometern – im Bereich der Gashülle, die unsere Erde umgibt – zerstören FCKW durch eine bestimmte chemische Reaktionsfolge stratosphärisches Ozon. Der Ozongehalt in der Stratosphäre ist zwar winzig klein – er berägt nur drei ppm (Teile pro Million) – schirmt aber trotzdem mehr als 99 Prozent der UV-Strahlen der Sonne ab. Durch den Ozonabbau nimmt die UV-Strahlungsintensität auf der Erde zu und schädigt alles organische Leben, von Verbrennungen bei Pflanzen bis zum steigenden Hautkrebsrisiko beim Menschen.

Am 6. Mai 1991 wurde eine FCKW-Halon-Verbotsverordnung in Kraft gesetzt. Aufschäumungen für Dämmstoffe, Montageschäume, Reinigungs-

und Lösemittel, Druckgaspackungen, Kühl- und Treibmittel dürfen mit teilhalogenierten Kohlenwasserstoffen nur noch vermindert eingesetzt werden. Bis zum vollständigen Verbot, ab dem 1. Januar 2000, müssen FCKW stufenweise reduziert werden.

Baubiologische Bewertung
Grundsätzlich sollten keine Wärmedämmstoffe verwendet werden, die mit FCKW aufgeschäumt worden sind. Das gleiche gilt für Ortschäume, die heute vermehrt für Wärmeabdichtungsmaßnahmen aller Art eingesetzt werden. Bestimmte FCKW-Ersatzstoffe, wie z. B. die häufig verwendeten chlorfreien wasserstoffhaltigen Fluorkohlenwasserstoffe (H-FKW), sind nach bisherigen Erkenntnissen zwar nicht ozonzerstörend, tragen aber erheblich zum Treibhauseffekt bei. Ebenso häufig verwendete Ersatzmittel wie Penthan, Propan oder Isobuthan können zwar nicht direkt (wie FCKW) die Ozonschicht zerstören, sind aber als klimaverändernder Faktor sehr umstritten. Aus diesem Grund sollten auch aufgeschäumte Dämmstoffe, die mit heute noch erlaubten Ersatzstoffen behandelt wurden, nicht verwendet werden.

Federkernmatratzen

Federkern- und Taschenfederkernmatratzen sind die am häufigsten gekauften Matratzen. Sie bieten beim richtigen Härtegrad einen hervorragenden Liegekomfort. Die Taschenfedern sorgen für eine gleichmäßige Unterstützung auf der gesamten Liegefläche und können sich durch ihre elastischen Eigenschaften den Druckpunkten des Schlafenden sehr gut anpassen. Der Federkern wird entweder mit Schaumstoff oder Naturmaterialien wie Schurwolle, Baumwolle oder Roßhaar abgepolstert.

Baubiologische Bewertung
Da Federkernmatratzen Stahlfedern enthalten, können sie nicht empfohlen werden. Die Federn bewirken Verschiebungen und Verzerrungen des Erdmagnetfeldes, was zu Befindlichkeitsstörungen wie z. B. Schlafstörungen, Zittern am ganzen Körper, Kopfschmerzen und allgemeiner Schwäche führen kann. Menschen mit intaktem Abwehrsystem und einer guten Konstitution werden ihr Leben lang vielleicht nie durch die künstlichen Magnetfeldverschiebungen beeinträchtigt. Sensitiv Veranlagte hingegen können bei langfristiger Benutzung solcher Matratzen unter erheblichen Befindlichkeitsstörungen leiden. → Matratzen.

Feng Shui → Geomantie.

Fenster

Problemlösungen für eine ausgewogene und optimale → Wärmedämmung werden immer wichtiger. Fast jedes zweite Fenster ist heute mit Einfachscheiben verglast, was einen hohen Wärmeverlust zur Folge hat. Aufgrund der am 1. 1. 1995 in Kraft getretenen neuen → Wärmeschutzverordnung muß sich jeder, der baut oder renoviert, intensiv mit der Wahl des richtigen Fensters auseinandersetzen. Dabei ist das Material der Fensterrahmen sowie der Aufbau der Fensterscheiben von Bedeutung. Stahlfensterrahmen, auch mit thermisch getrennten Profilen, haben die schlechteste Wärmedämmung. Sie sind zudem aufgrund der extremen Korrosionsanfälligkeit besonders pflegebedürftig und müssen mit Schutzanstrichen versehen werden. → Aluminiumfenster sind vom Wärmedämmverhalten her, selbst wenn die Hohlräume mit Kunststoffschaum gefüllt und die Profile thermisch getrennt werden, fast genauso schlecht wie Stahlfenster. Sie sind aber im Vergleich mit allen anderen Materialien am pflegeleichtesten, da die Oberflächen entweder eloxiert oder pulverbeschichtet werden. → Kunststoffenster haben erheblich bessere Dämmwerte als Alu- oder Stahlfenster und sind von ihren Wärmedämmeigenschaften in etwa so gut wie → Holzfenster. Diese besitzen die höchste Lebensdauer. Sie können bei guter Pflege – d.h., wenn man sie alle drei bis zehn Jahre streicht – 100 Jahre und länger voll funktionsfähig bleiben. Kunststoffenster halten dagegen in der Regel, entgegen den Aussagen der Hersteller, kaum länger als 30 Jahre. Man sollte beim Streichen helle Farbtöne verwenden, da sich mit dunklen Farben behandeltes Holz stärker erwärmt und es daher bei Temperaturveränderungen zu thermischen Verformungen kommen kann. Die Lebensdauer von Aluminium- und Stahlfenstern beträgt bei guter Pflege etwa 50 Jahre. Der pflegeleichteste Rahmen beim Vergleich der Witterungsbeständigkeit ist der Aluminiumrahmen. Beim ökologischen Vergleich der unterschiedlichen Materialien für Fenster schneidet → Holz, mit Ausnahme von → Tropenholz, am besten ab. Für die Produktion von einem Kilogramm Holzrahmen werden ca. 1,5 Kilowattstunden benötigt. Die meiste Energie wird dabei für die künstliche Holztrocknung verbraucht. Für ein Kilogramm PVC-Rahmen werden ca. 9,5 Kilowattstunden benötigt, während für Aluminium pro Kilogramm Rahmen 44 Kilowattstunden erforderlich sind. Das bedeutet, daß PVC-Rahmen gegenüber Holzrahmen das Sechsfache an Energie benötigen und Aluminium sogar fast das 30fache. Hinsichtlich möglicher negativer gesundheitlicher Beeinträchtigungen ist das Kunststoffenster als bedenklich einzustufen, weil nicht nur bei seiner Herstellung viele hochtoxische Substanzen entstehen, sondern sich auch im Brandfall hochgiftige Gase bilden. Auch die Wiederverwertung ist äußerst problematisch.

Laut Verband der Fenster- und Fassadenhersteller wurden 1992 in Deutschland ca. 19 Millionen Fenster hergestellt. Die meisten Fenster, ca.

7,2 Millionen, waren aus Kunststoff, wobei der Anteil an PVC-Fenstern 90 Prozent betrug. Zehn Prozent der Kunststoffrahmen waren aus dem Material Polyurethan (→ Isocyanate). An zweiter Stelle lagen die ca. 6,7 Millionen Holzfenster, wobei fast die Hälfte davon noch aus Tropenhölzern bestand. An dritter Stelle kamen Aluminiumfenster mit ca. 4,3 Millionen Stück. Damit ist Deutschland das einzige Land in Europa, in dem mehr Kunststoff- als Holzfenster verwendet werden.

Die Art der Verglasung spielt die entscheidende Rolle für die Wärmedämmeigenschaften eines Fensters. Die Herstellung eines Fensterglases erfolgt überwiegend im sogenannten Floatglasverfahren. Die Rohstoffe für die Glasherstellung bestehen aus Quarzsand, Kalkstein/Dolomit, Feldspat und Soda. Die Einscheibenverglasung ist in Neubauten selbst nach der alten Wärmeschutzverordnung aufgrund der mangelhaften wärmedämmenden Eigenschaften nicht zulässig. Normale Zweifachverglasung als Isolier- oder Kastenfensterverglasung reicht nach der neuen Wärmeschutzverordnung nur noch in Grenzfällen aus. Aus diesem Grund wird heute für Renovier- oder Neubauprojekte Wärmeschutzverglasung verwendet. Die Verglasungseinheit besteht dabei aus zwei oder mehr Glasscheiben, mit gasgefüllten Zwischenräumen und/oder einer beschichteten Glasseite. Die luftdicht abgeschlossenen Gasfüllungen zwischen den Scheiben bestehen meistens aus den Edelgasen Argon oder Krypton. Für die Beschichtungen verwendet man Zink, Zinn, Aluminium, Chrom, Nickel oder Silber. Bei eingefärbtem Glas wird die Fensterscheibe mit Kupfer, Kobalt, Gold, Eisen, Mangan oder Silber behandelt.

Grundsätzlich wird bei sämtlichen Wärmeschutzverglasungen die Lichtdurchlässigkeit zugunsten der Wärmedämmung – teilweise sogar erheblich – gemindert. Je nach Art der Gasfüllung und der Beschichtung wird sie um 18 bis 30 Prozent reduziert. Ein weiterer Nachteil der Wärmeschutzverglasung ist, daß die Isolation in beide Richtungen wirkt. Ein großer Teil der Innenraumwärme kann zwar nicht mehr nach außen dringen, gleichzeitig kann die Sonnenenergie von außen aber auch nicht mehr hinein. Das bedeutet, daß Wärmeschutzverglasungen an reinen Südfenstern die Wärmebilanz um bis zu 12 Prozent verschlechtern kann. Bei der neuen Wärmeschutzverordnung hat man nicht oder nur kaum berücksichtigt, welche großen Energiemengen kostenlos durch die Sonne in die Häuser kommen. Wenn man eine optimale Energienutzung erreichen will, ist es falsch, unbeschattete Südfenster mit Wärmeschutzverglasungen auszurüsten. In diesen Fällen sollten ganz normale Isolierglasfenster verwendet werden, damit nicht nur die Lichtdurchlässigkeit voll ausgenutzt wird, sondern auch – vor allem im Winter und in den Übergangszeiten – die Sonnenenergie die Räume soweit wie möglich erwärmen kann. Bei Nordfenstern hingegen kann die Wärmeschutzverglasung gar nicht gut genug ausgeführt werden, hier wäre eine Dreifachverglasung mit zusätzlicher Beschichtung die effizienteste

Lösung für eine optimale Energieeinsparung. Bei Ost- und Westfenstern ist je nach Beschattung durch Bäume, Sträucher, Vorbauten oder Nachbarhäuser im Einzelfall gesondert zu prüfen, ob eine Wärmeschutzverglasung eventuell doch einer normalen Isolierverglasung vorzuziehen ist. Grundsätzlich sollte man bei der Planung darauf achten, daß für die nördliche Hausseite möglichst kleine Fenster mit Wärmeschutzverglasungen eingesetzt werden und an sonnigen Hausseiten große Fenster mit normaler Isolierverglasung.

Bei Wärmeschutzverglasungen sind die Rahmenkonstruktionen praktisch luftdicht verschlossen, daher ist es dringend notwendig, besonders gründlich zu lüften. Im Winter kann dies nur durch Stoßlüftung herbeigeführt werden: Im Abstand von etwa drei Stunden sollte man sämtliche Türen und Fenster mindestens fünf Minuten weit öffnen, so daß die feuchtere Innenraumluft komplett gegen die trockenere Außenluft ausgetauscht wird. Wenn sich Kondenswasser auf den Innenscheiben bildet, ist dies ein Zeichen dafür, daß zu wenig gelüftet wird und sich zuviel Feuchtigkeit im Innenraum sammelt; es besteht die Gefahr von Schimmelbildung (→ Schimmel).

In der Bauphysik drückt der k-Wert das Maß der technisch errechneten Wärmedämmung aus. Je niedriger er ist, desto besser die Dämmung. Die k-Werte der verschiedenen Verglasungen zeigen die großen Unterschiede der Dämmeigenschaften verschiedener Fenster. Die aufgeführten k-Werte beziehen sich auf das Gesamtfenster inklusive Rahmen:

Einfachverglasung	k-Wert ca. 5,2–6,0
Zwei-Scheiben-Isolierverglasung	k-Wert ca. 2,6–3,0
Zwei-Scheiben-Wärmeschutzverglasung	k-Wert ca. 1,6–1,9
Wärmeschutzglas mit Gasfüllung und Beschichtung	k-Wert ca. 0,7–1,3

Baubiologische Bewertung

Bei der Wärmeschutzverglasung sollte man nicht übertreiben, da die erheblichen Mehrkosten sich kaum durch die relativ geringe Energieeinsparung rechtfertigen lassen. Eine Dreifach-Wärmeschutzverglasung ist zum Beispiel schon doppelt so teuer wie eine normale Zwei-Scheiben-Verglasung. Eine zweifache Wärmeschutzverglasung ist etwa 25 Prozent teurer als eine normale Zwei-Scheiben-Isolierverglasung.

Mit dem richtigen Größenverhältnis und der genauen Zuordnung der Fensterflächen zu den Himmelsrichtungen kann der Heizenergieverbrauch erheblich vermindert werden. Bei Versuchsanordnungen wurden gleich große Fenster in einem Musterhaus in unterschiedlichen Himmelsrichtungen eingebaut. Messungen über den Zeitraum von einem Jahr ergaben, daß Räume mit Südfenstern im Durchschnitt ca. zwölf Prozent weniger Energie benötigen als ein Nordzimmer mit einem Fenster der gleichen

Größe. Je größer ein Fenster im Norden ist, desto mehr Energie geht verloren. Das bedeutet, daß Fenster nach Norden so klein wie möglich und Fenster im Süden so groß, wie es der Grundriß zuläßt, eingeplant werden sollten.

Flachs

Flachsfasern werden seit Hunderten von Jahren hauptsächlich für Leinen- und Werggarne verwendet. Die Flachsfaser, die zu Leinengarnen versponnen wurde, ist heute unter dem Namen Isoflachs als natürlicher Dämmstoff bekannt.

Ähnlich wie bei → Hanf oder → Jute werden die Flachsfasern durch Rösten von den Pflanzenstengeln gelöst. Die 40 bis 70 Zentimeter langen Fasern haben eine graue bis gelbliche Farbe und besitzen, versponnen zu Flachsdämmvliesen, sehr gute Wärmedämmeigenschaften. Da Flachs leicht entflammbar ist, wird durch einen Zusatz von natürlichen Borsalzen die baurechtlich geforderte Brandschutzklasse B 2 (schwer entflammbar) erreicht, so daß er sich als Wärmedämmaterial für die breite Anwendung im Wohnungsbau sehr gut eignet.

Aufgrund seiner sehr guten hygroskopischen Eigenschaften und seiner hohen Diffusionsfähigkeit ist er als Dämmstoffvlies für → Wärmedämmungen von Dach- und Wandkonstruktionen sehr zu empfehlen. Besonders geeignet sind Flachsfasern zum Abdichten von verschraubten Wasserrohrverbindungen.

Dämmstoffe aus Flachs sind überdies resistent gegen Motten und Teppichkäfer, da diese bei der Nahrungsaufnahme Keratin benötigen, das im Flachs nicht enthalten ist. Da nicht nur Menschen, sondern auch Tiere Flachs als sehr angenehmes Material empfinden, sollte es vor dem Einnisten von anderen Insekten oder Nagetieren geschützt werden. Im Dachgebälk sollten darum sämtliche Lüftungsöffnungen mit engmaschigen Fliegengittern versehen werden.

Da auf dem Öko-Dämmstoff-Markt die Nachfrage nach widerstandsfähigen giftfreien Produkten stetig steigt, wird die Produktion von Dämmatten, Filzen und Vliesen aus Flachs immer mehr zunehmen.

Baubiologische Bewertung
Flachs ist ein nachwachsender Rohstoff, der mit geringem Energieaufwand ohne das Anfallen von giftigen Substanzen zu Dämmstoffmaterialien verarbeitet werden kann. Auch das Recycling ist unproblematisch, da die Dämmatten sehr gut kompostierbar sind und wertvollen Humus bilden. Ökologisch ist die Verwendung von Flachs im Baubereich daher sehr zu empfehlen.

Fliesen

Der Begriff Fliesen umfaßt eine Vielzahl von Platten für Boden- und Wandbeläge. Sie unterscheiden sich hauptsächlich in der Höhe ihrer Brenntemperatur und damit in ihrer Wasseraufnahmefähigkeit (Hygroskopizität), die ausschlaggebend für die Frostsicherheit der einzelnen Fliese ist. In der Regel werden Fliesen für den Innenbereich bei ca. 1000 °C gebrannt, während frostsichere Fliesen eine Temperatur von über 1200 °C benötigen, um ein dichteres Gefüge zu erhalten.

Unter den Begriff Fliesen fallen keramische Spaltplatten, Steingutfliesen, Irdengutfliesen und Steinzeugfliesen. Die Rohlinge bestehen aus Ton, Quarzsand, Feldspat, Kaolin und Kreide. Die prozentuale Zusammensetzung der Rohstoffe hängt von der späteren Verwendung ab. So enthalten frostsichere Fliesen für den Außenbereich aufgrund der hohen Wasseraufnahmefähigkeit von Kreide hiervon nur einen kleinen oder gar keinen Anteil. Dies trifft vor allem für Steinzeugfliesen und keramische Spaltplatten zu, die nur eine äußerst geringe Wasseraufnahmefähigkeit besitzen dürfen. Irdengut- und Steingutfliesen sind dagegen sehr gut für den Innenbereich und vor allem für Badezimmer geeignet, weil ihre Kapazität für die Feuchtigkeitsaufnahme sehr hoch ist. Sie liegt deutlich über zehn Prozent. Die höhere Wasseraufnahmefähigkeit dieser Fliesen ist im Badezimmer besonders wichtig, damit ein großer Teil der feuchten Luft, die beim Duschen oder Baden entsteht, aufgenommen und gepuffert werden kann. In Badezimmern und anderen Feuchträumen kleinporige Fliesenmaterialien zu verwenden, die kaum Feuchtigkeit aufnehmen, ist völlig falsch. Je feuchter die Badezimmerluft, desto größer ist auch die Gefahr von Schimmelbildung (→ Schimmel). Die moderne Bauweise und das Bestreben, alle Zimmer so pflegeleicht wie möglich zu gestalten, haben häufig eine unnötige Vollverfliesung der Badezimmer zur Folge. Es gibt kaum noch ein modernes Badezimmer, in dem nicht sämtliche Wände deckenhoch gefliest sind. Noch bis vor etwa zehn Jahren wurden Bäder nur türhoch mit Fliesen ausgestattet, so daß die nur mit Kalk verputzten Restflächen zwischen Fliesen und Decke aufgrund ihres hohen Wasseraufnahmevermögens für ein ausgeglichenes Raumklima sorgen konnten. Heute kann die übermäßige Luftfeuchtigkeit, die beim Duschen oder Baden bei ganzflächig verlegten Fliesen zwangsläufig entsteht, nur noch durch elektrische Ventilatoren oder verstärktes Fensterlüften abgeleitet werden.

Irdengut- und Steingutfliesen unterscheiden sich lediglich in der Farbgebung. Steingutfliesen sind in der Regel glatt und weiß, werden aber auch in getönten und leicht gemusterten Ausführungen hergestellt. Sie sind heute die am häufigsten verwendeten Boden- und Wandplatten für Innenräume. Die Irdengutfliese ist meistens farbig. Irdengut- und Steingutfliesen dürfen nicht im Außenbereich verlegt werden, da sie nicht frostsicher sind.

Keramische Spaltplatten dagegen sind frostbeständig und besonders für Balkone und Schwimmbecken geeignet. Sämtliche keramischen Fliesen können mit oder ohne Glasur gefertigt werden.

Die Glasuren werden in verschiedenen Ausführungen aufgebracht: farbig, transparent oder als Dickglasur. Meistens werden sie bei Temperaturen von über 1 200 °C aufgebrannt. Die Glasuren bestehen aus Quarz und Ton. Bei farbigen Glasuren werden Pigmente wie Eisenoxid, Kupferoxid, Kobaltoxid oder Chromoxid beigemischt. Rot-, gelb- und grünglänzende Fliesen wurden früher teilweise mit hohen Uranzusätzen hergestellt, so daß dadurch eine stark erhöhte → Radioaktivität auftreten konnte. Seit 1981 sind die Uranzusätze für Fliesen, die in Deutschland hergestellt werden, eingeschränkt. Demnach sind noch zwei Milligramm Uran pro Quadratzentimeter erlaubt. Leider ist es nur mit großem technischen Aufwand möglich, die Höhe der Strahlenbelastung zu ermitteln, wenn dieser Grenzwert nicht überschritten wird. Die radioaktive Strahlung wird mit zunehmendem Abstand zur Strahlenquelle erheblich geringer. In einem gut belüfteten Badezimmer kann die radioaktive Belastung in einem Abstand von zwei Zentimetern zur Wandfliese zweimal so hoch sein wie in einem Abstand von einem Meter. Gesundheitliche Beeinträchtigungen treten aber, bis auf wenige Ausnahmen, in gefliesten Bädern und Küchen nicht auf, weil die Aufenthaltsdauer der Menschen in diesen Räumen nur verhältnismäßig kurz ist. Grundsätzlich ist immer die Aufenthaltsdauer und die Entfernung zur radioaktiven Fliese für eine Gesundheitsbeeinträchtigung entscheidend. Gefährlich kann es daher werden, wenn z.B. ein Schlafzimmerboden vollflächig mit radioaktiv hoch belasteten Fliesen belegt ist.

Messungen des Institutes für baubiologische Anwendungen e. V. in Fellbach/Stuttgart bei über 400 Fliesensorten ergaben erstaunliche Ergebnisse: Schwankungen bis zu 60 Prozent gegenüber der Hintergrundradioaktivität traten bei über 90 Prozent der in- und ausländischen Fliesen auf, die alle auf dem deutschen Markt erhältlich sind. Bei etwa 8 Prozent lag die Überhöhung zwischen 60 und 200 Prozent. Die restlichen 2 Prozent waren regelrechte »Ausreißer«, weil hier Überhöhungen bis zum tausendfachen Wert ermittelt wurden. Nach intensivem Nachforschen bei den Fliesenhändlern wurde ausnahmslos erklärt, daß es sich bei den hochbelasteten Fliesen um »Ladenhüter« handele, die schon seit langem nicht mehr nachbestellt würden. Bei 98 Prozent sämtlicher Fliesenproben wurde die überhöhte Radioaktivität übrigens in der Tonscherbe selbst gemessen. Nur bei 2 Prozent, den »Ausreißern« nämlich, war die erhebliche radioaktive Überhöhung auf den Urangehalt in den Glasuren zurückzuführen. Hierbei handelte es sich vor allem um Fliesen mit Ornamenten oder Blumenmustern. Eine weitere Gesundheitsgefährdung kann von Fliesenoberflächen mit Hochglanzglasuren ausgehen, wenn diese Blei enthalten. Allerdings entsteht eine Gefährdung hier nur dann, wenn die Oberfläche durch Risse oder Bohrungen verletzt wird, so daß Bleistaub austritt und eingeatmet werden kann.

Baubiologische Bewertung
Bei der Verlegung von keramischen Fliesen in Innenräumen sollte man darauf achten, daß Steingut oder Irdengut verwendet wird, da diese beiden nicht bei Temperaturen über 1 000 °C gebrannt werden und daher die höchste Wasseraufnahmefähigkeit gewährleisten. In Badezimmern oder Feuchträumen sollten Fliesen nicht an sämtlichen Wänden deckenhoch verlegt werden, damit noch genügend Wandfläche zur Verfügung steht, die durch einen hygroskopisch wirkenden → Kalkputz Feuchtigkeit aufnehmen, speichern und verzögert wieder abgeben kann. Bei hochglänzenden, grellfarbigen Fliesen besteht die Gefahr, daß Bleizusätze in den Glasuren enthalten sind. Auch radioaktive Überhöhungen sind möglich, da noch heute niedrige Uranzugaben, erlaubt sind. Am unkritischsten sind helle Steingutfliesen. Am sichersten ist es, wenn man sich beim Kauf von Fliesen bestätigen läßt, daß weder Blei noch Uran in den Glasuren enthalten ist. Auch sollte man sich vergewissern, daß dem Ton kein Rotschlamm, der bei der Aluminiumerzeugung anfällt, beigemischt ist. Rotschlamm weist grundsätzlich eine radioaktive Überhöhung auf. Besonders bei großen gefliesten Flächen in Wohn- oder Schlafzimmern sollte man darauf achten, daß die natürliche Hintergrundradioaktivität um nicht mehr als 30 Prozent überschritten wird. Es empfiehlt sich, vor dem Fliesenkauf eine Radioaktivmessung durchführen zu lassen. Zum Verlegen der Fliesen sollte → Mörtel verwendet werden, der möglichst keine Kunstharzzusätze enthält. Wasserdichte Verklebungen und Ausfugungen im Wohnbereich sollte man aufgrund der Kunststoffanteile im Fugenmaterial und der damit verbundenen möglichen giftigen Emissionen nicht verwenden.

Fluorchlorkohlenwasserstoffe → FCKW.

Formaldehyd

Formaldehyd ist eine Art Allzweckmittel in der Chemie. Keine Chemikalie wird weltweit so häufig hergestellt und fällt nach Gebrauch als Sondermüll an wie Formaldehyd. Obwohl in der offiziellen → MAK-Liste, die von der Senatskommission zur Prüfung gesundheitsschädlicher Arbeitsstoffe herausgegeben worden ist, Formaldehyd den Stoffen mit begründetem Verdacht auf krebserzeugendes Potential zugeordnet ist – Kategorie II B –, wird es nach wie vor als Massenchemikalie verwendet.

Folgende Symptome und gesundheitliche Schädigungen können durch den Kontakt mit Formaldehyd hervorgerufen werden: Reizungen der Schleimhäute wie Augenbrennen, Nasenbrennen oder Hustenreiz, Kopfschmerzen, Schlafstörungen, Schädigungen des Erbguts, Depressionen und Haarausfall. Formaldehyd ist wahrscheinlich der größte Allergieauslöser und hauptverantwortlich für viele Arten von Pollenallergien. Zudem verstärkt die Chemikalie Bronchialasthma. Formaldehydbelastete Personen erkranken häufiger an Infektionen, und nach neuesten wissenschaftlichen Erkenntnissen kann Formaldehyd auch Hirnschäden auslösen.

Das »Wundermittel« Formaldehyd umgibt uns fast überall und zu jeder Zeit. Es ist enthalten in sehr vielen Klebemitteln, Klebefolien, → Spanplatten, Imprägnierungen oder Verklebungen von → Teppichböden, in wärmedämmenden Isolierschäumen, in Isoliermatten aus Steinwolle oder anderen Materialien (formaldehydhaltige Bindemittel), in → Lösemitteln, Schaumstoffen, → Tapeten, Textilien, in Haushaltsreinigern, Desinfektionsmitteln, in → Farben und Lacken, Holzvertäfelungen, in Filzstiften, Kosmetikartikeln und vielem mehr.

Der vom Bundesgesundheitsministerium 1984 »empfohlene obere Richtwert« von 0,1 ppm (parts per million) für Innenräume des privaten Wohnbereiches, Büro- und Geschäftsräume ist als politischer Kompromiß zwischen der formaldehydherstellenden chemischen Industrie und dem Bundesgesundheitsamt zu bewerten. Wissenschaftliche Erkenntnisse für diesen »Schwellenwert« gibt es nicht. In der Praxis zeigt sich seit Jahren, daß insbesondere bei empfindlichen Menschen (Kindern, älteren und kranken Menschen, zu Allergien neigenden oder formaldehydsensibilisierten Personen) bereits Konzentrationen unter 0,03 ppm gesundheitliche Beeinträchtigungen verursachen können. Der offizielle Richtwert von 0,1 ppm führt zu der gefährlichen und völlig falschen Annahme, daß keinerlei gesundheitliche Gefährdung bei Formaldehydkonzentrationen unter diesem Wert besteht. Bereits bei Niedrigkonzentrationen von 0,03–0,05 ppm können Allergien bei Frauen und Kindern auftreten. In vielen Fällen leiden sie erheblich früher unter Befindlichkeitsstörungen als Männer. Das liegt möglicherweise daran, daß Männer sich häufiger tagsüber außerhalb ihrer Wohnung am Arbeitsplatz aufhalten, während Frauen und Kinder in der Regel auch in dieser Zeit im formaldehydbelasteten Wohnbereich bleiben. Man geht davon aus, daß in mindestens einer Million deutscher Wohnungen und Häuser die Formaldehydkonzentration über dem Richtwert von 0,1 ppm liegt.

Die Hauptbelastung in der Wohnung geht von Spanplatten aus, die häufig für die Möbelherstellung verwendet werden. Ein neues formaldehydhaltiges Möbelstück riecht stechend. Wenn es in der Nase beißt und kribbelt, ist dies ein sicheres Indiz; es riecht dann nicht neu und auch nicht nach Holz, sondern unverkennbar nach Formaldehyd. Die Verunsicherung der Verbraucher durch Falschinformationen der Möbelhersteller wird immer größer. Auch Materialien für den Innenausbau wie Wandverkleidungen, Deckenpaneele, Leichtbauwände und Sparrenausfachungen sind häufig eine Quelle von Formaldehydausgasungen.

Die Unsicherheit der Verbraucher ist deshalb so groß, weil sehr viele Krankheitssymptome selbst bei den Menschen auftreten, die ihre Wohnung neu renoviert und in gutem Glauben mit neuen, angeblich formaldehydarmen Möbeln eingerichtet haben. Viele Verbraucher fallen auf den Etikettenschwindel der Möbelhersteller herein und verlassen sich auf deren → Umweltzeichen. Siegel und Stempel mit der Aufschrift »nicht gesundheitsschädlich«, »baubiologisch geprüft« oder »formaldehydfrei« sind aber meistens inhaltlich falsch und dienen lediglich der Irreführung der Verbraucher. Grundsätzlich kann man sich auf kein Umweltzeichen verlassen, dies gilt ganz besonders auch für Spanplatten.

1980 wurden sogenannte Emissionsklassen für Formaldehydausgasungen festgelegt. Seit dem 1. 1. 1988 müssen sämtliche, in der Bundesrepublik Deutschland verkaufte Möbel aus Holzwerkstoffen der Emissionsklasse E1 entsprechen. Danach darf die Ausgleichskonzentration von Formaldehyd in der Innenraumluft nicht mehr als 0,1 ppm betragen (Emissionsklasse 2: 0,1–1,0 ppm, Emissionsklasse 3: 1,0–2,3 ppm). Bei der Emissionsklasse 0 dürfen nur Spanplatten verwendet werden, die völlig frei von Formaldehyd sind. Anstelle von Formaldehydharzen werden hier Polyurethane verwendet, bei denen die Problematik der noch viel toxischer wirkenden → Isocyanate auftritt.

Grundsätzlich wirkt sich jede Spanplatte, die Formaldehyd enthält, negativ auf den menschlichen Organismus aus. Darüber hinaus zeigen Prüfungen, wie z.B. Materialanalysen neuer Spanplattenmöbel, daß die unter der Bezeichnung E1 verkauften Holzwerkstoffe in über 50 Prozent der Fälle den Grenzwert überschreiten. Besonders fahrlässig ist, daß es immer noch Hersteller und Firmen gibt, die ihre Spanplattenmöbel trotzdem als gesundheitlich unbedenklich und »formaldehydfrei« bezeichnen. Diesen eklatanten Falschbezeichnungen, die eigentlich vorsätzlich gesundheitsschädigend sind, kann man rechtlich mit Erfolg entgegenwirken, denn die Verbraucher können nicht mehr beurteilen, ob beispielsweise ein Holzschlafzimmer, das aus Spanplatten besteht, die Gesundheit schädigen kann. Viele Gerichtsurteile in Deutschland haben inzwischen im Fertighausbereich und beim Neukauf von Möbeln den Verbrauchern Recht gegeben. In Hunderten von Fällen mußten die Hersteller einen Schadenersatz in voller Höhe des Kaufpreises bezahlen.

Häufig wissen nicht einmal die Verkäufer von Spanplattenmöbeln, daß trotz der E1-Auszeichnung oft viel höhere Formaldehydausgasungen austreten können als erlaubt sind. Dies liegt wohl zum Teil daran, daß immer noch einzelne Hersteller von Spanplatten die Formaldehydwerte mit der sogenannten Perforator-Methode ermitteln. Seit über zehn Jahren ist aber bekannt, daß diese Meßmethode ungenau ist. Holzhändler, die Spanplatten mit dem Siegel E1 verkaufen, können nicht haftbar gemacht werden, da sie sich auf diese Angabe verlassen müssen.

Bemerken Sie einen stechenden Geruch, und haben Sie Nasen- und Augenbrennen in Ihrer Wohnung, nachdem Sie sich neue Möbel gekauft haben, sollten Sie dringend eine Formaldehydmessung durchführen lassen. Nur zwei Möglichkeiten zur exakten Bestimmung des Formaldehydgehalts sind dabei kostengünstig und technisch durchführbar.

Man kann entweder eine Holzprobe, z.B. ein Stück von einem Regal, gaschromatographisch analysieren oder eine »Luftmessung nach VDI« im Wohnraum durchführen lassen. Hierbei wird ein bestimmtes Volumen der Raumluft in einer festgesetzten Zeit durch eine Flüssigkeit gepumpt. Die Flüssigkeit wird anschließend im Labor analysiert. Anhand der Ergebnisse kann man feststellen, ob ein Möbelstück mehr Formaldehyd ausgast, als es die Emissionsklasse E1 zuläßt bzw. ob die Konzentration der Luft den Grenzwert von 0,1 ppm übersteigt. Wenn in einem neueren Fertighaus die Luftkonzentration von Formaldehyd deutlich über 0,1 ppm liegt, ist es nach der heutigen Rechtsprechung verhältnismäßig einfach, Schadenersatz vom Hersteller zu bekommen, vorausgesetzt, die Verjährungsfrist ist noch nicht abgelaufen. Wenn eine Spanplatte im neu gekauften Schlafzimmerschrank mehr Formaldehyd als zulässig enthält (dies ist sehr oft der Fall), muß in der Regel der Hersteller ebenfalls Schadenersatz bezahlen bzw. das Möbelstück zurücknehmen. Wenn bei Sanierungsmaßnahmen oder Neubauten großflächige Spanplattenmöbel, Holzvertäfelungen oder Wandverkleidungen verwendet werden, liegt der Formaldehydgehalt in der Raumluft häufig weit über dem Richtwert. Die einzelnen Spanholzmöbel und Materialien für den Innenausbau können zwar für sich genommen den Richtwert von E1 weit unterschreiten, durch die großflächige »Raumbeladung« kann es aber zu gesundheitlich sehr gefährlichen Luftkonzentrationen kommen. Im Gegensatz hierzu kann ein verhältnismäßig großer Wohnraum mit einem kleinen Schrank, der Formaldehyd abgast, kaum oder nur sehr wenig belastet sein. Die Höhe der Formaldehydkonzentration in der Raumluft wird zu einem großen Teil auch durch die relative Luftfeuchtigkeit, die Temperatur und den Luftaustausch beeinflußt. Vor allem in Neubauten oder renovierten Wohnungen mit isolierverglasten → Fenstern und abgedichteten Türen ist der erforderliche Luftaustausch von Innen- und Außenluft viel zu stark eingeschränkt. Wenn dann auch noch die Luftfeuchtigkeit über 60 Prozent liegt und die Raumlufttemperatur mehr als 22 Grad beträgt, kann die Konzentration doppelt so hoch sein wie in ausreichend belüfteten Räumen mit einer Luftfeuchtigkeit von 40 Prozent und einer Raumtemperatur unter 20 Grad. Generell nimmt die Formaldehydabgabe mit der Temperatur und der Luftfeuchtigkeit zu. Insbesondere bei → Fußbodenheizungen kann die relativ hohe Temperatur an Unterkonstruktionen und Parkettbelägen aus Preßspan sowie an → Teppichböden mehr Formaldehyd freisetzen als bei anderen Beheizungsarten.

Baubiologische Bewertung

Grundsätzlich müßte Formaldehyd als Bindemittel verboten werden. Allein der Hinweis auf einen begründeten Verdacht einer Krebserzeugung ist Grund genug. Da Formaldehyd aber nach wie vor verwendet wird, müssen die Verbraucher sich selbst schützen. Beim Kauf von Spanplattenmöbeln sollten Sie in jedem Fall eine Bescheinigung der Emissionsklasse 1 verlangen und zusätzlich eine Riechprobe vornehmen. Öffnen Sie zu diesem Zweck die Schranktüren und ziehen Sie vorhandene Schubladen heraus. Es darf dabei nicht in der Nase stechen. Auch wenn Sie einen starken Geruch von Klebern, Beizen oder Farbmitteln wahrnehmen, sollten Sie das Möbelstück nicht kaufen.

Nach Möglichkeit sollten Sie aber überhaupt keine Spanplatten mehr verwenden; weder als Teil von Möbeln noch für Holzverkleidungen und auch nicht als Unterkonstruktion von Fußböden oder Dachstühlen. Als Alternative für Spanholzmöbel oder -verkleidungen bieten sich unbehandelte Vollhölzer an. Wenn Sie → Holz einlassen oder streichen, sollten Sie unbedingt ungiftige Lasuren und → Naturfarben verwenden.

Haben Sie eine Formaldehydbelastung der Raumluft festgestellt, sollten Sie folgendermaßen vorgehen: Entfernen Sie zunächst, soweit möglich, die Emissionsquellen. Austrittstellen wie z.B. Schmalseiten, Schnittkanten und Bohrungen an Holzwerkstoffen, Abdichtungen und Hinterlüftungen von Isolierungen sollten Sie abdichten. Erhöhen Sie den Luftwechsel durch vermehrtes Lüften der belasteten Räume und halten Sie die Raumtemperatur möglichst niedrig.

Fungizide → Biozide.

Furmecyclox

Nach dem Verbot des hochgiftigen Holzschutzmittelzusatzes → PCP (Pentachlorphenol) wurde aufgrund fehlender Ersatzstoffe sofort das neue technische → Biozid Furmecyclox entwickelt, das auch unter dem Namen Xyligen B im Handel ist. Da der Wirkstoff in Imprägniermitteln, → Farben und Lacken nur schwach gebunden ist, tritt er vermehrt in die Luft aus und gefährdet durch seine toxische Wirkung die menschliche Gesundheit, so daß mit schweren Schäden gerechnet werden muß. Weil die Flüchtigkeit von Furmecyclox überdurchschnittlich hoch ist, wurde es vom Bundesgesundheitsamt als stark gesundheitsgefährdend eingestuft. Der MIK-Wert (Maximale Immissions-Konzentration) ist deshalb sogar niedriger angesetzt worden als bei PCP. Es gibt bisher für dieses Fungizid nur wenige toxikologische Bewertungen. Die bisher bekannten Symptome sind Schleimhautreizungen, Augenbrennen und Hautirritationen. Eine krebserzeugende Wirkung wurde in Tierexperimenten bereits nachgewiesen. Aufgrund dieser möglichen Wirkungen soll Furmecyclox in der Bundesrepublik Deutschland verboten werden. Obwohl dieses äußerst giftige Fungizid erst seit den achtziger

Jahren in → Holzschutzmitteln eingesetzt wurde, sind mittlerweile durch die Verwendung von Farben und Holzlasuren schon einige hunderttausend Menschen großen gesundheitlichen Gefahren ausgesetzt. Aufgrund der vermutlich sehr langsamen Ausgasung von Furmecyclox werden die betroffenen Verbraucher noch ein bis drei Jahrzehnte mit den schweren Altlasten leben müssen. Furmecyclox wurde offiziell von der Industrie seit Anfang der neunziger Jahre nicht mehr hergestellt, da es möglicherweise krebserzeugend ist und zudem Zweifel an einer dauerhaften fungiziden Wirkung bestehen. Mittlerweile wurde der ähnlich wirkende Ersatzstoff mit Tebuconazol entwickelt. Über seine Wirkung auf den menschlichen Organismus ist kaum etwas bekannt.

Baubiologische Bewertung
Der Holzschutz-Ersatzstoff Furmecyclox bzw. Xyligen B ist wahrscheinlich noch giftiger und damit gefährlicher für den Menschen als PCP. Zur Sicherheit sollte man versuchen herauszufinden, mit welchen Holzschutzmitteln schon vorhandene Innenhölzer wie z.B. Decken- oder Wandverkleidungen und sichtbare Holzstützen behandelt wurden. Wenn in diesen Mitteln Furmecyclox enthalten war, ist eine Sanierung zum Schutz vor einer Holzschutzmittelbelastung dringend zu empfehlen.

Fußbodenheizung

Für viele Leute gilt die Fußbodenheizung immer noch als das komfortabelste Heizsystem. Für Menschen, die in der Wohnung gern barfuß laufen und oft auf dem Fußboden sitzen, kann der aufgewärmte Boden durchaus behaglich und angenehm sein. Eine Fußbodenheizung hat aber auch sehr viele Nachteile: Sie wärmt den Boden auf, und warme Luft steigt nach oben. Gleichzeitig sinken abgekühlte Luftmassen von der Decke wieder auf den Fußboden zurück. Dadurch entsteht eine starke Luftzirkulation, die in unmittelbarer Bodennähe am stärksten ist. Diese Luftströmung wird als sehr unangenehm empfunden, weil an der Außenwand durch die Fensterflächen kalte Luft auf den Fußboden strömt und sie erst an der Innenwand erwärmt wieder nach oben steigt. Bei einer → Heizung mit Raumheizkörpern fließt die Luft genau umgekehrt: An der Außenwand über dem Heizkörper steigt die warme Luft hoch und fällt dann an der Innenwand abgekühlt wieder auf den Boden. Die starke Umwälzströmung der Fußbodenheizung kann selbst durch eine gute Wärmedämmung an den Außenwänden nicht vermindert werden, da die Raumluft allein durch die Fensterfläche stark abkühlt. Dieser große Temperaturunterschied ist physikalisch für die heftigen Turbulenzen in Bodennähe verantwortlich. Da die meisten Menschen bereits Luftgeschwindigkeiten ab ca. 0,3 Metern pro Sekunde als Zug empfinden, kann man hier nicht mehr von einem behaglichen Barfußlaufen auf bodenbeheizten Wohnzimmerfliesen sprechen. Nach einiger Zeit entsteht selbst bei völlig überheizten Räumen ein starker Zug in Knöchelhöhe. Fußbodenheizungen werden besonders gern in Räumen mit großen Fensterflächen verwendet. Hier erreicht die Luftgeschwindigkeit im Bodenbereich bis zu 0,6 Meter pro Sekunde. Durch die hohe Luftgeschwindigkeit wird gleichzeitig → Hausstaub aufgewirbelt, der aufgrund des ständigen Luftstroms als Schwebestaub in der Luft bleibt und ununterbrochen umhergewirbelt wird. Babys, die länger auf einem beheizten Boden spielen, atmen den Hausstaub zwangsläufig ein, da sie sich genau in der Zone befinden, wo er am stärksten herumgewirbelt wird. Da bei ihnen besonders häufig chronische Reizungen der Atemwege, Husten und Bronchitis auftreten, empfehlen Kinderärzte, sie nicht zu lange auf geheizten Böden spielen zu lassen. Besonders belastet sind auch Erwachsene, die direkt auf einem beheizten Boden schlafen, da das zu Schleimhautreizungen und Allergien führen kann.

Bei einer Fußbodenheizung ist das Temperaturprofil im Raum genau umgekehrt zu dem Temperaturgefälle, das ein ideales Wohnklima aufweisen sollte. Am wohlsten fühlt sich der Mensch, wenn er Wärme an den Füßen spürt und die Temperatur nach oben langsam abnimmt, so daß es in Kopfhöhe am kühlsten ist: Warme Füße – kalter Kopf. Die Realität bei einer Fußbodenheizung sieht völlig anders aus: Man bekommt zwar warme Fußsohlen, weil der Boden erwärmt wird, aber im Bereich der Knöchel kann die Temperatur je nach Höhe der Oberflächentemperatur des Bodens um bis zu fünf Grad absinken. Ab Wadenhöhe steigt die Temperatur langsam wieder bis zur Decke an, so daß sie den Kopf am meisten erwärmt. Man hat also heiße Füße, kalte Knöchel und Waden und einen sehr warmen Kopf. Bei Fußbodenheizungen in kleinen Räumen, wie Küchen, Badezimmern oder Korridoren, stellen sich all diese Probleme nicht. Da hier meistens auch die Fensterflächen klein oder gar nicht vorhanden sind, kommt es zu geringeren Temperaturunterschieden zwischen Boden und Außenwänden. Es entstehen weniger Luftturbulenzen, der Staub wird nicht so stark aufgewirbelt, und insgesamt verteilt sich die Wärme besser im Raum. Es entsteht mehr Behaglichkeit als in großen Räumen mit Fensterflächen.

Baubiologische Bewertung

Jede Fußbodenheizung ist eine Strahlungsheizung. Strahlungsheizungen an Wänden oder Decken sind durchaus sinnvoll, im Fußbodenbereich sind sie nicht zu empfehlen, es sei denn, sie werden in sehr kleinen Räumen installiert. Gründe hierfür sind große Temperaturunterschiede im Raumprofil und starke Luftturbulenzen in Bodennähe. Es können gesundheitsschädigende Staubaufwirbelungen entstehen, die z. B. auf dem Boden spielenden Babys und Kleinkindern schaden. In größeren Wohn- und Schlafräumen sollte man auf keinen Fall eine Fußbodenheizung einbauen. Die energieaufwendigste und ungesündeste Fußbodenheizung besteht aus Elektrokabeln, die im Fußboden verlegt sind und als Nachtspeicherheizung betrieben werden. Hier kommt zu allen anderen Nachteilen auch noch die Entstehung überdurchschnittlich hoher → elektromagnetischer Wechselfelder hinzu, wobei die Hauptbelastung nachts auftritt.

Fußleistenheizung

Eine Fußleistenheizung basiert auf dem Prinzip der Wärmeabgabe von Konvektoren (→ Heizkörper). In der Regel wird an den Außenwänden eine Kupferheizleitung verlegt, an der seitlich eine Blechabdeckung und nach oben Blechlamellen befestigt werden. Der Anteil der Strahlungswärme ist sehr gering; hier wird bewußt die Konvektionswärme genutzt. Die Wärme steigt wie bei einem Konvektor durch die Lamellen senkrecht an der Wand nach oben. Die erwärmte Luft kühlt sich bis zur Decke ab und fällt im nahen Wandbereich auf den Boden zurück, um hier aufs neue aufgeheizt zu werden und über die Lamellen wieder nach oben zu steigen. Diese Luftbewegung findet unmittelbar vor der Wand statt, der restliche Raum ist davon fast nicht betroffen. Die Wand wird durch das Vorbeistreichen der Warmluft erwärmt, speichert die Wärme und gibt sie zu ca. 80 Prozent als Strahlungswärme an den Raum ab. Durch diese sehr einfache Heiztechnik gelingt es, massive Außenwände aufzuwärmen und einen hohen Anteil gesunder Strahlungswärme zu erreichen (→ Heizung).

Fußleistenheizungen können an jede → Zentralheizung angeschlossen werden. Da sie aber große Flächen der Wände, an denen sie verlegt werden, als Speicherflächen benötigen, bringen sie oft von der Inneneinrichtung her Nachteile mit sich. Ähnlich wie bei der → Hypokaustenheizung müssen die Wandflächen frei von Möbeln oder Bildern sein. Die Wandoberflächen sollten so glatt wie möglich sein. → Rauhfasertapeten oder Holzverkleidungen an den Wänden sind ungeeignet, denn wenn durch die Konvektion ununterbrochen Warmluft an der Wand entlangstreicht, kann sich bei rauhen Oberflächen schnell viel Staub ansammeln, der dann durch die Strahlungswärme in den Raum hineingeschleudert wird. Am besten eignen sich → Kalkputze mit glatter Oberfläche.

Baubiologische Bewertung
Eine Fußleistenheizung ist eine sehr gute Alternative zur Hypokaustenheizung oder einem → Kachel-Grundofen und ist aufgrund des hohen Strahlungsanteiles und der geringen Staubaufwirbelung sehr zu empfehlen. Da meistens die Stellflächen für Fußleistenheizungen an den Außenwänden sehr eingeschränkt sind, empfiehlt es sich, bei Neubauten eine Zusatzheizung in Form eines Kachel-Grundofens einzubauen.

Futons

Futons kommen ursprünglich aus Japan. Es sind feste Schlafmatten aus Baumwolle, die zu einem feinen Wattevlies verarbeitet sind. Das Vlies wird in verschiedenen Lagen mit Baumwollfäden vernäht. Die meisten Japaner schlafen auf diesen, maximal sieben Zentimeter starken, Futonmatten. In Japan werden sie nicht wie in Europa in Bettgestelle gelegt, sondern auf Reis-Stroh-Matten (Tatami) auf dem Boden ausgebreitet. Jeden Morgen wird der Futon ausgeschüttelt, gelüftet und dann zusammengefaltet im Schrank aufbewahrt. In Deutschland sind die meisten Futons stärker, sie haben eine Dicke von zehn bis elf Zentimetern.

Baubiologische Bewertung
Futons sind verhältnismäßig hart, so daß sich die meisten Europäer erst an sie gewöhnen müssen. Man sollte sie täglich aufschütteln und lüften, da sonst die Baumwollfüllungen zusammengedrückt werden oder verklumpen und Kuhlen bilden, die Kreuzschmerzen verursachen können. Baumwolle hat gute feuchtigkeitsregulierende Eigenschaften und ist sehr hautfreundlich. Vom Material her sind Futons daher sehr zu empfehlen. Um den Liegekomfort zu verbessern, sollte man besonders auf einen elastischen → Lattenrost achten. → Matratzen.

G

Gasbetonsteine

Gasbetonsteine sehen so ähnlich aus wie → Kalksandsteine, sind aber größer und an der Oberfläche großporiger. Sie werden unter anderem aus → Zement, → Kalk, Quarzsand, Ölschiefer-, Hochofen- und Flugasche hergestellt. Als Zusatzmittel werden häufig Anhydrit und → Gips verwendet. Die fertige Rohbetonmasse wird mit Wasser und dem Treibmittel Aluminiumpulver vermischt. Durch das Aluminiumpulver entstehen – in Verbindung mit Kalk – Wasserstoffgase, die die Masse aufblähen und viele kleine Poren bilden.

Je mehr Luftporen, desto besser die Wärmedämmeigenschaften, die man vor allem bei der Verwendung als Außenmauerwerkstein schätzt. Die fertigen Steine entstehen durch Härten der Rohlinge bei einer Temperatur von ca. 200 °C.

Da die Wasseraufnahmefähigkeit durch die vielen Poren extrem hoch ist, sollte man bei Außenwänden ganz besonders auf eine handwerklich gute wasserabweisende Putzausführung achten. In Anschlußbereichen des Außenmauerwerkes, wie z. B. bei Balkonplatten oder an erdberührenden Punkten, müssen spezielle, wasserdichte Sockelverputze verwendet werden, da Gasbetonsteine sich bei stehendem Wasser wie ein Schwamm vollsaugen können.

Gasbetonsteine sind bauphysikalisch und baubiologisch Stahlbeton oder → Betonsteinen vorzuziehen, da sie eine erheblich größere Diffusionsfähigkeit aufweisen. Porosierte → Mauerziegelsteine weisen allerdings eine noch bessere Diffusionsfähigkeit auf.

Als Innenmauerwerk sind → Ziegelsteine vorzuziehen, da sie eine erheblich größere Wärmespeicherfähigkeit und damit ein besseres Strahlungswärmeverhalten haben – vor allem in den Heizperioden.

Kritisch ist die Verarbeitung von Gasbetonsteinen, da sie häufig nicht mit Fugenmörtel, sondern mit Klebern, die toxische Lösemittel enthalten, in der üblichen Fugentechnik der Gasbetonhersteller verklebt werden. Um die toxischen Lösemittel zu vermeiden, sollte man Gasbetonsteine wie Mauerziegel mit herkömmlichen Mörtelfugen vermauern.

Baubiologische Bewertung
Aus ökologischer Sicht und aufgrund des niedrigen Energiebedarfs bei der Herstellung sind Gasbetonsteine ein empfehlenswertes Material für Außen-

wände. Kritisch sind Zuschläge wie Flugasche oder Hochofenasche, die auch zu einer erhöhten Radonbelastung (→ Radon) führen können. Wenn auf Fugenkleber verzichtet wird, kann Gasbeton durchaus eine Alternative zu anderen Außenwandmaterialien sein. Auch die Entsorgung ist dann relativ unproblematisch, da Gasbeton als Bauschutt gelagert werden kann. Wurden bei der Herstellung Flugasche und Hochofenschlacke verwendet, können allerdings Restmengen von Schadstoffen austreten.

Geobiologie

Die Geobiologie untersucht den Zusammenhang zwischen dem Gesundheitszustand des Menschen, der Umgebung und dem Haus, in dem er lebt. Hauptsächlich geht es dabei um die Wirkung von standortbedingten Einflüssen und Strahlungen auf den menschlichen Organismus. In erster Linie lokalisiert man Störeinflüsse, die das natürliche Strahlenmilieu negativ beeinflussen. Die Geobiologie schlüsselt die natürlichen elektromagnetischen Felder auf und untersucht deren Wirkungen auf den Menschen.

Am bekanntesten sind die Licht- und Wärmestrahlen der Sonne (Infrarotstrahlen). Dazu kommen Ultraviolettstrahlen, Röntgenstrahlen und Tausende von elektromagnetischen Einwirkungen aus dem Kosmos. Diese Einstrahlungen waren eine Vorbedingung für die Entwicklung des Lebens auf der Erde. Die enorme Intensität der hochenergetischen Partikel der kosmischen Strahlung wird durch die filternde und abschirmende Wirkung der Atmosphäre auf einen Bruchteil abgeschwächt.

Die extraterrestrische Strahlung wirkt ununterbrochen auf die Erde ein. Durch geobiologische Einflüsse, wie z.B. unterirdische Störzonen, kann sie verändert und fehlgeleitet werden. Man geht davon aus, daß die Bioelektrizität, also die kosmische Strahlung, in gestörten Zonen nicht vollständig in die Erde eindringen kann und teilweise reflektiert wird. Man spricht in diesem Fall auch von einer Fehlstrahlung. Wirkt eine solche Fehlstrahlung auf den Menschen ein, können notwendige lebenswichtige bioelektrische Vorgänge nicht vollständig ablaufen. Sensible Menschen spüren diese Reflexion der kosmischen Strahlung (→ Radiästhesie). Sogenannte Reizstreifen, auch geopathogene Störzonen genannt, sind von Rutengängern aufspürbar.

Die Fähigkeit, das natürliche Strahlenmilieu wahrzunehmen, wurde schon in den frühen Hochkulturen bewußt eingesetzt. So findet man Hinweise auf Rutengänger, die auf ca. 1500 v.Chr. datiert sind. Sie sind in Form von Höhlenmalereien in Südfrankreich zu besichtigen. Berichten zufolge wurde bereits ca. 13500 v.Chr. in Togo im südlichen Afrika von Rutengängern Wasser für Brunnenanlagen gesucht und gefunden. An Kulturdenkmälern kann man erkennen, daß sich die Menschen bis ins 18. Jahrhundert bewußt mit dem natürlichen Strahlungsmilieu auseinandergesetzt haben. Von der Zeit der Kelten bis ins Zeitalter des Barock war das Strahlungsphänomen, das durch unterirdische Wasserläufe entsteht, ausschlaggebend für die Wahl der Standorte von Kultstätten. Die anregende Wirkung, die unterirdisch fließendes Wasser erzeugt, wurde vor allem bei Kirchen genutzt. Viele auf unterirdische Störzonen untersuchte Kirchen und Schlösser sind mitten auf verschütteten Flußläufen, die auch als Mäanderstreifen bezeichnet werden, errichtet worden. Bewußt hat man so die stimulierende Wirkung der Strahlen genutzt, um die Euphorie der Gläubigen in der Kirche zu steigern. Bei vielen Wallfahrtskirchen ist dieses Phänomen besonders gut erkennbar. In Deutschland gilt das z.B. für die Wieskirche, Bettbrunn und Vierzehnheiligen. Neuere Untersuchungen zeigen, daß das veränderte Strahlenmilieu die Stimmung der Menschen steigert, weil in Reizzonen die Aktivität der Thymusdrüse erheblich zunimmt.

Naturmediziner befassen sich immer häufiger mit der Geopathologie, welche die Auswirkung von Störstrahlungen auf den menschlichen Organismus auswertet. Ein Schwerpunkt ist die Analyse der Schlafgewohnheiten von Menschen und Tieren. Häufig kann man dabei beobachten, daß Menschen, die längere Zeit auf Störzonen schlafen, erheblich in ihren Schlafphasen beeinträchtigt werden.

Die Geobiologie und die Geopathologie sind als Wissenschaften nach wie vor heftig umstritten. Schulmedizinisch gesehen besitzt der Mensch keine Rezeptoren, die Strahlungen unbekannten Ursprungs eindeutig fühlbar machen. Seit ca. 30 Jahren befassen sich kritische Wissenschaftler verstärkt mit der Geopathologie. Sie entwickelten dabei verschiedene medizinische und physikalische Meßmethoden, um Störeinflüsse nachzuweisen, die Symptome und Krankheiten auslösen können. Da sich das natürliche Strahlenmilieu jedoch aus Tausenden verschiedener Frequenzbereiche zusammensetzt, ist es bisher nicht gelungen, standortbezogene Strahlungseinflüsse exakt nachzuweisen. Aus diesem Grund werden sie nicht nur von der Schulmedizin, sondern auch von anderen klassischen Disziplinen der Naturwissenschaften ignoriert.

Im frühen Mittelalter mußte jeder gute Baumeister sensitiv veranlagt sein, um störungsfreie Plätze für geplante Wohngebäude zu finden. Daher ist auch keine der frühen menschlichen Siedlungen auf Störzonen entstanden. Untersuchungen von Geobiologen zeigen, daß Ortskerne, die vor dem 18. Jahrhundert errichtet wurden, frei von Störzonen sind. In der heutigen Zeit werden, aufgrund der immer knapper werdenden Flächen, Neubauten an Plätzen errichtet, die nicht nur allen Grundsätzen der Geobiologie widersprechen, sondern die auch nicht mehr als human und hygienisch bezeichnet werden können: Sie entstehen auf aufgefüllten Kiesgruben, auf Erddeponien, auf zugeschütteten Mülldeponien, in unmittelbarer Nähe von → Hochspannungsleitungen, in der Nähe von Kläranlagen, über unterirdischen Abwasser- und Kanalisationsrohren, direkt an elektrifizierten Eisenbahnlinien, im unmittelbaren Bereich von Funktürmen oder direkt unter den Einflugschneisen von Flughäfen.

Baubiologische Bewertung
Wenn Menschen über schwere Schlafstörungen klagen, unter Verkrampfungen und Verspannungen nach dem Aufwachen leiden oder im Bett Rückenschmerzen oder Schwindelgefühle bekommen, sind unter Umständen Reizzonen, die unter dem Bett verlaufen, die Ursache. Meistens führen mehrere auslösende Faktoren zu Symptomen und Krankheiten. Die genannten Beschwerden, die in der Regel die Betroffenen nur im Bett befallen, können auch durch Erdmagnetfeldveränderungen ausgelöst werden, die von Eisenteilen im oder neben dem Bett verursacht werden. Ferner können → elektromagnetische Wechselfelder von Radioweckern, Nachttischlampen, Verbindungskabeln, Hochspannungsleitungen, Hauszuführungskabeln oder Sicherungskästen diese Symptome hervorrufen.

Um sicher zu sein, daß keine geopathogenen Reizzonen unter dem Bett verlaufen, kann man selbst einen Test durchführen: Man teilt im Schlafzimmer den Bereich, der für das Bett zur Verfügung steht, in Quadrate von ca. 50 × 50 Zentimetern ein. Man setzt sich in lockerer und entspannter Haltung auf einen Stuhl, der nacheinander in die Mitte jedes Quadrates gestellt wird. Die Verweildauer auf dem Stuhl sollte jeweils mindestens zehn Minuten betragen. In dieser Testzeit versucht man, sich im Sitzen zu entspannen und aufmerksam auf den eigenen Körper zu achten. Dabei wird man die unterschiedlichsten Wirkungen wahrnehmen, wie lautes Herzklopfen, Unruhe oder Nervosität, unkontrollierte Muskelzuckungen oder auch wohlige Ruhe, Entspanntheit, ein angenehmes Wärmegefühl mit anschließender leichter Müdigkeit. Wenn die Empfindungen positiv sind, ist dieser Platz für das Bett geeignet.

Auf diese Art und Weise ist eigentlich jeder Mensch in der Lage, für sich selbst einen guten und erholsamen Schlafplatz zu finden. Sollte im gesamten Bereich des Schlafzimmers kein geeigneter Platz zu finden sein, sollte man einen anderen Raum austesten. Ist man selbst zu unruhig oder zu nervös, um einen guten Schlafplatz zu ermitteln, sollte man sich an einen Naturarzt oder Heilpraktiker wenden, der einen seriösen Rutengänger für die Ausmessung empfehlen kann.

Auch zur Standortwahl eines Hauses gehört eine geobiologische Untersuchung. Verantwortungsbewußte Mediziner und Architekten raten Bauherren immer öfter, das Grundstück vor dem Kauf auf geobiologische Einflüsse und Reizzonen untersuchen zu lassen (→ Bauplatz). Radiästhetische Messungen seriöser, ausgebildeter Radiästheten oder Geobiologen sollten in die Hausplanung miteinbezogen werden, so daß zumindest die Schlafplätze frei von Störzonen sind (s. a. Adressen, Seite 365).

Geomantie

Die älteste Form der Wohn- und Baubiologie kommt aus China. Sie heißt »Feng Shui« und bedeutet soviel wie Wind und Wasser. Bei uns wird sie als Geomantie (Erdwahrsagung) bezeichnet. Das erste Regelbuch wurde im 9. Jahrhundert v. Chr. von dem chinesischen Gelehrten Yang Yün-sung geschrieben. Die chinesische Überlieferung des Feng Shui stammt aus der Zeit von Konfuzius (551–479 v. Chr.). In der westlichen Architektur wird die Geomantie immer mehr anerkannt. Die Grundlagen des Feng Shui teilen sich in drei Richtungen auf:

- Ein Zweig der Geomantie beschäftigt sich mit natürlichen Störungen aus dem Bereich der → Radiästhesie. Hierbei werden Störeinflüsse unter dem Haus vermessen, wie z. B. Verwerfungen, Wasseradern, Höhlen, Spalten, Risse und Erzablagerungen.
- Ein zweiter Bereich der Geomantie befaßt sich mit den Verbindungen zwischen Himmel, Erde und Mensch. Hier herrscht das Yin-Yang-Konzept vor, das den Menschen mit seiner Umgebung verbindet, mit seinem Haus, mit seinem Schlafzimmer, mit der Umgebung, in der er lebt, und mit dem allumfassenden Kosmos. Der beste Platz für eine Siedlung oder ein Haus befindet sich nach diesem Yin-Yang-Konzept in der Mitte eines Südhangs, an dessen Fuß ein Teich liegt. Der Berg oder Hang schützt vor Winden und die Südlage des Hauses gewährt Licht und Wärme in allen vier Jahreszeiten.
- Die dritte Richtung berücksichtigt astrologische Momente. Jeder Mensch ist durch Einflüsse des Himmels geprägt, die von der Astrologie aufgezeigt werden.

Der wichtigste Aspekt des altüberlieferten Feng Shui ist, daß Häuser sich ohne störende Einflüsse harmonisch in die Natur einzufügen haben. Das gleiche gilt für andere Bauobjekte wie Staudämme, Flußbegradigungen, Eisenbahnen, Autobahnen, Kraftwerke und viele andere monumentale Industriebauwerke. Da es in der Natur keine geraden Linien gibt, war der Widerstand in China gegen große Eisenbahnlinien und die Landschaft zerstörende Schnellstraßen besonders groß. Alle chinesischen Wissenschaften, auch die Architektur, beruhen auf den fünf Elementen: Holz, Feuer, Erde, Metall und Wasser. Diese Elemente korrespondieren harmonisch miteinander, und auch der Mensch sollte in Harmonie mit ihnen sein, indem er sie z. B. beim Hausbau an richtiger Stelle verwendet.

Holz ist das Sinnbild allen Lebens, der Weiblichkeit und der Kreativität. Ihm werden die Farben Grün für die Pflanzen und Blau für den Himmel zugeordnet. Feuer als Element der Energie und der Intelligenz hat die Farbe Rot, die Glücksfarbe der Chinesen. Die Erde, Symbol für Stabilität und Dauer, wird mit der Farbe Gelb oder Ocker dargestellt. Das chinesische Wort für die Farbe Gelb bedeutet wörtlich »kaiserlich« und wird im Deutschen oft mit »Gold« übersetzt. Metall steht für das Materielle und für die Männlichkeit. Glänzendes Eisen und Silber wird mit reinem Weiß oder Silbergrau dargestellt. Das Element Wasser symbolisiert alles, was fließt. Ihm ist die Farbe Schwarz zugeordnet. Gleichzeitig wird Schwarz auch in Verbindung mit Geld gebracht und ist eine Glücksfarbe. Die richtige Anwendung der fünf Elementfarben im Haus kann ausschlaggebend für das Wohlbefinden und die Entspannungsfähigkeit seiner Bewohner sein. Da die reinen Farben Gelb, Rot, Grün und Blau für ein harmonisches Haus viel zu aufdringlich wären, werden sie durch Weiß abgedämpft. Im Osten eines Hauses liegende Räume werden mit leichten Türkis-, Grün- und Blautönen gestrichen, da sie Harmonie und Wachstum bedeuten. Im Süden liegende Räume erhalten rötliche Farben. Nach Westen ausgerichtete Räume sollten mit Gelb- und Ockertönen gestrichen werden. Räume, die nach Norden weisen und daher wenig Licht von draußen erhalten, sollten in hellen Farben gestrichen werden.

Um ein baubiologisches Konzept des gesunden Wohnens umzusetzen, sollte man auf folgende geomantische Grundsätze achten: Die Form eines Grundstückes sollte rechteckig oder quadratisch sein. Vor dem Kauf des Baugrunds sollte ein Wünschelrutengänger vor allem den späteren Schlafbereich nach unterirdischen Störzonen absuchen. Auch eine Untersuchung des Pflanzenwuchses ist sehr wichtig. Für die späteren Schlafzimmer sollte man Stellen mit einem kräftigen, gesunden Bewuchs auswählen.

Das Haus sollte auf einem stabilen Fundament stehen, das heißt, auf einem Boden mit hoher Tragfähigkeit. Einflüsse durch Grundwasser oder wasserführende Bodenschichten, die zu Durchfeuchtungen und Schimmelbildungen (→ Schimmel) führen können, sollten möglichst gemieden werden.

Schlafzimmer sollten grundsätzlich nicht über unbewohnten Räumen liegen. Besonders bei Garagen oder Lagerräumen besteht die Gefahr, daß ausgasende Dünste von Auspuffanlagen, Benzin, → Farben oder Chemikalien ins Schlafzimmer eindringen und vom Menschen in der Nacht eingeatmet werden. Das Wohnzimmer ist das gesellschaftliche Zentrum des Hauses, darum sollte es sich auch möglichst in der Mitte des Hauses befinden. Warme Farbtöne erfüllen den Raum mit Vitalität. Baubiologisch günstig ist eine Ausrichtung des Zimmers nach Süden. Fenster sollten sich in den Räumen nicht direkt gegenüberliegen, denn laut Feng Shui wirken Zimmer, durch die man hindurchblicken kann, unwohnlich, da sie keinen zentralen Ruhepunkt besitzen. Die Küche sollte sich nicht direkt neben dem Badezimmer oder der Toilette befinden. Nach den Regeln des Feng Shui muß mindestens ein kleiner Zwischenraum zwischen den Abwasserleitungen der Küche und denen des Badezimmers sein, selbst wenn der Abstand nur sehr klein ist. Er kann z.B. durch einen Wandschrank geschaffen werden. Das Schlafzimmer ist der wichtigste Raum im ganzen Haus. Idealerweise ist es nach Osten gerichtet und wird so durch die Morgensonne mit der notwendigen Energie erfüllt, die der Mensch am Tag benötigt. Ein Schlafzimmer nach Westen wird von der Sonne erst am Abend beschienen, was auf ältere Menschen oder Erholungsbedürftige entspannend wirken und sich somit positiv auf den Schlaf auswirken kann. Für Berufstätige und Kinder, die schon morgens Energie für den ganzen Tag tanken müssen, wird der Schlafraum in diesem Fall jedoch genau zur falschen Tageszeit mit Sonnenenergie durchflutet. Ein Süd-Schlafzimmer bringt kaum positive Einflüsse, da die Sonne hier zu der Tageszeit hineinscheint, zu der kaum jemand schläft. Ein Nordzimmer wird zu keiner Tageszeit von der Sonne durchflutet. Das gedämpfte Morgenlicht kann sogar eine trübselige Stimmung gleich zu Tagesanfang hervorrufen. Das Badezimmer sollte möglichst nicht direkt an das Schlafzimmer angrenzen. Wasserrauschen und Geräusche in den Leitungen können zu Schlafstörungen führen.

Nicht nur Architekten, sondern auch viele Ärzte befassen sich zunehmend mit dem Feng Shui. Sie erkennen, daß der Mensch immer in Beziehung zu seiner direkten Wohnumgebung steht. Dessen negative und positive Einflüsse bestimmen den Gesundheitszustand des Menschen.

Baubiologische Bewertung
Anfänger in der Kunst der chinesischen Geomantie sollten für den Hausbau die astrologischen Zusammenhänge, die mystische Philosophie der »wohltätigen Drachen« und der »geheimen Pfeile« zunächst einmal zurückstellen und sich auf die anderen beiden Richtungen dieser Wissenschaft beschränken, auf das harmonische Zusammenwirken von Natur, Haus und Mensch und auf die Einflüsse durch natürliche Störungen. Richtet man sich konsequent nach dem Grundsatz, alles miteinander in Harmonie zu verbinden, ist es möglich, ein gesundes und giftfreies Haus zu bauen, zumal die chinesische Geomantie den Grundsätzen der Baubiologie sehr nahe kommt. Die Feng-Shui-Welle, die gerade von China über Amerika nach Deutschland kommt, kann nur Positives für den modernen Hausbau bewirken, da sie Harmonie zwischen Natur und Mensch sucht.

Gips

Drei Arten von Gips werden im Baubereich verwendet. Hier sollen allerdings nur das Rohprodukt Naturgips sowie das Abfallprodukt REA-Gips behandelt werden, da der sogenannte Chemiegips heute nur noch eine sehr untergeordnete Rolle spielt.

Gips besteht aus einem speziellen gebrannten Kalk, dem Gipsstein, Schwefelsäure und Wasser. Der Gipsstein ist nichts anderes als schwefelsaurer Kalk, der vor der weiteren Verarbeitung von eventuellen natürlichen Verschmutzungen gereinigt wird. Danach wird er für Baugips bei einer Temperatur zwischen 100 und 150 Grad gebrannt. Dadurch erhält man abgebundenen Gips. Je höher die Brenntemperatur, desto mehr Wasser wird dem Gips entzogen, so daß man verschiedene Hydratstufen erhält, Calcium-Halbhydrat oder Anhydrit. Ähnlich wie bei → Mörtel und → Beton kann dem Gips je nach Einsatzart eine große Palette von Zusatzmitteln und Füllstoffen wie z.B. Haftmittel, Verzögerer, Beschleuniger oder chemische Porenbildner zugesetzt werden. So kann man mit Hilfe unterschiedlicher Zusätze von Porenbildnern oder Sand von der Leichtbauplatte bis zur schweren Schalldämmwand jede Art von Gipsplatte oder -wand herstellen.

Gipsstein sowie das Endprodukt, der abgebundene Gips, sind chemisch und physikalisch nicht von künstlich erzeugtem Chemie- oder REA-Gips zu unterscheiden. Nur anhand einer Schadstoffanalyse kann man die Unterschiede feststellen. So tritt beim Chemiegips im Gegensatz zum Naturgips eine erhebliche Erhöhung der Radioaktivität auf.

REA-Gips (Rauchgas-Entschwefelungs-Anlagen-Gips) fällt hauptsächlich als wiederverwertbares Abfallprodukt der Rauchgasentschwefelungsanlagen von Steinkohlekraftwerken an. Die giftigen Rauchgase der Kraftwerke werden zuerst durch einen Elektrofilter entstaubt. Hierbei werden die meisten → Schwermetalle herausgefiltert. Beim nächsten Schritt, der Rauchgaswaschung, werden Fluor- und Chlorwasserstoff sowie weitere Anteile von Schwermetallspuren und der Reststaub abgesondert. Die so gefilterten Abgase werden in einem weiteren Reinigungsgang mit Kalksteinmehl behandelt. Dadurch entsteht das synthetische Endprodukt REA-Gips.

Durch die unterschiedliche Zusammensetzung der Steinkohle kommt es zu Konzentrationsschwankungen von Schwermetallen. Daher sind auch die Schwermetallrückstände im REA-Gips – je nach Entstehungsort – sehr unterschiedlich.

Kraftwerksbetreiber und Gipsplattenhersteller behaupten, daß es in bezug auf die Schadstoffbelastung keinen Unterschied zwischen REA- und Naturgips gibt. Neueste Analysen des Instituts für baubiologische Anwendungen in Fellbach weisen jedoch unterschiedliche Schwermetallbelastungen und radioaktive Eigenstrahlungen nach. So waren die → Quecksilber-, → Blei- und Zinkwerte beim REA-Gips deutlich höher als beim Naturgips. Man ist heute meßtechnisch noch nicht in der Lage, weitere Unterschiede zu ermitteln. Bei der radioaktiven Eigenstrahlung waren die Unterschiede nicht so groß. So weist REA-Gips nur eine minimal höhere radioaktive Strahlung gegenüber dem Naturprodukt auf. Gips als Baustoff gehört zusammen mit → Kalksandsteinen und allen Holzprodukten zu den Baustoffen, die eine sehr niedrige radioaktive Eigenstrahlung haben.

Baubiologische Bewertung
Da Gips in hohem Maße Wasser aufsaugt, reagiert er sehr empfindlich auf Feuchtigkeitseinwirkungen. Aufgrund der schlechten Wasserbeständigkeit

sollten Gipsbaustoffe nicht im Außenbereich und auch nicht an Wänden oder Böden in Naßzellen verwendet werden. Kurzzeitige hohe Luftfeuchtigkeit verträgt dieser Baustoff dagegen gut, da er die Feuchtigkeit in einer verhältnismäßig kurzen Austrocknungsphase wieder abgeben kann. Gips ist zwar chemisch neutral, nichtsdestotrotz aber besonders sulfatempfindlich und somit gegen einige Farbpigmente von Anstrichen stark anfällig, so daß sich die Oberfläche zersetzen kann.

Für den Laien ist es unmöglich festzustellen, ob → Gipsplatten aus Natur- oder REA-Gips hergestellt sind. Eine Kennzeichnung ist daher dringend erforderlich. Menschen, die nur mit Naturprodukten bauen und sanieren möchten, wissen sonst nicht, ob sie wirklich ein Naturprodukt erwerben. In Zukunft wird es immer schwieriger werden, Naturgips zu kaufen, da der Bedarf an Gipsprodukten in Wandbauplatten, → Putzen und → Estrichen bereits durch das künstliche Abfallprodukt REA-Gips gedeckt wird. Nach Schätzungen produzierte die Gipsindustrie im Jahr 1993 ca. drei Millionen Tonnen davon. Wenn sichergestellt werden kann, daß der Schwermetallgehalt und andere Belastungen im REA-Gips zukünftig nicht höher sind als die des Naturgipses, ist chemisch und physikalisch eigentlich nichts dagegen einzuwenden. Gesundheits- und umweltbewußte Menschen sollten allerdings unbehandelte Rohstoffe vorziehen und grundsätzlich Naturgips verwenden. Bei der Herstellung des REA-Gipses stellt die Entsorgung des Restabfalls von hochtoxischen Filterstäuben ein fast unlösbares Problem dar. Ob die Entsorgung später einmal, wenn neuere und bessere Recyclingverfahren entwickelt worden sind, weniger problematisch sein wird, kann man heute noch nicht vorhersagen.

Bei der Verwendung von Naturgips muß man sich darüber im klaren sein, daß man durch den Abbau der Naturressourcen in den ökologischen Kreislauf eingreift.

Gipsplatten

Gipsprodukte werden im modernen Bauwesen sehr häufig verwendet: am häufigsten für Innenputze, aber auch als Platten, Wand- und Deckenverkleidungen, als Trennwände mit Gipskartonplatten und Dielen für Zwischenwände.

Der Rohstoff → Gips ist ein leicht zu bearbeitendes Material, das zudem die Innenraumfeuchte sehr gut regulieren kann. Da Gipsbaustoffe extrem hygroskopisch sind, Feuchtigkeit also sehr gut aufnehmen können, dürfen sie in Feuchträumen nicht ohne zusätzliche wassersperrende Maßnahmen verwendet werden.

Gipsplatten sind in verschiedenen Ausführungen erhältlich. Als Decken- und Dachsparrenuntersichtverkleidungen eignen sich Gipskartonplatten

(GK-Platten) sehr gut. Sie werden fest auf Lattenunterkonstruktionen geschraubt. Anschließend werden die Fugen mit Gipsmörtel oder mit speziellen kunstharz- und glasfaserversetzten Spachtelmassen geschlossen. Die Gipskartonplatten sind beidseitig mit Papier kaschiert. Um die vorgeschriebene Feuerschutzklasse F30 für Sparrenverkleidungen zu erhalten, werden sie mit Glasfasern verstärkt. Spezielle Gipskartonplatten für Feuchträume sind mit Silikonverbindungen imprägniert, so daß die verkieselte Oberfläche eine Art Dampfbremse bildet. Die beidseitige Kartonkaschierung wird zur besseren Unterscheidung von normalen Gipskartonplatten in der Regel grün eingefärbt.

Bei Gipsfaserplatten werden dem Rohstoff Gips Zellulosefasern, meistens aus Altpapier, zugesetzt. Für die Verlegung von Trockenestrichplatten werden sie zur besseren Feuchtigkeitsbeständigkeit imprägniert. Gipskartonverbundplatten sind Gipskartonplatten, auf deren Rückseite mit Kunstharzklebern Schaumdämmstoffe angebracht werden. In der Regel handelt es sich um Polyurethan-Hartschaummatten (→ Isocyanate) oder um das weichere → Polystyrol. Die Verbundplatten werden häufig für Altbausanierungen verwendet, um eine zusätzliche Wärmedämmung an den Außenwänden zu erhalten. In der Praxis führt dies sehr oft zu Bauschäden, da Wärmedämmungen nicht an den Innenseiten von Außenwänden angebracht werden dürfen. Durch die Innendämmung entsteht häufig eine Taupunktverschiebung, so daß sich zwischen der Innenseite des Mauerwerks und den Wärmedämmplatten Kondenswasser bildet. Schon im ersten Winter kann so viel Feuchtigkeit entstehen, daß es zu Durchfeuchtungen des Mauerwerks und anschließend zu Schimmelbildungen (→ Schimmel) kommt. Durch die sich ansammelnde Feuchtigkeit reduziert sich die Wärmedämmung der Außenwand, so daß durch die zusätzlich aufgebrachte Verbundplatte die Wärmedämmeigenschaften schlechter werden als vor der Sanierungsmaßnahme. Die einzige Möglichkeit, bei dieser Methode eine Durchfeuchtung zu vermeiden, ist das Aufbringen einer vollflächigen Dampfsperre auf die Innenfläche der Gipskartonplatten. Dies hat jedoch aufgrund der fehlenden Feuchtigkeitsaufnahmefähigkeit der Oberfläche negative Auswirkungen auf das Innenraumklima. Außerdem können Schadstoffe aus Klebern und Schaumstoffen in die Innenraumluft dringen.

Gipsdielen oder -wandplatten bestehen in der Regel aus reinem Gips und werden in großformatigen Platten mit Nut und Feder angeboten. Sie eignen sich sehr gut für neue Zwischenwände bei Altbausanierungen, da sie bei ihrer Verarbeitung keine zusätzliche Baufeuchte in das Haus hineinbringen und sehr leicht sind, so daß man im Normalfall im darunterliegenden Geschoß keine zusätzlichen Abstützmaßnahmen durchführen muß. Der Vorteil von sämtlichen Gipsplatten ist, daß die Oberfläche so glatt ist, daß kein zusätzlicher Putzauftrag für Tapezierarbeiten oder glatte Anstriche mehr notwendig ist.

Es ist äußerst schwierig festzustellen, ob Gipsprodukte aus Naturgips oder aus REA-Gips (Rauchgas-Entschwefelungs-Anlagen-Gips) hergestellt sind. Da REA-Gips ein reines Abfallprodukt ist, könnte man ihn ökologisch positiv bewerten. Bei der Rauchgasentschwefelung können aber nicht sämtliche → Schwermetalle und andere hochtoxischen Reststäube herausgefiltert werden. Aufgrund dieser toxischen Restbelastung sollte man daher Naturgips vorziehen, zumal bei neueren Messungen festgestellt wurde, daß REA-Gips höhere → Quecksilber-, → Blei- und Zinkwerte hat und eine höhere Strahlung aufweist als das Naturprodukt Gips. Auffallend bei den Messungen war, daß nicht nur unterschiedliche Schadstoffzusammensetzungen analysiert wurden, sondern auch große Konzentrationsunterschiede von Rauchgasrückständen – je nach Herstellungsart – festgestellt wurden. Bei der Verwendung von Gipsprodukten sollte man sich vom Händler den Nachweis geben lassen, daß es sich um reinen Naturgips ohne chemische Zusätze handelt.

Gipskarton- und Gipsfaserplatten werden teilweise mit dem → Umweltzeichen ausgezeichnet. Grundsätzlich sollte man aber Gipskartonplatten ohne Umweltzeichen vorziehen. Das Umweltzeichen erhalten nur Gipskartonplatten, die aus 100 Prozent REA-Gips und deren Pappkaschierung aus 100 Prozent Altpapier bestehen und die eine gewisse radioaktive Eigenstrahlung nicht überschreiten. Da Gipskartonplatten aus Naturgips nicht durch Schwermetalle oder andere toxische Stoffe belastet sind und auch die radioaktive Eigenstrahlung sehr gering ist, sind diese Naturprodukte den Gipskartonplatten mit dem Umweltzeichen eindeutig überlegen.

Baubiologische Bewertung
Gipsdielen und -platten aus reinem Naturgips sind besonders für Sanierungen empfehlenswert. Sie bringen keine zusätzliche Baufeuchte in die Gebäude und haben aufgrund ihrer guten hygroskopischen Eigenschaften eine feuchtigkeitsregulierende Wirkung für die Innenräume. Da sie sich jedoch ohne zusätzliche Imprägnierung nicht für Feuchträume eignen, sollte man hier konventionelle Materialien wie z.B. einen Putz (→ Putze) aus hydraulischem → Kalk verwenden. Bei Neubauten eignen sich Gipskartonplatten sehr gut für die Unterseitenverkleidung von Dachsparren. Für Innenwände und waagerechte Decken in Neubauten sollte man dagegen einen → Kalkputz verwenden, da er Feuchtigkeit noch besser regulieren kann als Gipskartonplatten und zudem sehr wertvolle antibakterielle und fungizide Eigenschaften aufweist.

Gipsputz

Da → Gips ein geschmeidiges Material ist, sich sehr leicht bearbeiten läßt und zudem das kostengünstigste Material für Putze ist, wird er für über

90 Prozent aller Innenputze verwendet. Gipsputz ist als Fertigputz auf dem Markt. Er wird in der Regel als Maschinenputz in einer Stärke von 10 bis 15 Millimetern auf Wände und Decken aufgebracht. Gipsputz besteht aus Naturgips oder REA-Gips mit einem Zuschlag von feinem Sand. Der fertige Maschinengipsputz enthält bis zu 5 Prozent chemische Zusätze, die die Raumluft belasten können. Gipsputz wird für verschiedene Anwendungsbereiche hergestellt: z.B. als Stuckgips für Formteile, Rabitzarbeiten und Gipsbauelemente oder als Haftputzgips mit Kunstharzzusätzen (→ Kunstharzputze) für glatte Untergründe wie Fertigdecken. Auch für Spachtelmassen und Füllstoffe gibt es im Handel verschiedene Gipsprodukte zu kaufen, die grundsätzlich Kunstharze enthalten, damit sie besser haften und elastisch sind. Alle Spezialprodukte können aufgrund der Kunstharzzusätze die Luft mit Schadstoffen belasten. Da Gipsputz gute hygroskopische Eigenschaften besitzt, ist er für die Feuchtigkeitsregulierung der Innenraumluft sehr gut geeignet. In Naßräumen sollte man ihn jedoch nicht verwenden. Im Gegensatz zu → Kalkputz hat Gipsputz keine antibakterielle Wirkung und absorbiert auch keine Schadstoffe. Eisenteile, die mit Gipsputz in Berührung kommen, müssen vor Korrosion geschützt werden.

Baubiologische Bewertung
Grundsätzlich sollte man versuchen, für sämtliche Innenputzarbeiten nur reinen Naturgips zu verwenden. Das Abfallprodukt REA-Gips ist mit Schwermetallen kontaminiert und leicht radioaktiv belastet. Spezialgipsmischungen sind nach Möglichkeit zu vermeiden, da aus den Kunstharzzusätzen toxische Schadstoffe austreten können. → Außenputze.

Glasfasern → Mineralfasern.

Glasfasertapete

Glasfasertapeten sind in unterschiedlichen Papierstärken, Gewebedicken und Maschengrößen erhältlich. Auf das Trägermaterial Papier wird mit einem Dispersionskleber (→ Klebstoffe) Glasgewebe aufgebracht. Häufig wird das Glasfasergewebe mit einer Kunststoffschicht überzogen, damit der Glasstaub an die Einzelfasern gebunden bleibt. In der Regel müssen Glasfasertapeten mit Spezialkleister verklebt werden, die oft toxische Zusätze wie z.B. giftige Fungizide (→ Biozide) enthalten. Das vollflächige Aufkleben der Tapete reduziert die natürliche Feuchteregulierung durch die Wandoberfläche, weil die Dampfdiffusionsfähigkeit durch die Spezialkleber erheblich eingeschränkt wird.

Glasfasertapeten eignen sich sehr gut für rißeanfällige Oberflächen, da sie aufgrund ihrer Elastizität Bewegungen der Putzoberfläche ausgleichen können. Sie müssen grundsätzlich nach dem Aufkleben noch einmal überstrichen werden.

Baubiologische Bewertung
Da Glasfasertapeten in der Regel mit Spezialklebern angebracht werden müssen, die einen dampfsperrenden Film an der Oberfläche des Putzuntergrundes bilden, wird die notwendige Feuchtigkeitsregulierung der Innenwände fast vollkommen unterbunden. Die Annahme, daß sich Glasstaub beim Tapezieren löst und dadurch, wie → Asbest, zu schweren Erkrankungen führt, ist wissenschaftlich noch nicht belegt: Glasfasern, die für Tapeten verwendet werden, sollen aufgrund ihrer Größe nicht lungengängig sein. Allerdings können bei nicht beschichtetem Glasfasergewebe Juckreiz und Hautreizungen auftreten. Glasgewebe und Dispersionskleber laden sich leicht elektrostatisch auf. In unregelmäßigen Abständen kommt es zu Entladungen, bei denen konzentrierte Staubansammlungen in die Raumluft abgegeben werden (→ Lackierte Tapeten). Die beste Alternative zur Glasfasertapete ist eine → Rauhfasertapete. → Tapeten.

Glaswolle → Mineralfasern.

Glübirnen → Kunstlicht.

Grenzwerte (Chemie)

Kaum ein Begriff wird bei Umweltdiskussionen und Bewertungen von Meßergebnissen so häufig benutzt und strapaziert wie das Wort »Grenzwert«.

Erst mit dem Auftreten von gesundheitlichen Schädigungen durch Holzschutzmittel wandelte sich die Bedeutung des Grenzwertes vom mathematischen Näherungswert zum Orientierungswert für gesundheitliche Gefahren. Heute sollen Grenzwerte Höchstgrenzen für eine zulässige Schadstoffbelastung von Mensch und Umwelt festlegen. Da es für viele gesundheitlich sehr gefährliche chemische Stoffe nach Aussagen der Chemieindustrie aber noch keinen Ersatz gibt, sind viele Grenzwerte politisch ausgehandelte Kompromisse. Grenzwertverordnungen, wie es sie bereits für Großfeuerungsanlagen gibt, existieren z. B. für den Wohnbereich nicht. Auch die Zuständigkeiten bei der Ermittlung und Überprüfung der Grenzwerte sind völlig ungeklärt.

Realistische Grenzwerte, die den Menschen im Haus oder in seiner Wohnung verläßlich vor negativen gesundheitlichen Auswirkungen schützen, existieren nicht. Sogar für einige krebserzeugende Stoffe sind Grenzwerte festgesetzt worden, obwohl man seit Jahren weiß, daß für mutagen wirkende (erbgutverändernde) Substanzen keine Schwellenwerte ermittelt werden können. Da schon die kleinste Dosis eines krebserzeugenden Stoffes gesundheitsgefährlich ist, ist jeder noch so niedrig angesetzte Schwellenwert völlig sinnlos. Hier müßten nicht wie jetzt Grenzwerte, sondern Verbote erlassen werden. Ministerien, Institute und Labors greifen aufgrund fehlender Grenzwerte häufig auf internationale Angaben zurück, um Schadstoffe bewerten zu können. Folgende Quellen dienen zur Orientierung: ADI-Wert – Acceptable Daily Intake (WHO); AQG – Air Quality Guidelines (WHO); BAT – → Biologische Arbeitsstofftoleranzwerte (BRD); BGA – Angaben des Bundesgesundheitsamtes (BRD); GefStoffV – Gefahrstoffverordnung (BRD); LQL – Luftqualitätsleitlinien (WHO); → MAK – Maximale Arbeitsplatzkonzentration (BRD); MIK – Maximale Immissionskonzentration (BRD); MIQ – Mindestanforderungen der Innenraumluftqualität (BRD); MRK – Maximale Raumluftkonzentration (BRD); NOEL – No Observed Effect Level (USA); SSK – Strahlenschutzkommission (BRD); TDI – Tolerable Daily Intake (USA); → TRK – Technische Richtkonzentration (BRD); VDI-Richtlinien – Verein Deutscher Ingenieure (BRD).

Die wichtigsten in der Bundesrepublik geltenden Richtwerte sind in diesem Handbuch beschrieben. Die Richtwerte, die von NOEL und ADI abgeleitet werden, muß man als realitätsfremde, abstrakte Rechenbeispiele bewerten. NOEL-Werte werden anhand von Tierversuchen ermittelt. Sie geben die maximale Schadstoffdosis an, die ein Tier ohne erkennbare Wirkung absorbieren kann. Das Verfahren zur Ermittlung dieses Wertes ist sehr unzulänglich, weil weder Langzeituntersuchungen (über mehrere Generationen) durchgeführt werden, noch Wechselwirkungen mit anderen Substanzen analysiert werden. Daß Tiere auf viele Stoffe völlig anders reagieren als Menschen, wird hier ebenfalls nicht berücksichtigt. Diese fragwürdigen NOEL-Werte werden durch den Faktor 16 dividiert. So erhält man den ADI-Wert für Menschen.

Man muß sich darüber im klaren sein, daß die festgelegten Grenzwerte für belastete Innenraumluft keinen verläßlichen Schutz für den Menschen bieten. Alle Angaben dienen lediglich der Orientierung. Wie sehr sich allein in Deutschland Sanierungsschwellenwerte von MRK-Werten unterscheiden können, verdeutlicht die nachstehende Tabelle:

MRK- und Sanierungsschwellenwerte

Schadstoff	**MRK-Wert mg/m³ Luft**	**Sanierungsschwelle mg/m³ Luft**
Dichlofluanid	0,12	0,00005 (Umweltbehörde Baden-Württemberg)

Schadstoff	**MRK-Wert mg/m³ Luft**	**Sanierungsschwelle mg/m³ Luft**
Furmecyclox (krebserzeugend)	8	0,00001 (Hamburger Umweltbehörde)
Lindan	0,004	0,0000003 (Hamburger Umweltbehörde)
PCP (krebserzeugend)	0,06	0,001 (Bundesgesundheitsamt) 0,00005 (Hamburger Umweltbehörde)

Obwohl der MRK-Wert vom Bundesgesundheitsamt festgesetzt wurde, darf er zur Bewertung von gesundheitlichen Gefahren in Innenräumen nicht angewendet werden – laut BGA ist er nämlich nirgendwo offiziell verankert. Die maximale Außenluftverschmutzung ist dagegen in verschiedenen Verordnungen und Verwaltungsvorschriften zum Bundesimmissionsschutzgesetz verbindlich festgelegt. Die Bundesregierung ist demnach verpflichtet, dafür zu sorgen, daß der maximale Wert nicht überschritten wird.

Die einzigen Werte, auf die man zur Orientierung bei Wohngiften in der Innenraumluft zurückgreifen kann, die aber ebenfalls nicht verbindlich sind, gelten für folgende Stoffe:

Formaldehyd	0,1 ppm (parts per million)	Richtwert	Bundesgesundheitsamt
Tetrachlorethen	0,1 mg/m³	7-Tage-Mittelwert	Bundesimmissionsschutzgesetz
Radon	250 Bq/m³	Empfehlung	Strahlenschutzkommission
PCB	3000 mg/m³	Sanierungsschwellenwert	Bundesgesundheitsamt
PCP	1 µg/m³	Sanierungsschwellenwert	Bundesgesundheitsamt

Tausende von Belastungen, die in der Luft von Wohnräumen auftreten, können nicht nach bundesdeutschen Richtlinien bewertet werden, weil es noch viel zuwenige davon gibt. Die Definition von Grenzwerten gleicht einer Verwirrtaktik. Allein die Vielzahl unterschiedlicher Begriffe für eine Innenraumluftbewertung zeigt dies deutlich: Beurteilungsmaßstab, Eingriffswert, Grenzwert, Maximale Raumluftkonzentration, Orientierungswert, Richtwert, Vorsorgewert, Zielwert.

Die einzelnen Werte sind dabei nicht klar definiert. Im Zusammenhang mit einer Beurteilung von toxischen → Lösemitteln oder → Bioziden in Innenräumen darf das Wort »Grenzwerte« allerdings nicht verwendet werden. Lediglich der Oberbegriff »Richtwert« soll hier laut BGA Anwendung finden.

Falls überhaupt vorhanden, sollte man bei bestimmten gefährlichen Stoffen den Eingriffswert beachten. Damit ist ein Konzentrationsniveau gemeint, das Schäden an lebenden Organismen verursacht. Ist der Eingriffswert erreicht, sind unbedingt Sanierungsmaßnahmen einzuleiten. Bei einigen gefährlichen Stoffen liegen sogenannte Vorsorgewerte vor. Angeblich kann eine Gesundheitsgefährdung bei Unterschreitung dieser Werte nicht auftreten. Leider kann man sich auch auf diese Werte nicht verlassen.

Um zumindest eine ungefähre gesundheitliche Bewertung zu ermöglichen, wurde eine Liste internationaler Richtwerte zusammengestellt. Anhand der Tabelle kann man zu keiner rechtsgültigen Aussage, sondern lediglich zu einer ungefähren Einschätzung der Dringlichkeit von Sanierungsmaßnahmen gelangen.

Qualitätsstandards für Arbeitsplatz-, Außenluft- und Innenraumbelastung

	Arbeitsplatz		**Außenluft**		**Innenraum**		
	MAK-Wert		**MIK-Wert**		**LQL [1]**	**MIQ**	**MRK**
Schadstoffe	**ppm**	**mg/m³**	**ppm**	**mg/m³**	**mg/m³**	**mg/m³**	**mg/m³**
Dichlofluanid	–	–	–	–	–	–	0,12
Dichlormethan	100	360	5	20	3	0,04	–
Formaldehyd	0,5	0,6	0,02	0,03	0,12	–	–
Furmecyclox	–	–	–	–	–	–	8
Lindan	–	0,5	–	0,025	–	–	0,004
PCB	–	1/0,5	–	–	–	0,0001	–
PCP [2]	–	–	0,00025	0,0025	–	–	0,06
Styrol	20	85	5 [3]	20 [3]	0,8/0,2	0,1	–
Tetrachlorethen	50	345	5	35	5/2	0,05	–
Toluol	100	380	5	20	8/0,5	0,4	–
Trichlorethen	50	270	0,4	2	1	0,03	–
Xylol	100	440	5	20	–	0,4	–

[1] 1986/1987 erstellt; wenn die Angaben von 1986 und 1987 voneinander abweichen, werden beide Werte angegeben.
[2] Ab 1990 wird aufgrund des krebserzeugenden Potentials in der MAK-Liste kein Wert mehr angegeben.
[3] Müßte nach MAK-Wert-Reduzierung eigentlich auf 1 ppm bzw. 4 mg/m³ reduziert werden.

Grundsätzlich gilt, daß die Innenraumluft weniger belastet sein sollte als die Außenluft. Aufgrund der belasteten Innenausbaumaterialien und der vielen giftigen Binde- und Lösemittel gibt es aber wohl nur wenige Wohnungen und Häuser in Deutschland, in denen die Schadstoffbelastung nicht um ein Vielfaches höher ist als die der Außenluft. Je mehr Schadstoffe in der Innenraumluft gefunden werden, desto größer wird die wissenschaftliche Unsicherheit über die Bewertung der gesundheitlichen Gefahren. Das liegt zum Teil daran, daß erst in den letzten Jahren die Problematik der Innenraumluftbelastungen erkannt worden ist. Die wenigen gültigen Orientierungswerte reichen nicht aus, um Rückschlüsse auf Symptome und Erkrankungen zu ziehen, die durch das Zusammenwirken verschiedener Schadstoffe entstehen. Besonders problematisch ist die Bewertung von Schadstoffen in Innenräumen, weil viele Zusatzstoffe, die in Binde- und Lösemitteln sowie in verschiedenen Kunststoffen enthalten sind, überhaupt nicht bekannt sind. Von den ungefähr 70000 verschiedenen chemischen Verbindungen, die in einem modernen Haus enthalten sind, konnten bisher nur ein paar Tausend identifiziert werden.

Lediglich im Holzschutzmittelbereich (→ Holzschutzmittel), bei den Zusatzstoffen → PCP und → Lindan sowie bei → Asbest und → Radon sind Langzeitwirkungen wissenschaftlich nachgewiesen. Viele Wirkmechanismen können nach dem heutigen Stand der Schulmedizin weder beurteilt noch wirkungsvoll behandelt werden. Die schulmedizinische Behandlung von Wohngifterkrankungen beschränkt sich daher zwangsläufig fast ausschließlich auf akute Vergiftungen.

Typische Wohngifterkrankungen sind: Allergien, Appetitlosigkeit, Atembeschwerden, Husten, Infektionsanfälligkeit, Konzentrationsmangel, Kopfschmerzen, Kreislaufbeschwerden, Magen-Darm-Beschwerden, Mattigkeit, Reizbarkeit, Reizung der Augen, Schlafstörungen, Schleimhautreizungen, Schwindelgefühl und Übelkeit.

Ärzte behandeln beim Auftreten der Beschwerden aufgrund mangelnder Kenntnisse häufig nur die Symptome. Die eigentlichen Ursachen aber werden nicht beseitigt. Besonders wichtig ist eine Festsetzung von realistischen Grenzwerten für Risikogruppen, z.B. für Schwangere, Säuglinge, Kleinkinder, Kranke und alte Menschen, für die schon in der MAK-Liste erfaßten Arbeitsstoffe. Wenigstens Orientierungswerte müßten herausgegeben werden, die maximal einem Zwanzigstel der MAK-Werte entsprechen. Dabei müßte man Stoffe mit krebserzeugendem Potential für Wohnräume völlig verbieten.

Da die Schadstoffkonzentration der Innenraumluft Schätzungen zufolge bei weit mehr als einer Million Häusern oder Wohnungen über den internationalen Richtwerten liegt, müssen umgehend umfassende toxikologische Untersuchungen durchgeführt werden. Zuverlässige Grenzwerte kann es allerdings erst geben, wenn gesicherte Erkenntnisse über die Dosis-Wirkungs-Beziehungen verschiedenster Lösemittel und Biozide vorliegen.

Baubiologische Bewertung
Da man Gefahren, die von austretenden Löse- und Bindemitteln im Wohnbereich ausgehen, bisher nicht ausreichend einschätzen kann, sollten Sie einen einfachen Rat beherzigen: Verwenden Sie möglichst naturbelassene Baustoffe und lüften Sie so oft es geht, damit ein optimaler Austausch der schadstoffreichen Innenraumluft mit der qualitativ besseren Außenluft erreicht wird. Halten Sie die Raumtemperatur und Luftfeuchtigkeit so niedrig wie möglich und reduzieren Sie den Staub (→ Hausstaub) in der Wohnung auf ein Minimum.

Grenzwerte (Hochfrequenz/Mikrowellen)

Ähnlich wie bei der Elektrizität im niederfrequenten Bereich (→ Grenzwerte, Niederfrequenz) – gemeint sind Hauselektrik, → Hochspannungsleitungen, Transformatorenstationen, Elektrogeräte etc. – existieren auch im Hochfrequenzbereich, z.B. für → Mikrowellen, keine biologischen Grenzwerte.

Der magische Wert von zehn Milliwatt pro Quadratzentimeter, der vom US-Militär festgelegt und 1958 von der Bundesrepublik übernommen wurde, gilt heute immer noch. Dabei geht man davon aus, daß nur eine sehr hohe Strahlungsintensität für den Menschen schädlich ist, da hierbei durch Hitzeeinwirkung im menschlichen Gewebe Verbrennungen verursacht werden können. Andere biologische Mechanismen, die schon durch eine sehr geringe Strahlendosis ausgelöst werden können, werden nach wie vor ignoriert. Die Grenzwerte sind realitätsfremd, da sie rein mathematisch berechnet wurden. Bei ihrer Ermittlung wurde der Mensch als »Normpuppe« halbseitig mit einem Quadratmeter Fläche bestimmt. Es wurde dann eine bestimmte Wärmeleistung einer Strahlungsquelle errechnet, die mit einer Intensität von maximal zehn Milliwatt pro Quadratzentimeter im Körper absorbiert wird. Seit dieser abstrakten Grenzwertfestsetzung hat sich kaum etwas verbessert. Nach wie vor werden nachweisbare Erhöhungen der Strahlungsintensität durch → Resonanz nur in wenigen Frequenzbereichen berücksichtigt. Ein biologischer Grenzwert, der einen wirkungsvollen Schutz garantiert, existiert also nicht. Allerdings wurde mittlerweile eine neue Berechnungsgröße erfunden. Der SAR-Wert bezeichnet die spezifische absorbierte Leistung. Sie wird in Watt pro Kilogramm angegeben. Die errechneten Expositionsgrenzwerte beziehen sich nicht nur auf den Menschen insgesamt, sondern auch auf einzelne Organe. Da bei den SAR-Werten kein Unterschied zwischen dem Gewicht eines neugeborenen Kindes und dem eines Erwachsenen gemacht wird, wurde für die Risikobewertung der Allgemeinbevölkerung von der IRPA (International Radiation Protection Association) der Grenzwert für die Absorbtionsrate einfach mit Hilfe eines Durchschnittswerts ermittelt. Kleinkinder und Erwachsene dürfen also undifferenziert der gleichen Mikrowellenbelastung ausgesetzt werden. Doch selbst wenn man die Grenzwerte ähnlich wie in der Lebensmittelchemie festlegen würde, käme es zwar zu einer erheblichen Verbesserung, aber noch lange nicht zu einem ausreichenden gesundheitlichen Schutz. Mittlerweile ist offiziell bekannt, daß Mikrowellen im biologischen Organismus einen Resonanzeffekt erzeugen können. Tritt ein Resonanzeffekt ein, erhöht sich die Intensität der Mikrowellen um ein Vielfaches. Der niedrigste Grenzwert für Mikrowellen in der Bundesrepublik liegt bei 1 Milliwatt pro Quadratzentimeter. Würde man einen Sicherheitsfaktor von 1:100 zugrunde legen – wie in der Lebensmittelchemie in den USA üblich –, so müßte ein Grenzwert von 0,01 Milliwatt pro Quadratzentimeter für einen gesunden Menschen gelten. In einer weiteren Abstufung müßten die Grenzwerte für Risikogruppen noch mehr gesenkt werden.

Bevölkerungsgruppen	**Biologische Grenzwerte**	**Gültige Grenzwerte**
Gesunde Menschen	0,001 mW/cm^2	1–10 mW/cm^2
Risikogruppen – Schwangere, Babys und Kleinkinder	0,00001 mW/cm^2	Gibt es nicht. Eine schwangere Frau wird den gleichen hohen Belastungen ausgesetzt wie der Durchschnittsmensch

Quelle: Manfred Fritsch. Gefahrenherd Mikrowellen. Fellbach 1994.

Der biologische Empfehlungswert für gesunde Menschen von 0,001 Milliwatt pro Quadratzentimeter erscheint zwar auf den ersten Blick sehr niedrig, im Vergleich zur natürlichen Mikrowellenstrahlung, die mit ungefähr 0,0000000001 Milliwatt pro Quadratzentimeter ununterbrochen auf die Erde und damit auf sämtliche biologischen Systeme einwirkt, ist der technische Grenzwert aber um ein Vielfaches höher.

Die Leistungsdichte der künstlichen Mikrowellen übersteigt die der natürlichen Strahlung um das Milliardenfache. Beim internationalen Vergleich der Grenzwerte im Mikrowellenbereich fallen gravierende Unterschiede auf.

Weltweiter Grenzvergleich

Land	**Leistungsdichte im Frequenzbereich 0,3–3 GHz (mW/cm²)**	**Leistungsdichte im Frequenzbereich 3–300 GHz (mW/cm²)**	**Zeit (h)**
BRD	2,5 für Expositionszeiten unter 6 Minuten sind höhere Belastungen zulässig	2,5–10 (ab 12 GHZ)	–
Bundeswehr	keine Vorschriften	keine Vorschriften	
ehemalige DDR	0,01 (0,025–UdSSR)	0,1 (0,025 UdSSR)	8
ehemalige DDR/UdSSR	0,1	0,1	2
ehemalige DDR/UdSSR	1,0	1,0	0,33
ehemalige DDR/UdSSR	0,001 (Schwangere)	0,001 (Schwangere)	–
USA	1,0–5,0 (ab 1,5 GHz)	5,0	–
(American Standards Institute 1982)			
US Army	10,0	10,0	–
Australien	1,0 (Arbeiter)	1,0 (Arbeiter)	–
	0,2	0,2	–
Frankreich/ Schweden	1,0	1,0	–
Polen	0,2	0,2	10
ehemalige ČSSR	0,025	0,025	8

Die Gefährlichkeit von Mikrowellen für den menschlichen Organismus ist so schwer einzuschätzen, daß die Wissenschaftler der einzelnen Länder stark voneinander abweichende Risikowerte angeben.

Auffällig bei diesem Vergleich ist, daß eine schwangere Frau in Deutschland am Arbeitsplatz gegenüber ihrer Kollegin in Osteuropa einer zehntausendfachen Leistungsdichte der Mikrowellen ausgesetzt werden kann.

Die IRPA/INRC, eine Unterabteilung der Weltgesundheitsorganisation, legte bereits 1988 eine Empfehlung zur Grenzwertsenkung vor. Auch andere offizielle Stellen empfehlen teilweise erheblich niedrigere Grenzwerte. Verbindliche Änderungen im Grenzwertbereich werden zwar erwartet, aber bisher sind keine Konsequenzen daraus gezogen worden. Die gültige DIN-Norm legt die zulässige Einflußdauer von Mikrowellen auf genau sechs Minuten fest. Langzeitbelastungen, die in der Realität ununterbrochen auftreten, werden dabei nicht berücksichtigt.

Schädigende Reize werden allgemein mit dem wissenschaftlichen Begriff Noxen bezeichnet. Als Noxe bezeichnet man nicht nur Umweltgifte, sondern auch Belastungen durch künstliche → Radioaktivität und → Elektrosmog. Eine elementare Grundregel der Toxikologie besagt: Je länger eine Noxe auf den Organismus einwirkt, desto niedriger kann die Dosis sein, die einen schädlichen Effekt auslöst.

Durch dauernde Belastungen werden die biologischen Abwehr- und Reparaturmechanismen erheblich geschwächt. Mit der Dauer der Einwirkung wird der Mensch immer anfälliger gegen weitere Noxen. Wenn ein Mensch mit guter Konstitution, ohne Vorschäden, in jungen Jahren einer hohen Dosis ausgesetzt war, können nach Langzeitwirkung plötzlich krankhafte Auswirkungen sichtbar werden. Eine Stellungnahme der deutschen Strahlenschutzkommission belegt, daß die Belastungen durch Mikrowellen in der Realität häufig über den aktuellen Empfehlungen der IRPA liegen: »Aus der betrieblichen Praxis im Umgang mit elektromagnetischen Feldern ist bekannt, daß die Einführung der IRPA-Grenzwerte von 1988 für die Allgemeinbevölkerung die Betreiber leistungsstarker Funksendeanlagen, z. B. Rundfunksendeanstalten und die Deutsche Bundespost, vor große Probleme stellen würde, denn bei vielen bestehenden Anlagen werden diese Grenzwerte außerhalb des eigenen Betriebsgeländes weit überschritten.«

Auffallend bei der gültigen Grenzwertgebung ist, daß der Wert im unteren Frequenzbereich (bis drei Gigahertz), nur noch ein Viertel des Wertes im oberen Frequenzbereich beträgt. Diese abgesenkte Grenzwertgebung wird offiziell mit dem Resonanzeffekt begründet. In der Erklärung hierzu heißt es, daß Menschen bei Frequenzen von 100 Megahertz bis 3 Gigahertz eine besonders gute Energieabsorbtion aufweisen. Man gibt an, daß Kopfresonanzen ausgelöst werden, die zu verstärkten Temperaturerhöhungen führen. Neuere Erkenntnisse weisen darauf hin, daß Mikrowellen schon bei sehr niedriger Intensität große biologische Wirkungen verursachen. Bei einer Leistungsdichte von nur 10^{-7} mW/cm^2 wird das Ausströmen von Kalziumionen aus den Gehirnzellen verändert. Mit dieser geringen Energie wird die biologische Signalübertragung der menschlichen Zellmembranen gesteuert. Für die Entdeckung dieser Ionenkanäle wurde 1991 der Nobelpreis für Medizin vergeben. Kalziumionen spielen eine Schlüsselrolle bei der Steuerung elektrischer Impulse der Membranen von Nervenzellen. Die Signalkommunikation des Nervensystems wird also schon bei einer Leistungsdichte beeinflußt, die nur ein Millionstel des zulässigen Grenzwertes beträgt. Auch das Aufeinandertreffen der vielen tausend unterschiedlichen Mikrowellenfrequenzen und die Spätwirkungen, die daraus entstehen, wurden bisher – aufgrund völliger Unkenntnis ihrer Wirkmechanismen – nicht in die Grenzwertgebung aufgenommen. Ernsthafte Krankheiten, wie z.B. eine Vielzahl von Tumoren – am häufigsten davon befallen ist das Lymphsystem, das Gehirn und die Brust –, sind Folgen elektromagnetischer Belastungen. Krankheiten und Beschwerden, die durch elektromagnetische Felder ausgelöst oder verstärkt werden können, nehmen zu. Dazu gehören allgemeine Kreislaufkrankheiten, Herzinfarkt, → Tinnitus, RSI (Repetitive Strain Injury → Heimcomputer), Allergien, Kopfschmerzen, Hautausschläge, Erschöpfungszustände, Depressionen, Schlafstörungen und Reizbarkeit.

Künstliche Elektrizität kann durch Störungssignale vielschichtige Erkrankungen im menschlichen Organismus auslösen. Jede einzelne Frequenz kann ganz spezielle Störungen verursachen.

Zudem muß man davon ausgehen, daß kumulative oder synergetische Effekte dramatische Auswirkungen auf die Gesundheit des Menschen haben können. Arbeitsmediziner haben diese Wirkungen bei → Asbest nachgewiesen. Ein Mensch, der einer übermäßigen Asbestbelastung ausgesetzt ist, ist bis zu zehnmal stärker gefährdet, wenn er zusätzlich starker Raucher ist. Rauchen allein aber, ohne zusätzliche Asbestbelastung, ist nicht gesundheitsschädlicher als zum Beispiel Joggen an einer verkehrsreichen Straße.

Unberücksichtigt geblieben ist in der Grenzwertgebung bisher auch die Gefährlichkeit gepulster Mikrowellen, die z.B. beim modernen → Mobilfunk angewendet werden. Sie sind um viel gefährlicher als gleichmäßig abgestrahlte Wellen. Ein Beispiel aus der Technik: Wenn man einen Nagel mit vielen kleinen Stößen in ein Holzstück treibt, wird er, auch wenn es etwas länger dauert, doch schließlich bis zum Kopfende eindringen. Schlägt man aber mit großer Kraft nur einmal zu, dringt der Nagel zwar auch in das Holz ein, hierbei treten aber viel mehr Unsicherheiten auf: Das Holz kann reißen, und der Nagel kann sich verbiegen. Auf den biologischen Organismus bezogen bedeutet das, daß mit einer kleinen Leistung langfristig mit größerer Sicherheit biologische Wirkungen ausgelöst werden als mit einer kurzfristigen großen Leistung. Damit wird der große alte Lehrsatz der Schulmedizin »hohe Dosis = hohe Wirkung« ungültig.

Bei der Gentechnik macht man sich dieses Prinzip seit Jahren zunutze, denn ähnlich wie bei den gepulsten Mikrowellen der Radartechnik werden die zu manipulierenden Zellen mit impulster Energie aufgeschlossen. Würde man anstelle der geringen Mikrowellenimpulse eine höhere Leistung auf die Zellmembran einwirken lassen, wäre das Resultat sicherlich die Zerstörung der Zelle.

Die aktuelle Grenzwertgebung für Mikrowellen, die eine Temperaturerhöhung von einem Grad im menschlichen Körper zuläßt und keine biologischen Wirkmechanismen wie kumulative Effekte oder Dauerbelastungen berücksichtigt, kann nur wirksam sein, wenn sie um mindestens das Eintausendfache gesenkt wird.

Aufgrund der Diskussion über gesundheitliche Schädigungen, die von elektromagnetischen Feldern ausgehen, haben deutsche Versicherungen Konsequenzen gezogen. Bereits seit 1993 wird im Industriebereich jeglicher Schaden, der dadurch entsteht, als Risiko ausgeschlossen.

Grenzwerte (Niederfrequenz)

Bisher gibt es keine biologischen Grenzwerte für niederfrequente → elektromagnetische Wechselfelder. Nach offiziellen Aussagen des Gesetzgebers liegen noch keine ausreichenden wissenschaftlichen Beweise darüber vor, ob schwache Felder gesundheitsschädigend sind. Bisher gibt es nur einige technische Regeln und Normen (DIN- und VDE-Vorschriften → Tabelle), die aber nichts über die Wirkung von Dauerbelastungen künstlich erzeugter elektromagnetischer Felder auf den Menschen aussagen. Offiziell gelten Grenzwerte nur für den Schutz von Personen, die während ihrer Arbeit täglich hohen Belastungen ausgesetzt sind. Erst wenn der sogenannte Schädigungsgrenzwert – das ist die noch zulässige Strahlungs-Leistungsdichte – überschritten wird, spricht man offiziell davon, daß mit Gesundheitsschäden gerechnet werden muß. Die Gefahren, die von der Elektrizität ausgehen, werden von Wissenschaftlern in anderen Ländern um ein Vielfaches höher eingeschätzt als in Deutschland. Der deutsche Grenzwert für elektromagnetische Felder, die von Monitoren ausgestrahlt werden, ist z.B. 400- bzw. 2000mal höher als die neue schwedische Norm (→ Tabelle).

In Deutschland werden die Gefahren noch völlig unterschätzt. Da sie aber sehr ernst zu nehmen sind, sollte man elektrische Geräte in Wohnräumen auf ein Minimum reduzieren und vor allem im Schlafzimmer versuchen, elektromagnetische Felder auszuschalten (→ Elektrosmog).

Bei der Grenzwertermittlung wurden besonders gefährdete Personen nicht berücksichtigt: Allergiker, Träger von Herzschrittmachern, Zuckerkranke, Herz-Kreislauf-Geschädigte und Kranke überhaupt. Sie alle reagieren sensibler auf elektromagnetische Felder. Die größere Empfindlichkeit von Kleinkindern, Säuglingen und Embryonen bei Umweltstörungen wurde ebenfalls nicht in die Grenzwertberechnung miteinbezogen.

Die folgende Tabelle zeigt internationale Grenzwerte im Vergleich:

Land	**Arbeitsschutz**	**Allgemein-bevölkerung**	**Arbeitsschutz**	**Allgemein-bevölkerung**
	V/m[1]	**V/m**	**µT**[2]	**µT**
DIN-VDE 0848/1992 Deutschland	20000	5000	5000	400
Großbritannien	12000	2600	750	250
Italien	10000	5000	1000	100
USA	11800	1000	–	70
WHO/IPRA	10000	5000	500	100
MPR2 (Schweden-Norm) bei 50 cm Abstand vom Bildschirm	25	–	0,250	–
TCO (Schweden) bei 30 cm Abstand vom Bildschirm	10	–	0,200	–
Empfehlung	10	10	0,020	0,020

[1] Volt/Meter
[2] Mikrotesla

Quelle: Manfred Fritsch. Ein Leben unter Spannung. Fellbach 1994.

Kumulationseffekte sind bei diesen Grenzwertfestlegungen nicht berücksichtigt. Dabei bewirken Kombinationen schädlicher Einflüsse völlig unbekannte neue Effekte. Ähnliche Kombinationswirkungen treten bei chemischen Reaktionen auf. Vor allem in Häusern und Wohnungen können bis zu 70000 chemische Verbindungen aufeinandertreffen und neue hochtoxische Verbindungen entstehen lassen (→ Grenzwerte, Chemie). Bisher kennt man die genaue Wirkung von aufeinandertreffenden verschiedenen elektromagnetischen Feldern nicht. Daher kann es sich bei Grenzwerten nicht um einen biologisch sicheren Schutz handeln, sondern nur um Aussagen über das bisher technisch Machbare.

Baubiologische Bewertung
Biologisch gesehen sind die bundesdeutschen Grenzwerte viel zu hoch angesetzt. Internationale Forschungsergebnisse zeigen, daß bei erheblich niedrigerer Dauerbelastung typische Symptome (→ Elektrosensibilität) auftreten. Solange die vielen Wirkungen, die durch Elektrizität im Körper ausgelöst werden, nahezu unbekannt sind, sollten völlig neue Grenzwertkriterien erstellt werden. Sinnvoll wären z.B. Kriterien, wie sie in den USA schon seit langem im Lebensmittelbereich angewendet werden. Dort wird die offiziell anerkannte schädliche Dosis einzelner Chemizide durch 100 geteilt. So erhält man einen Sicherheitswert, der mit großer Wahrscheinlichkeit unschädlich ist. Erst wenn mindestens ein Sicherheitsfaktor von 1:100 für elektrische Wechselfelder und ein Faktor von 1:1000 für magnetische Wechselfelder eingesetzt wird, kann man von vorläufigen biologischen Genzwerten sprechen. Nach Angaben von Physikern der energieerzeugenden Konzerne sind elektrische Wechselfelder erst ab einer Feldstärke von 5000 Volt/Meter gesundheitsschädlich. Bei einem Sicherheitsfaktor von 1:100 müßte ein biologischer Grenzwert von 50 Volt/Metern festgelegt werden. Im Bereich magnetischer Wechselfelder ist der Wert von 100 Mikrotesla als Schädigungsgrenze bei den Energiekonzernen unbestritten. Bei einem Sicherheitsfaktor von 1:1000 ergibt dies einen neuen Grenzwert von 0,1 Mikrotesla. Das ist der Wert, der von Biomedizinern (holistisch arbeitenden Naturheilmedizinern) angesetzt wird, um den Schutzabstand von → Hochspannungsleitungen zu berechnen. In einem gesunden Haus, besonders im Bettbereich sollte das elektrische Wechselfeld nicht über 10 Volt/Meter, das magnetische Wechselfeld nicht über 20 Nanotesla (0,02 Mikrotesla) liegen.

Unterschiedliche Ausbreitung von elektromagnetischen Feldern

Glühbirne – 50 cm Abstand		ca. 10 nT
Drossel von Leuchtstoffröhren – 50 cm Entfernung		bis 1000 nT
Babyphone – 10 cm Abstand		2000–9000 nT
Unter Hochspannungsleitungen		500–30000 nT
Rasierapparat – 1 cm von der Haut entfernt		bis 100000 nT
Messungen im durchschnittlichen Haushalt	20–200 V/m	20–700 nT
Messungen in Häusern unter Freileitungen	20–200 V/m	500–20000 nT

Quelle: Manfred Fritsch. Ein Leben unter Spannung. Fellbach 1994.

Da von modernen elektrischen Geräten ähnlich hohe elektromagnetische Felder abgestrahlt werden können wie von Hochspannungsleitungen, sollte man sie möglichst selten verwenden. Da Elektrogeräte, wie z.B. ein elektrischer Rasierapparat oder ein elektrisches Küchengerät, in der Regel nur kurzzeitig verwendet werden, ist eine gesundheitliche Gefährdung als gering einzuschätzen. Mit Elektrizität sollte man generell sparsam umgehen, und von elektrischen Geräten mit Dauerbetrieb sollte man einen größtmöglichen Abstand halten.

Gußasphaltestrich

Gußasphaltestrich wird aus → Bitumen oder Hartbitumen sowie diversen Zuschlägen hergestellt. Bitumen ist ein äußerst kritischer Stoff, der aus vielen hochtoxischen Substanzen besteht. Er ist in der → MAK-Werte-Liste als Stoff mit begründetem Verdacht auf krebserzeugendes Potential eingestuft. Trotz dieser möglichen starken gesundheitlichen Gefährdung für den Menschen wird Gußasphaltestrich heute immer häufiger in Wohnungen und Häusern verwendet. Das liegt daran, daß man ihn sofort nach dem Abkühlen betreten kann. Längeres Austrocknen ist nicht notwendig. Fliesen- oder Teppichverlegearbeiten können hier – im Gegensatz zu den anderen Estricharten (→ Estrich) – ohne Verzögerung durchgeführt werden.

Baubiologische Bewertung
Leider lassen sich immer mehr Bauherren dazu überreden, Gußasphaltestrich in ihren Wohnräumen zu verlegen, da er pflegeleicht, schnell zu verlegen, wasserresistent und vor allem enorm zeitsparend ist. Die gesundheitsgefährdende Schadstoffbelastung, die in Wohn- und Schlafräumen durch Gußasphaltestrich entstehen kann, ist bisher noch nicht annähernd abzuschätzen. Grundsätzlich ist Gußasphalt ein sehr kritisches Material und keinesfalls für Innenräume geeignet.

H

Halogenlampen

Offene Halogenlampenkonstruktionen mit sichtbaren Kabelführungen werden nicht nur in Restaurants und anderen öffentlichen Gebäuden, sondern zunehmend auch im Wohnbereich installiert. Bei einer sichtbaren Kabelführung liegen Hin- und Rückleitung normalerweise dicht aneinander, so daß das Magnetfeld teilweise aufgehoben wird. Sehr beliebt bei den Käufern ist allerdings ein Zwei-Kabel-System, bei dem der Zwischenraum absichtlich sehr groß gehalten ist, um die silberglänzenden Leiter optisch besonders hervorzuheben. In diesem Fall kann sich das Magnetfeld nicht, wie bei einem Verlängerungskabel, teilweise aufheben. Die Lichtleistung kann bei derartigen Halogenlampensystemen sehr hoch sein: zwischen 100 und 200 Watt. Gleichzeitig ist die Spannung sehr niedrig, so daß in den Leitungen hohe Ströme fließen. Sie verursachen ein großes Magnetfeld, das in seiner räumlichen Ausdehnung den → elektromagnetischen Wechselfeldern von → Hochspannungsleitungen gleicht.

Hersteller von Halogenlampensystemen, die mit zwei getrennten Kabeln ausgestattet sind, sollten beim Verkauf zumindest auf die gesundheitlichen Gefahren hinweisen oder das Produktionsverfahren umstellen, so daß Hin- und Rückleitung nur noch in einem Kabel eng zusammen geführt werden. Auch mit diesen Systemen können dekorative Drahtkonstruktionen geschaffen werden. Zumindest aber wird die Ausbreitung der künstlichen elektromagnetischen Felder auf den Nahbereich direkt um das Kabel herum eingegrenzt.

Da bei einer Halogenlampe der Strom aus der Steckdose (230 Volt) auf zwölf Volt heruntertransformiert wird, benötigt eine 20-Watt-Lampe ca. 20mal soviel Ampere wie eine herkömmliche Glühbirne. Damit wird natürlich auch das magnetische Feld um das 20fache vergrößert. Hinzu kommt, daß das grelle und kalte Licht oft mit einem Dimmer geregelt wird. Dimmer können unter Umständen mehr Strom verbrauchen als eine normale Glühbirne. Zudem erzeugen sie selbst ein großes Spektrum von Oberwellen, die schädlich wirken können. Auch das Lichtspektrum von Halogenlampen ist kaum besser als das von → Leuchtstoffröhren, so daß schon von der Lichtqualität her eine normale Glühbirne vorzuziehen ist.

Weitere Gesundheitsgefahren gehen von Halogenlampen aus, weil die

Glaskolben aus speziellem Quarzglas hergestellt werden, damit sie der hohen Hitzeentwicklung standhalten können, denn normales Fensterglas würde sofort zerspringen. Quarzglas hat aber die Eigenschaft, ultraviolette Strahlen ungefiltert durchzulassen, während diese von Normalglas abgeschirmt werden. Menschen, die sich in unmittelbarer Nähe der Lampen aufhalten, können genau wie bei intensiver Sonneneinstrahlung einen Sonnenbrand bekommen. Langfristig erhöht sich dadurch das Hautkrebsrisiko. Da das menschliche Auge die ultravioletten Strahlen nicht wahrnimmt, kann es auch zu Augenschäden kommen.

Erst Anfang der neunziger Jahre hat das staatliche schwedische Institut für Strahlenhygiene Alarm geschlagen. Selbst große Lampenhersteller weisen mittlerweile darauf hin, daß man nicht direkt in das starke Halogenlicht schauen und die unbedeckte Haut nicht über längere Zeit der Lichteinstrahlung aussetzen sollte. Vor allem Personen, die empfindlich auf Sonnenstrahlen reagieren, sollten einen anderen Lampentyp wählen. Mittlerweile sind auch in Deutschland Halogenlampen mit aufgesetzten Glasscheiben im Handel, die keine ultravioletten Strahlen mehr durchlassen.

Baubiologische Bewertung
Halogenlampen ohne Ultraviolettabschirmung (aufgesetzte Glasscheibe) sind als offene, sichtbare Lichtquellen ungeeignet und daher auszutauschen. Halogenlampen als indirekte Beleuchtungskörper, die nicht auf die nackte Haut oder ins Auge strahlen, sind ungefährlich und müssen nicht ausgetauscht werden. Offene Drahtkonstruktionen, die mit großem Abstand installiert sind, sollten durch einkabelige Systeme ausgewechselt werden, damit die unnötige Ausbreitung von elektromagnetischen Feldern im Luftraum reduziert wird.

Hanf (Cannabis)

Hanf ist einer der am schnellsten nachwachsenden Rohstoffe. In hundert Tagen erreichen die Hanfpflanzen eine Höhe von ungefähr vier Metern. Sie wachsen nahezu in jedem Klima, sind erheblich einfacher und vor allem schneller anzubauen als Holz und liefern die vierfache Menge an Fasern. Beim großflächigen Anbau von Hanf besteht keine Gefahr einer schädigenden Monokultur, denn der Boden kann problemlos in dauernder Fruchtfolge bewirtschaftet werden. Auf einem Hektar können ca. zweieinhalb Tonnen Faserhanf für Textilfasern und Dämmstoffe produziert werden. Als Abfallprodukt entstehen gleichzeitig fünf bis sechs Tonnen Zellulosegrundstoff für Papier oder die Baustoffherstellung.

Die »Königin der Nutzpflanzen« ist vor allem ökologisch sehr wertvoll. Würde man ein Fünftel der europaweit stillgelegten landwirtschaftlichen

Flächen mit Hanf bepflanzen, könnte das daraus gewonnene Hanföl nicht nur den gesamten bundesdeutschen Bedarf an Dieselöl decken, sondern es würde zusätzlich für den gesamten Textilbereich und einen Großteil des Dämmstoffbedarfs reichen. Aus der gleichen Grundmenge Hanf kann dreimal soviel Textilrohstoff wie aus Baumwolle hergestellt werden.

Hanf ist zudem sehr resistent gegen Ungeziefer, so daß man auf den Einsatz von Pestiziden (→ Biozide), die z.B. beim Baumwollanbau in großen Mengen verwendet werden, von vornherein verzichten könnte, ohne dabei beim Ertrag Verluste zu erleiden.

Hanf ist eine der ältesten Kulturpflanzen der Menschheit. Die ersten Funde von Hanfstoffen sind auf ca. 8000 v.Chr. datiert. In China wurden bereits 3000 Jahre v.Chr. Kleider aus Hanf hergestellt. Auch die berühmte Gutenberg-Bibel wurde im 15. Jahrhundert aus Hanf hergestellt. Daher ist sie bis heute so gut erhalten, denn Papier aus Holz zerfällt im Vergleich zu Hanf viel schneller.

Die Cannabispflanze war auch in vielen Kulturen des Fernen und Mittleren Ostens ein unverzichtbares Naturprodukt, das nicht nur als Medikament mit überragenden Eigenschaften galt, sondern auch als Grundstoff für Nahrungsmittel in großen Mengen verwendet wurde.

Bis zum Zweiten Weltkrieg wurde Hanf im westlichen Kulturkreis so vielfältig eingesetzt wie keine andere Pflanze jemals zuvor. Jeans, Jacken, Stoffe, Bettwäsche, Taue, Leinen und Schnüre bestanden hauptsächlich aus diesem Grundmaterial. Weltweit wurden bis etwa 1942 80 Prozent aller Textilien aus Hanf hergestellt.

Die Krönung der Produktentwicklung aus Hanf waren die technologischen Erfindungen von Henry Ford. 1941 stellte er sein sagenumwobenes Biomassen-Auto der Öffentlichkeit vor. Mit einem thermochemischen Aufspaltungsprozeß war es Ford gelungen, aus Hanf einen natürlichen Kunststoff zu gewinnen. Aus der Zellulose des Hanfs entstand das erste natürliche Polymer. Unter den Bezeichnungen Zelluloid, Zellophan und Rayon ist es weltweit bekannt geworden. Das natürliche Polymer ist biologisch leicht abbaubar, während das synthetische Polymer aus der Petrochemie praktisch unverrottbar ist. Das Biomassen-Auto von Ford war nicht nur aus natürlichem Kunststoff hergestellt, es wurde auch zu hundert Prozent von Hanföl angetrieben. Wenn die Weiterentwicklung von Hanfprodukten nicht abrupt durch die Hanfprohibition unterbrochen worden wäre, hätte man einen beträchtlichen Anteil der Umweltverschmutzung vermeiden können. Wäre Henry Fords »Auto vom Acker« in die Massenproduktion gekommen, würden heute möglicherweise ganze Industriezweige Rohstoffe aus Hanf anstelle der künstlich hergestellten und oft umweltzerstörenden Chemieprodukte verarbeiten. Man schätzt, daß Hanf als Ausgangsprodukt für ca. 50000 weitere Stoffe geeignet ist. Das plötzliche Anbauverbot für Hanf stoppte den Entwicklungsprozeß der Hanfverarbeitung allerdings abrupt. Zwei Chemiekonzerne, die deutsche Firma I.G. Farben und der amerikanische Chemiegigant Du Pont, waren aufgrund ihrer beherrschenden Kapitalkraft in der Lage, ein fast weltweites Hanfverbot durchzusetzen. Der Grund hierfür war, daß in den Labors der Chemieriesen eine neue, zukunftsweisende Chemiefaser erfunden worden war. Perlon und Nylon eroberten die Welt. Dies war nur möglich durch das Ausschalten der natürlichen Konkurrenz Hanf. Diese Politik wurde mit Hilfe von Anti-Drogen-Gesetzen durchgesetzt, die einen weiteren legalen Anbau unmöglich machten.

Langsam wird heute in einigen Ländern das Anbauverbot für Hanf aufgehoben. In Deutschland ist der Anbau seit 1996 unter staatlicher Überwachung wieder möglich. Nutzhanf darf ausgesät werden, wenn er nicht mehr als 0,3% THC enthält. Die Angst vor der Droge ist völlig unbegründet, da beim normalen Faserhanf der Hauptwirkstoff THC, der die Drogenwirkung verursacht, so niedrig ist, daß man »ganze Felder« rauchen müßte, um einen Rauscheffekt zu spüren.

Heute könnte ein Haus zu großen Teilen aus Hanf gebaut werden. → Span-, Weich-, und Hartfaserplatten (wie seit Jahrzehnten schon in Rußland oder China produziert) aus Hanf könnten wirtschaftlicher und ohne chemische Zusätze hergestellt werden. Man könnte innerhalb kurzer Zeit Häuser und Wohnungen mit ungiftigen Wärmedämmaterialien ausstatten, die dringend benötigt werden, weil Stein- und Glaswolle (→ Mineralfasern) schwere Gesundheitsschäden verursachen können. Hanffasern könnten für Faserzementplatten, → Ziegelsteine, Zuschläge für → Mörtel und → Estrich verwendet werden. → Farben und Lacke aus Hanföl wären frei von giftigen → Löse- und Bindemitteln. Die Verarbeitung von Hanföl für die Farb- und Lackherstellung ist besonders wirtschaftlich, da es sehr gut trocknet und nicht zusätzlich mit künstlichen Lösemitteln und Topfkonservierern angereichert werden muß. Teppiche aus Hanffasern sind besonders strapazierfähig. Hanfzellulose kann toxische, aus Erdöl hergestellte Kunststoffe fast völlig ersetzen. Wenn man ein Haus aus Hanfprodukten baut, kann die Verwendung von giftigen Materialien, die den ökologischen Kreislauf angreifen, vermieden werden, und vor allem werden wichtige Naturressourcen geschont. Zudem hat Hanf hervorragende feuerfeste Eigenschaften. Da mit Hanf eine sehr gute Schalldämpfung und Wärmedämmung erreicht werden kann, sollte er – besonders nach Inkrafttreten der neuen → Wärmeschutzverordnung – für zusätzliche Dämmaßnahmen im Baubereich eingesetzt werden. Da Hanf als Rohstoff für Kleidungsstücke sehr gut geeignet ist, man über 80 Prozent aller Teile eines Autos daraus herstellen und selbst der Treibstoffbedarf unserer Erde durch Hanföl gedeckt werden könnte, ist es ökologisch nicht mehr vertretbar, daß der Hanfanbau weiterhin eingeschränkt bleibt.

Schon jetzt sind viele Materialien aus Hanf im Handel. Verbraucher und Bauinteressenten, die bewußt, gesund und giftfrei leben möchten, sollten verstärkt Hanfprodukte verwenden, denn wenn die Nachfrage steigt, werden auch die Preise für Hanfartikel sinken.

Baubiologische Bewertung
Hanf ist ökologisch die wertvollste Alternative für Dämmstoffe im Baubereich. Unbehandelte Hanfprodukte sind völlig frei von schädlichen Emissionen und weisen sehr gute bauphysikalische und wohnbiologische Eigenschaften auf.

Hausstaub

Naturmediziner, die sich mit dem Zusammenhang zwischen Krankheit und Wohnung befassen, stellen vermehrt fest, daß ein großer Teil der Lungenkrebserkrankungen auf das Einatmen von Hausstaub zurückzuführen ist. In den letzten zwei Jahrzehnten hat der Anteil von Kunststoffmaterialien in Wohnungen und Häusern zugenommen, dadurch ist auch der Anteil des Schwebestaubs in der Innenraumluft erheblich gestiegen (→ Teppichböden). Reizungen der Nase, Brennen im Rachenraum, Schnupfen und verschiedenste Arten von Hausstauballergien treten besonders im Winter bzw. mit dem Beginn der Heizperiode auf. Fälschlicherweise wird immer noch angenommen, daß diese Symptome auf die trockene Heizungsluft zurückzuführen sind. Ursache der Reizerscheinungen ist aber die ununterbrochene Luftbewegung, die durch Konvektoren und Radiatoren entsteht (→ Heizung), so daß Unmengen von kleinsten Staubpartikeln permanent in der Raumluft umherwirbeln, solange der → Heizkörper eine höhere Temperatur hat als die Raumluft. Mit dieser Unzahl von Staubpartikeln atmet der Mensch gleichzeitig Viren, Bakterien, Keime, Milben, Milbenkot, Sporen, Pilze sowie lungengängigen Feinstaub von → Asbest und künstlichen → Mineralfasern ein. Hinzu kommt bei modernen Häusern und Wohnungen, besonders bei frisch renovierten, daß sich auf dem Teppichboden häufig hochtoxische Lösemittel niederschlagen. Die »Staubwalze«, die durch die übliche Konvektionswärme entsteht, nimmt giftige Substanzen mit, die aus Möbeln, → Farben, Klebern, → Tapeten, → Holzschutzmitteln, Kunststoffen oder Mottenschutzmitteln (→ Mottenbekämpfung) freiwerden, so daß diese zwangsläufig vom Menschen eingeatmet werden. Auch Kleinstlebewesen, wie z.B. Hausstaubmilben, Bakterien, aber auch Pollen und Schimmelpilzsporen (→ Schimmel), sind im Feinstaub enthalten. Die Schwebstoffkonzentration der Luft kann besonders bei reinen Konvektionsheizungen, Unterflurkonvektoren und → Fußbodenheizungen in Räumen, die mit Teppichböden ausgelegt sind, extrem hoch werden.

Die Staubaufwirbelung nimmt durch elektrostatische Aufladungen (→ Luftelektrizität), die besonders mit Beginn der Heizperiode bei synthetischen Materialien auftreten, zu. Diese Aufladungen entstehen in erster Linie durch Reibung, z.B. wenn sich unterschiedliche Stoffe berühren, die unterschiedliche Energiepotentiale aufweisen, und hängen von der Ionisation der Luft und dem luftelektrischen Feld ab. Je höher das elektrische Isoliervermögen solcher Stoffe ist – ganz besonders hoch ist es bei Kunststoffen –, desto größer die Aufladung. Elektrisch schlecht leitende Materialien können ihre Ladungen über Wochen beibehalten, während gut leitende Materialien, z.B. Metalle, die elektrostatische Aufladung ganz schnell wieder verlieren können.

Die Aufladungen in einem modernen, mit vielen Kunststoffmaterialien ausgestatteten Haus, können 50000 Volt pro Meter und mehr betragen. Gesundheitliche Auswirkungen auf den Menschen sind noch nicht untersucht worden. Je mehr Kunststoffmaterialien in einer Wohnung verbaut werden, desto höher ist die elektrostatische Aufladung. Die natürliche Ionisierung der Luft – der Himmel ist positiv, die Erde negativ geladen –, kommt in Innenräumen durcheinander. Auf vollsynthetischen Teppichen, an glänzend lakkierten Möbeloberflächen oder an Bildschirmen von Fernsehgeräten können sich regelrechte Ionenwolken bilden. Bei Aufladungen kommt es zu Sogwirkungen, die den ionisierten Staub ununterbrochen in der Luft schweben lassen.

Ein einfacher, aber wichtiger Tip, besonders für den Winter, ist, möglichst nur durch die Nase einzuatmen, denn nur so kann ein Großteil des Schwebestaubes in der Nase gefiltert und von der Lunge ferngehalten werden. Mediziner empfehlen, daß man sich während der Heizperiode die Nase besonders oft und gründlich putzen sollte. Menschen, die von Allergien geplagt sind, sollten zusätzlich morgens und abends die Nase mit lauwarmem Wasser auswaschen, dabei aber niemals Seife benutzen. Zur Staubvermeidung ist es wichtig, die Wohnung nicht mit Straßenschuhen zu betreten. Der Fußabstreifer vor der Haustür sollte waschbar sein, da er sonst den Straßenschmutz nur sammelt und anschließend im Übermaß wieder abgibt. Beim Staubsaugen sollten Sie grundsätzlich immer die Fenster öffnen. Ihr Staubsauger sollte zudem mit einem Feinstaubfilter ausgerüstet sein. Lüften Sie soviel wie möglich. Vermeiden Sie unnötige schwungvolle Türbewegungen, vor allem im → Schlafzimmer. Türblätter sollten nicht auf dem Teppichboden schleifen, weil dadurch noch mehr Staub hochgewirbelt wird.

Die Oberfläche von Synthetikteppichen kann durch das Besprühen mit Seifenlauge leitfähiger gemacht werden. Wenn Sie diese Prozedur alle drei bis vier Wochen durchführen, steigt die Leitfähigkeit um ein Vielfaches, und der Schwebestaubgehalt der Luft wird deutlich reduziert.

Da der meiste Staub im Schlafzimmer anfällt, muß gerade hier auf besonders gute Lüftung geachtet werden. Durch ungenügend ausgelüftete Matratzen wird meistens morgens beim Bettenmachen und auch nachts durch die Bewegungen während des Schlafens eine große Menge Staub frei. Man sollte die Betten so oft wie möglich lüften, Decken- und Kissenfüllungen regelmäßig waschen, die Matratzen 14tägig wenden und sie auch ab und zu für eine schnelle Keimabtötung den Sonnenstrahlen aussetzen.

Heimcomputer

Heute ist nahezu jeder zweite Haushalt mit einem Heimcomputer ausgerüstet. Die → elektromagnetischen Wechselfelder, die von netzbetriebenen Computern ausgehen, stehen unter dem Verdacht, gesundheitsschädigende Auswirkungen zu haben.

Der Begriff RSI (Repetitive Strain Injury) kommt aus dem Amerikanischen und bedeutet soviel wie Schädigung durch wiederholte Belastung.

Ende der achtziger Jahre wurden die RSI-Symptome in den USA in das Sammelverzeichnis der Berufskrankheiten aufgenommen. RSI ist dort mit ca. 48 Prozent bereits die häufigste Berufskrankheit. Mittlerweile nehmen derartige Symptome auch in Europa gewaltig zu. Von RSI sind Menschen betroffen, die täglich stundenlang auf Computertastaturen schreiben müssen. Vor 20 Jahren, als kaum Computer oder elektrische Scheibmaschinen existierten, litten Sekretärinnen oder Stenotypistinnen unter verkrampftem Nacken, verspannten Schultern und Kreuzschmerzen, die sich über den gesamten Rückenbereich ausbreiteten. Die moderne Bürokrankheit RSI verursacht ähnliche Symptome, nur kommen noch weitere Schmerzen im Hand- und Armbereich hinzu. Eine schleichende Rückbildung von Muskelfasern in den Unterarmen soll für diese chronisch auftretenden Schmerzen verantwortlich sein. So kann eine Schreibkraft einen Tennisarm haben ohne Tennis zu spielen, oder bei einem Computerfachmann treten die Symptome eines Golfergelenks auf, obwohl er nie Golf gespielt hat. Ein RSI-Betroffener im fortgeschrittenen Stadium kann derartige Schmerzen in den Unterarmen bekommen, daß er nicht mehr in der Lage ist, eine Kaffeetasse zu halten. Schätzungen zufolge beträgt die Inkubationszeit fünf bis zehn Jahre. Da Schreibbüros und Wirtschaftsbetriebe erst in den achtziger Jahren auf elektronische Datenverarbeitung umgestellt haben, ist eine regelrechte Welle dieser neuen Berufskrankheit in Europa zu erwarten. Neuere Untersuchungen in den USA ergaben, daß 25 Prozent der Personen, die länger als zehn Jahre an einem Tastaturarbeitsplatz beschäftigt sind, an den typischen RSI-Symptomen leiden. Naturmediziner weisen schon seit langem auf den Zusammenhang zwischen Heimcomputern und RSI-Symptomen hin. Sie führen die bisher nie dagewesene Überbeanspruchung von Gelenken, Sehnen und Muskeln auf die direkte Einwirkung von elektromagnetischen Feldern zurück. Offizielle Stellungnahmen der Schulmedizin bestreiten dies und behaupten, daß die Ergonometrie am Computer nicht stimmt. Man ging dazu über, die Anordnung der Tastaturbuchstaben, die ja seit Jahrzehnten immer die gleiche war, zu verändern. Ein Erfolg ist nicht in Sicht, obwohl schon große Zentren für RSI-Kranke in den USA existieren. Ausgeklügelte Kurse für Fingergymnastik und Entspannung für das Kreuz und verspannte Schultermuskulaturen helfen nur vorübergehend. Nach dem Aufenthalt in einem RSI-Zentrum und dem Wiederbeginn der Computerarbeit stellen sich in der Regel jedoch schnell wieder die alten Symptome ein. Im Vergleich zur veralteten Schreibmaschine ist nur ein Unterschied vorhanden: Das alte Schreibgerät funktionierte mechanisch, das moderne wird elektrisch versorgt und über hochkomplizierte Elektronik gesteuert. Der Elektrosmog, der aus jedem modernen elektronischen Schreibgerät abstrahlt, hat die größte biologische Wirkung auf Hände und Unterarme, da sie dem Bildschirm am nächsten sind. Schwache, langanhaltende Dauerbelastungen durch elektromagnetische Felder, wie sie hier auftreten, können für den Menschen am schädlichsten sein. Das elektromagnetische Streuwechselfeld bildet sich um jedes elektronische Schreibgerät. Die Wechselwirkung selbst schwacher magnetischer Felder kann die willkürliche Veränderung der Kolloidstruktur und die Leitfähigkeit der Zellen, die von der Informationsübertragung der Nerven abhängig ist, zur Folge haben. Es handelt sich hierbei nicht um einen Erwärmungsprozeß, denn dafür sind die Magnetfelder viel zu schwach, sondern um die in Fachkreisen immer noch umstrittene nichtthermische biologische Wirkung. So kann das Stoffwechselgeschehen, ähnlich wie durch den Einfluß von → Mikrowellen, manipuliert und beeinflußt werden, besonders im Unterarm und Handbereich. Die von außen eindringenden Wechselfelder können Wirbelströme im Inneren des Menschen produzieren, die bei gleicher Frequenz die Transportvorgänge in den Zellmembranen manipulieren können. Das Leistungsniveau der menschlichen Zellen liegt, wie die elektrischen Felder, in einem äußerst niedrigen Bereich. Wenn darüber hinaus resonanzartige Effekte entstehen (→ Resonanz), erhöht sich die eingestrahlte Leistung um ein Vielfaches im menschlichen Organismus, so daß es zu Fehlfunktionen und fehlgeleiteten Nervenübertragungsreizen kommt, die mit Schmerzen verbunden sind. Neue Forschungszweige in den USA konzentrieren sich sowohl auf neue ergonomische Tastaturanordnungen als auch auf den Zusammenhang von RSI-Symptomen und der Dauerbelastung, die durch künstliche elektromagnetische Spannungsfelder entstehen können. Messungen des Instituts für baubiologische Anwendungen e.V. in Fellbach ergaben, daß an bestimmten Stellen der Schreibtastaturen, die mit den Fingern berührt werden, die Bandbreite der Streuwechselfelder noch erheblich höher ist als in einer Entfernung von zehn Zentimetern vom Monitor.

Baubiologische Bewertung

Erste Abhilfe kann geschaffen werden, wenn man mit einem abgeschirmten Monitor arbeitet, der der schwedischen Norm entspricht. Dann werden zumindest die elektromagnetischen Felder des Bildschirms erheblich reduziert, vorausgesetzt, die Tastatur ist mindestens 50 Zentimeter vom Monitor entfernt. Gegen die elektromagnetischen Störfelder, die von den Tastaturen ausgehen, kann ein PC-Anwender sich nicht schützen. Jedoch sind bei Messungen von verschiedenen Herstellungsfabrikaten große Unterschiede festgestellt worden (bis zum Fünffachen). Da bereits über 80 Prozent aller Monitore in Deutschland durch spezielle Abschirmungsmaßnahmen der Schweden-Norm entsprechen, kann man davon ausgehen, daß dies in einigen Jahren auch für Schreibtastaturen zutrifft. Grundsätzlich sollte bei Nichtgebrauch, zur Vermeidung von elektromagnetischen Feldern, immer der Netzstecker herausgezogen werden.

Heizkörper

Im Handel sind Konvektoren, Radiatoren und → Strahlungsheizkörper in unterschiedlichsten Stärken und Formen erhältlich.

Eine optimale Heizwärme entsteht durch Strahlung (→ Heizung). Der größte Anteil an Strahlungswärme, nämlich bis zu 80 Prozent, geht von Strahlungsheizkörpern aus. Rippenheizkörper (DIN-Radiatoren) haben durch ihre zusammengesetzten Einzelteile eine große Oberfläche und erwärmen damit einen großen Teil der vorbeistreichenden Kaltluft. Ihr Strahlungsanteil ist daher sehr gering. Bei Röhrenradiatoren, die aus aneinandergeschweißten Stahlrohren bestehen, ist die Oberfläche kleiner und dadurch die Strahlungswärme erheblich höher. Leider wurden in den letzten zehn Jahren die Röhrenradiatoren immer mehr von Fertigheizkörpern, sogenannten Konvektoren, verdrängt. Konvektoren bestehen aus dünnwandigen Blechen, die im Mittelteil und auf der Rückseite gerippt sind, um eine möglichst große Heizoberfläche zu erreichen. Als Abdeckung werden auf die Konvektoren Luftschlitzbleche aufgelegt, damit sich die aufsteigende Warmluft so gut wie möglich verteilt. Konvektoren sind immer beliebter geworden, weil sie mit verhältnismäßig kleinen Heizflächen sehr große Heizleistungen erbringen können. Konvektoren sind auch in mehrlagigen Ausführungen erhältlich, bis zu Stärken von 30 Zentimetern, bei denen dann die Konvektion am größten und der Anteil der Strahlungswärme am niedrigsten ist. Konvektoren erzeugen, wie der Name sagt, durch Konvektion Wärme im Raum. Diese Heizkörper eignen sich besonders für Fensternischen und Fensterbrüstungen. Die kalte Luft des Fensters fällt auf den Heizkörper, wird dort erwärmt, steigt senkrecht zur Decke hoch, bewegt sich zur anderen Raumseite und fällt dort abgekühlt wieder zum Boden herunter. Von dort strömt sie wieder zum Heizkörper und vermischt sich mit der dauernd vom Fenster eindringenden Kaltluft. Durch diesen stetigen Luftkreislauf wird gleichzeitig → Hausstaub aufgewirbelt, der bei den Bewohnern die Schleimhäute reizen kann. Plattenheizkörper haben einen noch größeren Strahlungsanteil als Röhrenradiatoren und sind zu empfehlen, wenn sie ohne Abstand direkt an die Wände geschraubt werden. Plattenheizkörper werden auch als Fertigheizkörper im Handel angeboten, müssen jedoch nach Angabe der Hersteller mit einem Wandabstand von zwei bis sechs Zentimetern angebracht werden. Dieser Wandabstand wird gefordert, damit zwischen der Rückwand des Plattenheizkörpers und der Oberfläche der Wand möglichst viel Konvektionswärme entsteht. Durch diesen hohen Konvektionsanteil wird aber der gesunde Wärmestrahlungsanteil vermindert und die Staubaufwirbelung erhöht.

Baubiologische Bewertung
Die Bewertung der gebräuchlichsten Heizkörper erfolgt nach der Höhe der Strahlungswärmeabgabe. Je höher der Strahlungsanteil ist, desto besser wird er bewertet, weil die Staubaufwirbelung durch einen entsprechend niedrigeren Konvektionsanteil geringer ist. Strahlungsheizkörper haben einen Strahlungswärmeanteil bis zu 80 Prozent und sind damit in der Lage, mit geringer Staubaufwirbelung Wohnräume aufzuheizen. Sie sind gemeinsam mit → Fußleistenheizungen sehr zu empfehlen. Dann folgen Plattenheizkörper, Röhrenradiatoren, Rippenheizkörper. Reine Konvektoren sind nach Möglichkeit ganz zu vermeiden.

Heizung

Ein ideales Heizsystem existiert nicht. Die biologisch gesunde Erwärmung eines Wohnraumes kann nur durch reine Strahlungswärme erreicht werden, die idealerweise auf dem Vorbild der Wärmeerzeugung durch Sonnenstrahlen basieren müßte. Da der größte Teil der herkömmlichen Heizkörper in modernen Häusern nach dem Prinzip der Konvektion, also der Erwärmung der Raumluft, funktioniert, macht das Heizen den Menschen häufig krank. Ein gleichmäßiges Raumklima in unserer ungleichmäßigen Klimazone (warmer Sommer und kalter Winter) vermindert unsere Widerstandsfähigkeit und macht uns anfälliger für Krankheiten. In unseren Breitengraden sollte man dem Klima entsprechend auch in Wohnräumen für ein ungleichmäßiges Reizklima sorgen. Die Infektanfälligkeit ist immer mit einer störenden Staubaufwirbelung (→ Hausstaub) in der Raumluft verbunden, die durch Konvektion verursacht wird. Dies ist der Grund, warum mit dem Einsetzen jeder Heizperiode bei den meisten Menschen Halskratzen, Augentränen und Naselaufen beginnt. Schnupfen, Halsentzündungen oder Erkältungen sind Signale des Körpers, die bei einem gesunden Menschen ein Widerstandstraining einleiten. Dieses Wissen ist heute fast vergessen, der Durchschnittsbürger sucht bei den ersten Symptomen sofort einen Arzt auf, um mit Medikamenten die einsetzende Krankheit zu bekämpfen. Durch natürliche Temperaturschwankungen in den einzelnen Räumen kann das Abwehrsystem trainiert und die Ausheilung eines Infektes beschleunigt werden. Grundsätzlich sollten die einzelnen Räume im Haus unterschiedlich beheizt werden. Überwiegend Strahlungswärme vorausgesetzt, sollte die Raumtemperatur folgende Werte nicht übersteigen:

Wohnzimmer ca. 18 Grad Celsius, Küche ca. 17 Grad, Schlafzimmer ca. 15 Grad, Badezimmer ca. 20 Grad, Flur ca. 15–16 Grad. Nur im Arbeitszimmer, in dem vorwiegend sitzend gearbeitet wird, kann die Temperatur bis zu 21 Grad betragen.

Durch leichte Temperaturschwankungen von Raum zu Raum werden die körpereigene Wärmeproduktion angeregt und biologische Abwehrmechanismen trainiert. Niedrigere Raumtemperaturen regen nämlich die Tiefenatmung an, so daß die menschlichen Wärmeregulatoren mehr beansprucht und trainiert werden, um den gesamten Organismus abzuhärten. Die wohltuende Wärme des größten Strahlungswärmelieferanten, der Sonne, ist am besten an kalten, sonnigen Wintertagen zu spüren. Sie dringt in den Körper ein, auch bei minus 20 Grad Lufttemperatur, läßt aber die Schattenseite des Körpers weiterhin kalt. Die Wärmestrahlen heizen im Gegensatz zur Konvektionswärme nicht die Luft auf, sondern erwärmen immer nur die Gegenstände und Flächen, auf die sie auftreffen. Die kontinuierliche monotone Konvektionswärme, die aus den üblichen → Heizkörpern dringt, streicht im Gegensatz zur Wärmestrahlung nur am Körper vorbei. Eine biologisch wertvolle Wärmeausbreitung durch Wärmestrahlung wird am besten durch das wärmende Feuer eines offenen → Kamins, mit einem → Kachelofen, einem Grundofen, einer → Hypokaustenheizung, einer → Fußleistenheizung oder durch einen → Strahlungsheizkörper erreicht.

Das biologisch wertvollste Heizsystem ist eine Grundheizung, die durch einen normalen Warmwasserheizkreislauf mit Niedertemperatur erwärmt wird, und über große Heizkörperflächen einen sehr großen Wärmeanteil als Strahlungswärme abgibt. Die Oberflächentemperatur der Heizkörper sollte hierbei nicht mehr als 50 Grad betragen. Die wärmeabstrahlende Fläche sollte so groß wie möglich sein. Der Vorteil einer großflächigen Niedertemperatur-Grundheizung ist, daß der Temperaturunterschied zwischen Raumluft und den Innenseiten der Außenwände sehr gering ist. Die Wände werden durch den hohen Strahlungsanteil verhältnismäßig schnell miterwärmt und geben ihrerseits wieder Strahlungswärme nach innen ab. Dadurch wird die Luftströmung um ein Vielfaches niedriger gehalten als bei konventionellen Heizkörpern, die hauptsächlich auf dem Prinzip der Konvektion basieren und die übliche hohe Vor- bzw. Rücklauftemperatur von ca. 85/65 Grad aufweisen. Diese Heizsysteme erwärmen hauptsächlich die Raumluft und können die Innenwände daher nicht genügend aufheizen. In einem Normalhaus ergab sich bei Messungen der Wandoberflächentemperaturen eine Differenz von durchschnittlich sechs Grad. Die Oberfläche der Wand wies 16 Grad auf, die Raumluft 22 Grad. Das Temperaturgefälle zwischen den

Innenseiten der Außenwände und der Raumluft verursacht eine kalte strömende Zugluft. Die Bewohner heizen in diesem Fall meistens noch mehr, was aber die Temperaturdifferenz eher vergrößert. Mehr Staubaufwirbelung ist die Folge. Reizungen der Atmungsorgane nehmen zu.

Der aufgewirbelte Staub setzt sich besonders in den feinen Rillen der Konvektoren ab und wird immer wieder in die Raumluft geschleudert. Besonders gravierend ist dies bei modernen Konvektionsheizungen, die in Fußbodenkanälen mit Abdeckrosten, meistens entlang der bis zum Boden reichenden Fensterflächen eingebaut werden. Bei diesen Unterflurkonvektionsheizungen basiert die Raumbeheizung nur auf dem Prinzip der Lufterwärmung. Es entsteht absichtlich eine ununterbrochene Luftzirkulation, die einen Warmluftschleier vor den kalten Innenseiten der großen Fensterflächen aufbauen soll. Um die permanenten starken Staubaufwirbelungen zu vermeiden, müssen diese Unterflurkonvektionsheizungen stillgelegt, abgedeckt und durch Strahlungsheizkörper ersetzt werden. Selbst durch ausgeklügelte Wärmestrahlungsheizungen kann der Anteil der reinen Strahlungswärme in einem Wohnraum nicht mehr als 80 Prozent betragen, die restlichen 20 Prozent werden immer Luftströmungen durch Konvektion sein. Wichtig ist, daß das Temperaturgefälle zwischen Raumluft, Außenwänden und Fußboden nicht mehr als zwei Grad beträgt. Die Luftgeschwindigkeit, die bei der Raumlufterwärmung zwangsläufig entsteht, sollte, um krank machende Staubaufwirbelungen zu vermeiden, nicht höher sein als 0,2 Meter pro Sekunde.

Bei größtmöglicher Ausnutzung der Strahlungswärme läßt sich die lästige Staubaufwirbelung im Raum auf ein Minimum reduzieren. Wenn die passive Sonnenenergie durch verglaste Dacheinschnitte, Solarfenster, → Wintergärten und die richtige Ausrichtung des Gebäudes optimal ausgenutzt wird (→ Bio-Solar-Haus) und das Haus mit einer Niedertemperatur-Grundheizung ausgerüstet ist, muß nur an sehr wenigen kalten Wintertagen eine Zusatzheizung betrieben werden. Als Zusatzheizung empfiehlt sich ein Grund- oder Kachelofen mit einer möglichst großen Strahlungsoberfläche. Ökologisch richtig und gesund zu heizen, bedeutet auch, Rohstoffe einzusparen. Bei richtiger biologischer Bauweise (wärmespeicherfähiges Baumaterial, genügend Sorbtionsfähigkeit und offenporige Oberflächen) bleibt auch die Luftfeuchtigkeit im natürlichen richtigen Verhältnis. Ideal ist eine Luftfeuchtigkeit von 40 Prozent bei 18 Grad Raumtemperatur. Da die Strahlungswärme tief in in den Körper eindringt, während die Konvektionswärme nur am Körper vorbeistreicht, verbessert sich die Energieausnutzung, so daß sich die meisten Menschen schon bei nur 18 Grad Lufttemperatur behaglich fühlen. Bei einer konventionellen Konvektionsheizung, wie sie in über 98 Prozent aller Wohnungen installiert ist, reichen meistens noch nicht einmal Temperaturen von 22 Grad aus, um ein behagliches Raumklima entstehen zu lassen. Durch die Strahlungswärme können also mindestens vier

Grad eingespart werden. Ein Grad Wärme weniger zu erzeugen, bedeutet fünf Prozent Energie einzusparen. Bei vier Grad spart man demnach 20 Prozent Heizenergie.

Die Luftfeuchtigkeit kann in Häusern mit natürlichen, unbelasteten Baustoffen gar nicht niedrig genug sein. Die häufig beim Heizbetrieb auftretende Reizung der Schleimhäute wird meistens mit zu niedriger Luftfeuchtigkeit in Verbindung gebracht. Dies ist grundsätzlich falsch, denn das, was reizt, ist aufgewirbelter Staub, der beim Betrieb von Konvektionsheizungen zwangsläufig eingeatmet wird.

Ein behagliches Heizklima mit gesunder Strahlungswärme, wenig Luftstaub und natürlicher Feuchtigkeitsregulierung kann nur erreicht werden, wenn folgende Grundregeln beachtet werden:

- Heizkörper verwenden, die vorwiegend Strahlungswärme erzeugen.
- Die Heizung mit einer möglichst niedrigen Vorlauftemperatur (max. 50 Grad Celsius) laufen lassen.
- Wärmespeicherfähige Innen- und Außenwände (→ Ziegelsteine) verwenden.
- Innenputz (→ Putze) und → Tapeten mit guter Hygroskopizität (Fähigkeit, Luftfeuchtigkeit aufzunehmen und wieder abzugeben) verwenden.

Die ideale Wärmeverteilung im Raum erreicht man, wenn der Fußboden ca. drei bis vier Grad wärmer ist als die Luft in der Höhe des Kopfes. Die Wärme sollte vom Boden zur Raumdecke hin abnehmen.

Bei der Primärenergieausnutzung hat Heizenergie, die durch Strom erzeugt wird, den schlechtesten Energienutzungsgrad. Er beträgt lediglich 36 Prozent, da bei Kondensationskraftwerken, die der reinen Stromerzeugung dienen, 64 Prozent der Brennstoffenergie verlorengeht. Der größte Teil wird als Abwärme durch die Schornsteine in die Luft geblasen. Gleichzeitig erzeugen Kondensationskraftwerke den höchsten Schadstoffanteil aller Energieträger. Die Fernwärmeerzeugung durch Heizkraftwerke (Kraft-Wärme-Kopplung) ist erheblich effektiver, hier beträgt der Energienutzungsgrad ca. 85 Prozent. Sie ist ein Abfallprodukt der Stromgewinnung und gilt als umweltfreundlichste und wirtschaftlichste Heizart. Da Fernwärme aufgrund der Wärmeverluste nur auf verhältnismäßig kurzen Wegen, meistens auch nur in Ballungsgebieten, transportiert werden kann, können nur verhältnismäßig wenige Häuser und Wohnungen damit beheizt werden. Die Tendenz, den knappsten Rohstoff, Heizöl, zur Produktion von Heizenergie zu verschwenden, sinkt. Heizöl wird nur noch bei ca. 30 Prozent aller Neubauten verwendet. Der Verbrauch des zweitknappsten Rohstoffs, Gas, hat um das Achtfache zugenommen. Eine gasbetriebene Heizung ist wegen niedrigerer Schadstoffemissionen einer ölbetriebenen Heizung vorzuziehen. Moderne Heizkessel können einen Nutzungsgrad von bis zu 100 Prozent erreichen. Am deutlichsten abgenommen hat in den letzten Jahren der Verbrauch von festen Brennstoffen wie Kohle und Holz.

Baubiologische Bewertung
Um den Strahlungsanteil von Konvektoren oder Radiatoren zu erhöhen, kann man eine Aluminiumfolie vollflächig an der Wand hinter den Heizkörpern anbringen. Zusätzlich sollte man die Heizkörper dunkelrot lackieren. Diese Farbe erhöht den Strahlungsanteil erheblich. Wichtig dabei ist, daß man keine Kunstharzlacke (→ Kunstharz-Dispersionsfarben) verwendet, denn dadurch könnten → Lösemittel abgasen, die langfristig gesundheitsschädlich sind. Am besten eignen sich Naturharzlacke (→ Farben und Lakke) ohne künstliche Zusätze. → Warmluftheizung.

Herbizide → Biozide.

Hochspannungsleitungen

Wenn in einem Stromkabel elektrischer Strom fließt (wenn eine Lampe brennt, ein Fernseher läuft, das Kühlaggregat des Kühlschranks arbeitet oder eine Hochspannungsleitung Energie transportiert), entstehen → elektromagnetische Wechselfelder. Egal ob Strom fließt oder nicht, die elektrischen Wechselfelder in den Leitungen sind immer vorhanden.

Grundsätzlich sind Menschen, die sich in Gebäuden aufhalten, die mit Elektrizität versorgt werden, diesen unsichtbaren künstlichen Wechselfeldern ausgesetzt. Da die Wirkung dieser Felder mit dem Abstand zu den Leitungen stark abnimmt, sind Menschen – je nach der Entfernung zu den Stromkabeln – mal mehr und mal weniger diesen Einflüssen ausgesetzt. Fließt elektrischer Strom durch ein Kabel, bildet sich ringsherum kreisförmig ein Magnetfeld. Bei Hochspannungsleitungen sind die stromführenden Kabel weit voneinander an den Hochspannungsmasten angebracht, damit es nicht zu Überschlägen (Kurzschluß) kommt. Messungen ergaben, daß die Magnetfelder nicht im Luftbereich, sondern gerade am Boden am stärksten sind. Das liegt daran, daß parallel zu den Hochspannungsleitungen der sogenannte Mittelpunktsleiter mit dem Erdboden verbunden ist. Dies führt wiederum dazu, daß sich die Ausgleichsströme (fehlgeleitete Ströme, die durch den Mittelpunktsleiter ausgeglichen werden) im Erdreich verteilen. Genau dort, wo Menschen sich aufhalten, Spielplätze angelegt sind und Wohnhäuser gebaut wurden, sind die magnetischen Wechselfelder manchmal am intensivsten.

Im Raum um die Hochspannungsseile bildet sich aufgrund der Betriebsspannung zudem ein elektrisches Wechselfeld, dessen Feldlinien sich im Gegensatz zu denen des magnetischen Wechselfeldes strahlenförmig ausbreiten. Die Stärke ist ebenfalls abhängig von der Anordnung der Stromkabel sowie von der Größe der Hochspannungsmasten, den topografischen

Gegebenheiten und der Betriebsspannung in der Leitung. Im Normalfall haben in Europa Hochspannungsleitungen eine Wechselspannung von 230 oder 110 Volt und eine Netzfrequenz von 50 bzw. 60 Hertz. Durch diese Frequenz entstehen pulsierende elektromagnetische Felder, die sich in der Umgebung um die Hochspannungsleitungen ausbreiten und weder abgeschirmt noch abgeleitet werden können.

Nicht nur die pulsierenden 50-Hertz-Felder wirken negativ auf den menschlichen Organismus. Daneben gibt es viele andere Frequenzspektren, Nebenströme, Überlagerungen verschiedener Felder von unterschiedlichsten elektromagnetischen Energiequellen, Informationen von Satelliten, Radio- und Fernsehsendern, die in der unmittelbaren Umgebung von Hochspannungsleitungen konzentriert auftreten. Jedes einzelne Hochspannungskabel übt nämlich die Funktion einer Antenne für alle Arten von elektromagnetischen Feldern aus, die mit der Stromversorgung in die Häuser eingeleitet werden. Diese Antennenwirkung ist immer gegeben, auch wenn kein Strom in den Leitungen fließt. Der gesamte Raum zwischen Erde und Hochspannungsleitungen, mit einer horizontalen Ausdehnung, die je nach Wetter und Beschaffenheit der Umgebung bis zu 1,5 Kilometer betragen kann, ist mit einem künstlich erzeugten elektromagnetischen Störfeld aufgeladen. Die Menschen, die hier leben müssen, stehen ständig unter »Spannung«.

Aufgrund unterschiedlicher Wetterbedingungen, z.B. hoher Luftfeuchtigkeit, können sogar in größerer Umgebung von Hochspannungsleitungen auf dem Erdboden Nebenströme fließen. Werden die Seile durch Wind zum Schwingen gebracht, verändern sich ununterbrochen die räumlichen Verhältnisse der elektromagnetischen Felder. Feldmessungen an unterschiedlichen Hochspannungsanlagen ergaben, daß extreme Spannungsabfälle und Spannungsspitzen in den Leitungen auftreten. Durch die Spannungsveränderungen kommt es zu Überlagerungen des 50-Hertz-Feldes. Diese Überlagerungen verursachen eine Vielzahl von Oberwellen und Störfeldern, so daß gemeinsam mit den mechanischen Bewegungen, die durch Wind entstehen, zerhackte Wellenbilder geformt werden, die nicht mehr der klassischen, harmonisch sich ausbreitenden Sinusform einer Welle entsprechen. Die Wellen werden in dieser veränderten Form von den Hochspannungsleitungen transportiert. Ebenso können die Informationen der impulsartigen Signale von Blitzeinschlägen, Richtfunkanlagen, Fernseh- und Rundfunksendern sowie von künstlichen Satelliten über Tausende von Kilometern aufgefangen und durch die stromführenden Kabel weitergeleitet werden, z.B. auch durch induktive oder kapazitive Einkoppelung.

Häufig auftretende Koronarentladungen (Entladungen an den Rändern stromführender Hochspannungsleitungen, die als Lichtblitze oder Lichtbögen gut sichtbar sind) lassen Signale von vollkommen anderen Frequenzbereichen entstehen. Insgesamt wird die natürliche Luftelektrizität in der Nähe von Hochspannungsleitungen stark gestört. Bei Menschen, die in unmittelbarer Nähe von Hochspannungsleitungen leben, kann das gesamte biologische System, das seit Jahrmillionen harmonisch auf die natürliche Luftelektrizität abgestimmt ist, durch den künstlich erzeugten → Elektrosmog gestört werden. Nichtsdestotrotz enstehen immer noch Neubaugebiete in unmittelbarer Nähe oder direkt unter Hochspannungsleitungen. Das System der Energieversorgung hat sich seit den Anfängen vor ca. 90 Jahren fast nicht verändert. So ist der Transport der Elektrizität über Hochspannungsleitungen technisch völlig veraltet. Von den einzelnen Kraftwerken aus wird die Energie mit unterschiedlichen Betriebsspannungen durch Hochspannungsleitungen, spinnwebengleich, über große Gebiete verteilt. Bevor sie die einzelnen Häuser erreicht, wird die Spannung stufenweise in Transformatorenstationen auf eine Betriebsspannung von ca. 230 Volt heruntergesetzt. Erst dann können Haushaltsgeräte in Betrieb genommen werden.

Aufgrund der Auswirkungen von Hochspannungsleitungen auf den menschlichen Organismus, bilden sich immer mehr Bürgerinitiativen gegen geplante Neu- oder Ausbauten solcher Anlagen. Auch Gerichtsurteile aus anderen Ländern gegen die Errichtung von Hochspannungsleitungen führen vermehrt dazu, daß sich die Erdverkabelung, besonders in Wohngebieten, immer mehr durchsetzt. In Kanada, Australien, Italien, England und den USA wurde bereits mehrfach gegen die zuständigen Elektrizitätsversorgungsunternehmen entschieden. So wurden neue Trassenverlegungen gerichtlich verhindert. Bereits vorhandene Trassen mußten in einem größeren Abstand zu Wohngebieten verlegt werden. Richter in Italien verfügten, daß bei einer niedrig hängenden Hochspannungsleitung auf allen Seiten Schilder aufgestellt werden müssen, die die Bevölkerung vor den elektromagnetischen Feldern warnen. Aus den Erkenntnissen der weltweit durchgeführten Studien über Auswirkungen von Hochspannungsleitungen auf den menschlichen Organismus sind neue Grenzwertempfehlungen hervorgegangen. In Deutschland gilt seit Ende 1994, daß bei neuen Bauvorhaben Hochspannungsfreileitungen einen »ausreichenden« Abstand zu Kindergärten, Spielplätzen und Schulen haben müssen. Der Abstand selbst wurde bisher noch nicht festgelegt. Bei Großmessungen in Baden-Württemberg wurden erstmals sogenannte Personendosimeter eingesetzt, um festzustellen, wie hoch die Stärke der elektromagnetischen Felder ist, denen ein Mensch ausgesetzt ist, wenn er in unmittelbarer Nähe von Freileitungen lebt. Bei exponierten Häusern und Wohnungen wurden dabei bis zu 15fache Erhöhungen gegenüber unbelasteten Wohngebieten gemessen. Untersuchungen belegen, daß in der Regel negative Auswirkungen, die von elektromagnetischen Feldern verursacht werden, oft erst nach einer bestimmten Belastungszeit auftreten und unvermittelt nachlassen, wenn sich der Betroffene von der elektromagnetischen Quelle wieder entfernt.

1993 wurden in den USA vorhandene wissenschaftliche Untersuchungen über den Zusammenhang von elektromagnetischen Feldern und Krankheit zusammengestellt. Die folgende Tabelle zeigt, wie Körperbereiche und -funktionen beeinträchtigt werden:

Körperbereiche und -funktionen	**Physiologische Folgen**
Zellsignale und Biosyntheseverlauf: Calciumefflux, Gentranskription	Veränderungen der Kontroll-mechanismen bei Zellprozessen und abnormes Wachstum
Endokrine Funktionen: Melatoninsekretion, Wirkungen auf die Nebenschilddrüsenhormone	Schlaf- und Affektstörungen, Veränderungen des Knochen- und sonstigen Wachstums
Fortpflanzung, Wachstum und Entwicklung: Embryonale Entwicklung bei Küken, Knochenwachstum	Steigerung von Wachstum und Entwicklung
Immunfunktion: Lymphozyt-Funktionen	Krebsfördernde Wirkung
Nervensystem und Verhalten: Herzschlag, Reaktionszeit, perinatales Lernen	Reaktionen auf Reize, Beeinträchtigung der Lernfähigkeit

Eine wichtige Erkenntnis, die durch viele Experimente belegt wurde, ist, daß elektromagnetische Felder den natürlichen nächtlichen Anstieg der Melatoninproduktion unterdrücken. Melatonin ist ein sehr wichtiges Hormon für das Zeitgefühl des Körpers, z.B. für den Rhythmus von Schlaf- und Wachphasen. Daher kann es bei Funktionsstörungen zu chronischen Depressionen kommen. Möglicherweise ist dies eine der Ursachen dafür, daß in bestimmten Wohngebieten und Häusern die Selbstmordrate erheblich über dem Durchschnitt liegt. Durch die Störung des Hormons Melatonin in der Zirbeldrüse lassen sich auch die neuartigen Fälle von Brustkrebs bei Männern erklären. Melatonin hat ankostatische Eigenschaften, das heißt, es verzögert das Wachstum bestimmter Tumorarten, u.a. einige Formen von Brustkrebs bei Frauen, Brustkrebs bei Männern, Prostata- und Hodenkrebs. Aktuelle biologische und epidemiologische Untersuchungen zeigen, daß Niedrigstfrequenzfelder geringer Stärke Krebs begünstigen. Dabei können bestimmte Bevölkerungsgruppen, wie z.B. Kinder, besonders betroffen sein.

Die umfassende Analyse der Universität Melbourne, in der die neusten international durchgeführten Studien ausgewertet wurden, zeigt, daß für Kinder, die einer Dauerbelastung durch hohe magnetische Felder ausgesetzt sind, das Risiko, an Krebs zu erkranken, 2,1mal so groß ist wie für Kinder, die in einer normal belasteten Umgebung aufwachsen. Eine schwedische

Studie, die 1992 veröffentlicht wurde und bei der annähernd 500000 Menschen aus allen Altersgruppen befragt wurden, ergab, daß das Risiko, an Krebs zu erkranken, bei Kindern in belasteten Gebieten 2,7- bis 4mal so hoch ist wie in normal belasteten Gebieten. Bei Berufstätigen, die am Arbeitsplatz erhöhten elektromagnetischen Feldern ausgesetzt sind, ist das Risiko, an Krebs zu erkranken, bis zum Achtfachen erhöht. Bei der großangelegten Studie wurden zudem Messungen der magnetischen Feldstärke durchgeführt, um ableiten zu können, ab welcher Feldstärke Krankheiten auftreten. Die Ergebnisse zeigten, daß als Sofortschutz der Bevölkerung bei einer Dauerbelastung der Wert von 0,1 Mikrotesla nicht überschritten werden sollte (siehe Manfred Fritsch: Ein Leben unter Spannung, Fellbach 1994).

In Deutschland existieren noch keine gesetzlich vorgeschriebenen Schutzabstände für Hochspannungsleitungen zu Wohngebieten. Erste gesetzliche Vorschriften sind in Schweden 1994 in Kraft getreten. Für Neubaugebiete wurden die Schutzzonen auf 200 Meter festgelegt. Da diese kleinen Schutzzonen negative Wirkungen aber nicht ausschließen, sollte kurzfristig der Gesundheitsschutzabstand mindestens so bemessen werden, daß der Maximalwert des magnetischen Wechselfeldes von 0,1 Mikrotesla nicht überschritten wird. Idealerweise sollte langfristig ein biologischer Abstand eingeführt werden, der einen echten Gesundheitsschutz für den Menschen darstellt.

Betriebsspannung	**Festgelegter Abstand in Deutschland**	**Gesundheits-schutzabstand 0,1 Mikrotesla**	**Geforderter biologischer Abstand**
380 kV	0,00 m	220 m	mind. 1,5 km
220 kV	0,00 m	180 m	mind. 1,0 km
110 kV	0,00 m	150 m	mind. 500 m
50 kV	0,00 m	100 m	mind. 180 m

Quelle: Manfred Fritsch. Ein Leben unter Spannung. Fellbach 1994.

Als Sofortmaßnahme müßten sämtliche Hochspannungsanlagen, die über Wohngebiete führen, kurzfristig abgebaut und unter die Erde verlegt werden. Technisch ist dies überhaupt kein Problem. In allen Großstädten wurde dies schon seit langem gemacht. Das abgeschirmte Erdkabel für 110 Kilovolt, 220 Kilovolt und 380 Kilovolt wird schon seit Jahren verwendet. Aus rein finanziellen Gründen werden bei Freileitungen außerhalb von Städten keine Verkabelungen vorgenommen, denn Erdkabel sind teurer als Freileitungen.

Baubiologische Bewertung
Da es nachweislich gesundheitsschädigend sein kann, in unmittelbarer Nähe von Hochspannungsleitungen zu leben, sollte man unbedingt die Abstände einhalten, die in der obenstehenden Tabelle angegeben sind.

Holz

Für ein ökologisches Haus, das nach den Grundsätzen des giftfreien und gesunden Wohnens erstellt wird, ist Holz als Werkstoff für die Konstruktionen und den Innenausbau der wichtigste Baustoff. Mit Holz zu bauen, bedeutet die optimale Nutzung von regenerativen Energiequellen: Holz wächst immer wieder nach und ist deshalb einer der wenigen Baustoffe, bei deren Verwendung – → Tropenholz ausgenommen – man nicht störend in den ökologischen Kreislauf eingreift. Es ist eigentlich nichts anderes als gespeicherte Sonnenenergie.

Je mehr Holz in einem Haus verwendet wird, desto besser und gesünder ist die Innenraumluft. Voraussetzung hierfür ist, daß das Holz mit keinerlei chemischen Mitteln (→ Holzschutz, chemischer) behandelt wurde. Trotz der vielen Ratschläge von Pflanzen- und Naturfarbenherstellern und Holzfachleuten, sollte Holz in Innenräumen nach Möglichkeit überhaupt nicht behandelt werden. Die natürlichen positiven Eigenschaften des Holzes können durch falsche Behandlung, teilweise auch durch → Naturfarben, ins Negative verkehrt werden.

Offenporiges, unbehandeltes Holz hat keimtötende Eigenschaften. Bei dem Versuch, Holzbretter so zu behandeln, daß lebensmittelvergiftende Bakterien sich nicht anlagern und vermehren können, machten Wissenschaftler der Universität von Wisconsin eine überraschende Entdeckung: Vorsätzlich mit Bakterien wie Salmonellen, Listeria oder Escherichia coli verseuchte Holzbretter waren nach drei Minuten hygienisch einwandfrei, 99,9 Prozent der Erreger abgestorben. Auf den Vergleichsbrettern aus Plastik waren die Mikroorganismen alle noch lebendig. Ließ man die verseuchten Schneidebretter bei normaler Raumtemperatur ungewaschen über Nacht liegen, vermehrten sich die Bakterien auf den Kunststoffbrettern. Auf den Holzbrettern hingegen konnten am nächsten Morgen keinerlei lebende Mikroorganismen mehr entdeckt werden.

Die keimtötende Wirkung, die übrigens auch unbehandelte Naturwolle aufweist, wird auf die überdurchschnittlich große Sorbtionsfähigkeit zurückgeführt. Die vielen Poren des Holzes können Keime, Viren, Bakterien und auch eine große Anzahl von Binde- und → Lösemitteln aus der Raumluft aufnehmen. Naturbelassenes Holz trägt damit erheblich zu einer keim- und giftfreien Innenraumluft bei. Das Gegenteil tritt ein, wenn Innenhölzer mit Chemiefarben oder → Holzschutzmitteln gestrichen werden. Dabei werden die Luftporen mit Chemiziden zugeschmiert und so das wertvolle Naturprodukt regelrecht vergiftet. Die Sorbtionsfähigkeit des Holzes wird dabei teilweise oder völlig vernichtet; langfristig werden die Giftstoffe von der Holzoberfläche wieder an die Innenraumluft abgegeben.

Einheimische Nadelhölzer haben die stärksten keimtötenden Eigenschaften und sollten für Schränke, Fußböden, Decken- und Wandverkleidungen bevorzugt verwendet werden.

Holz hat die Eigenschaft, die Feuchtigkeit der Raumluft aufzunehmen und zu puffern. Bei zu trockener Raumluft wird die Feuchtigkeit langsam wieder abgegeben. Je mehr Holz in einem Innenraum verarbeitet worden ist, desto ausgeglichener wird das Raumklima, das sonst besonders in unseren Breitengraden großen Schwankungen unterliegt. Ein Kubikmeter unbehandeltes Holz ist in der Lage, ca. 150 Liter Wasser aufzunehmen. Im Gegensatz hierzu absorbieren Kunststoffbeläge, glasierte Fliesen oder deckende Anstriche so gut wie keine Feuchtigkeit. Auch das Wärmedämmverhalten von Holz bei Feuchtigkeitsaufnahme ist um ein Vielfaches besser als das anderer Materialien. Bei nur einem Prozent zusätzlicher Wandfeuchte nimmt die Wärmedämmfähigkeit von Holz nur um ein Prozent ab, während bei Beton die Wärmedämmfähigkeit bei gleicher Feuchtigkeitsaufnahme um ca. zwölf Prozent abnimmt.

Das große Wasseraufnahmevermögen von Holz sollte vor allem in Naßräumen genutzt werden. Beim Duschen entsteht eine extrem hohe Luftfeuchtigkeit, die sich als Wasserdampf an der kalten Oberfläche der glasierten Wandfliesen niederschlägt und als Wasser an den Fliesen herunterläuft, da keinerlei Poren die Feuchtigkeit speichern oder aufnehmen können. Eine naturbelassene Vollholzdecke ist dagegen in der Lage, einen großen Teil der Feuchtigkeit schnell aufzunehmen und zu speichern. Die Luftfeuchtigkeit wird durch das offenporige Holz schnell gedämpft. Je mehr Holz in einem Naßraum eingebaut ist, desto trockener bleibt die Innenraumluft. Diese Maßnahme, soviel Holz wie möglich in einem Badezimmer einzubauen, wirkt auch vorbeugend gegen die Bildung von Schimmelpilzen (→ Schimmel). Diese finden bei hoher Luftfeuchtigkeit und nassen Wänden einen günstigen Nährboden, was sehr gut durch den Einbau von feuchtepufferndem offenporigem Nadelholz verhindert werden kann.

Unbehandeltes Holz kann sich nur sehr schwer elektrostatisch aufladen. Besonders im Winter, bei extrem wenig Luftfeuchtigkeit in den Innenräumen, kommt es häufig zu elektrostatischen Entladungen, wenn man z.B. über Kunststoffteppiche geht und Türklinken, Schalter oder andere Gegenstände anfaßt. Dieser elektrostatischen Aufladung wirkt unbehandeltes offenporiges Holz entgegen und trägt damit zu einem gesunden bioelektrischen Wohnklima bei.

In Holzhäusern werden außerdem die mit Abstand geringsten radioaktiven Belastungen gemessen. Das Material Holz selbst weist im Vergleich zu anderen Baumaterialien sogar negative radioaktive Werte auf, d.h., es ist in der Lage, geringe Mengen von → Radioaktivität zu absorbieren. Die Radioaktivität eines Betonhauses ist im Durchschnitt dreimal so hoch wie die eines Holzhauses.

Holz kann allerdings, wenn es z.B. in radioaktiv verseuchten Gebieten geschlagen wurde, selbst eine radioaktive Belastung aufweisen. Da bei der Einfuhr von Holz an den Grenzen keine diesbezügliche Überprüfung stattfindet, besteht durchaus die Gefahr, derart belastetes Baumaterial zu bekommen. Radioaktives Holz ist bisher in Deutschland nur ein einziges Mal entdeckt worden, als eine Sperrholzplatte aus der Ukraine im privaten Auftrag von einem Institut überprüft wurde. Die Belastung des Holzes war mit fast 100 Becquerel pro Kilogramm sehr hoch, während die Kontrollprobe (aus Deutschland) nur vier Becquerel pro Kilogramm aufwies. Deshalb ist es dringend notwendig, beim Holzhändler nach dem Herkunftsland zu fragen. Nach Möglichkeit sollte man nur Holz kaufen, das in unmittelbarer Nähe des eigenen Wohnortes geschlagen wurde. In jedem Fall sollten Sie keine weiten Transportwege subventionieren und kein Holz kaufen, das in einer Entfernung von mehr als ca. 700 Kilometern geschlagen wurde.

Die Verwendung vor allem einheimischer Nadelhölzer, bedeutet nicht zuletzt, Baumaterial einzusetzen, das den niedrigsten Energieverbrauch bei der Erzeugung und Verarbeitung hat.

Anders als man vielleicht annehmen würde, hat Holz bei entsprechendem konstruktivem Einbau sogar bessere feuerhemmende Eigenschaften als Stahl oder Stahlbeton. Es hat hervorragende bauphysikalische Eigenschaften durch seine extrem vielen Poren und die damit verbundene geringe Wärmeleitfähigkeit. Die Oberflächentemperatur von unbehandeltem Holz an Wänden, Decken und Fußböden gleicht sich der Raumlufttemperatur sehr gut an. Ein ideales Raumklima entsteht, wenn so gut wie kein Temperaturunterschied zwischen Innenraumluft und der Oberfläche der Wände besteht. Durch die überdurchschnittlich große Oberflächenwärme des Materials ist die Behaglichkeit in einem mit Holz ausgestatteten Raum grundsätzlich größer als bei anderen Materialien.

Holz wird als besonders »schlauer« Werkstoff bezeichnet: Chemische Konservierungsstoffe und → Biozide, die auf die Oberfläche von frisch geschlagenen Baumstämmen gespritzt werden, dringen nicht in das Holz ein; die Rinde der Bäume bildet eine fast hundertprozentige Schutzschicht gegen Giftstoffe. Das Gift bleibt sozusagen in der Rinde stecken. Dadurch können leider bei ihrer Verwertung Probleme entstehen, da zerkleinerte Rinde als Alternative zu Torf tonnenweise in Gärten verwendet wird.

Holz sollte viel häufiger als Brennmaterial verwendet werden, da es sich sauerstoffneutral verhält. Holz, das verbrannt wird, hat während seiner Wachstumszeit genausoviel CO_2 produziert, wie bei dem Verbrennungsprozeß entsteht. Die anfallende Asche ist ein wertvoller Dünger und sehr gut als

Zugabe für den Kompost geeignet. Trockenes Holz mit einer Restfeuchte von 15 Prozent richtig in einem Grundofen (→ Kachelofen) ohne Rost verbrannt (bei ca. 800 °C), läßt weniger schädliche Abgase entstehen, als dies z. B. bei einer modernen Ölheizung der Fall ist.

Obwohl sich die Holzfeuchte je nach Umgebungsklima erheblich verändern kann, ist es wichtig, sogenanntes »trockenes« Holz für den Innenausbau und auch für Holzkonstruktionen zu verarbeiten. Bauholz sollte beim Einbau nicht mehr als 12–18 Prozent Feuchtigkeit aufweisen. Für Innentüren, Möbel und Parkett liegt der Idealwert bei ca. 8–10 Prozent, für überdachte und offene Holzkonstruktionen und Holzverkleidungen zwischen 12 und 18 Prozent.

Frisch geschlagenes und bearbeitetes Holz weist einen hohen Wasseranteil auf. In den Zellhohlräumen bezeichnet man dies als »freies« Wasser und in den Zellen als »gebundenes« Wasser. Beim ersten Trocknungsprozeß entweicht zuerst das »freie« Wasser aus dem Holz, bis das Holz seinen Fasersättigungspunkt erreicht hat. Hier liegt die Holzfeuchte bei den meisten Hölzern bei ca. 30 Prozent. Dann erst beginnt das Austrocknen des in den Zellen gebundenen Wassers, das häufig zum Schwinden des Holzes führt. Dabei bleibt eine Restholzfeuchte von mindestens 6 Prozent erhalten. Dieses Wasser ist chemisch an die Zellulosemoleküle gebunden und hat keinen Einfluß mehr auf das Formverhalten.

Ideal ist es, Holz mit dem Feuchtigkeitsgehalt einzubauen, der bei der späteren Nutzung als Mittelwert (durchschnittlich 8–12 Prozent) zu erwarten ist. Bei einer offenporigen und nur mit Naturprodukten durchgeführten Bauweise sollte man Hölzer also nur dann verwenden, wenn ihr Feuchtigkeitsgehalt unter 10 Prozent liegt.

Frisch geschlagenes Holz trocknet nur sehr langsam. Pro Zentimeter Holzdicke müßte man daher in der Regel ein Jahr für den natürlichen Trocknungsprozeß ansetzen. Da das aber zu lange dauert, wird sämtliches Bau- oder Innenausbauholz in Trockenkammern im Schnelldurchgang künstlich getrocknet. Fälschlicherweise wird Holz oft schon als »trocken« bezeichnet, wenn es weniger als 20 Prozent Feuchtigkeit aufweist. Schreiner und Bauherrn sollten mit einem Feuchtemeßgerät (Kosten: ab DM 200,–) vor dem Kauf genau den Feuchtegehalt überprüfen.

Da Holz nicht gleichmäßig schwindet oder quillt, sollte man wissen, daß Kernbretter mit ihren »stehenden« Jahresringen am besten für den Innenausbau geeignet sind, da sie sich am wenigsten verziehen. Bei Außenbrettern ist dabei besonders wichtig, Fugen zu vermeiden, indem man zwischen der linken und der rechten Seite eines Brettes unterscheidet. Das Holzbrett krümmt sich vom Kern weg, so daß die rechte Seite rund wird, während sich die linke Seite zu einer Hohlform verziehen kann.

Beim Einkauf sollte man auf die richtige Auswahl achten. Für Holzböden empfiehlt sich z. B. die Verwendung von Hartholz, für Möbel und Deckenverkleidungen sollte man Weichholz verwenden.

Bei einheimischen Hölzern sind die üblichen Weichhölzer Fichte, Tanne, Kiefer, Lärche, Weide und Linde. Harthölzer sind Eiche, Rotbuche, Ulme, Ahorn und Nußbaum.

Zum vorbeugenden Schutz gegen Insektenbefall empfiehlt es sich, keine Vollhölzer zu verwenden, da diese zu großer Rißbildung neigen. Bei der Verwendung von Viertelhölzern dagegen ist der Schwindungsprozeß erheblich kleiner, so daß eine Rißbildung nur sehr minimal auftritt. Insekten können sich hier nicht so gut einnisten.

Der beste Holzschutz beginnt aber bereits beim Baumfällen. Die richtige Zeit des »Schlagens« entscheidet oft über das Schwindverhalten und den Pilz- und Insektenbefall des fertigen Holzproduktes. Holz sollte nach dem paracelsischen Prinzip geschlagen werden: nur im Winter, wenn es nicht mehr »im Saft« steht. In welchem Wintermonat das Holz geschlagen wird, ist dabei nicht ausschlaggebend. Wichtig ist nur, daß das Holz nicht mehr »grün« ist. Bei in anderen Jahreszeiten geschlagenen Bäumen ist das Holz nicht so widerstandsfähig, viel anfälliger für Schädlinge, und vor allem bildet es im Abtrocknungsprozeß vermehrt Risse und kann sich auch verformen. Ferner ist die biologisch so wichtige Atmungsaktivität bei nicht im Winter geschlagenem Holz teilweise sehr reduziert.

Nach Paracelsus ist das Holz biologisch am wertvollsten, wenn es bei abnehmendem Mond geschlagen wird. Man sollte auch darauf achten, daß in den acht Tagen vor Vollmond keine Bäume gefällt werden.

Das Holz sollte dann naturgerecht weiterbehandelt werden. Die schnellste und gesündeste Trocknung erfolgt, wenn die Stämme mit Borke und Ästen erst einmal vier Wochen im Wald gelagert werden. In Skandinavien ist es sogar üblich, das Holz nach dem Schlagen über längere Zeit in Wasser zu lagern oder durch Berieselungsanlagen zu befeuchten. Hierdurch wird der Befall durch Schädlinge zunächst völlig verhindert, und auch später nach dem Trocknen wird das Holz gar nicht oder nur minimal befallen.

Sowie der Frost aussetzt, müssen die Bäume sofort entrindet werden, da die meisten Frischholzschädlinge direkt unter der Rinde mit ihrem zerstörerischen Werk beginnen. Wenn beim Holzfällen die Mondphasen genau eingehalten werden und das Fällen selbst nur bei Minusgraden erfolgt, benötigt das geschlagene Holz keinerlei Imprägnierungen gegen Fäulnis oder Schädlinge.

Baubiologische Bewertung

Holz ist der wichtigste Baustoff für ein Haus. Wenn nur so viel Holz geschlagen wird, wie wieder nachwächst, ist das Bauen mit Holz auch ein Beitrag zum Umweltschutz. Wichtig ist allerdings, daß keine Tropenhölzer verwendet werden und auch der Holztransport aus Übersee, wie z.B. von Fichten und Kiefern aus Kanada, vermieden wird. Soviel einheimische Nadelhölzer wie möglich zu verbauen trägt viel zu einem optimalen Wohnklima bei.

Holzböden

Bodenbeläge aus → Holz sind erheblich hygienischer als großflächig verlegte → Teppichböden. Die glatte, natürlich behandelte Oberfläche von Holzböden ist pflegeleicht, strapazierfähig und altersbeständig. Holzböden haben die Eigenschaft, Feuchtigkeit der Raumluft aufzunehmen und zu puffern; bei zu trockener Raumluft wird die Feuchtigkeit aus dem Holz langsam wieder abgegeben. Diese Hygroskopizität spielt als Regulator der Innenraumfeuchte eine wichtige Rolle. Einheimische Nadelhölzer haben zusätzlich starke keimtötende Eigenschaften und sollten deshalb bevorzugt verwendet werden. Holz hat aufgrund seiner wärmedämmenden Eigenschaften eine hohe Oberflächentemperatur, d. h., offenporig behandelte Holzböden gleichen sich sehr schnell der Raumlufttemperatur an und sind damit als fußwarmer Bodenbelag auch für Kinderzimmer gut geeignet. Durch die überdurchschnittlich hohe Oberflächenwärme von Holzböden ist die Behaglichkeit in einem mit Naturholz ausgestatteten Raum grundsätzlich größer als bei künstlichen Materialien. Naturbelassene Holzböden haben antistatische Eigenschaften, so daß Entladungen (→ Luftelektrizität), wie sie besonders in den Heizperioden bei Teppichböden aus Kunstfasern auftreten, nicht vorkommen. Besonders für Allergiker sind glatte Holzböden sehr geeignet. Da → Hausstaub zu allergischen Reaktionen führen kann, sollten auch diese Böden mindestens jeden zweiten Tag naß gewischt werden. Bei Teppichböden ist die vollständige Entfernung von Staub aus den Fasern viel schwieriger, so daß über diesen Böden, besonders bei synthetischen Materialien, viel mehr Staub in der Luft schwebt als über Holzböden.

Holzböden werden in verschiedenen Ausführungen, zum Teil schon fertig behandelt, angeboten. Vollholzparkett ist unter der Bezeichnung Stabparkett unbehandelt beim Baustoffhändler zu beziehen. Es ist die einzige Parkettart, die für ein gesundes und giftfreies Haus zu empfehlen ist. Andere Parkettarten wie Mosaikparkett oder Fertigparkette bestehen aus zusammengeleimten Holzschichten. Für ein massives Stabparkett können Harthölzer wie Eiche, Esche oder Buche, aber auch weichere einheimische Nadelhölzer wie Kiefer und Lärche verwendet werden. Stabparkett aus Fichte und Tanne hat zwar größere keimtötende Eigenschaften als andere Nadelhölzer, ist jedoch weicher und dadurch etwas empfindlicher gegen Eindrücke oder Beschädigungen. Die Verlegung von Stab- oder Mosaikparkettböden erfolgt geradlinig in Schiffsbodenform oder in diagonaler Kreuzverlegung als Fischgrätmuster. Mosaikparkettböden bestehen aus zusammengeklebten kleinen Holzstäben, die als Plattenware im Handel erhältlich sind. Der → Estrich wird vollflächig mit Rauhspundbrettern, am besten aus Fichtenholz, verschraubt. Auf die unbehandelten Rauhspundbretter werden die einzelnen Stäbe oder die Mosaikparkettplatten genagelt. Stäbe und Mosaikparkettplatten sind an den Stirnseiten mit Nut- und Federprofilen versehen, so daß sie beim Verlegen fugenlos eng aneinandergepreßt werden. Die Befestigung sollte nur durch Nägel oder Schrauben erfolgen, die schräg durch die seitlichen Brettfedern eingeschlagen werden.

Fertigparkett ist schon geschliffen und versiegelt und muß nur noch auf einen glatten Unterboden aufgeklebt werden, ohne daß eine Nachbehandlung notwendig wird. Der Vollholzanteil bei fast allen Fertigparkettarten ist sehr gering. Meistens wird eine dünne Hartholzschicht auf eine Trägerschicht, die aus Span- oder Tischlerplatten besteht, aufgeklebt. Die Hartholznutzschicht ist oft so dünn, daß beim Nachschleifen von durchgedrückten oder beschädigten Oberflächen die Trägerschicht sichtbar wird. Der Vorteil von Fertigparkett ist, daß es sich aufgrund seiner vielfachen Verleimung von unterschiedlichen Holzarten auch bei hohen Feuchtigkeitsschwankungen nicht verzieht. Durch die großflächige Anwendung von → Spanplatten können erhebliche Schadstoffemissionen durch → Formaldehyd in der Raumluft frei werden. → Lösemittel können zudem in Klebern (→ Klebstoffe) und Lacken (→ Farben und Lacke) enthalten sein, auch → Biozide können in die Raumluft gelangen. Besonders nachteilig wirkt sich ein vollflächig verklebtes und versiegeltes Parkett auf das Raumklima aus. Durch die großflächige Klebeschicht werden die Poren verschlossen, und es entsteht eine dampfbremsende Wirkung. Die wertvollen Eigenschaften des Holzes, wie Oberflächenwärme, Feuchtigkeitspufferung und keimtötende Wirkung werden völlig unwirksam.

Rauhspunddielen sind die wirtschaftlichste Variante eines Naturholzbodens. Sie werden aus Nadelhölzern zweiter Klasse hergestellt. Sie sind einseitig gehobelt und an den Stirnseiten mit Nut und Feder profiliert. Sie eignen sich sehr gut als Bodenbelag für Kellerräume, → Vorratskeller, Abstellräume, → Vorratsräume und Dachböden. Rauhspundbretter sollten auf eine Unterkonstruktion von Dachlatten genagelt oder geschraubt werden.

Die Bretter für Dielenböden werden aus erstklassigen und astarmen Nadelhölzern hergestellt. Die Stirnseiten sind mit Nut und Feder profiliert. Die Oberseite ist glatt gehobelt. Es werden Brettstärken zwischen 18 und 30 Millimeter im Handel angeboten. Die Verlegung sollte, damit die natürliche Schwingung und Federung des Holzes erhalten bleibt, nicht auf einem vollflächigen Unterboden erfolgen. Eine unbehandelte Lattenunterkonstruktion, mit Abständen von ca. 50 Zentimetern, muß auf dem Rohfußboden oder Estrich festgeschraubt werden. Diese Lagerhölzer dürfen keinen direkten Kontakt mit dem Unterboden haben, damit die Geräuschübertragung im Deckenbereich und das typische Knarrgeräusch der Dielen selbst verhindert werden. Eine weiche, federnde Schicht aus Jutestreifen muß deshalb vor dem Aufschrauben der Lagerhölzer auf den Rohfußboden aufgebracht werden. Kiefer und Lärche sind als härteste einheimische Nadelhölzer am besten für Dielenböden geeignet. Die einzelnen Holzbretter sollten beim Verlegen dicht aneinandergepreßt werden und mit Nägeln oder Schrauben schräg durch die Federn in den Lagerhölzern befestigt werden. Die Befestigung zum Selbstverlegen, bei der Stahlklammern die einzelnen Dielenbretter aneinanderpressen, ist baubiologisch nicht zu empfehlen, da der Stahlanteil des Holzfußbodens dadurch zu groß wird. Wenn für ein gesundes und giftfreies Haus bewußt massives Vollholz verwendet wird, sollte es nicht unnötig mit Stahlblechen an der Unterseite in seinen guten biologischen Eigenschaften eingeschränkt werden.

Die Pflege und Behandlung von Naturholzböden mit natürlichen Ölen und Wachsen ist unproblematisch. Naturfarbenhersteller (→ Naturfarben) bieten allerdings unterschiedliche Pflegesysteme an, die nicht miteinander kombiniert werden sollten. Naturholzböden dürfen, um ihre positiven Eigenschaften für das Raumklima nicht zu zerstören, grundsätzlich nur offenporig und mit reinen Naturprodukten behandelt werden. Am besten eignen sich Pflegesätze, bei denen man im ersten Arbeitsgang Weichöl aufträgt. Wichtig ist hierbei, daß man sofort nach dem Einlassen das überschüssige Öl von der Holzoberfläche abwischt. Erst nach der vorgeschriebenen Eintrocknungszeit von ca. zwei Tagen sollte die Oberfläche leicht angeschliffen werden. Anschließend folgen Nachbehandlungen, je nach Art des verwendeten Systems, mit Hartölen oder Wachsen. Besonders zu empfehlen sind Bienenwachsprodukte, die einen hohen Anteil Karnaubawachs enthalten. Das aus den Blättern brasilianischer Palmen gewonnene Wachs erhöht die Härte von Nadelhölzern. Nicht zu empfehlen sind handelsübliche Bohnerwachse, da sie in der Regel Testbenzin als Lösemittel enthalten. Bei der späteren Pflege sollten Massivholzböden mit klarem Wasser und ein wenig Zusatz von rückfettenden Naturseifen gewischt werden. Wenn die Holzböden beim Einlassen satt mit Öl imprägniert worden sind und eine zweimalige Nachbehandlung mit Wachsen oder Hartölen erfolgt ist, bedarf es erst nach Jahren wieder einer Behandlung mit Naturwachs.

Da es sich bei Naturholzböden um ein Material handelt, das »arbeitet«, sind Fugenbildungen zwischen den einzelnen Hölzern nicht zu vermeiden. Wichtig ist, daß die Holzfeuchte bei der Verlegung nicht mehr als zwölf Prozent beträgt. Die beste Jahreszeit zum Verlegen von Holzböden ist aufgrund der geringeren Luftfeuchtigkeit der Winter. Die Hölzer sollten vor dem Verlegen mindestens 14 Tage in den Räumen lagern, in die sie eingebaut werden, so daß sie sich an das Raumklima anpassen können. Als erstes sollte man die luftdichten Folienverpackungen entfernen, damit das Holz atmen kann.

Baubiologische Bewertung
Holzböden sind sehr empfehlenswert und besonders in Wohn-, Schlaf- und Kinderzimmern allen anderen Materialien vorzuziehen. Von versiegelten Fertigparkettarten ist aufgrund der geschlossenen Poren an der Oberfläche und der großen Klebefläche zwischen Nutz- und Trägerschicht baubiolo-

gisch abzuraten. Bei der Verlegung von Massivhölzern, die offenporig mit Naturmaterialien ohne chemische Zusätze behandelt werden, entsteht ein gesundes Raumklima, das nicht durch giftige Schadstoffe belastet wird. Da Holz problemlos recycelt werden kann und unter allen Bodenbelägen für seine Herstellung den geringsten Energieaufwand benötigt, ist es auch ökologisch sehr wertvoll.

Holzfaserplatten

Als Rohstoff für Holzfaserplatten wird meistens der Abfall von Nadelhölzern, Buchen- und Eichenholz, einschließlich der Rinde verwendet. Die Holzabfälle werden zerkleinert, gekocht, zerfasert und mit Bindemitteln versetzt. Das in Plattenform getrocknete Produkt kommt mit glatten Oberflächen in den Handel. Je nach Rohdichte unterscheidet man Hartfaserplatten (HFH; ca. 880 kg/m³), mittelharte Faserplatten (HFM; ca. 350–800 kg/m³) und Holzfaser-Weichplatten (ca. 230–350 kg/m³).

Hart- und Mittelfaserplatten sind mit ähnlichen Bindemitteln wie → Spanplatten gebunden, z. B. mit Phenol-Formaldehyd-Harz, Melamin-Formaldehyd-Harzen oder Harnstoff-Formaldehyd-Harz. Verwendet werden sie am häufigsten in der Möbelindustrie für Schubladenböden und Rückwände von Schränken. Für Holzfaserplatten in Innenräumen gilt wie für Spanplatten die Emissionsklasse E1. Trotzdem ist die Gefahr der Ausgasung von → Formaldehyd an die Raumluft nicht zu unterschätzen.

Holzfaser-Weichplatten werden bereits von einigen Herstellern ohne künstliche Bindemittel hergestellt. Zum Binden dient hier das holzeigene und ungiftige Lignin. Weiche Faserplatten eignen sich sehr gut für zusätzliche Wärmedämmschichten im Dachbereich, als Füllschicht in konstruktiven Gebäudetrennfugen und werden häufig für Pinboards verwendet. Bei ihrer Verwendung im Baubereich wird, um die Feuchtigkeitsaufnahmefähigkeit zu verhindern, → Bitumen zugesetzt. Die Bitumen-Holzfaserplatte (BPH) hat in der Regel einen Bitumenanteil von mindestens zehn Prozent. Bitumen gehört aber zu den Arbeitsstoffen, die im begründeten Verdacht stehen, Krebs zu erzeugen.

Baubiologische Bewertung
Vom Einsatz mittelharter Faserplatten in Innenräumen ist dringend abzuraten, weil diese unter den Faserplatten den höchsten Bindemittelanteil aufweisen. Trotz Emissionsklasse E1 besteht grundsätzlich die Gefahr von Formaldehyd-Ausgasungen. Hartfaserplatten haben einen geringeren Bindemittelanteil, geben aber auch Formaldehyd an die Raumluft ab. Weichfaserplatten, die außer dem natürlichen Bindemittel Lignin keine künstlichen Zusatzstoffe aufweisen, sind sehr gut für Dach- und Trittschalldämmungen

geeignet. Beim Kauf von Weichfaserplatten sollten Sie sich unbedingt bescheinigen lassen, daß nur Naturharze als Bindemittel verwendet worden sind. Die aus nachwachsenden Rohstoffen und mit natürlichen Bindemitteln hergestellten Weichfaserplatten gehören mit zu den ökologisch wertvollsten Baumaterialien, da sie für den menschlichen Organismus völlig ungefährlich sind. Bituminierte Holzfaserplatten sind aufgrund ihres krebserzeugenden Potentials für den Innenausbau vollkommen abzulehnen.

Holzfenster

Holzfenster sind in Neubauten auf die zweite Stelle hinter die → Kunststofffenster gerutscht. Das klassische Holzfenster wird je nach Verwendungszweck in vier verschiedenen Ausführungen angeboten: Das einfach verglaste Fenster wird aufgrund seiner ungenügenden Wärmedämmeigenschaften nur noch im Industriebau und für Kellerräume verwendet; das Verbundfenster besteht aus einem zusammengeschraubten Doppelrahmen mit jeweils einer Verglasung; beim Isolierglasfenster sind die beiden Glasscheiben, die meistens einen Abstand von sechs bis zwölf Millimetern haben, in einem festen Verbund luftdicht verklebt oder verschweißt; das Kastenfenster besteht wie das Verbundfenster aus zwei Einzelrahmen mit jeweils einer Glasscheibe. Der Unterschied zum Verbundfenster besteht darin, daß der Zwischenraum zwischen den beiden Glasscheiben in beliebiger Breite ausgeführt werden kann. Kastenfenster, die einen erheblich breiteren Rahmen haben, als alle anderen Fensterarten, werden heute vor allem für verbesserten Schallschutz eingesetzt.

Bevorzugte Materialien für Holzfensterrahmen sind einheimische Hölzer wie Fichte, Kiefer oder Lärche und → Tropenhölzer wie Meranti- und verschiedene Mahagoniarten. Obwohl die Verwendung von Tropenholz mit der unwiederbringlichen Vernichtung der Regenwälder einhergeht, Klimaveränderungen begünstigt und ein tausenfaches Artensterben zur Folge hat, werden noch heute nahezu ein Drittel aller Holzfenster daraus hergestellt. Aufgrund von Verboten und Regierungserlassen einzelner Bundesländer nimmt der Verbrauch von Tropenholz aber drastisch ab und wird zum Ende dieses Jahrtausends im Fensterbereich nur noch eine untergeordnete Rolle spielen. Da auch anzunehmen ist, daß Kunststoffenster aufgrund ihrer teilweise hochtoxischen Materialzusammensetzung (→ PVC) in den nächsten Jahren weniger verwendet werden, dürfte das Holzfenster aus einheimischen Hölzern wieder sehr schnell marktführend werden. Die Holzfensterindustrie hat dies erkannt und bereits vor einigen Jahren Konstruktionsverbesserungen an den Rahmenhölzern durchgeführt. Der Nachteil bei Nadelhölzern war, daß die Vollholzrahmen nicht so verwindungsfest und maßgenau blieben, wie das bei den Harthölzern aus den Regenwäldern der Fall ist. Auch vom optischen Eindruck her störten bei Fichte und Kiefer häufig Astlöcher. In neuen Verfahren werden Holzrahmen nicht mehr aus einem Stück gefertigt, sondern aus einzelnen lamellierten Querschnitten zusammengesetzt, was eine deutliche Qualitätssteigerung zur Folge hat: Störende Astlöcher sind nicht mehr vorhanden, Haltbarkeit, Maßgenauigkeit und auch die Verwindungssteifigkeit werden erheblich verbessert. Lamellierte Holzrahmen aus einheimischen Hölzern sind durch diese Weiterentwicklung so hochwertig wie Tropenhölzer.

Ein Oberflächenschutz ist bei Holzfenstern nicht vorgeschrieben. Im Innenbereich ist das auch gar nicht notwendig. Ölen, Wachsen oder offenporiges Lasieren mit Naturprodukten aus Pflanzen- oder Baumharzen (→ Naturfarben) ist besonders zu empfehlen, wenn eine gewisse Farbgebung aus optischen Gründen gewünscht wird. Im Außenbereich ist eine Behandlung mit chemischen → Holzschutzmitteln unnötig und nicht zu empfehlen. Lediglich ein Anstrich mit leichter Pigmenteinfärbung gegen die UV-Strahlung und offenporige Lasuranstriche aus Naturharz gegen Feuchtigkeit sollten aufgetragen werden. Farblose Lasuren ohne Pigmentzusätze sind nicht geeignet, um das Holz vor dem Vergilben durch UV-Strahlen zu schützen. Im Außenbereich, besonders an exponierten Stellen, sollten die Holzrahmen je nach Verwitterung alle zwei bis fünf Jahre gestrichen werden. Bei solcher Pflege kann man davon ausgehen, daß Holzfenster über hundert Jahre halten.

Um die Hölzer von außen haltbarer zu machen und sie nicht in regelmäßigen Intervallen neu streichen zu müssen, gibt es seit Jahren schon die Kombination von Alu-Holz-Fensterrahmen (→ Aluminiumfenster) auf dem Markt. Hierbei werden Aluminiumprofile auf den gesamten Außenbereich der Fensterrahmen geklebt oder geschraubt. Diese Art der Fensterkonstruktion ist mit Abstand die teuerste und unwirtschaftlichste Methode. Der Mehrpreis für die mit sehr großem Energieaufwand hergestellten Aluminiumprofile wird selbst bei regelmäßigem Streichen der Holzfensterrahmen alle drei bis fünf Jahre nicht eingeholt. Die Kombination von Holz- und Aluminiumfensterrahmen, die ja nur den Zweck hat, pflegeleicht zu sein, und weder Konstruktion noch → Wärmedämmung der Rahmen positiv beeinflußt, ist völlig überflüssig und trägt nur zu unnötigen Mehrkosten bei. Nachteilig können sich die aufgesetzten Aluminiumprofile bei einer eventuellen Tauwasserbildung zwischen der Außenseite des Holzrahmens und der Innenseite des Aluminiumprofils auswirken. Auch durch unsaubere Anbringung an die Fensterrahmen kann sich Feuchtigkeit und Regenwasser zwischen Aluminiumprofil und Holzrahmen ansammeln. Bei einer solchen Dauerdurchfeuchtung, die nur sehr schlecht und langsam abtrocknet, kann das Holz schimmeln und faulen.

Baubiologische Bewertung
Holzfensterrahmen aus einheimischen Hölzern, wie z. B. Fichte oder Kiefer, sind aus ökologischer Sicht allen anderen Fenstermaterialien vorzuziehen.

Da die deutsche Forstwirtschaft bei weitem nicht ausgelastet ist, könnte man problemlos sämtliche Fensterrahmen aus dem natürlich nachwachsenden Rohstoff Holz herstellen. Der Energieaufwand, der bei Holzfenstern eigentlich nur für die Trocknung notwendig ist, steigert sich bei Kunststoffenstern auf das Sechsfache und bei Aluminiumfensterrahmen auf das Dreißigfache. Bei der Produktion von Holzrahmen fallen im Gegensatz zur Herstellung von Kunststoff- oder Aluminiumrahmen keine giftigen Abfallprodukte an. Die Entsorgung von Holzrahmen ist, wenn sie nicht mit giftigen Holzschutzmitteln behandelt worden sind, ökologisch unproblematisch, während die Entsorgung von Kunststoff- und Aluminiumrahmen praktisch nicht möglich ist, weil beide Materialien unverrottbar sind. Aufwendig ist bei Holzrahmen lediglich die Pflege, da sie im Gegensatz zu anderen Materialien in regelmäßigen Abständen zum Schutz gegen Witterungs- und UV-Schäden gestrichen werden müssen.

Holzschädlinge

→ Holz, das nicht entrindet wurde, sollte weder für den Hausbau noch für den Innenausbau verwendet werden. In den Rinden der Holzstämme nisten sich mit Vorliebe Frischholzinsekten ein, die sich auch in trockenem Holz weiterentwickeln und sehr großen Schaden anrichten können. Die Flugzeit der Schädlinge liegt ausschließlich in der warmen Jahreszeit. Allein schon aus diesem Grund sollte Holz nur im Winter geschlagen werden.

Insekten können teilweise langjährige Entwicklungsstadien im Holz durchlaufen. So legt z.B. der »Hausbock« seine Eier in großen Poren oder Rissen des Holzes ab. Im Laufe der Zeit entwickeln sich aus den Eiern Larven. Sie sind die eigentlichen Zerstörer des Holzes. Die Larven können je nach klimatischen Bedingungen bis zu zehn Jahren leben (je feuchter desto länger), bis sie sich verpuppen und anschließend zu Käfern werden. Die Käfer selbst haben nur eine Lebenserwartung von maximal fünf Wochen. Es ist daher sehr wichtig, in der Flugzeit zwischen Mai und August den Hausbock durch geeignete Maßnahmen, wie z.B. Fliegengitter an Öffnungen im Dachstuhl, fernzuhalten.

Die teuerste, aber auch biologisch gesündeste Alternative zur Verhinderung von Holzbefall ist, nur Kernholz zu verwenden. Selbst die gefräßigen Larven des Hausbocks dringen nicht in das harte und rißfreie Kernholz ein.

Holzschädlinge findet man in sehr alten Häusern nur äußerst selten. In Neubauten dagegen, wo häufig frisches Holz eingebaut wird, zuwenig oder gar nicht gelüftet wird und sich möglicherweise auch → Schimmel bildet, haben Holzschädlinge die besten Bedingungen.

Zu den häufigsten Trockenholzschädlingen zählen in unseren Breiten der

Hausbock, der hauptsächlich im Holzgebälk zu finden ist, der Klopfkäfer, der auch Möbelholz nicht verschmäht, und der Splintholzkäfer, der Laubhölzer bevorzugt. Zu den Frischholzschädlingen, die im Haus- und Wohnungsbereich nur eine untergeordnete Rolle spielen, gehören z.B. die Holzwespe, der Fichtensplintbock, der Halsgrubenbock und der blaue Scheibenbock.

Der Befall von Holzschädlingen wird insgesamt immer seltener. So sind maximal noch zwei Prozent aller Dachkonstruktionen in der Bundesrepublik Deutschland davon betroffen.

Die einzige ungiftige Methode zur Bekämpfung von tierischen Holzschädlingen ist die Heißluftmethode. Mit einem Heißluftaggregat wird durch verschiedene Rohre, die gleichmäßig im Raum verteilt sind, heiße, trockene Luft eingeblasen. Da Holz ein äußerst schlechter Wärmeleiter ist, muß es der Heißlufteinwirkung lange ausgesetzt werden, damit auch in der Mitte von Holzbalken eine Temperatur von mindestens 60 Grad Celsius erreicht wird. Die Raumlufttemperatur selbst steigt dabei auf ca. 100 Grad. Je nach Holzstärke wird die Abtötungstemperatur erst nach ca. sechs bis zwölf Stunden erreicht. Nach dem Abschalten der Geräte steigt die Temperatur in der Balkenmitte sogar noch um zwei bis fünf Grad an, so daß Holzschädlinge hundertprozentig abgetötet werden. Bei fachmännischer Anwendung ist das Heißluftverfahren ungefährlich, denn der Flammpunkt von Fichtenholz liegt erst bei ca. 260 Grad. Wichtig ist, daß leichtbrennbare Materialien vor der Durchführung des Heißluftverfahrens aus dem Raum entfernt werden. Das Heißluftverfahren zur Bekämpfung von Holzschädlingen ist so effektiv, daß sogar hinter Dachschalungen liegende Sparren bei einer etwas verlängerten Einwirkungszeit restlos von Pilzen und Schädlingen befreit werden. Das Heißluftverfahren wirkt auch vorbeugend gegen Schädlingsbefall. Bei Untersuchungen in Dänemark konnte in keinem einzigen Fall nach einer Heißluftbehandlung ein neuer Insektenbefall beobachtet werden. Auch bei Nachuntersuchungen in der Bundesrepublik Deutschland, die 25 Jahre nach einer Heißluftbehandlung in ca. 100 Häusern durchgeführt wurden, konnte kein neuer Schädlingsbefall entdeckt werden. Man vermutet, daß durch die enorme Hitzeeinwirkung die Nährstoffe des Holzes schrumpfen und altern, so daß Holzschädlinge keinen Nährboden mehr finden.

Pilze können Holz ebenfalls befallen. Eine gute Durch- und Hinterlüftung sorgt für trockenes Holz, das nicht von Pilzen befallen wird. Sie finden nur in feuchtem Holz ihren lebensnotwendigen Nährboden. Die Holzfeuchte muß dabei mindestens 18 bis 20 Prozent betragen. Pilzbefall findet man daher in Neubauten, wenn Holzbalken oder Außenbrettverkleidungen in halbtrockenem Zustand (bis 30 Prozent Feuchte) verbaut werden, wenn eine gute Hinterlüftung fehlt oder wenn sich durch eine mangelhafte Belüftung der Dachgeschosse ein Feuchtigkeitsgehalt des Holzes von über 18 Prozent entwickelt.

Die Artenvielfalt der Holzpilze ist immens. Zu den harmlosesten gehören die holzverfärbenden Pilze, da sie das Holz selbst nicht zerstören. Auch sie können sich erst bei einer Holzfeuchte ab 18 Prozent bilden; die Temperatur muß über fünf Grad Celsius betragen. Allein über 100 Arten von Bläuepilzen sind bekannt. Die häufigsten: Anstrichbläue, die entsteht, wenn feuchtes Holz (über 20 Prozent Holzfeuchte) gestrichen wird; Oberflächenbläue, die bei langer Lagerung in feuchter Witterung entsteht; Innenbläue, die sich bei Schnittholz entwickelt, das falsch gelagert wird, und Stammholzbläue, die sich bei feuchtwarmer Witterung an gefällten Stämmen bildet.

Zu den holzzerstörenden Pilzen gehören Hausfäule, Lagerfäule, Stammfäule, Braunfäule und Weißfäule. Auch hier gilt: Nur bei längerer Durchfeuchtung und ungenügender Belüftung kann das Holz »stockig« werden, so daß ein guter Nährboden für diese Pilzarten entsteht.

Der einzige wirklich nicht zu bekämpfende und absolut holzzerstörende Pilz ist der Hausschwamm. Auch er kann nur bei Feuchtigkeit entstehen. Allerdings ist der echte Hausschwamm in der Lage, nachdem er genügend Nährboden in feuchtem Holz gefunden hat, auch trockenes Holz und trockenes Mauerwerk zu durchdringen und mit seinen Strängen das für ihn lebensnotwendige Wasser zu transportieren. Die volkstümliche Bezeichnung »Mauerschwamm« ist irreführend, da es sich hier um einen Holzpilz handelt.

Während Holzschäden durch Hausböcke immer mehr zurückgehen, treten Schimmelpilze in den letzten Jahren immer häufiger auf, weil die Häuser immer mehr abgedichtet und immer weniger belüftet werden. Da, wo in der Regel Schimmel an Wänden und Tapeten zu finden ist, bilden sich gleichzeitig auch Schimmelpilze an den Holzverkleidungen – das passiert vor allem in schlecht beheizten und schlecht gelüfteten Schlafzimmern.

Pilze lassen sich wirksam auf biologische Weise bekämpfen. Völlig übertrieben sind die Gefahren, die von den Holzschutzmittelherstellern beschrieben und die Maßnahmen, die von ihnen empfohlen werden. Giftige Holzschutzmittel wahllos auf Holz zu verstreichen, ist nicht nur überflüssig, sondern, wie schon Tausende von Betroffenen erfahren mußten, mit stark schädigenden Wirkungen auf den gesamten Organismus verbunden. Sollten trotz konstruktiver biologischer Holzschutzmaßnahmen Schimmelpilze auftreten, können diese leicht wieder entfernt werden. Ausreichendes Lüften und trockene warme Luft bringen den Schimmelpilz schnell zum Abtrocknen. Bei Bedarf kann man das oben beschriebene Heißluftverfahren anwenden. An kleineren Stellen kann auch mit Hilfe eines Haarföns der Trocknungsprozeß erheblich beschleunigt werden. Wenn die Holzfeuchte zurückgeht, verfallen die meisten Pilze in eine Trockenstarre. So können sie allerdings jahrelang verbleiben, um sich dann bei feuchtwarmem Klima wieder weiterzuentwickeln und zu wachsen. Ähnlich verhält es sich bei zu hohen oder zu niedrigen Temperaturen. Hierbei kann es zu einer Kälte- oder einer Wärmestarre der Pilze kommen.

Zusätzlich zur Belüftung und richtigen Beheizung kann man die befallenen Stellen mit hochkonzentrierter Essigsäure tränken, die in der Regel Schimmelsporen rückstandslos vernichtet.

Holzpilze wachsen und gedeihen nur in einem sauren Milieu. Der pH-Wert liegt meistens unter 5,0. Wenn vorwiegend alkalische Baustoffe, wie → Holzwolle-Leichtbauplatten, → Kalkputz und → Kalksandsteine verwendet werden, kann dies auf das Pilzwachstum keimtötend wirken.

Bei der Bekämpfung von holzverfärbenden oder holzzerstörenden Pilzen sollte man wie bei Schimmelpilzen vorgehen. Nur beim Auftreten vom Hausschwamm muß man radikalere Methoden anwenden. Hier sollte man das befallene Holz von einem Spezialisten untersuchen lassen und dann in einem Umkreis von mindestens einem Meter restlos entfernen. Die völlige Vernichtung von Hausschwämmen ist nur durch Verbrennen gewährleistet.

Holzschutz, biologischer

Schon in alten Zeiten war für unsere Vorfahren Holzschutz etwas Lebenswichtiges, da damals → Holz als Baumaterial am wirtschaftlichsten und am leichtesten zu verarbeiten war. Die hervorragenden vorbeugenden Holzschutzmaßnahmen unserer Vorfahren sind heute leider fast völlig in Vergessenheit geraten.

Um Holz resistent gegen tierische Schädlinge, Feuchtigkeit und Pilze zu machen, wurde es über offenes Feuer gehalten, so daß die äußeren Schichten regelrecht verkohlten. Diese verkohlten Traghölzer waren so resistent, daß sie direkt als Stützen oder Balken in feuchtes Erdreich eingegraben werden konnten. Auch Balkenköpfe wurden noch bis in unser Jahrhundert hinein »angeflammt«, so daß das Kernholz für immer vor Insekten und Schädlingen geschützt war.

Seit dem Mittelalter weiß man bereits, daß Holz besonders resistent gegen Schädlinge wird, wenn es nur lange genug im Wasser gelagert wird. So wurden nach dem Fällen die ungeschälten Baumstämme jahrelang in Teichen und Seen gewässert. Selbst bei Jahrhunderte alten Fachwerkhäusern treten daher keinerlei Schädigungen durch Pilze oder Insekten auf. Auch durch das Flößen der Holzstämme entstand durch die damit verbundene monatelange »Wasserbehandlung« eine ähnliche Insektenresistenz, so daß Dachstühle, die mit solchen Hölzern gebaut wurden, ebenfalls unbeschadet Jahrhunderte überstanden haben.

Vorbeugender Holzschutz mit einfachen und simplen Lockmitteln kann ebenfalls sehr effizient sein. Da unsere Vorfahren wußten, daß nur krankes, sprödes und feuchtes Holz von Insekten befallen wird, machten sie sich diese Erkenntnis zunutze: Sie hängten als Köder einfach einen faulen oder sehr feuchten Holzbalken in die Mitte des Dachstuhls. Wenn tatsächlich einmal

Insektenbefall auftrat, dann grundsätzlich nur hier, da die Insekten den Köderbalken bevorzugten und das gesunde Holz verschmähten.

Da die extreme Giftigkeit der chemischen Holzschutzmittel (→ Holzschutz, chemischer) mittlerweile bekannt ist, werden vermehrt ungiftige natürliche Holzschutzpräparate entwickelt. Die Hersteller dieser Mittel begannen zunächst mit der Produktion von Sodalösungen und verschiedenen Holzessigsorten. Die Effizienz dieser Holzschutzmittel war zwar schon unseren Vorfahren bekannt, so daß sie viele Jahrhunderte lang mit Erfolg verwendet wurden, aber die neuen Präparate erhielten von unseren offiziellen Prüfstellen bisher keine amtliche Zulassung und entsprachen somit nicht den Holzschutzmittelvorschriften.

Vor kurzem wurde ein neues Holzschutzmittel (HM 1) entwickelt, das mit pflanzlichen und mineralischen Wirksubstanzen, wie z.B. Aluminiumoxid, Calciumoxid, Fruchtsäure, Kaliumoxid, Kaliumpalmitat, Kieselerde, Kieselsäure, lasierenden Pflanzenfarbstoffen, Magnesiumoxid, Natriumkarbonat, Natriumchlorid, Pflanzenfetten und Pflanzenölen, die Holzoberfläche regelrecht kristallisiert. Diese Kristallisierung täuscht den Holzinsekten ein anderes Material vor, so daß sie das Produkt Holz nicht mehr erkennen. Das Holzmilieu wird derartig verändert, daß Pilze keinen geeigneten Nährboden mehr finden. Auch als Bekämpfungsmittel gegen Holzschäden kann dieses Mittel erfolgreich eingesetzt werden. Zudem wirkt es als UV-Schutz.

Eine weitere Alternative sind Borsalzimprägnierungen, die frei von Schwermetallsalzen und Chlorchemieprodukten sind. Sie haben ebenfalls hervorragende insektizidabwehrende Eigenschaften. Holzteerprodukte sind noch effizienter und können auch für den Außenbereich verwendet werden. Holzteer wird durch die Erhitzung von Holz erzeugt. Dabei bilden sich nur minimale Mengen von polyzyklischen aromatischen Kohlenwasserstoffen (PAKs). Bei Untersuchungen von Holzteerprodukten der gängigsten (Bio-) Firmen wurden überhaupt keine PAKs gefunden. Allerdings ist der Holzschutz mit dieser Methode eingeschränkt, wenn z.B. ein Holzpfahl für einen Gartenzaun in das Erdreich getrieben wird. Entweder man verzichtet auf das direkte Eingraben der Hölzer und verwendet Betonfundamente mit Stahlschuhen, auf denen man die Holzpfosten befestigt, oder man greift zu einer ökologisch unvertretbaren, hochgiftigen Alternative und verwendet Salze aus Chrom- und Fluorverbindungen, die in die Hölzer eingepreßt werden. Zwar ist die Haltbarkeit hierbei optimal, aber die Mittel sind derart giftig, daß der menschliche Organismus allein durch Hautkontakt geschädigt wird, von der extremen Umweltbelastung ganz zu schweigen.

Ratschläge für einen ungiftigen Holzschutz

- Holz darf nicht in direkter Berührung mit dem Erdreich verbaut werden.
- Holzaußenverkleidungen sollten mindestens einen Abstand von 20 Zentimetern zum Erdboden haben.

- Holzstützen für Balkone oder Wintergärten sind auf Stahlschuhen zu befestigen, so daß ein Bodenabstand, auch als Spritzwasserschutz, von 20 bis 30 Zentimetern eingehalten wird.
- Überdachungen, Vordächer und große Dachüberstände sind der beste konstruktive Schutz für Holzfassaden, Holzfenster und Holzkonstruktionen gegen Schlagregen.
- Außenholzabdeckungen sollten allseitig mindestens einen 4 Zentimeter breiten Überstand haben und mit Tropfrillen an den Unterseiten ausgebildet sein.
- Holzabdeckungen sollten niemals gerade, sondern immer mit ausreichendem Gefälle angebracht werden, so daß Regen- oder Tropfwasser leicht und schnell nach außen abfließen kann.
- Bei Außenhölzern sollten nur ungiftige Holzbehandlungen angewendet werden, z.B. Borsalzimprägnierungen, Holzessig, Holzteer oder ähnliche Naturprodukte.
- Je nach Verwendungszweck sollte man die Holzart wählen, die sich am besten eignet, z.B. für Holzböden Harthölzer, für Holzverkleidungen weiche Nadelhölzer.
- Kein frisches und damit »feuchtes« Holz verwenden. Die Holzfeuchte der Balken für Dachstühle und Holzstützen sollte nicht mehr als 18 Prozent betragen. Für Möbel, Holzböden, Decken und Wandverkleidungen sollte man kein Holz verwenden, das einen höheren Feuchtegehalt als 12 Prozent aufweist.
- Holz für den Innenausbau muß vorher vollkommen entrindet werden.
- Die Bäume, aus denen tragende Dachkonstruktionen, Sparren, Pfetten oder Stützen hergestellt werden, müssen für einen wirkungsvollen Holzschutz in der Winterzeit und in einer Frostperiode geschlagen werden.
- Für wichtige konstruktive Tragbalken oder Stützen sollte man Kernholz verwenden.
- Dachböden sollten an sämtlichen Öffnungen, Fenstern und Luken mit Fliegengittern versehen werden, so daß das Eindringen von Flugkäfern verhindert wird.
- Holz sollte regelmäßig auf einen möglichen Schädlingsbefall kontrolliert werden, besonders in dunklen Bereichen und Ecken, die wenig belüftet sind.

In den meisten Fällen ist ein Holzschutz im Innenbereich nicht notwendig. Ölen und Wachsen mit reinen Naturprodukten für eine »schönere« Oberfläche kann zwar die Raumatmosphäre verbessern, ist aber ebenfalls nicht notwendig. Lediglich strapazierte Fußböden müssen geölt oder gewachst werden. Hier sollten Naturprodukte auf der Basis eines Leinölfirnisses ohne künstliche Konservierungsmittel verwendet werden. Leinöl wird durch das Pressen der Leinsaat hergestellt und zählt zu den sogenannten trockenen

Ölen. Leinölfirnis trocknet nur sehr langsam. Vorsicht: Leinöl kann auch chemisch hergestellt werden. Dabei werden häufig Sikkative zugesetzt; das sind in der Regel Verbindungen von → Schwermetallen mit Leinöl- oder Harzsäuren. Zink, Mangan, Kobalt und auch Blei-Sikkative werden eingesetzt. Sie können gesundheitlich äußerst bedenklich wirken.

Es sollten grundsätzlich nur reine, pflanzliche und damit chemisch völlig unbelastete Produkte verwendet werden. Solche Lacke und Lasuren können zudem für eine gezielte Farbgestaltung verwendet werden. Hierbei sollte man nach Möglichkeit auf porenschließende Farbanstriche verzichten, weil die Atmungsaktivität des Holzes dadurch eingeschränkt wird und es sich zudem elektrostatisch aufladen kann. → Holzschutzmittel, → Holzschutzmittel-Sanierung.

Holzschutz, chemischer

Grundsätzlich muß man davon ausgehen, daß jedes chemisch hergestellte → Holzschutzmittel hochtoxisch ist und damit die menschliche Gesundheit gefährdet.

Die einzelnen Gifte, die einen Befall von Insekten und Pilzen verhindern sollen, sind nicht nur direkt bei der Anwendung, sondern noch über Jahrzehnte eine große gesundheitliche Gefahr für die Menschen. Die Hersteller haben die Holzschutzverbindungen bewußt so entwickelt, daß eine möglichst lange Abdampfphase bei den behandelten Hölzern entsteht. Je dicker die Holzschutzmittel aufgestrichen werden, desto länger gasen die schädlichen Wirkstoffe der Fungizide, Pestizide und Insektizide (→ Biozide) aus. Die Abgasphase kann 10 bis 30 Jahre betragen, bis keine Wirkung und damit auch keine Giftstoffe mehr vorhanden sind.

Die einzelnen Mittel sind meistens mit hochgiftigen → Dioxinen verunreinigt. Diese toxischen Giftcocktails werden nach wie vor tonnenweise verarbeitet. Im Auftrag des Umweltbundesamtes wurde die Zusammensetzung von Holzschutzmitteln analysiert. In der Bundesrepublik werden demnach ca. 50 organische und ca. 25 anorganische Biozide eingesetzt. Insgesamt vertreiben die Hersteller mehr als 1000 verschiedene Holzschutzmittel-Produkte. Die Jahresproduktion liegt bei ca. 30000 Tonnen.

Hinzu kommt, daß ca. 50 Firmen undeklarierte Mischungen giftiger Holzschutzmittel auf den Markt bringen. In Deutschland gibt es keine Deklarierungspflicht für gefährliche Inhaltsstoffe auf Packungen oder Anleitungen. Daher existiert keine wirkungsvolle Kontrolle dieser Produkte. Die Hersteller haben nur zwei Auflagen bei der Produktion: die allgemeinen Richtlinien des Chemikaliengesetzes und die Gefahrstoffverordnung. Zusätzlich wurde 1987 das RAL-Gütezeichen für Holzschutzmittel eingeführt. Das Deutsche Institut für Gütesicherung und Kennzeichnung benutzt immer noch dieses antiquierte Gütezeichen, das für »Reichsausschuß für Lieferbedingungen« steht. Mit diesem Gütezeichen ausgezeichnete Produkte können nach wie vor hochgiftige Wirkstoffe enthalten, da es weder etwas über die Giftigkeit des Holzschutzmittels noch über die Gesundheitsgefährdung aussagt.

Die Vielzahl der großen Palette von Holzschutzmitteln ist für den Verbraucher unüberschaubar. So greifen viele auf mit dem Prüfsiegel ausgezeichnete Produkte zurück, ohne zu wissen, daß sie dadurch keinesfalls vor Gesundheitsgefahren geschützt sind.

Die häufigsten giftigen Wirkstoffe in Holzschutzmitteln sind → PCP, → Lindan, → Pyrethroide, → Furmecyclox, → Dichlofluanit, Carbendazim, Endosulphane, Chlorthalonil sowie anorganische Bor- und Fluorverbindungen. Darüber hinaus können Hunderte von anderen giftigen Chemiziden enthalten sein.

Aufgrund der in den letzten Jahren bekanntgewordenen großen gesundheitlichen Gefährdung durch lösemittelhaltige Holzschutzmittel, greift die Bauindustrie heute vermehrt auf Salze mit Chrom-, Fluor-, Kupfer- und Borverbindungen zurück, die aber ebenfalls hochtoxisch sind. Nach wie vor werden tonnenweise Holzschutzmittel auf Lösemittelbasis für den Dachstuhlbereich und für Außenanstriche verwendet, die mit Ersatzstoffen für das bereits verbotene PCP (Pentachlorphenol) ausgerüstet sind, teilweise aber noch viel giftiger sind.

Chemische Holzschutzmittel lassen sich in zwei Kategorien unterteilen, in wasserlösliche und in ölige Mittel. Die wasserlöslichen bestehen in der Regel aus Salzen und können sowohl auf nasses als auch auf trockenes Holz aufgebracht werden. Bei nassen Hölzern dringen sie besonders tief in das Holz ein. Beim Trocknen bleiben allerdings giftige Salzrückstände auf der Oberfläche zurück. Die öligen Holzschutzmittel haben nur dann eine Langzeitwirkung, wenn sie auf relativ trockene Hölzer aufgestrichen werden. Die Oberfläche der Hölzer, die damit getränkt wurden, trocknet durch die Verdunstung der hochtoxischen Lösemitteln ab. Die anschließende Ausgasungsphase kann zwischen 10 und 30 Jahren anhalten. Bei den wasserlöslichen Salzen bleiben die giftigen Substanzen dagegen im Holz, vorausgesetzt, daß die behandelten Hölzer nicht ungeschützt dem Regen ausgesetzt sind. In der Praxis geschieht es leider häufig, daß Dachstühle beim Aufrichten nicht abgedeckt werden, so daß bei feuchten Wetterverhältnissen die giftigen Zusätze abgespült werden und das Grundwasser verseuchen. Je nach Strapazierfähigkeit der Hölzer werden unterschiedliche Holzschutzverfahren angewendet. Beim Oberflächenschutz spritzt oder streicht man die Präparate auf oder taucht das Material hinein. Für einen besonders »hochwertigen« Schutz wendet man eine sogenannte Kesseldruckimprägnierung an, bei der das Holz durch und durch mit Giftstoffen getränkt wird.

Besonders giftig und umweltschädigend sind Teerölpräparate, die aus

Destillaten von Steinkohleteer, den sogenannten Carbolineen, bestehen. Unter dem Namen Carbolineum wurde dieses Mittel, das viele krebserregende Inhaltsstoffe enthält, noch bis vor kurzem verwendet. Teeröl ist deshalb so giftig, weil es einen großen Anteil Benz(a)pyren enthält. Dieser Stoff gilt laut → MAK-Werte-Liste als krebserzeugend, erbgutverändernd und fruchtschädigend. Bei neueren Untersuchungen chemisch hergestellter Carbolineum-Farben stellte man neben Benz(a)pyren große Mengen polyzyklischer aromatischer Kohlenwasserstoffe (PAKs) fest. Die meisten PAKs haben krebsauslösende Eigenschaften.

Besorgniserregend ist die Verwendung von mit Teeröl imprägnierten alten Eisenbahnschwellen auf Kinderspielplätzen und Kindergartenanlagen, da allein durch bloßen Hautkontakt eine akute Gesundheitsgefährdung besteht. Mittlerweile ist der Vertrieb von Teerölen und auch die Verwendung von mit Carbolineum behandelten Hölzern bundesweit verboten. Da das Verbot erst seit Januar 1992 in Kraft ist, wird dieser Giftcocktail Menschen und Natur allerdings noch jahrzehntelang belasten, denn große Mengen wurden schon vorher auf Gartenhäuser, Zäune und Pergolen gestrichen.

Immer noch im Handel sind die hochtoxischen, teilweise krebserzeugenden Holzschutzmittel auf der Basis von Chrom- und Fluorverbindungen. Während Fluorverbindungen besonders flüchtig sind und dadurch die Luft vergiften, besteht bei den Chromsalzen in erster Linie durch Hautberührung Gefahr. Zudem werden die Salze mit der Zeit durch den Regen ausgewaschen, verseuchen die Erde rund um Pfähle oder Stützen und gelangen ins Grundwasser.

Nach Berechnungen der Holzschutzmittelhersteller werden in Deutschland jährlich über 1000 Tonnen reines Chrom bei der Herstellung von Chromsalzen eingesetzt.

Arsenhaltige Holzschutzmittel sind aufgrund ihrer krebserzeugenden Eigenschaften seit 1986 in Deutschland verboten. Trotzdem werden aufgrund neuer EU-Richtlinien immer noch 100 bis 200 Tonnen Arsen in Holzschutzmitteln verarbeitet, denn das Verbot gilt nicht für Kesseldruckimprägnierungen. Bei diesem Verfahren werden Chrom-Kupfer-Arsen-Salze (CKA-Salze) verwendet. Der Import von CKA-kesseldruckimprägnierten Hölzern ist nicht verboten und nimmt nach neusten Berichten sogar zu. Da von Rechts wegen nur der Import und die Verarbeitung arsenhaltiger Holzschutzmittel verboten ist, kann sich der Verbraucher nicht immer vor fertig imprägnierten arsenhaltigen Hölzern schützen. Nur eine schriftliche Bestätigung des Holzhändlers oder des Verkäufers kann ausschließen, daß dieses Gift nicht verwendet wurde. Bei folgenden importierten Holzfertigprodukten besteht die Gefahr einer Arsenbehandlung: Gartenmöbel, Flechtzäune, Palisaden und Holzpergolen.

Die häufigsten Symptome und Krankheiten durch Holzschutzmittelbelastungen sind: Schlafstörungen, Schleimhautreizungen, Kopfschmerzen, Müdigkeit, Schwindel, allgemeine Schwäche, Übelkeit mit Erbrechen, Haarausfall, Gewichtsverlust, Gedächtnisstörungen, starke Infektionsanfälligkeit, Furunkel sowie verschiedene Organerkrankungen.

Der größte Anteil der Holzschutzmittelwirkstoffe sind chlorierte Kohlenwasserstoffe. Jeder Mensch nimmt diese Schadstoffe, die auch von Textilien, Desinfektionsmitteln, Insektiziden und Fungiziden ausgehen, mit der Nahrung und dem Trinkwasser auf. Sie werden vor allem im Körperfett gespeichert und lassen sich mittlerweile bei jedem Lebewesen im Blut, im Körperfett und teilweise auch im Urin nachweisen.

Bisher ist offiziell nur die hohe Giftigkeit von PCP, Lindan und Pyrethroiden anerkannt worden. Man geht davon aus, daß die biologischen Halbwertszeiten dieser Stoffe zwischen fünf Tagen und fünf Wochen liegen. Da diese Chemizide im Körper aber in andere Verbindungen umgewandelt werden, können sie auch über viele Jahre gespeichert werden, ohne sich abzubauen. Man nimmt an, daß die Gifte durch Fastenkuren, sportliches Ausdauertraining bei gleichzeitiger hoher Flüssigkeitsaufnahme aus dem Fettgewebe gelöst, in den Blutkreislauf eingeleitet und dadurch schneller ausgeschieden werden. Bei Holzschutzmittelgeschädigten, die über viele Jahre in belasteten Wohnungen oder Häusern lebten, traten teilweise noch nach 20 bis 30 Jahren organische Spätschäden auf.

Untersuchungen zeigen immer deutlicher, wie giftig handelsübliche Holzschutzmittel sind. Vor allem die Verunreinigungen durch Dioxine sind an vielen schweren Krankheiten schuld. Die US-Umweltbehörde EPA hat festgestellt, daß schon bei den meisten Menschen Dioxine im Körpergewebe nachweisbar sind. Als Rückstände von Pestiziden, Holzschutzmitteln, Müllverbrennungsanlagen und Automotoren gelangen sie in die Nahrungskette oder werden direkt mit der Atemluft in die Blutbahnen geleitet. In Nordamerika wurden bereits über fünf Millionen Frauen gezählt, die an Endometriose leiden. Endometriose ist ein ernstes Frauenleiden. Dabei wandert Gebärmuttergewebe in den übrigen Unterleib und überwuchert dort Eierstöcke, Darm und Blase. Starke Menstruationsstörungen bis zu inneren Blutungen und Unfruchtbarkeit können die Folge sein. Der sprunghafte Anstieg dieses Frauenleidens wird von den Wissenschaftlern in erster Linie den Dioxinen zugeschrieben. In Tierversuchen konnte man den Zusammenhang von Dioxinen und Endometriose schon nachweisen. Auch andere Chlorverbindungen wie → PCB (polychlorierte Biphenyle), Furane und andere Wirkstoffe von Holzschutzmitteln können möglicherweise Endometriose-Verursacher sein.

Aufgrund der vielen giftigen Inhaltsstoffe sollte man kein Holz mehr mit chemischen Holzschutzmitteln behandeln. Konstruktiver Holzschutz und biologische, ungiftige Holzschutzmittel (→ Holzschutz, biologischer) sind die einzige gesunde Alternative.

Sollten Sie trotzdem für den Außenbereich nicht auf chemische Holzschutzmittel verzichten wollen, müssen Sie besonders auf die Inhaltsstoffe achten, so daß wenigstens die giftigsten Beimischungen vermieden werden.

Holzschutzmittel

Eine unsinnige, für den Menschen schädliche DIN-Bestimmung schrieb bis April 1990 zwingend vor, tragende Konstruktionen von Häusern gegen Insektenbefall zu schützen. Daher wurden ganz unnötig große Mengen giftiger Holzschutzmittel verwendet. Amtlich zugelassen sind nach wie vor nur Holzschutzmittel, die – bis auf ganz wenige Ausnahmen – hochtoxische Fungizide und Insektizide beinhalten.

Zu Beginn der Verwendung moderner Holzschutzmittel nach dem Zweiten Weltkrieg wurden nur organische Salze verwendet, die dann in den siebziger Jahren von hochgiftigen Xylamonen verdrängt wurden. Diese künstlich hergestellten Chlor-Naphtaline waren um ein Vielfaches wirksamer, und damit erheblich giftiger, als die schon Ende des letzten Jahrhunderts bekannten Teeröle, die vor allem als Holzschutzmittel für Eisenbahnschwellen eingesetzt wurden. Das bekannteste, meistverkaufte und somit am häufigsten verwendete Holzschutzmittel, das in Innenräumen für Dachstühle und Holzverkleidungen verwendet wurde, kam unter der Bezeichnung Xylamon in den Handel. Die große Beliebtheit dieses Holzschutzmittels war darauf zurückzuführen, daß mit der neu entwickelten Holzlasur eine haltbare und pflegeleichte Alternative zu den früheren Lackfarben vorhanden war, die nicht mehr mit der Zeit abblätterte. Mit den neuen Lasuren konnte man Hölzer jetzt in beliebigen Farbtönen anstreichen, und zwar so, daß die Holzmaserung sichtbar blieb. Da dem Verbraucher die Sinnlosigkeit von Holzschutzmitteln im Innenbereich noch nicht bewußt war, wurden weiterentwickelte Produkte wie Xyladecor Renner auf dem Heimwerkermarkt.

In den über 30 Jahren, in denen Holzschutzmittel → PCP enthielten, wurden viele Millionen Quadratmeter Holz, z. B. Dachgeschosse, Decken- und Wandverkleidungen, Möbel und Fensterrahmen damit gestrichen.

Eifrige Heimwerker bearbeiteten ihre Holzverkleidungen besonders liebevoll. Sie behandelten die Innenhölzer nicht nur vorschriftsmäßig ein- bis zweimal, sondern – nach dem Motto »viel hilft viel« – gleich dreimal. Die Ausgasungen der hochtoxischen Beimengungen dürften noch weit bis in das Jahr 2000 hineinreichen.

Außer PCP waren meistens noch andere hochgiftige → Biozide wie → Lindan, → Furmecyclox und → Dichlofluanid enthalten. PCP ist seit Dezember 1989 in Deutschland verboten, Lindan wird freiwillig von der Industrie für Holzschutzmittel nicht mehr eingesetzt, während Furmecyclox und Dichlofluanid heute immer noch als Ersatzstoffe für PCP und Lindan Verwendung finden. Nach Schätzung von Experten wurden Xylamon, Xyladecor und Sadolin in mehreren Millionen Haushalten verstrichen. Insgesamt sind über 10000 Schadensfälle von Holzschutzmittelgeschädigten aktenkundig.

Als Ende der siebziger und Anfang der achtziger Jahre öffentlich bekannt wurde, wie groß die Gesundheitsgefahren von PCP-haltigen Holzschutzmitteln sind, strich die Industrie das in Verruf geratene PCP aus der Zutatenliste für Holzlasuren. Hochtoxische biozidhaltige Inhaltsstoffe wie Furmecyclox, Lindan und Dichlofluanid blieben drin. Tausende von Litern PCP-haltiger Holzschutzfarbe, die zu diesem Zeitpunkt bereits an Kaufhäuser, Supermärkte und Baumärkte ausgeliefert waren, wurden aber nicht umetikettiert. Viele Verbraucher wußten bis weit in die achtziger Jahre hinein daher nicht, daß sie gesundheitsschädliche Produkte im Innenbereich verwendeten.

Viele Vergiftungen traten auch dann noch auf, nachdem PCP-haltige Holzschutzmittel mit dem Hinweis gekennzeichnet waren, daß die Lasuren nur für den Außenbereich zu verwenden seien, weil trotzdem viele Heimwerker auch ihre Holzverkleidungen innen damit strichen.

Aus folgenden Gründen sind Holzschutzmittel in Innenräumen überflüssig: Schädlingsbefall tritt nur auf, wenn das Holz einen Feuchtigkeitsgrad von mehr als 9 Prozent aufweist. Dies geschieht aber nur, wenn über einen langen Zeitraum die Luftfeuchtigkeit im Raum 70 Prozent übersteigt, z. B. in unbeheizten und ungelüfteten Räumen. In nicht ausgebauten Dachgeschossen steigen die Temperaturen im Sommer auf 30 bis 45 Grad Celsius, so daß dadurch eingeschleppte Insekten auch hier nicht überleben können.

Gravierend ist, daß spätestens seit dem Holzschutzmittelprozeß, der seit Ende der achtziger Jahre läuft, bekannt ist, daß nicht nur PCP und Lindan, sondern auch Dichlofluanid und Furmecyclox den Menschen hochgradig vergiften und die körpereigene Immunabwehr herabsetzen. Trotzdem werden bis heute Dichlofluanid und Furmecyclox in Innenanstrichen verwendet.

Die Giftigkeit der Biozidzusätze in Holzschutzmitteln war z. B. Mitte der achtziger Jahre an der Zerstörung einer Fledermauskolonie bei Konstanz zu erkennen: Die Fledermäuse starben, nachdem sie in mit Holzschutzmitteln behandelten Dachstühlen genistet hatten. In Amerika verursachten Holzschutzmittel den Tod von zahlreichen Kühen, weil die Tiere Holzschutzmittelreste von gestrichenen Zäunen abgeleckt hatten.

Die durch das Bundesgesundheitsamt empfohlenen Sanierungsversuche mit luftdichten Farbüberstrichen blieben erfolglos. Zwar wurde die Ausgasung durch den Lacküberzug zeitweise verlangsamt, doch drangen nach kurzer Zeit aufgrund der dynamischen Nachdiffusion wieder Schadsoffe in die Innenraumluft. Bei weiteren Untersuchungen wurde festgestellt, daß die im PCP enthaltenen → Dioxine und Furane aufgrund ihrer wesentlich längeren Halbwertszeit deutlich länger aus den Farbanstrichen ausgasen als Lindan, Dichlofluanid oder Furmecyclox.

Die größte Verunsicherung des Verbrauchers entsteht heute, wenn er zwischen Innen- und Außenbehandlung mit den jeweils »richtigen« Farben unterscheiden soll. Grundsätzlich zählt gemäß DIN die Holzkonstruktion eines Dachstuhles zum Außenbereich. Wenn im Dachbereich giftige Holzschutzmittel verwendet werden, dringen diese aber zwangsläufig auch in den darunterliegenden Wohnbereich ein. Oft werden Dachgeschosse später zu Wohnungen ausgebaut und die mit Holzschutzmitteln behandelten Dachsparren nur mit einer Holzverschalung oder mit → Gipsplatten verkleidet. Selbst mit Folien gelingt die luftdichte Abschottung zwischen der behandelten Dachkonstruktion und den Innenräumen nicht. Daher sollte man für Dachkonstruktionen unter keinen Umständen chemische Holzschutzmittel verwenden, sondern biologisch einwandfreie Alternativen wählen. Wurde das Dachgeschoß bereits mit giftigen Mitteln behandelt, sollte der Dachboden hundertprozentig luftdicht abgeschottet werden. Dies ist zwar bauphysikalisch und vom Wohnklima her falsch, aber immer noch besser, als einer ständigen Belastung durch die Holzschutzmittel ausgesetzt zu sein.

Die hochgiftigen Stoffe von gestern werden leider immer noch in großen Mengen verwendet, weil es bislang keine hinreichenden Verbote für giftige Holzschutzmittel gibt. → Holzschutz, biologischer, → Holzschutz, chemischer, → Holzschutzmittel-Sanierung.

Holzschutzmittel-Sanierung

Nur durch Holzprobenuntersuchungen kann man feststellen, ob und wie stark → Holz belastet ist. Handelt es sich bei den belasteten Hölzern um vollflächige Holzbrettverschalungen, muß man sie in der Regel vollkommen entfernen. Bei einzelnen tragenden Holzbalken, Sparren oder Pfetten kann der giftige Holzschutz dagegen meistens durch Abhobeln beseitigt werden. Da Holzschutzfarben ca. ein bis zwei Millimeter tief ins Holz eindringen, muß man die Holzoberfläche in dieser Stärke abhobeln. Die belasteten Holzspäne müssen dann als Sondermüll in luftdicht verschlossenen Plastiksäcken entsorgt werden.

Es besteht auch die Möglichkeit, die vergifteten Holzflächen luftdicht zu verkleiden. Allerdings sind zu dünne Kunststoffolien teilweise dampfdurchlässig, so daß sie die giftigen Dämpfe nur abschwächen. Man sollte das Holz entweder mit dickeren Polyethylenfolien (auf keinen Fall → PVC) oder mit Aluminiumfolie abkleben. Nachteilig bei diesen luftdichten Sanierungsmethoden ist, daß das gesamte Raumklima negativ beeinflußt wird. Die Atmungsaktivität des Holzes ist dadurch aufgehoben. In solchen künstlich abgeschotteten Räumen kommt es häufig zu überhöhter Luftfeuchtigkeit und Schimmelbildung (→ Schimmel).

Eine weitere Methode, kontaminierte Flächen luftdicht zu versiegeln, ist das Überstreichen des Holzes mit Polyurethan-Lacken (PU-Lacke). Bei mehrfachem Überstreichen kann die Schadstoffabgabe erheblich reduziert werden. Messungen haben gezeigt, daß der Austritt von → PCP und → Lindan bis zu 95 Prozent eingeschränkt werden kann. Da aber Polyurethan-Lacke → Isocyanate freisetzen können, die ebenfalls hochtoxisch und stark sensibilisierend wirken, treibt man hier nur den Teufel mit dem Beelzebub aus. Auch mit sogenanntem Schellack, der umweltverträglicher ist als PU-Lacke, können belastete Hölzer fast luftdicht überstrichen werden. Aus sämtlichen Lacken entweichen beim Überstreichen allerdings grundsätzlich → Lösemittel, daher sollte dieses Verfahren nur im Notfall angewendet werden.

Baubiologische Bewertung
Aus biologischen Gründen ist von der luftdichten Abdecksanierung und dem Überstreichen abzuraten. Nur das Entfernen der Schadstoffquellen garantiert eine völlige Giftfreiheit.

Durch Luft- und Materialprobenmessungen kann man ermitteln, ob durch die Abgasung der giftigen Holzschutzmittelwirkstoffe auch schon → Tapeten, → Teppichböden, Gardinen oder Möbel belastet sind. In der Regel ist bei einem großflächigen Anstrich von Holzdecken oder -wänden nach mehreren Jahren der gesamte Innenbereich völlig kontaminiert. In Hunderten von Fällen mußten schon Neubauten oder Wohnungen vollkommen saniert werden. Sämtliche Möbel, Kleidungsstücke, Bücher, Vorhänge, Tapeten und Teppiche wurden in diesen Fällen entfernt und auf einer Sondermülldeponie entsorgt.

Da der Wirkstoff PCP nachweislich krebserzeugend ist, hat das Bundesgesundheitsamt offizielle Richtlinien für Sanierungen herausgegeben. Wenn die Raumluft mehr als 0,3 Mikrogramm PCP pro Kubikmeter enthält, sollte das Haus oder die Wohnung saniert werden. Ist die Belastung von Materialproben höher als 50 Milligramm pro Kilogramm muß man ebenfalls sanieren. Die gültige Gefahrstoffverordnung besagt, daß Sanierungsarbeiten von kontaminierten Innenausbaumaterialien nur von qualifizierten Fachleuten in entsprechender Schutzkleidung mit Atemmasken durchgeführt werden dürfen.

Holzwolle-Leichtbauplatten

Holzwolle-Leichtbauplatten (HWL) bestehen vorwiegend aus langfaseriger Kiefern- oder Fichtenholzwolle. Spezielle HWL-Platten für Akustik-Decken werden für eine gleichmäßigere und glattere Oberfläche aus gehobelten Holzspänen (meistens aus Linde) hergestellt. Die Platten sind in zwei unterschiedlichen Ausfertigungen auf dem Markt: In beiger Farbe enthalten sie das Bindemittel Magnesit, während die gräulich gefärbten Platten zementgebunden sind. Die Eigenschaften der beiden Ausführungen sind völlig gleich. Besonders geeignet sind HWL-Platten als Wandbauplatten für leichte Trennwände, als Vorsatzschalen vor Wänden und Decken, als Außen- und Innendämmung sowie als zusätzliche Schalldämmlage in Dachgeschossen. Die Wärmedämmfähigkeit (→ Wärmedämmung) von HWL-Platten allein reicht nicht aus, um ein Dach zu dämmen. Zusätzliche Dämmstoffe wie z.B. → Kork oder → Kokosfasermatten (→ Kokosfaser-Dämmung) sind hier notwendig. Ca. 70 Prozent des HWL-Platten-Volumens besteht aus luftgefüllten Poren. Um die Wärmedämmeigenschaften richtig auszunutzen, ist eine Abdeckung der großporigen Oberfläche mit Mörtel oder Papierbahnen zu empfehlen, dadurch wird auch die Wärmespeicherfähigkeit besonders groß. HWL-Platten sind beständig gegen Ungeziefer und entsprechen der Baustoffklasse B1, d.h., sie sind schwer entflammbar.

Baubiologische Bewertung
Die Verwendung von magnesitgebundenen HWL-Platten ist ökologisch unproblematisch und baubiologisch zu empfehlen. Da keine toxischen Bindemittel eingesetzt werden, besteht auch keine Gefahr von giftigen Gasabspaltungen. Zur Bearbeitung der HWL-Platten sollten Handsägen verwendet werden, da beim Einsatz von Kreissägen sehr viel Staub frei wird. Mit Portland-Zement (→ Zement) gebundene HWL-Platten können eine leicht überhöhte → Radioaktivität aufweisen. Als Putzträger und für die Wärmedämmung im Außenbereich ist die HWL-Platte unproblematisch.

Hüttensteine

Wie der Name schon andeutet, sind Hüttensteine ein Abfallprodukt der Hochofenschlacke.

Hüttensteine gibt es als Vollsteine, Lochsteine und Hohlblocksteine. Die Hochofenschlacke wird zu fein granuliertem Hüttensand zermahlen und erhält als Zusatz → Zement oder → Kalk. In einem Härtungsvorgang unter dampf- oder kohlensäurehaltigen Gasen entstehen die grauweißen Steine, die als Vormauerungssteine, Sichtmauerwerk, tragendes und nichttragendes Außenmauerwerk eingesetzt werden.

Baubiologische Bewertung
Da es sich bei Hüttensteinen um ein echtes Recycling-Produkt handelt, sind sie aus rein ökologischer Sicht positiv zu beurteilen. Da Hochofenschlacke aber einen großen → Schwermetallanteil aufweist und auch die → Radioaktivität überhöht ist, sind Hüttensteine für die Verwendung im Hausbau aus baubiologischer Sicht sehr umstritten.

Entsorgungsprobleme entstehen nicht, da ja schon das Abfallprodukt

Hochofenschlacke wiederverwendet wurde, so daß beim Abbruch nur eine ohnehin notwendige zeitverzögerte Entsorgung ansteht.

Grundsätzlich sind zum Bau eines giftfreien und gesunden Hauses andere, nicht schadstoffbelastete Mauersteine vorzuziehen.

Hypokaustenheizung

Die Hypokaustenheizung ist eines der ältesten und am besten funktionierenden Heizsysteme, das auf dem Prinzip der Warmluftheizung basiert. Die Ursprünge der Hypokaustenheizung gehen bis 300 Jahre v. Chr. zurück. Der Begriff kommt aus dem Griechischen und bedeutet soviel wie »von unten beheizt«. Die alten Griechen entdeckten, daß Steine, die mit heißer Luft erwärmt werden, langsam und stetig behagliche Wärme abstrahlen. In den letzten zehn Jahren wird die Hypokaustenheizung auch bei uns gerne wieder verwendet. Im Handel werden dafür spezielle Hohlkammertonziegel verkauft. Die Hohlräume der Ziegel, die genau aufeinander gestellt werden, bilden Luftkanäle. Die Hohlkörpersteine werden auf die Innenseite der Außenwände gemauert. Von unten und von oben wird mit speziellen Anschlußsteinen ein Zu- und Ablufthohlraum gebildet. In einem geschlossenen Kreislauf wird dann über einen Wärmetauscher aufgewärmte Luft in diesen Hohlkörpern zum Zirkulieren gebracht. Der entscheidende Vorteil dieses Heizsystems ist, daß die Warmluft sich nicht mit der Raumluft vermischen kann und daher kein Staub aufgewirbelt wird (→ Hausstaub). Langsam und stetig werden die Hohlziegel von innen nach außen aufgewärmt, speichern die Wärme und geben sie langsam, in Form von reiner Strahlungswärme, an den Innenraum ab. Der Strahlungsanteil ist genauso hoch wie bei einem → Kachel- oder Grundofen. Er beträgt über 80 Prozent (→ Heizung). Hypokaustenheizungen eignen sich nur dann, wenn sie von vornherein beim Neubau eines Hauses eingeplant werden. Der nachträgliche Einbau verursacht aufgrund der aufwendigen Vormauerungsarbeiten hohe Sanierungskosten.

Baubiologische Bewertung
Eine Hypokaustenheizung, die an den Innenseiten von Außenwandflächen eingebaut wird, erzeugt gesunde Strahlungswärme für ein behagliches Raumklima. Staubaufwirbelungen sind auf ein Minimum reduziert, und extreme Temperaturgefälle, wie sie z. B. bei einer → Fußbodenheizung auftreten, entstehen nicht. Ein Nachteil von Hypokaustenheizungen ist, daß man die beheizten Wandflächen nicht mit Möbeln verstellen darf. Auch Bilder oder andere Gegenstände können nicht angebracht werden. Trotzdem gibt es kein besseres Heizsystem, weil es aufgrund seines großen Strahlungsflächenanteils noch mehr Strahlungswärme abgibt als Kachel- oder Grundöfen.

I

Innenputz → Gipsputz, → Kalkputz, → Putze.

Insektizide → Biozide.

Isocyanate (Polyurethan)

Isocyanate sind aufgrund ihrer großen Reaktionsfähigkeit in der Chemieproduktion von großem Nutzen, aber gesundheitlich gesehen sind sie extrem gefährlich. Da Isocyanate hochreaktiv auf Wasser reagieren, können bei Auftritt von Feuchtigkeit hochtoxische, krebserregende aromatische Amine entstehen. Die wichtigsten Isocyanate sind TDI (Toluylendiisocyanat) und MDI (Diphenylmethan-4,4'-diisocyanat). Durch die Reaktion von Alkohol mit Isocyanat kommt es zu einer Additionsreaktion, bei der Urethan entsteht. Von diesem Namen wird die Bezeichnung Polyurethan abgeleitet. Die Nachfrage nach Polyurethanen (PUR) steigt jährlich. Bereits 1989 wurden weltweit ca. fünf Millionen Tonnen produziert. Deutschland ist europaweit der führende Produzent. Die Produktion wächst Schätzungen zufolge um mindestens drei Prozent jährlich, so daß 1995 bereits über sechs Millionen Tonnen hergestellt wurden. Polyurethane verdrängen auf dem Bausektor immer mehr klassische Naturmaterialien wie Leder, → Kork, → Holz und Naturdämmstoffe. Sie werden verwendet für Möbel, → Matratzen, Kraftfahrzeuge und im Baugewerbe, z.B. als Dämmaterial für Dächer und → Estrich-Unterbauplatten (Hartschaumplatten), als Ortschäume, in Klebstoffen, → Farben und Lacken, Polstergarnituren, als Bindemittel und als → Formaldehydersatz in → Spanplatten. Auch in Kunststoffbeschichtungen, Schuhsohlen, Kabelisolierungen, Kühlschränken und sogar in Kunststoffasern kann heute Polyurethan enthalten sein.

Gesundheitlich sehr bedenklich ist die vermehrte Anwendung von Polyurethan-Ortschäumen. Bereits bei Niedrigstkonzentrationen bewirken die hochreaktiven Isocyanate Schleimhautreizungen, die sich über Schleimhautentzündungen bis hin zur Bronchitis steigern können. Durch den übertriebenen Wärmedämmwahn, der von der Kunstschaumindustrie propagiert wird, setzen immer mehr Handwerker PUR-Ortschäume ein, um kleinste Fensterritzen, Spalten an Türleibungen, Dachverschalungen oder Zwischenräume damit auszuschäumen. Die Hersteller geben immer noch an, daß PUR-Kunstschäume nach dem Abreagieren der Isocyanate völlig untoxisch seien, weil der Schaum als chemisch »innert« gelte.

Toxikologen und Arbeitsmediziner wissen aber schon seit Jahren, daß chemische Reaktionen nach Anwendung oder Herstellung nie hundertprozentig abgeschlossen sind. Ferner ist bekannt, daß bestimmte Produkte sich chemisch in ihre Ausgangsstoffe zurückbilden können. Aus diesem Grund versucht die chemische Industrie, flüchtige Isocyanate in Kunststoffprodukten zu synthetisieren. Mit Hilfe von Polyisocyanaten und Präpolymeren wird ein höheres Molekulargewicht hergestellt, welches die einzelnen Isomere fester bindet. Trotzdem ist es nicht möglich, sogenannte Restmonumere völlig zu binden. Sie sind grundsätzlich in der Raumluft nachzuweisen, wenn Isocyanate im Einsatz waren. Gesundheitlich sehr bedenklich kann es werden, wenn sogenannte formaldehydfreie Spanplatten mit dem Ersatzbindemittel Isocyanat hergestellt werden. Bei hoher Luftfeuchtigkeit können sich die ausgasenden Isocyanate in krebserregende Amine verwandeln und die Innenraumluft toxisch belasten. Darum sollten besonders in Naßräumen keine isocyanatgebundenen Spanplatten eingebaut werden.

Die große Gesundheitsgefährdung durch Isocyanate ist von der Senatskommission zur Prüfung gesundheitsschädlicher Arbeitsstoffe (→ MAK-Werte) richtig bewertet worden. Isocyanate haben einen MAK-Wert von nur einem Fünfzigstel des stark gesundheitsschädigenden Formaldehyds. Sie werden also toxikologisch fünfzigmal so gefährlich eingeschätzt. Das Isocyanat MDI ist in der MAK-Liste in die Rubrik III B – das heißt mit begründetem Verdacht auf krebserzeugendes Potential – eingestuft worden. Selbst der Richtwert der krebserzeugenden chemischen Verbindung Vinylchlorid (→ PVC) ist in der TRK-Liste (→ Technische Richtkonzentration) zwanzigmal so groß wie der zulässige Isocyanat-Wert. Da diese Werte nur für den Arbeitsschutz gelten, dürfen sie keinesfalls auf die Raumluft von Wohnungen oder Häusern übertragen werden. Richtwerte für den Innenbereich sind bisher nicht festgelegt worden. Sie müßten um ein Vielfaches niedriger liegen als die MAK-Werte (→ Grenzwerte, Chemie).

Da es sich bei in die Luft eindringenden Isocyanatverbindungen um chemisch sehr reaktive Gase, Dämpfe oder Aerosole (Luftschwebeteilchen) handelt, können sie schon bei einem Bruchteil des angegebenen Richtwertes die Schleimhäute der Augen, die Atemwege und die Lungenbläschen schädigen. Isocyanat-Ausgasungen haben sensibilisierende Wirkungen, die schon bei einem Zehntel des Richtwertes (0,001 ppm = parts per million) auftreten können. Isocyanate können Asthma und heuschnupfenähnliche Symptome hervorrufen, zu Atemnot führen und die Lungenfunktion reduzieren.

Baubiologische Bewertung
Die Verwendung von Epoxidharzen, Polyurethan-Hartschäumen, Schaumstoffmatratzen, Dämmplatten und Isocyanat-gebundenen Spanplatten ist aus gesundheitlichen Gründen dringend zu vermeiden. Bei der Produktion von Ortschäumen aus Polyurethanen wird häufig → FCKW eingesetzt. Da FCKW die Ozonschicht in der Stratosphäre schädigt, gehört es zu einem der umweltschädlichsten Stoffe, die im Baubereich verwendet werden.

J

Jute

Jute wird vorwiegend in Pakistan, Bangladesch und Indien angebaut. Sie hat eine ähnliche Bastfaser wie → Flachs und → Hanf, nimmt aber aufgrund ihrer besonderen Anbaubedingungen, wie z. B. regelmäßige Regenfälle und ein feuchtheißes Klima, eine Sonderstellung ein. Flachs, Hanf und auch Baumwolle werden in vielen Ländern unter unterschiedlichsten klimatischen Bedingungen angebaut, während Jute für den gewerblichen Bereich nur auf dem indischen Subkontinent wächst. Großplantagen wie bei der Baumwollproduktion sind äußerst selten, Jute wird von über 300 000 Kleinbauern, oft auf winzigen Parzellen, jährlich neu angesät. Die Weltjahresproduktion beträgt ca. zweieinhalb Millionen Tonnen. Die Bastfaser der Jute wird aus den beiden Hauptarten Corchorus capsularis und Corchorus olitorius gewonnen. Sie unterscheiden sich in Form und Farbe der Samenkapseln. Jute gehört zu den schnellwachsenden Pflanzen. Sie erreicht in acht bis neun Wochen bereits eine Höhe von etwa zweieinhalb Metern und im ausgewachsenen Zustand, nach etwa vier Monaten, von bis zu fünf Metern. Äußerlich unterscheidet sie sich – abgesehen von der Größe – kaum vom europäischen Schilf. Nach der Ernte wird die Jute an der Sonne getrocknet. Die Bastfasern werden durch ein Wasserröstverfahren gewonnen, das 12 bis 25 Tage dauert. Ähnlich wie bei den Bastfasern von Hanf und Flachs liegen die Faserbündel zwischen der äußeren Rinde und dem Stengel der Pflanzen. Die gewonnene Jutefaser hat eine Länge von eineinhalb bis drei Metern und besteht nicht nur, wie die Baumwollfaser, aus einer einfachen Faser, sondern aus einer großen Anzahl von Kleinstfaserelementen, die bündelweise aneinandergereiht sind. Aufgrund der langgestreckten, spindelartigen Hohlkörperform der Einzelfaserelemente hat die Jute gute Wärmedämmeigenschaften.

Sie ist zwar sehr resistent gegen Schädlings-, Schimmel- und Krankheitsbefall, trotzdem kann es vorkommen, daß das Saatgut, ähnlich wie Getreide, mit giftigen Mitteln gebeizt wird. In Einzelfällen ist auch heute noch nicht auszuschließen, daß die Rohjute bei langen Schiffstransporten mit Fungiziden (→ Biozide) behandelt wird.

Die Nachfrage nach Jute steigt stetig, so daß sie bei den natürlichen Spinnstoffen heute schon an zweiter Stelle nach der Baumwolle steht.

Unbehandelte Jute ist besonders gut geeignet für das Ausstopfen von Ritzen und Fugen im Dachbereich. Sie sollte anstelle von Ortschäumen beim Einbau von → Fenstern und Türen verwendet werden. Auf Jutestreifen können zudem Lagerhölzer für Holzparkettböden (→ Holzböden) und Deckenbalken besonders schalldämmend verlegt werden. Als Randstreifen, Schall- und → Wärmedämmungen für → Estriche ist Jutefilz sehr gut geeignet. Jutefilze für natürliche Dämmungen werden in Stärken von zwei bis zehn Millimetern im Handel als Bahnenware angeboten.

Die Jutefaser ist besonders reißfest, darum wird sie auch als Zweitrücken (anstelle von Schaumstoffen) für → Teppichböden verarbeitet. Darüber hinaus werden aus Jute Läufer, Teppiche, Vorhänge, Säcke und Seile hergestellt.

Baubiologische Bewertung

Unbehandelte Jute, als Filz, zur Wärmedämmung oder als Naturfaser für Teppiche oder → Tapeten ist sehr zu empfehlen. Da sie zu den nachwachsenden Rohstoffen gehört, ist die Anwendung ökologisch gut vertretbar, zumal auch die Wiederverwertung problemlos ist.

K

Kachelofen

Ein guter Kachelofen muß gemauert sein und darf nur ohne Eiseneinsatz befeuert werden. Die Verkleidungen für die Feuerstelle sollten aus Schamotte (feuerfestem Ton) bestehen. Der gesamte Ofen sollte um seinen gemauerten Aufbau herum mit wärmespeichernden Kacheln verkleidet werden, damit er eine behagliche Strahlungswärme abgeben kann. Bei einem Kachelofen ist es im Gegensatz zu Konvektoren und Radiatoren (→ Heizung) wichtig, daß die Oberflächentemperatur auf über 100 Grad Celsius ansteigt. Erst dann wird ein hoher Strahlungsanteil erreicht. Da die Wärme durch die Keramikverkleidung nur verhältnismäßig langsam abgeleitet wird, erhält man bei einer kurzen Berührung keine Verbrennungen, wie z.B. bei einem → Kanonenofen. Ein Kachelofen ist die natürlichste und damit gesündeste Wärmequelle, die man in eine Wohnung einbauen kann. Da sich Kachel- und Grundofenbau aufgrund der steigenden Nachfrage schnell weiterentwickelt haben, sind heute schon sehr pflegeleichte Systeme auf dem Markt. Besonders bei Grundöfen ist der Verbrennungsprozeß aufgrund der ausgeklügelten Konstruktion so effektiv, daß Aschereste selbst bei täglicher Benutzung nur einmal wöchentlich entfernt werden müssen. Bei einem Grundofen darf das Holz nur auf dem Grund des gemauerten Ofens auf Schamottematerial ohne Rost und Aschekasten verbrannt werden. Ein Grundofen kann auch anstelle von Kacheln mit einem → Kalkputz versehen werden. Wichtig ist, daß der gesamte Ofen von einer großen Speichermasse ummantelt ist. Dadurch verlängert sich zwar die Aufheizdauer, aber dafür kann die Wärmeabgabe durch Strahlung bei einmaligem Aufheizen über zwölf Stunden betragen. Der Grundofen ist eine energiesparende Weiterentwicklung des Kachelofens und wird in Fertigbausätzen auch als Kachel-Grundofen angeboten. Bei modernen Kachel- und Grundöfen wird die heiße Abluft durch Kanäle, sogenannte Züge, an den Innenwänden entlang geleitet und erwärmt somit zusätzlich die Ofenwände von innen.

Baubiologische Bewertung
Ein Grund-Kachelofen, der nur mit Holz beheizt werden darf, ist aufgrund seiner optimalen Energieausnutzung als Grundheizung für ein gesundes und giftfreies Haus sehr zu empfehlen. Wenn ein Grundofen in der Mitte eines

Hauses eingebaut wird, konstruktiv zu den umliegenden Räumen richtig angeordnet und von seiner Heizleistung optimal dimensioniert ist, kann er eine Wohnung oder ein ganzes Haus mit gesunder Strahlungswärme versorgen. Bei richtiger Holzbefeuerung wird die Verbrennungshitze so hoch, daß keine Schwelbrände entstehen und die Schadstoffemissionen in den Rauchgasen genauso niedrig sind wie bei einer modernen Gaskesselanlage. Wichtig dabei ist, daß nur trockenes Holz verbrannt wird, das mindestens drei Jahre gelagert wurde.

Kalk

Kalkstein ist ein Sedimentgestein, das in großen Mengen und in nahezu sämtlichen geologischen Formationen auf der Erde zu finden ist. Den natürlichen Kalkstein bezeichnet man als Calciumcarbonat. Daneben gibt es unterschiedliche Bezeichnungen für Kalk je nach Gefüge und Festigkeit. Die Hauptvorkommen sind Muschelkalk, Kalkspat, Marmor und Kreide. Wenn Kalk gebrannt wird, entsteht Calciumoxid, gebrannter Kalk, der anschließend mit Wasser vermischt (gelöscht) wird, so daß Calciumhydroxid entsteht. Der gelöschte Kalk wird als völlig schadstofffreies Bindemittel für Bauprodukte verwendet, wie z. B. für → Estriche, → Putze, → Mörtel, Anstriche und → Kalksandsteine. Beim Abbinden an der Luft entsteht durch eine Reaktion mit Kohlendioxid wieder das Urprodukt Calciumcarbonat (Kalkstein). Wenn gelöschter Kalk mit viel Wasser verdünnt wird, entsteht Kalkmilch, die sehr gut als keimtötende Grundierung auf Putzuntergründe oder Estriche gestrichen werden kann, bevor Holzdecken oder → Holzböden eingebaut werden. Kalkmilch ist auch sehr gut für den jährlichen keimtötenden Anstrich von Wänden und Decken in → Vorratsräumen und → Vorratskellern geeignet.

Baubiologische Bewertung
Kalk ist in großen Mengen fast überall in Deutschland vorhanden. Der Abbau ist also ökologisch vertretbar, zumal nur verhältnismäßig kurze Transportwege anfallen. Bis auf Traßkalk haben Kalkprodukte nur eine sehr geringe Eigenradioaktivität (→ Radioaktivität). Kalk ist stark alkalisch und damit sehr gut geeignet, Stahlteile vor Rost zu schützen. Kalkprodukte haben sehr gute feuchtigkeitsregulierende Eigenschaften und können zudem Schadstoffe absorbieren. Sie sind überdies unproblematisch zu recyceln. Kalk als Baustoff ohne chemische Beimengungen ist daher sehr empfehlenswert.

Kalkfarben

Kalkfarben beinhalten keinerlei Bindemittelzusätze und sind daher sehr umweltfreundlich. Bauphysikalisch sind sie ebenfalls sehr zu empfehlen, da sie eine hohe Diffusionsfähigkeit besitzen; die Wände können dadurch regelrecht »atmen«.

Nachteile: Kalkfarben sind nicht wasserfest und sollten nicht für exponierte Außenfassaden verwendet werden. Bei einem reinen Kalkanstrich können sich bei permanenter Durchfeuchtung graue Flecken bilden. Spezielle Naturkalkfarben aus Marmorsumpfkalk eignen sich dagegen besonders gut für Innenräume mit hoher Luftfeuchtigkeit.

Kalkfarben bestehen nur aus gelöschtem → Kalk und Wasser. Im Innenbereich sollte die Kalkfarbe auf noch nicht getrockneten frischen → Kalkputz aufgestrichen werden, da sie sich dann mit dem Putz verbindet. Die biologisch wertvollste Eigenschaft von Kalkfarben ist ihre desinfizierende, keim- und pilztötende Wirkung.

Baubiologische Bewertung
Bei reiner Kalkfarbe ohne zusätzliche chemische Beimengungen gibt es keinerlei gesundheitliche Bedenken, auch ökologisch betrachtet ist sie ein hervorragendes Material, die Entsorgung ist ebenfalls unproblematisch. → Farben und Lacke.

Kalkputz

Für den Innenputz ist → Kalk am besten geeignet. Kalkputz hat alle Eigenschaften, die für ein gesundes und giftfreies Wohnen nötig sind. Er ist sehr diffusionsdurchlässig und hat dadurch stark feuchtigkeitsregulierende Eigenschaften. Außerdem tötet Kalk Bakterien und Pilze und absorbiert Schadstoffe. Diese wertvolle antibakterielle und fungizide Wirkung sowie die Fähigkeit, Schadstoffe zu absorbieren, machte man sich schon vor Hunderten von Jahren zunutze. Zur Desinfektion wurden früher Wohnungen und Tierställe mit Kalkmilch gestrichen. Noch in den fünfziger Jahren wurden Räume mit hoher Feuchtigkeit, wie Bäder oder Waschküchen, in der Regel mit reinem Kalkputz verputzt. In den letzten beiden Jahrzehnten ist dieser Putz aufgrund der zeitaufwendigen Verarbeitung völlig in den Hintergrund getreten. Das Glätten von reinem Kalkputz ist nämlich erheblich aufwendiger als das von → Gipsputz; außerdem ist die grobe Oberfläche bei der Verwendung von Kalkputz ohne Nacharbeit nicht zum Tapezieren geeignet. Da das Glätten von Kalkputz mehr Arbeit und handwerkliches Geschick erfordert, hat der Maschinengipsputz den biologisch viel wertvolleren Kalkputz fast vollständig vom Markt verdrängt.

Kalkinnenputze sollten nach Möglichkeit nicht tapeziert oder mit Dispersionsfarben gestrichen werden, damit ihre biologische Wirkung erhalten bleibt. Zur Farbgebung empfehlen sich → Kalkfarben, die durchaus mit natürlichen Farbpigmenten eingefärbt sein können.

Für Naßräume und Bäder sollten Kalkputze aus hydraulischem oder hochhydraulischem Kalk, das ist gelöschter Kalk, der sich nach Vorhärtung auch unter Wasser erhärtet, verwendet werden. Luft- oder Wasserkalk sollte im Naßbereich ebensowenig verwendet werden wie Gipsputz. Wenn Naßräume gefliest werden sollen, können als kostengünstige Alternative zu hochhydraulischem Kalk Mischungen aus Kalk, → Zement und Sand verwendet werden. Diese Mischungen sind auch unter der Bezeichnung Kalk-Zementputz als Fertigputz im Handel. Grundsätzlich sollte jedoch zu diesen Fertigmischungen noch ein Drittel hochhydraulischer Kalk hinzugegeben werden, damit die keimtötenden Eigenschaften erhöht werden und der Zementanteil verringert wird.

Baubiologische Bewertung
Kalkputze ohne chemische Zusätze sind für ein gesundes und giftfreies Haus besonders empfehlenswert. Da Kalk der einzige natürliche Putz mit keimtötender Wirkung und hervorragenden feuchtigkeitsregulierenden Eigenschaften ist, sollte man ihn für einen Innenputz allen anderen Materialien vorziehen. Reine Zementputze sollten keinesfalls im Innenbereich verwendet werden, da sie dampfsperrend wirken und dadurch das Raumklima negativ beeinflussen. → Außenputze, → Kunstharzputze.

Kalksandsteine

Kalksandsteine werden als Hohlblocksteine, Blocksteine, Lochsteine und Vollsteine für Trag- und Trennwände sowie als Vormauersteine und Verblender gefertigt. Sie bestehen zu ca. 92 Prozent aus Quarzsand und zu ca. 8 Prozent aus gemahlenem Brandkalk. Unter Zusatz von Wasser wird der Brandkalk zu Kalkhydrat abgelöscht. Die Rohmasse wird unter Druck zu maßgenauen Rohlingen geformt. Die fertigen Steine entstehen durch Härten der Rohlinge bei einer Temperatur von ca. 200 Grad Celsius. Beim Trocknungsvorgang, der ca. vier bis acht Stunden dauert, wird Siliziumdioxid, das im Sand enthalten ist, in Kieselsäure umgewandelt und verbindet sich dadurch fest mit dem Kalkhydrat. Die Austrocknungszeit von Kalksandsteinen ist kürzer als die von → Betonsteinen, aber erheblich länger als die von → Mauerziegelsteinen.

Kalksandsteine können wegen ihrer schlechten Wärmedämmeigenschaften nicht ohne zusätzliche Dämmschichten als Außenmauerwerk verwendet werden. Sie eignen sich dagegen sehr gut für den Schallschutz.

Baubiologische Bewertung
Da Kalksandsteine völlig frei von toxischen Zusätzen sind, der Energiebedarf zur Herstellung sehr gering ist und sie eine hohe Wärmespeicherfähigkeit haben, sind sie sehr zu empfehlen. Entsorgungsprobleme treten nicht auf, da Kalksandsteinschutt nach der Zerkleinerung als Zuschlagstoff für andere Materialien wiederverwendet werden kann. Kalksandstein ist der unproblematischste und umweltverträglichste Mauerstein.

Kamin, offener

Das offene Feuer war die erste von Menschenhand geschaffene Wärmequelle. Im Laufe der mittel- und nordeuropäischen Menschheitsgeschichte bildete das Feuer im offenen Kamin lange Zeit den Mittelpunkt einer behaglichen Wohnung im Winter. Grundsätzlich sollte ein offener Kamin, genau wie andere Strahlungswärmequellen wie → Kachel- oder Grundofen, immer im Zentrum eines Raumes eingebaut werden. Besonders wichtig für das Behaglichkeitsempfinden ist, daß die Brennfläche möglichst niedrig über dem Boden angebracht wird, so daß zwischen der Strahlungswärme des Feuers und dem Boden keine Kaltluftströmungen entstehen können, die unangenehme Zugerscheinungen an den Füßen bewirken.

Baubiologische Bewertung
Da ein offener Kamin keine effektive Heizquelle ist – über 80 Prozent der Wärme geht direkt über den Abzug ins Freie –, sollte er nur für kurze Heizperioden im Herbst und Frühjahr befeuert und in erster Linie als Spender positiver Lebensqualität angesehen werden. Das offene Feuer zu betrachten, Holz knistern zu hören und die wärmende Strahlung zu spüren, ist für Menschen schon seit Jahrtausenden sehr entspannend. → Heizung.

Kanonenofen

Gußeiserne Kanonenöfen werden in den letzten Jahren als Modeheizgeräte wieder mehr gekauft. Moderne Kanonenöfen, die seit einigen Jahren aus Skandinavien eingeführt werden, können ausschließlich mit Holz befeuert werden. Sie sind mit durchsichtigen Glastüren ausgerüstet, so daß man die Verbrennungsflamme beobachten kann. So entsteht eine beruhigende und entspannende Atmosphäre, ähnlich wie beim offenen → Kamin.

Baubiologische Bewertung
Kanonenöfen bestehen meistens ganz aus Stahl (bis auf Schamotteauskleidungen der Feuerstellen bei einigen Modellen) und werden beim Beheizen

an der Oberfläche extrem heiß. Da außer der dünnen Stahlummantelung keine Wärmespeichermasse, wie bei einem → Kachelofen, vorhanden ist, wird die erzeugte Hitze sehr schnell an die Luft abgegeben. Dadurch entstehen hohe Temperaturunterschiede zwischen Raumluft und Wandoberflächen. Dabei kommt es zu starken Luftbewegungen, die in großen Mengen → Hausstaub aufwirbeln.

Kanonenöfen können baubiologisch also nicht empfohlen werden. → Heizung.

Kapokmatratzen

Die weiße bis gelbliche Kapokfaser wird auch als Pflanzendaune bezeichnet. Die Früchte wachsen an Kapokbäumen in den tropischen Regenwaldgebieten. Dieses Polstermaterial zeichnet sich dadurch aus, daß jede Faser innen hohl ist und durch eine umschließende Fettschicht einen Schutz vor direkter Wasseraufnahme gewährleistet. Kapok ist dadurch sehr wasserabweisend, isoliert Wärme überdurchschnittlich gut und hat keimtötende antibakterielle Eigenschaften. Da die Kapokfaser eine verhältnismäßig glatte Oberfläche hat und leicht reißt, muß die Matratzenfüllung entweder sehr dicht und fest gestopft sein oder in viele kleine Zellwände eingenäht werden.

Baubiologische Bewertung
Die temperatur- und feuchtigkeitsregulierenden Eigenschaften von Kapokmatratzen sind sehr gut. Aufgrund ihrer festen Füllung sind sie härter als → Roßhaarmatratzen. Sie müssen öfter aufgeschüttelt und nach einigen Jahren nachgefüllt werden. Als unbehandeltes Naturprodukt ist eine Kapokmatratze für Menschen, die gerne hart schlafen, gut geeignet. → Matratzen.

Kasein

Das Wort Kasein wird von dem lateinischen Begriff für Käse »caseus« abgeleitet. Kasein wird als Bindemittel für Farben und Kleber (→ Klebstoffe) schon seit Jahrhunderten angewendet und spielt heute als ungiftiges Naturprodukt im Bauwesen wieder eine größere Rolle. Das Grundprodukt wird in der Regel aus entrahmter Kuhmilch hergestellt. Das Eiweiß besteht zu 80 Prozent aus Kasein. Ohne den großen Kaseinanteil in der Milch wäre die Herstellung von Käse nicht möglich, da Kasein bewirkt, daß die Milch gerinnt. Neben → Kaseinfarben für den Innenbereich, die hervorragende Eigenschaften haben – als reines Naturprodukt umweltfreundlich und völlig schadstofffrei, Verbesserung des Innenraumklimas, weil dampfdiffusions –

offen –, kommen immer mehr Kaseinkunststoffe auf den Markt. Kaseinkaltleime sind eine sehr gute und vor allem ungiftige Alternative zu den meist hochtoxischen, chemisch hergestellten Klebern. Inzwischen kann man auch anstelle von kunstharzgebundenen Spachtelmassen Kaseinbauspachtel erhalten. Sogenannte Biokunststoffe werden ebenfalls unter Zusatz von Kasein hergestellt. Hier handelt es sich allerdings um eine Mischung aus Naturprodukt und künstlichen Polymeren, bei denen die Gefahr der Abwanderung von nicht festgebundenen, toxischen chemischen Substanzen besteht. Kunstharze aus einer Mischung von Kasein und → Formaldehyd sind schon seit Jahren für die Herstellung von Gebrauchsgegenständen auf dem Markt. Die bekanntesten Produkte sind viele Arten von Knöpfen.

Baubiologische Bewertung
Reine Naturprodukte, die mit dem Bindemittel Kasein hergestellt sind, kann man für das gesunde und giftfreie Bauen empfehlen. Grundsätzlich sollte man immer die Rezeptur lesen, da Kaseinfarben und Kaseinkleber häufig Konservierungsmittel enthalten. Wenn diese ohne chemische Zusätze hergestellt werden, sind sie sogar sehr gut kompostierbar.

Kaseinfarben

Im Gegensatz zu → Leimfarben wird hier anstelle von Zelluloseleim das aus Milch gewonnene Kasein als Bindemittel eingesetzt. Außer Kasein kommt oft auch Leinöl zum Einsatz.

Achtung! Früher wurde häufig als Konservierungsmittel das hochtoxische Pentachlorphenol (→ PCP) verwendet. Heute dürfen derart giftige Topfkonservierer nicht mehr verwendet werden.

Baubiologische Bewertung
Kaseinfarben ohne Konservierungsstoffe sind gesundheitlich und ökologisch unbedenklich. Man sollte sie allerdings nur für den Innenbereich verwenden, da sie nicht wasserbeständig sind. Die Diffusionsfähigkeit ist sehr gut, die Entsorgung problemlos. → Farben und Lacke.

Klebstoffe

Klebstoffe unterteilt man in Reaktions- und Lösemittelkleber. Bei den Reaktionsklebern wird die Klebewirkung durch die chemischen Reaktionen von unterschiedlichen Komponenten erreicht. Bei den Lösemittelklebern kommt es zur Aushärtung, also zum Klebeeffekt durch das Verdunsten der Lösemittelzusätze.

Lösemittelhaltige Kleber

Bei diesen Klebern beträgt der Lösemittelanteil im Durchschnitt ca. 20 Prozent. Die → Lösemittel bei Kunstharzklebern bestehen fast ausschließlich aus umweltbelastenden Substanzen, denen meistens Kohlenwasserstoffe hinzugefügt werden wie z. B. Aceton, Ethanol, Methanol, Benzin, Methylenchlorid, Methylacetat, Butanon, Cyclohexan, Trichlorethan, Trichloräthylen, → Xylole und → Toluole.

Gesundheitlich am gefährlichsten ist der chlorierte Kohlenwasserstoff Dichlormethan, der besonders häufig als Lösemittelzusatz Verwendung findet. Er ist in der → MAK-Werte-Liste als gesundheitsgefährdend und mit begründetem Verdacht auf krebserzeugendes Potential eingestuft worden.

Als Bindemittel für Kunstharzkleber werden häufig verwendet: Epoxidharze, Phenol-, Harnstoff- und Melaminharze sowie Polyvinylacetat.

Eine große Palette von Hilfsstoffen wie z. B. Abbindeverzögerer, Lichtschutzmittel, Entschäumungsmittel, Alterungsschutzmittel, Verdickungsmittel, Härter, Konservierungsstoffe, Füllstoffe und Weichmacher kommen hinzu.

Bei Klebstoffen aus Naturharzen wird vorwiegend das natürliche und gesundheitlich völlig unbedenkliche Balsamterpentinöl verwendet, während alle oben aufgeführten chemischen Lösemittel leichte bis hochtoxische Wirkungen haben. Bei Naturharzklebern werden auch die Bindemittel aus nachwachsenden Rohstoffen gewonnen, wie z. B. Kolophonium, Dammar, Gummiarabicum, Naturkautschuk, Naturlatex, Kopal oder Tragant.

Da bei den lösemittelhaltigen Klebern auf Naturharzbasis nur Binde- und Lösemittel aus der Pflanzenchemie verwendet werden, belasten sie weder die Umwelt noch die menschliche Gesundheit (Ausnahme: vereinzelt auftretende allergische Reaktionen gegen ätherische Öle und Alkohol).

Stark lösemittelhaltige Klebstoffe

Diese Kunstharzkleber enthalten Lösemittelanteile von bis zu 85 Prozent und werden in der Regel nur noch für Spezialbereiche beim Hausbau wie z. B. für die Verklebung von Kunststeinmaterialien verwendet. In diesen Synthetikkautschukprodukten ist hauptsächlich Polychlorbutadin (Neoprene) enthalten, aber auch → Formaldehyd, → Isocyanate und die gesamte Palette der bereits oben aufgeführten Lösemittel.

In der Pflanzenchemie werden stark lösemittelhaltige Klebstoffe nicht hergestellt.

Lösemittelarme Klebstoffe

Der Lösemittelanteil beträgt maximal fünf Prozent. Hierbei handelt es sich hauptsächlich um Dispersionskleber, die heute bevorzugt für das Aufbringen von Bodenbelägen benutzt werden. Bei diesen Kunststoffdispersionen werden in Wasser fein verteilte (dispergierte) Kunststoffe eingemischt, wie z.B.

Synthetikkautschuk, Acrylsäureesther, Polyvinylacetat und Methylmethacrylat. Bei den lösemittelarmen Dispersionsklebern aus Naturharzen werden hauptsächlich Naturkautschuk und Kolophonium verwendet, die im Gegensatz zu den Kunstharzen umweltfreundlich und völlig ungefährlich für den menschlichen Organismus sind (Ausnahme: in seltenen Fällen allergieauslösende Reizungen durch Baumharze).

Lösemittelfreie Klebstoffe
Hierbei handelt es sich vor allem um Klebstoffolien oder Klebebänder, die vorwiegend für Teppichverlegearbeiten verwendet werden. Verschiedene Innenausbaumaterialien sind ebenfalls mit lösemittelfreien Harzklebstoffen auf der Rückseite beschichtet, wie z. B. Keramikfliesen (→ Fliesen), Teppichfliesen (→ Teppichböden), Korkböden (→ Kork), PVC-Böden (→ PVC) oder → Linoleum. Die Kleber bestehen hauptsächlich aus Synthetikkautschuk und Kunstharzen wie z. B. Styrol-Butadin-Kautschuk, Acrylharzen oder Polyurethanen (→ Isocyanate). Bei diesen chemischen Produkten sind toxische Emissionen möglich. Umweltfreundliche, ungiftige Alternativen aus der Pflanzenchemie gibt es noch nicht.

Reaktionsklebstoffe
Sie sind in der Regel lösemittelfrei und härten durch chemische Reaktionen an der Luft aus. Bei diesen, häufig unter dem Namen Epoxidharzkleber zu kaufenden Klebstoffen, werden Härter, verschiedene Additive und Weichmacher eingesetzt. Am gebräuchlichsten sind Zwei-Komponenten-Systeme und Sekundenkleber, die bei der Vermischung, je nach chemischer Zusammensetzung, sekundenschnell oder aber auch über Stunden, durch chemische Reaktionen erhärten. Zu den Reaktionsklebern zählen auch die Polyurethanklebstoffe. Besonders bei den Zwei-Komponenten-Klebern ist eine starke Gesundheitsgefährdung durch freiwerdende Isocyanate gegeben. Umweltschonende, ungiftige Alternativen aus der Pflanzenchemie gibt es auch hier bisher noch nicht.

Lösemittelhaltige Reaktionsklebstoffe werden hauptsächlich im Baubereich in → Mörteln und Fliesenklebern (→ Fliesen) verwendet. Hier kommen außer Polyurethanen auch Formaldehydharze (→ Formaldehyd), Füllstoffe und hochtoxische Konservierungsstoffe zum Einsatz.

Leime
Hierbei handelt es sich um dünnflüssige und meistens wasserlösliche Klebstoffe. Kunstharzleime bestehen meistens aus Harnstoff-Formaldehyd, Resorcin-Formaldehyd, Phenol-Formaldehyd oder Melamin-Formaldehyd. Diese synthetisch hergestellten Kunstharzleime sind grundsätzlich toxisch, ihre gesundheitsgefährdende Wirkung hängt von der Menge der verwendeten Binde- und Lösemittel ab.

Bei Naturharzleimen werden tierische oder pflanzliche Rohstoffe verwendet, z. B. tierische Rohstoffe wie Knochen, Leder und Haut oder pflanzliche Rohstoffe wie verschiedene Stärken aus Mais, Weizen, Roggen, Kartoffeln und vielen anderen stärkehaltigen Pflanzen.

Für Tapetenkleister (→ Tapeten) werden von den Naturchemiefirmen als Bindemittel Zellulose- und Kaseinleime (→ Kasein) angeboten, die ohne Konservierungsstoffe gesundheitlich völlig unbedenklich sind. Methylzellulose und Zelluloseglykolatleime aus der synthetischen Herstellung enthalten Konservierungsstoffe und können dadurch Schadstoffe abgeben, die allerdings nur eine geringe Gesundheitsgefährdung bewirken können.

Baubiologische Bewertung
Grundsätzlich sollte bei jeder Art von Klebstoffen darauf geachtet werden, daß keine synthetischen Löse- oder Bindemittel verwendet wurden. Naturkleber ohne Zusätze von Formaldehyd und anderen giftigen Konservierungsstoffen stehen in großer Auswahl für fast jede Klebeart im Handel zur Verfügung.

Besonders vor großflächigen Klebearbeiten mit lösemittelhaltigen Klebstoffen wird ausdrücklich gewarnt! Starke Gesundheitsschädigungen, wie z. B. Leberschäden und Rauschzustände können auftreten. Bestimmte Kleber haben derart narkotisierende Wirkungen, daß sie als Schnüffelstoffe in der Rauschgiftszene benutzt werden. Auch bei der Anwendung von großflächig aufzutragenden Naturklebern sollte auf ausreichende Lüftung in den Räumen geachtet werden, da bei sensiblen und besonders empfindlichen Menschen vereinzelt Allergien auftreten können.

Bei der Verlegung von Teppichböden, deren Fläche kleiner als 25 Quadratmeter ist, sollte man vollkommen auf Kleber verzichten. Unbedenklich ist es, Teppichböden zu verspannen oder sie mit Doppelklebebändern an den Rändern zu befestigen. Keramikfliesen sollten im Mörtelbett verlegt werden, so daß man auf Klebemörtel mit toxischen Zusätzen verzichten kann.

Holzfußböden sollte man nageln. Bei Nut- und Federbrettern gibt es fertige Klammersysteme an der Unterseite, so daß eine Befestigung mit Klebstoffen unnötig wird.

Tapeten können mit selbstgefertigtem, ungiftigem Tapetenkleister aus Stärke oder mit Methylzelluloseleim ohne Zusätze von Konservierungsmitteln an Wänden und Decken verklebt werden.

Klimaanlagen

Klimaanlagen erwärmen oder kühlen von außen eingesaugte Frischluft, die nach dosierter Zugabe von Feuchtigkeit über ein Filtersystem in die Raumluft eingeblasen wird. Wenn eine Klimaanlage in Betrieb ist, darf kein Fenster geöffnet werden, da sonst die künstliche Klimatisierung der Innenraumluft außer Kraft gesetzt wird. In den siebziger Jahren galt es noch als Luxus, raumlufttechnische Anlagen in Büroräumen zu installieren. Heute werden Bürohäuser, Hotels und Arbeitsräume sehr häufig mit technischen Anlagen ausgerüstet, die das Raumklima künstlich regulieren. An Arbeitsplätzen mit hoher Schadstoffbelastung oder z.B. in Operationssälen, wo die Luft keimfrei sein muß, ist die technische Filterung, Entkeimung und Temperierung nicht mehr wegzudenken.

Trotz technischer Bestimmungen in der DIN 1946, in der bestimmte hygienische Mindestanforderungen und eine thermische Behaglichkeit festgelegt werden, entstehen bei vielen Menschen, die sich in klimatisierten Räumen aufhalten, starke Befindlichkeitsstörungen bis hin zu chronischen Krankheiten. Selbst bei technisch optimal eingestellter Luftfeuchtigkeit und Temperatur, treten diese Symptome und Beschwerden auf. Befindlichkeitsstörungen, die eine klassische Symptomatik aufweisen, wurden 1992 von der WHO (Weltgesundheitsorganisation) zusammengestellt unter der Rubrik »Building Related Illness« (BRI). Sie treten nur bei Menschen auf, die sich längere Zeit in Gebäuden mit Klimaanlagen aufhalten. Dazu gehören Infektionskrankheiten wie Legionellosis (→ Legionellengefahr), Pontiacfieber, maligne Erkrankungen (z.B. durch → Radon, Tabakrauch) und Allergien (z. B. durch Milben oder → Schimmel). Im Gegensatz dazu werden Befindlichkeitsstörungen, bei denen weder eindeutige Erkrankungen noch pathologische Parameter diagnostiziert werden können, unter dem medizinischen Fachbegriff → Sick Building Syndrom (SBS) eingestuft. In Räumen, die mit einer Klimaanlage ausgestattet sind, werden die Beeinträchtigungen durch technische Unzulänglichkeiten hervorgerufen, da ein künstlich erzeugtes Innenraumklima nicht die Qualität einer natürlichen Belüftung haben kann. Künstliche Luftbefeuchtung und erhöhte Luftgeschwindigkeit sind die Hauptursachen für die Symptome. Die Luftströmung kann bis zu fünfmal so hoch sein wie ohne Klimatisierung. Zudem entsteht eine große Temperaturdifferenz zwischen Raumluft und Zuluft, die als zu kühle oder zu trockene Zugluft empfunden wird. Die Betroffenen klagen über rheumatische Beschwerden, trockene Schleimhäute und eine starke Neigung zu Infekten. Bei Räumen mit großen Fensterflächen treten besonders große Temperaturunterschiede auf, die durch Wettereinwirkungen wie Kälte oder Sonnenschein noch verstärkt werden. Viele Menschen empfinden klimatisierte Räume als zu warm, weil der Organismus durch die zusätzliche Luftbefeuchtung die Körperwärme nur schwer und langsam regulieren kann. Auch psychologische Faktoren spielen eine Rolle. Viele glauben, an Luftmangel zu leiden, weil sie die Fenster nicht öffnen können, andere fühlen sich eingeschlossen. Das führt häufig zu Kopfschmerzen, Konzentrationsstörungen, Müdigkeit, Erschöpfung, raschem Leistungsabfall und Kreislaufschwäche.

Besonders montags treten starke Befindlichkeitsstörungen auf. Zum einen weil die über das Wochenende ausgeschaltete Klimaanlage ca. drei Stunden benötigt, um das Kunstklima zu erzeugen. Zum anderen weil der menschliche Organismus sich erst wieder an die klimatisierte, befeuchtete Luft gewöhnen muß.

Folgende Symptome treten bei der »Montagskrankheit« auf: bleischwere Glieder, Hustenreiz, Atemnot, Schweißausbrüche, Schüttelfrost und Müdigkeit. Nach ca. einem Tag der Gewöhnung werden die Symptome schwächer oder verschwinden ganz. Am Wochenende regenerieren sich die Menschen wieder und werden am nächsten Montag erneut von den typischen Symptomen befallen.

Die Filter in den Klimaanlagen bilden den größten Gefahrenherd. Schmutzpartikel und Staubfasern können nur zum Teil abgehalten werden. Mikroorganismen, Keime, Bakterien, Schimmelpilze und Allergene werden nur unzureichend gefiltert. Im feuchtwarmen Klima der Filtermatten können sich sogar regelrechte Brutstätten bilden. Schimmelpilze können durch die Filter hindurchwachsen, mit ihren Sporen in die Raumluft gelangen und zu schweren allergischen Reaktionen führen. Die sogenannte Legionärskrankheit hat gezeigt, daß ältere Klimaanlagen bei mangelnder hygienischer Überwachung sogar Infektionskrankheiten auslösen können, die zum Tode führen. Besonders die in älteren Anlagen verwendeten Umlaufsprühbefeuchter sind Sammelstätten für Mikroorganismen aller Art, die zu schwersten Befindlichkeitsstörungen vor allem bei Allergikern und Asthmatikern führen können.

Die Notwendigkeit einer regelmäßigen Entkeimung und Filterreinigung hat man mittlerweile erkannt. Da aber dennoch Schimmelpilze entstehen können, werden immer häufiger → Biozide eingesetzt. Mit Bioziden behandelte Atemluft kann aber noch schädigender für den menschlichen Organismus sein, da es sich hier um hochtoxische Substanzen handelt. Hygiene kann nur durch eine manuelle Reinigung der Filter in kurzen Abständen und eine häufige Erneuerung der gesamten Filteranlage erreicht werden.

Weitere Gefahren gehen von künstlichen → Mineralfasern aus, die sich von den Innendämmungen der Luftkanäle lösen und in die Atemluft gelangen können. Auch Asbestfasern (→ Asbest) werden in die Raumluft geblasen, wenn das Trinkwasser durch → Asbestzementrohre ins Haus gelangt.

Klimaanlagen und Rohrzuführungen sollten besonders schallgedämmt sein, damit sich nicht durch Körperschall die Geräusche der Elektromotoren über alle Räume verteilen können. Besonders niederfrequente Schallwellen, die unterhalb des menschlichen Hörbereiches auftreten, können auf Dauer Empfindlichkeitsstörungen verursachen. Luftbefeuchter dürfen nicht zusätzlich aufgestellt werden, da sie die Luftqualität nur verschlechtern. Filtermatten in solchen Luftbefeuchtern bilden weitere Brutstätten für Keime, Viren und Bakterien, die sie zusätzlich in die Atemluft schleudern.

Baubiologische Bewertung
Aus ökologischer Sicht ist eine Klimaanlage vollkommen abzulehnen. In öffentlichen Gebäuden wird dadurch bis zu achtmal soviel Energie verbraucht wie in durchschnittlich beheizten Räumen. Wenn aus betrieblichen Gründen Klimaanlagen notwendig sind, sollten sie nur während der Arbeitszeit eingeschaltet werden. Wenig genutzte Räume sollten nicht mit einer Klimaanlage ausgestattet werden. Aus gesundheitlichen Gründen sind Klimaanlagen ebenfalls generell abzulehnen, da das künstlich erzeugte Innenraumklima zu starken Befindlichkeitsstörungen führt und besonders bei Allergikern, Rheumatikern und Asthmatikern zu einer ernsthaften Verschlechterung des Gesundheitszustandes führen kann.

Kokosfaser-Dämmung

Kokosfasern als Rohprodukt für Faserplatten und Rollfilz kommen zum größten Teil aus Indien und Indonesien. Die Kokosfaser wird aus der faserigen Schicht der Fruchthülle von Kokosnüssen gewonnen. Sie ist wasserabweisend, sehr elastisch und widerstandsfähig. Wohnbiologisch ist sie sehr wertvoll, da auch Wärme- und Feuchtigkeitsregulierung sehr gut sind. Die Wärmeleitfähigkeit λ (Lambda) ist mit 0,051 W/mK (Watt pro Meter Kelvin, → Wärmeschutzverordnung) etwa identisch mit künstlich hergestellten → Dämmstoffen. Die Elastizität der einzelnen Fasern bewirkt eine überdurchschnittlich hohe Formbeständigkeit der Dämmplatten und Dämmfilze. Besonders als Schall- und → Wärmedämmung unter → Estrichen haben sich Kokosfasermatten dadurch bewährt. Bei Sanierungsmaßnahmen stellte man fest, daß selbst nach drei Jahrzehnten die Formbeständigkeit erhalten geblieben war und keinerlei Verrottungserscheinungen auftraten. Die Resistenz gegen Fäulnis und Insekten ist so groß, daß keine → Biozide eingesetzt werden müssen. Kokosfasern haben zudem gute hygroskopische Eigenschaften und können daher die Luftfeuchtigkeit in Innenräumen auf natürliche Art regulieren. Genauso schnell wie sie Feuchtigkeit aufnehmen, können sie diese an die Raumluft wieder abgeben. Besonders vorteilhaft ist, daß die Wärmedämmeigenschaften der Fasern durch Feuchtigkeit kaum beeinträchtigt werden. Kokosrollfilzmatten sind sehr gut als Sparrendämmung für Satteldächer geeignet. Bei der Verwendung für → Matratzen oder Dämmplatten werden beim sogenannten Vernadeln der Kokosfasern zu Filz häufig Bindemittel zum Verkleben für einen besseren Halt eingesetzt. Handelt es sich dabei um Naturlatex, ist dies gesundheitlich unbedenklich. In der Regel wird aber Synthetiklatex eingesetzt, bei dem es im Lauf der Zeit zu Schadstoffemissionen kommen kann. Kokosfasern werden auch für die Herstellung von Bürstenmatten, Seilen, Polstermöbeln und → Teppichböden verwendet. Auch für die Füllungen von Holzständerkonstruktionen sind Kokosfasern sehr geeignet. Kokosfaserdämmungen müssen aufgrund des vorgeschriebenen Flammschutzes behandelt werden. Um die Brandschutzklasse B 2 (schwer entflammbar) zu erreichen, werden die Fasern häufig mit Ammoniumsulfat getränkt. Wenn keine anderen Flammschutzmittel, wie z. B. halogenierte oder organische Phosphorverbindungen, eingesetzt werden, sind diese gesundheitlich unbedenklich.

Baubiologische Bewertung
Kokosfasern sind ein natürlicher, nachwachsender Rohstoff mit sehr guten Trittschall- und Wärmedämmeigenschaften, hoher Elastizität, großer Dampfdiffusionsfähigkeit und wasserabweisenden Eigenschaften. Daher sind sie für die Verwendung in einem gesunden und giftfreien Haus sehr zu empfehlen. Toxische Emissionen können nicht auftreten, wenn keine anderen Flammschutzmittel als Ammoniumsulfat eingesetzt werden. Kokosfasern sind gut wiederverwertbar, da sie praktisch nicht verrotten. Ökologisch nachteilig sind die langen Transportwege des Rohstoffs.

Ammoniumsulfat, das nach wie vor als Kunstdünger in der Landwirtschaft verwendet wird, kann bei der Verarbeitung störende Einflüsse ausüben, da es leicht ätzende Wirkungen hat. Augenbrennen und leichte Schleimhautreizungen können die Folge sein. Da Kokosfasern trotz der guten Insektenresistenz immer noch teilweise in den Erzeugerländern vor den langen Transportwegen mit Bioziden besprüht werden, sollte man sich die Schadstofffreiheit dieses Naturprodukts vor dem Kauf schriftlich bestätigen lassen.

Kokosfasermatratzen

Die Kokosfaser wird aus der fasrigen Schicht der Fruchthülle von Kokosnüssen gewonnen. Sie ist wasserabweisend, sehr elastisch und widerstandsfähig. Durch ihre guten wärme- und feuchtigkeitsregulierenden Eigenschaften ist sie biologisch wertvoll. Kokosfasern garantieren aufgrund ihrer hohen Elastizität eine gute Formbeständigkeit über viele Jahre.

Baubiologische Bewertung
Kokosfasern sind noch härter als Kapok (→ Kapokmatratzen). Matratzen aus Kokosfasern sind daher, wenn sie ohne zusätzliche Schurwoll- oder Roßhaarauflagen hergestellt werden, gewöhnungsbedürftig. In Verbindung mit Auflagen aus Schurwolle von zwei bis drei Zentimetern sind sie, wenn bei der Fabrikation keine chemischen Klebstoffe verwendet werden, ein sehr gutes und belastungsfreies Naturprodukt. Die Matratzen sind sehr leicht und die billigste gesunde Alternative zu → Schaumstoffmatratzen. Beim Kauf sollte man darauf achten, daß die einzelnen Kokosfasermatten nicht verklebt, sondern mit Kokos- oder Jutefäden (→ Jute) versteppt sind. → Matratzen.

Kork

Kork ist einer der wertvollsten baubiologischen Wärmedämmstoffe. Der lateinische Name »Cortex« bedeutet soviel wie Rinde und hat dem Kork seinen Namen gegeben. Mit 50 Prozent der jährlichen Welternte ist Portugal Spitzenreiter der Korklieferanten. Weitere Anbaugebiete für Korkeichen sind Spanien, Algerien, Tunesien, Marokko, Südfrankreich und einige Mittelmeerinseln wie Sardinien, Korsika und Sizilien.

Häufig wird behauptet, eine stetig expandierende Naturkorkproduktion habe einen Kahlschlag der Wälder im Mittelmeerraum zur Folge. Das ist falsch. Durch eine große Korknachfrage wird eine Wiederaufforstung und nicht eine Versteppung der Landschaft gefördert. Gerade im Mittelmeerraum ist die Aufforstung von großen Gebieten mit Korkeichen besonders wichtig, da sie die Verkarstung der in früheren Jahrhunderten gerodeten Waldgebiete verhindern. Der Mutterboden bleibt erhalten, da zwischen den Korkeichen Büsche und Gras wachsen, die vielen, fast schon ausgestorbenen Tierarten, wieder einen Lebensraum bieten. Eine große Nachfrage nach Kork ist also grundsätzlich eine Entwicklungshilfe für verkarstete Gebiete des Mittelmeerraumes. Außerdem könnten gerade in armen Gegenden durch Wiederaufforstung und Expansion der Wirtschaft viele Arbeitsplätze geschaffen werden.

Korkeichen werden bis zu 150 Jahre alt. Die Rinde wird mit speziellen Werkzeugen abgehebelt. Die erste Rindenschälung erfolgt in der Regel erst nach 25 Jahren. Der so gewonnene Kork wird als Jungfernkork bezeichnet. Die nächsten Schälungen erfolgen jeweils in Zeitabständen von sieben bis zehn Jahren, denn so lange dauert es, bis die Korkrinde wieder in vollem Umfang nachgewachsen ist. Den Kork bezeichnet man ab der zweiten Schälung als weiblichen Kork. Er ist elastischer und harzärmer, während der Jungfernkork durch seine längere Wachstumszeit einen viel höheren Prozentsatz an Baumharzen beinhaltet. Nach dem Schälen wird der Kork grob gemahlen und in große Druckbehälter gefüllt. Durch erhitzten Wasserdampf expandiert der Kork, die gebundenen Harze treten aus und verbinden das Korkgranulat fest miteinander. Die so gewonnenen Korkblöcke werden anschließend in entsprechende Stärken gesägt. Der wertvolle Jungfernkork kann aufgrund seines höheren Harzgehaltes bei viel niedrigeren Temperaturen expandiert werden als der weibliche Kork. Nur Kork, der auf diese natürliche Weise ohne Zusätze irgendeiner Art hergestellt ist, wird als Backkork oder Korksteinplatten bezeichnet.

Immer wieder können Korkprodukte auftreten, die leicht verbrannt riechen. Hier wurde noch mit veralteten Druckbehältern und mit Holzfeuerung gearbeitet, bei der die Hitze schwer regulierbar ist. Bei zu großer Hitze kommt es zu einem regelrechten Verschwelen der Baumharze, was den unangenehmen Geruch verursacht. Grundsätzlich darf zu heiß expandierter

Kork mit Verschwelungsrückständen nicht für den Hausbau verwendet werden, da eine Raumluftbelastung durch ausströmendes Benz(a)pyren nicht auszuschließen ist. Beim Kauf von Kork sollte man daher immer eine Riechprobe durchführen. Naturprodukte sollten generell geruchsneutral sein. Das gilt für Korkplatten, die zur → Wärmedämmung von Dächern oder Fußböden verwendet werden, genauso wie für einen Oberbelag aus Korkplatten.

Kork ist baubiologisch sehr zu empfehlen. Er benötigt bei der Herstellung und bei der Verarbeitung keinerlei chemische Zusatzstoffe, er hat gute schalldämmende Eigenschaften sowie hervorragende Wärmespeicherfähigkeiten und ist daher eine ungiftige Alternative zu Kunstschaum-Isolierplatten (→ Polystyrol). Kork ist zudem wasserunempfindlich und fällt nicht zusammen wie andere Mineralwolledämmstoffe (→ Mineralfasern). Bei einer Korkdämmung kann man vollkommen auf eine Dampfsperre verzichten. Kork ist darüber hinaus nicht anfällig für Holzwürmer, Nagetiere oder andere Ungeziefer, muß daher also nicht speziell behandelt werden. Er hat eine geringe Entflammbarkeit (Brandschutzklasse B II) und muß daher nicht mit Flammschutzmitteln behandelt werden, die häufig sehr giftige Stoffe enthalten.

Baubiologische Bewertung

Da Kork als natürlicher Rohstoff, ähnlich wie → Holz, lediglich mit Hilfe von Sonnenenergie produziert wird, sollte er zu den bevorzugten Baumaterialien gehören, zumal auch bei der Verarbeitung nur wenig Energie verbraucht wird. Kork hat aufgrund seiner besonders guten wärmedämmenden Eigenschaften – im Gegensatz zu anderen Baumaterialien wie Stein, → Zement oder → Fliesen – stets eine hohe Oberflächentemperatur und fühlt sich darum immer warm und behaglich an. Offenporige Korkbeläge können sich nicht elektrostatisch aufladen und haben aufgrund ihrer hohen Porosität erhöhte schalldämmende Eigenschaften. Bodenbeläge aus Kork sollten daher nicht versiegelt werden. Durch die Versiegelung werden die wichtigen atmungsaktiven Poren geschlossen. Besonders bei preisgünstiger Massenware ist darauf zu achten, daß die aufgebrachte Oberflächenbeschichtung nicht aus einem toxischen Material, wie z.B. aus einer → PVC-Beschichtung, besteht. Grundsätzlich sollten nur Korkplatten verlegt werden, die völlig unbehandelt sind. Ein anschließendes Ölen und Wachsen macht Korkböden resistent gegen Flecken durch Wasser, Fette oder Öle. Somit sind sie auch für Küchen oder Naßräume geeignet. Wenn beim Verlegen von Korkfliesen ungiftige Naturharzkleber verwendet werden und eine chemiefreie, nicht porenschließende Oberflächenbehandlung durchgeführt wird, ist ein Korkbelag eine gute Alternative zum → Teppichboden. Dieser ist zwar etwas wärmer, aber Kork ist viel hygienischer, weil er sich leichter und unproblematischer reinigen läßt.

Kork als Wärmedämmung oder als Fußbodenbelag zu verwenden ist ökologisch besonders sinnvoll. Er ist nicht nur ein ständig nachwachsendes Naturprodukt, sondern kann auch aufgrund seiner hohen Alterungsbeständigkeit unproblematisch für die Nachnutzung recycelt werden.

Kunstharz-Dispersionsfarben

Jährlich werden in der Bundesrepublik Deutschland mehr als 90 Millionen Liter Dispersionsfarben allein von Hobbymalern an Wänden und Decken verstrichen. Dispersionsfarben sind in der Regel mit Kunstharzen gebunden. Schäden an der Farboberfläche (Blasenbildung) treten häufig auf, weil der Farbanstrich wasserabweisend ist und dadurch nicht die gewünschte Dampfdurchlässigkeit aufweist. Bei einem bauphysikalisch richtig konzipierten Außenmauerwerk muß die Dampfdurchlässigkeit von innen nach außen zunehmen. Das bedeutet, daß der Dispersionsfarbanstrich außen dampfdurchlässiger sein muß als der Innenanstrich. In der Realität ist es oft umgekehrt, da Dispersionsfarben einen regelrechten Kunststoffilm auf der Außenhaut des → Außenputzes bilden, der nicht in die Kapillaren und Poren des → Putzes eindringt. Der natürliche Dampfdruck, der von den Innenräumen nach außen wandern muß, kann diesen Film nicht durchdringen, so daß sich Feuchtigkeit unter dem Außenfarbanstrich sammelt. Im Laufe der Zeit bilden sich Blasen, und der Kunststoffilm kann großflächig abplatzen. Besonders bei Frosteinwirkung können an solchen Stellen große Putzschäden entstehen.

Im Vergleich zu Lacken (→ Farben und Lacke) und Lasuren sind kunstharzgebundene Dispersionsfarben umweltverträglicher. Der Lösemittelgehalt wird mit zwei Prozent angegeben. Die Inhaltsstoffe der → Lösemittel sind jedoch auch in dieser Konzentration gesundheitlich bedenklich. Die Hauptbestandteile sind → Toluol und → Xylol. Eine Gesundheitsgefährdung kann auch durch Restmonumere auftreten, die aus den Kunstharzen austreten und vom Menschen eingeatmet werden. In Kunstharz-Dispersionsfarben sind außerdem Konservierungsmittel, sogenannte Topfkonservierer, enthalten. Gebräuchlich dafür sind gesundheitsschädliche Zusätze wie → Formaldehyd und Isothiazolan-Verbindungen. Die früher allgemein verwendeten hochtoxischen Zusätze wie → Quecksilber und Pentachlorphenol (→ PCP) werden heute nicht mehr eingesetzt.

Baubiologische Bewertung
Umweltbelastungen und Gesundheitsgefährdung durch freiwerdende Lösemittel sowie Entsorgungsprobleme sind die großen Nachteile von Kunstharz-Dispersionen. Aus diesem Grund ist von der Verwendung abzusehen und auf unproblematische, ungiftige → Wandfarben zurückzugreifen, z.B. auf → Naturharz-Dispersions- oder → Silikatfarben.

Kunstharzputze

Kunstharzputze bestehen aus Sand, Kunstharzdispersionen und verschiedenen Zusatzmitteln. Kunstharze enthalten in der Regel Bindemittel aus Reaktionsharzen, z.B. Epoxitharz (EP), ungesättigtes Polyesterharz (UP) oder Polyurethanharze (→ Isocyanate).

Besonders Innenputzmaterialien mit der Bezeichnung Edelputze sind mit hohen Kunststoffanteilen versetzt. Edelputze werden häufig für dekorative Zwecke im Innenbereich verwendet. Kunstharzputze sind wasserabweisend und elastisch. Nachteilig wirkt sich allerdings die hohe Dampfdichtigkeit, die Abgabe von Schadstoffen aus den Kunststoffzusätzen, die Freisetzung von Restmonomeren sowie die elektrostatische Aufladung (→ Luftelektrizität) aus. So können z.B. Isocyanate aus PUR, stark gesundheitsschädliche Additive aus UP und Epichlorhydrin, das sind chlorierte Kohlenwasserstoffe, aus EP austreten, die alle hochtoxisch sind. Auch Fungizide können den Kunstharzputzen beigemengt sein. Sie sind für den menschlichen Organismus ebenfalls sehr schädlich. Kunstharzputze werden immer häufiger als wasserdichte → Außenputze auf → Spanplatten für Fertighäuser, Betonfertigelemente und synthetische → Wärmedämmungen aufgebracht. Auch als Außenputz wirken sie sich aufgrund ihrer dampfsperrenden Eigenschaften negativ aus, so daß es häufig bei Frost zu Abplatzungen und im Innenbereich zu Schimmelbildungen (→ Schimmel) kommt.

Baubiologische Bewertung
Putze wirken von allen Innenausbaumaterialien am intensivsten auf das Raumklima, da sie große Flächen einnehmen. Sie beeinflussen Luftfeuchtigkeit und Schadstoffemissionen wesentlich. Darum sollte der Putz zum optimalen Austausch der Luft aus feuchtigkeitsregulierenden, dampfdiffusionsfähigen, schadstoffabsorbierenden und keimtötenden Materialien bestehen. Kunstharzputze besitzen keine dieser wichtigen Eigenschaften. Im Gegenteil, bei Kunstharzputzen können Schadstoffe und Restmonomere frei werden. Je nach Kunstharzanteil, haben sie dampfbremsende bis dampfsperrende Eigenschaften und beeinflussen dadurch das Innenraumklima negativ. Alternativen sind → Gips- und → Kalkputz.

Kunstlicht

Natürliches Licht setzt sich aus sichtbaren Spektralfarben von Rot bis Violett, mit Wellenlängen von 380 bis 680 Nanometern (nm) zusammen. Die Intensitätsgipfel liegen im grün-gelben sowie im blauen Bereich des Spektrums. Zudem sind wärmespendende Infrarotstrahlen, die im Bereich über 680 Nanometer liegen sowie die biologisch hochwirksame Ultraviolettstrahlung mit den kurzen Wellenlängen unter 380 Nanometer im Licht enthalten. Dieses auf jeden lebenden Organismus einwirkende vielschichtige Strahlenbad von natürlichem Licht mit den unterschiedlichsten Wellenlängen und -intensitäten ist lebensnotwendig.

Natürliches Licht ist nie monoton und vermittelt permanent lebenswichtige Reize, die Signalfunktionen unserer Zellen auslösen. Unsere Augen haben im wesentlichen zwei Funktionen: Zum einen bilden sie die Umwelt (ähnlich einer Kamera) ab, zum anderen steuern einfallende Lichtreize Stoffwechsel und Hormonhaushalt. Gleichzeitig wird das gesamt Immunsystem beeinflußt. Das Auge setzt einfallendes Licht in Nervenimpulse um, die vom Sehnerv über die Netzhaut in die Großhirnrinde gelangen, den optischen Sinneseindruck vermitteln und lebenswichtige Signale in das Zentralnervensystem einleiten. Bei Versuchen mit Fröschen wurde der zweite Wirkungsbereich von natürlichem Licht erforscht. Nachdem man das Sehzentrum operativ ausgeschaltet hatte, war bei Lichteinfall immer noch der charakteristische Farbwechsel der Haut zu erkennen – wie bei sehenden Fröschen. Dies ist der Beweis dafür, daß es eine zweite Reizleitung gibt, die durch Licht stimuliert wird. Diesen zweiten Wirkungsbereich bezeichnet man als energetischen Anteil der Sehbahn. Die elektromagnetischen Lichtsignale werden vom Sehnerv aus weitergeleitet und gelangen über die Nerven und ihre Schaltstellen, die Synapsen, in sämtliche Hirnregionen.

Licht hat einen großen Einfluß auf die Fruchtbarkeit und spielt nach neuesten Erkenntnissen eine Schlüsselrolle für die Zellinformation. Eine aktuelle Studie von G.S. Darkoh zeigt, daß Tageslicht die Bildung von Vitamin D_3, die Kalziumaufnahme sowie dessen Verwertung fördert. Da Krebskranke eine verminderte Kalziumresorption aufweisen, könnte ein dem natürlichen Licht angepaßtes Beleuchtungssystem sogar zu einer Krebsprophylaxe werden.

Schon in den fünfziger Jahren stellte man Zusammenhänge zwischen Farbbestrahlungen und Gesundungsprozessen fest. Man erkannte, daß Farbbestrahlungen bis dahin ungeahnte biologische Reaktionen auslösen. So läßt die Farbe Dunkelblau Menschen eine tiefe Beruhigung empfinden: die Atmung verlangsamt sich, Puls und Blutdruck sinken. Die stärkste erregende Wirkung hat dagegen die Farbkombination Gelb/Rot: bei längerem Betrachten steigen Atemfrequenz, Puls und Blutdruck. Forschern, die Zusammenhänge zwischen Kunstlicht und Krankheit untersuchten, wurde klar, daß die gesundheitsschädigenden Auswirkungen des künstlichen Lichts vor allem auf das Fehlen wichtiger Farbspektren zurückzuführen sind. Der Infrarotbereich fehlt z. B. bei Kunstlicht völlig. Er spielt beim Menschen eine wichtige Rolle für den Sexualzyklus. Der kurzwellige UV-Anteil ist nur zum Teil im Kunstlicht enthalten. Die lebensnotwendigen Signale dieser Strahlen, die im Freien wohldosiert auf den Organismus einwirken und die vegetativen Reaktionen wie Blutdruck, Atmung und Schlaf über den Hypothalamus steuern, erreichen die Menschen beim Aufenthalt in Häusern und Wohnungen nicht. Schwere Entzugserscheinungen, die zu chronischen Krankheiten führen können, sind die Folge bei langanhaltendem Entzug von natürlichem Licht.

Mit der Erfindung der Glühbirne (und der sich daraus entwickelnden Kunstlichttechnik) wurde der biologische Einfluß der Naturbeleuchtung in den meisten Häusern vollkommen vernachlässigt. 98 Prozent sämtlicher Beleuchtungssysteme sind vom gesundheitlichen Standpunkt aus gesehen mangelhaft. Nach Hollwich leiden Menschen, die zu lange künstlichem Licht ausgesetzt sind, an Symptomen und Krankheiten wie Ermüdungserscheinungen, Schlaf- und Konzentrationsstörungen, Aggressionen, Kopfschmerzen, Augenbrennen, Unwohlsein, verbunden mit allgemeinen vegetativen und funktionellen Störungen, Gedächtnisverlust, Stoffwechsel- und Hormonstörungen, Vitaminmangel, Immunschwäche, Karies sowie Mangelerkrankungen am Knochengewebe. Besonders → Leuchtstoffröhren erzeugen Streß, machen nervös und vermindern die Leistungsfähigkeit. Darkoh sieht sogar einen Zusammenhang zwischen Kunstlichtstreß und Bluthochdruck, Herzinfarkt, der Alzheimer-Krankheit und Krebs.

Einige Forscher vergleichen eine Fehlbeleuchtung mit einer Fehlernährung, die dem Körper wichtige Nährstoffe vorenthält. Das Lichtspektrum von künstlichem Licht beträgt maximal ein Drittel des Spektrums des natürlichen Lichts. Langzeitstudien zeigen, daß durch künstliche Lichtverhältnisse die Funktionen der menschlichen Zirbeldrüse verändert werden. Besonders gravierend ist die biologische Wirkung bei langem Aufenthalt unter Leuchtstoffröhren, da die Produktion des lebenswichtigen Hormons aus der Zirbeldrüse (Melatonin) beeinflußt wird, was sich z.B. negativ auf das Immunsystem auswirken kann.

Mittlerweile sind → Vollspektrumleuchten entwickelt worden, die mehr als zwei Drittel des natürlichen Farbspektrums abdecken. Eine Behandlung mit diesen Leuchten ist in den USA eine anerkannte Heilungsmethode. Vollspektrumlicht hat (im Gegensatz zu normalen Leuchtstoffröhren) eine nachweisbar beruhigende Wirkung auf hyperaktive Kinder. In vielen Schulen und Krankenhäusern der USA werden es bereits eingesetzt. Bei Langzeituntersuchungen stellte man nämlich fest, daß Kinder, die sich in Klassenräumen mit einer solchen Beleuchtung aufhalten, eine höhere Konzentrations- und Lernfähigkeit aufweisen. Darüber hinaus sind sie weniger anfällig für Karies.

Baubiologische Bewertung

Das menschliche Auge wurde bei seiner Millionen Jahre langen Entwicklung durch das natürliche Wechselspiel von Licht- und Schattenreflexen geschult und trainiert. Natürliche Lichtspiele sollten im Wohn- und Bürobereich daher ebenso vorhanden sein. Wohltuend für die Augen sind z.B. abgestufte Helligkeitsgrade und Farbkontraste im Raum. Ein gleichmäßig ausgeleuchteter Raum mit schattenlosem, kaltem Leuchtstofflicht, das stumpf an weißen Wänden herabgleitet, kann nicht Kreativität und Wohlbefinden erzeugen. Daher sollte ein Raum nie gleichmäßig ausgeleuchtet sein. Punktförmige Lichtquellen, die dem natürlichen Spiel von Licht und Schatten ähneln, geben dem Auge die richtigen Reize. Diesen optischen Eindruck erreicht man durch verspiegelte Birnen, Mattbeschichtungen, Stoffschirme sowie indirekte oder direkte Beleuchtung. Spiegelnde oder reflektierende Flächen in Glasschränken, beschichtete Tische oder Möbel ermüden die Augen. Hänge- oder Standlampen sollten spiegel- und reflektionsfrei angebracht werden. Da besonders Farb- und Helligkeitskontraste sehr wohltuend für die Augen sind, sollten möglichst viele Lichtquellen mit unterschiedlichen Lichtintensitäten geschaffen werden. Ein weicher Schatten ist dabei für das Auge angenehmer als ein harter. Darum sollte man nach Möglichkeit die harte grelle Punktbeleuchtung von sogenannten Spotleuchten vermeiden und lieber eine zusätzliche Wand- oder Standlampe aufstellen.

Häufig kann man schon durch das Umstellen von Möbeln erheblich bessere Lichtverhältnisse schaffen. Einen Arbeitsplatz oder einen Wohnraum sollte man wegen des fehlenden Tageslichts grundsätzlich nicht in einem Kellergeschoß einrichten. Da im Süden die besten Lichtverhältnisse auftreten, sollten dort Arbeits- und Wohnzimmer eingerichtet werden (→ Geomantie).

Um besonders gute Lichtverhältnisse zu erreichen, sollte man folgende Faustregel beachten: Lampen und Glühbirnen sind so anzubringen, daß von der Decke mindestens 70 Prozent und von der Wand ca. 50 Prozent des Kunstlichts reflektiert werden. Punktbeleuchtungen sollten indirekt von Wänden und Decken abstrahlen, so daß sich ein wohltuender sanfter, matter Schatten entwickelt.

Glühbirnen sind Leuchtstoff- oder → Energiesparlampen vorzuziehen. Die beste Alternative aber sind Vollspektrum-Leuchtstoffröhren, die unter dem Namen True-Lite im Handel angeboten werden. Der verhältnismäßig hohe Kaufpreis ist aufgrund der langen Lebensdauer, ca. 24000 Stunden, angemessen. Vollspektrum-Leuchtstoffröhren dürfen nicht flackern und darum nicht mit Wechselstrom betrieben werden. Daher sind diese Lampen grundsätzlich mit einem Gleichstromrichter ausgerüstet.

Kunststoffenster

Deutschland ist das einzige Land in Europa, in dem für Fenster mehr Kunststoff- als Holzrahmen verwendet werden. Die Kunststoffindustrie gibt an, daß den größten Absatzbereich für → PVC im Bauwesen Kunststoffensterprofile einnehmen. Seit 1990 liegt die Jahresproduktion bei ca. 180000 Tonnen. Kunststoffenster werden zu 90 Prozent aus PVC für Hohlkammerprofile hergestellt und zu ca. 10 Prozent aus Polyurethanen (→ Isocyanate) für massive Hartschaumprofile. Aus statischen und konstruktiven Gründen müssen PVC-Hohlkammerrahmen mit Metallprofilen verstärkt werden. Kunststoffenster haben in Deutschland an Beliebtheit immer mehr zugenommen, weil sie pflegeleicht sind. Entgegen der allgemeinen Ansicht beträgt die Lebensdauer von Kunststoffenstern nur ca. 30 Jahre. Die Herstellung von PVC-Fensterrahmen ist aufgrund ihrer stark toxischen Materialzusammensetzung in der heutigen Zeit ökologisch nicht mehr zu verantworten. Bei der Herstellung wird ca. sechsmal soviel Energie verbraucht wie bei der Herstellung von → Holzfenstern.

PVC als Grundmaterial ist spröde, lichtempfindlich und nicht hitzestabil. Um es elastisch, hart und pflegeleicht zu machen, wird eine große Palette von teilweise toxischen Zusatzmitteln, wie z.B. Farbstoffe, Füllstoffe, Gleitmittel, Stabilisatoren, Trennmittel oder Antistatika, verwendet. Hochtoxisch sind auch Stabilisatoren wie → Blei und → Cadmium, die hauptsächlich als Schutz gegen Hitze und UV-Einstrahlung dienen. Cadmium, das bei anderen Kunststoffen bereits durch ungiftigere Metalle ersetzbar ist, wird als Stabilisator für PVC-Fenster nach wie vor benötigt. Jährlich werden hierfür ca. 240 Tonnen verwendet. Bei der Herstellung wird zudem stark giftiges Vinylchlorid freigesetzt, das gemäß → MAK-Werte-Liste eindeutig krebserzeugend ist. Durch moderne Herstellungsverfahren konnte die Freisetzung zwar erheblich reduziert werden, aber immer noch gelangen jährlich in Deutschland ca. 600 Tonnen bei der Produktion in die Umwelt. PVC-Fensterrahmen müssen aufgrund ihrer verhältnismäßig kurzen Lebensdauer im Vergleich zu anderen Fenstern häufig ausgetauscht werden. Das Recycling ist ökologisch ein genauso großes Problem wie die Herstellung selbst. Zwar nehmen in der Zwischenzeit die meisten Hersteller in Deutschland Altfenster aus PVC wieder zurück, aber das unlösbare Recyclingproblem selbst wird verschwiegen. 1994 konnten nur ca. 4000 Tonnen PVC-Fensterrahmen recycelt werden, während jährlich 360000 Tonnen Alt-PVC anfallen. Nur ein Bruchteil des PVCs wird also tatsächlich wieder aufbereitet. Die Hersteller behaupten zwar, daß aus alten PVC-Fensterrahmen neue Profile hergestellt werden, doch das ist eine Täuschung des Verbrauchers, die als Verkaufsargument für ein angeblich ökologisch vertretbares Material dient. Tatsache ist, daß beim PVC-Recycling für Fensterrahmen ca. ein Drittel neu produziert werden muß. Insgesamt entsteht dadurch also immer ein großer Mehrbedarf. Jährlich fällt so viel altes PVC an, daß noch Jahrzehnte vergehen werden, bis mit Hilfe neuer Anlagen wenigstens ein größerer Teil dieser Altlasten recycelt werden kann. Obwohl PVC aufgrund seiner toxischen Eigenschaften von immer mehr Städten und Gemeinden für den Einbau in kommunalen Bauten verboten wird, kann das Entsorgungsproblem somit in absehbarer Zeit nicht gelöst werden. Schon jetzt liegen Hunderttausende von Tonnen, die praktisch unverrottbar sind, auf Mülldeponien und werden als hochgiftiger Zivilisationsabfall weiteren Generationen erhalten bleiben. Dieser Sondermüll kann bisher nur in Müllverbrennungsanlagen verbrannt werden. Hierbei entstehen allerdings hochgiftige → Dioxine und Furane sowie Salzsäuregase, die in die Atmosphäre gelangen und über den Niederschlag die gesamte Umwelt vergiften.

Baubiologische Bewertung
Bei der PVC-Produktion entstehen hochtoxische Emissionen, die Luft, Boden und Wasser mit chlororganisch gelösten Stoffen, ungelösten Stoffen, Phenolen, → Quecksilber und mit organischen und anorganisch gelösten Stoffen belasten. Die Luftbelastungen sind toxikologisch am bedenklichsten, da nicht nur → Chlor, Chlorwasserstoff und Chlorkohlenwasserstoff, sondern auch Stoffe wie Cadmium und das krebserzeugende Vinylchlorid in die Atmosphäre gelangen. Das Recycling von PVC-Fensterrahmen ist sehr fragwürdig und die Entsorgung äußerst problematisch, da sie mit hochtoxischen Rückständen verbunden ist. Vorteilhaft an PVC-Fensterrahmen ist einzig und allein ihre Pflegeleichtigkeit.

Von der Verwendung von PVC-Fensterrahmen ist daher unbedingt abzuraten.

Kunststoffrohre

Kunststoff ist ökologisch bedenklich, da sowohl bei der Herstellung als auch bei der Entsorgung toxische Substanzen frei werden.

Die Prüfung von stehendem Leitungswasser in vielen unterschiedlichen Rohrleitungsmaterialien ergab, daß der Nitratgehalt des Wassers in Kunststoffrohren mit Abstand am höchsten ist. Allerdings sind Kunststoffrohre häufig die einzige Alternative zu anderen Rohren, da sie sehr preisgünstig sind. Wenn man aber schon aus Kostengründen Kunststoffrohre verwendet, sollten diese unter allen Umständen aus dunklen, lichtundurchlässigen Materialien bestehen, damit Algenbildung, die vorwiegend in Kunststoffrohren auftritt, vermindert wird. Am besten eignen sich hier sogenannte elektronisch vernetzte Rohre. Kunststoffrohre werden wie → Edelstahlrohre nicht von aggressivem Wasser angegriffen. → Trinkwasserrohre.

Kunststofftapeten

Zu Kunststofftapeten gehören Vinyltapeten, Thermotapeten und Relieftapeten. Fast alle Kunststofftapeten werden auf eine Trägerschicht geklebt, die entweder aus Papier oder aus textilem Gewebe besteht. Sie schränken die natürliche Dampfdiffusion durch ihre geschlossenen Oberflächen nahezu vollständig ein. Kunststofftapeten laden sich zudem leicht elektrostatisch auf, so daß das Raumklima zusätzlich negativ beeinflußt wird (→ Luftelektrizität). Die Thermotapete ist besonders problematisch, weil sie häufig als zusätzliche Wärmedämmung von innen angebracht wird. Wände von innen zu dämmen, ist jedoch bauphysikalisch vollkommen falsch, da sich an den Innenseiten von Außenwänden zwischen dem Tapetenrücken und der Wandoberfläche in der Regel Feuchtigkeit bildet. Die Wand bzw. der Putz hinter der Tapete durchfeuchtet mit der Zeit, so daß die Wärmedämmeigenschaft der Wand noch schlechter wird als vorher. Es bildet sich → Schimmel an der Rückseite der Tapete, der Putz wird mit der Zeit zerstört, die Tapete fault und löst sich von der Wand ab.

Vinyltapeten bestehen meistens aus → PVC mit hohen Weichmacheranteilen, aus Polyurethanen (→ Isocyanate) und Polystyrolauflagen bei Thermotapeten. PVC setzt sich aus einer Vielzahl hochgiftiger Substanzen zusammen. Freiwerdende Restmonomere entweichen in die Raumluft und können die Bewohner gesundheitlich schwer schädigen. Die meisten Kunststofftapeten müssen mit Spezialklebern verklebt werden. Häufig wird hierfür Polyvinylacetat (PVAc) verwendet. Die Kleber enthalten viele toxische Substanzen, z.B. hochgiftige Fungizide (→ Biozide) gegen Schimmelbildung. Da nicht nur die Kunststofftapete selbst, sondern auch die gesamte Klebeschicht ein fast luftdichtes Gefüge aufweist, wird die Dampfdiffusion zusätzlich gehemmt. Dadurch verliert die Innenwand ihre natürliche Fähigkeit zur Regulierung der Innenraumluftfeuchtigkeit.

Baubiologische Bewertung
Kunststoff-, Vinyl-, Relief- und → Textiltapeten aus Kunststoffasern sind baubiologisch nicht zu empfehlen, da sie dampfsperrende Wirkungen haben, sich schnell elektrostatisch aufladen und mit zum Teil hochgiftigen Spezialklebern verklebt werden müssen. → Tapeten.

Kupferrohre

Leitungswasser aus Kupferrohren kann sehr gesundheitsschädlich sein. Sind pH-Wert und Härtegrad des Wassers zu niedrig, wird das Wasser aggressiv, da sich die freie Kohlensäure nicht binden kann. Das saure, weiche Wasser greift die Leitungsrohre an und löst Kupferionen von ihnen ab, die der Verbraucher dann aufnimmt.

Vor allem in den neuen Bundesländern ist die Trinkwasserqualität sehr schlecht. Im Chemnitzer Raum sind pH-Wert und Härtegrad so niedrig, daß neu installierte Kupferrohrleitungen bereits nach einem Jahr überdurchschnittlich große Mengen von Kupferionen abgeben. Der Grenzwert von Kupfer für Trinkwasser liegt bei 3 mg/l. Bei über Nacht stehendem Wasser wurden jedoch morgens Werte von 6–8 mg/l gemessen. Zudem hatte das Wasser eine bläuliche Farbe angenommen. In einem Restaurant, in dem auf dem Frühstücksbüfett kleine Butterportionen zwischen Eisstückchen gelagert waren, konnte man ein buntes Farbenspiel beobachten. Die Eiswürfel waren bläulich gefärbt, und die Butter färbte sich grün. Bei dauernd fließendem Wasser hingegen lag der Kupfergehalt in diesem Gebiet bei nur 0,1 mg/l und ist damit gesundheitlich unbedenklich. Bei zu weichem Wasser kann man den Härtegrad durch Hinzufügen von Kalzium- und Magnesiumlösungen erhöhen und dadurch die Wasserqualität verbessern. So erreicht man z. B. in Dresden durch die Zugabe dieser Stoffe heute eine Wasserhärte von 13 Grad, während sie davor lediglich 4 Grad betrug.

In den letzten Jahren wurden vermehrt Fälle bekannt, bei denen Kinder an Lebererkrankungen starben. Man stellte fest, daß die Erkrankungen eindeutig auf verhältnismäßig saures Wasser in Kupferleitungen zurückzuführen ist. Bei sämtlichen Todesfällen lagen die pH-Werte des Trinkwassers unter 6,5. Da es bisher über Leberzirrhosen im Zusammenhang mit Kupfer im Trinkwasser keine Statistiken gibt, kann man noch keine generelle Aussage über die Gefährlichkeit des Trinkwassers machen. Man weiß also nicht, ob Trinkwasser auch mit einem pH-Wert über 6,5 in Verbindung mit Kupferrohren gesundheitsschädlich werden kann. Da aber durch den sauren Regen und die immer stärker werdende Umweltverschmutzung auch das Trinkwasser mit der Zeit immer saurer wird, kann in Zukunft, zumindest aus baubiologischer Sicht, Kupfer für Trinkwasserrohre nicht mehr empfohlen werden. Da Trinkwasser eigentlich nichts anderes als altes Regenwasser ist und das Regenwasser selbst ja schon pH-Werte von teilweise unter vier aufweist, muß künftig mit viel höheren Säuregraden gerechnet werden.

Das deutsche Kupfer-Institut streitet die Gefährlichkeit von Kupferrohren immer noch ab, da Kupfer ein lebensnotwendiges Spurenelement ist, wovon der Mensch täglich ca. zwei Milligramm aufnehmen müsse. Kupfermangel, so gibt das Institut bekannt, könne sogar zu gesundheitlichen Schäden führen. Die Kupferhersteller sind von ihrem Material derart überzeugt, daß sie es auch nicht zulassen, daß Enthärtungsanlagen (→ Wasserentkalkung) in Kupferrohrleitungssysteme eingebaut werden. Sie vertreten nach wie vor den Standpunkt, daß Kupfer nicht von → Wasser angegriffen werden kann. Nur in Einzelfällen, so die Kupfer-Lobby, nämlich wenn die Wasserversorgung aus dem eigenen Brunnen gedeckt wird, ist eine Überprüfung der Wasserqualität durchaus notwendig.

Baubiologische Bewertung

Aus gesundheitlichen Gründen sollte man lange in den Rohren stehendes Wasser nie zum Trinken oder für die Zubereitung von Lebensmitteln verwenden. Grundsätzlich empfiehlt es sich, je nach Rohrleitungslänge, morgens zwei bis fünf Liter Wasser abzulassen.

Eine Entwarnung für die Benutzer von Trinkwasser aus Kupferrohren, die in Gegenden mit niedrigen pH-Werten und Härtegraden wohnen, gibt es eigentlich nicht, da das Wasser nur durch Beimengungen von Kalzium-Magnesium-Lösungen durch die Wasserwerke genießbarer und dadurch auch seine Aggressivität gemindert wird. Eine teure und aufwendige Möglichkeit, die Qualität zu verbessern, ist die Installation einer Entsäuerungsanlage. Hierbei wird das Kalk-Kohlensäure-Gleichgewicht wieder hergestellt, so daß die aggressive Kohlensäure gebunden wird. Aus Kostengründen ist das für den Normalverbraucher allerdings kaum möglich, denn so eine Anlage kostet je nach Wasserbedarf zwischen DM 10000,– und DM 20000,–.

Bei Neubauten, Neuinstallationen und Renovierungsarbeiten sollte man aufgrund des immer saurer werdenden Trinkwassers keine Kupferrohre mehr verwenden. Für geschlossene Wasserkreisläufe von Heizsystemen eignen sich Kupferrohre allerdings sehr gut. → Trinkwasserrohre.

L

Lacke → Farben und Lacke.

Lackierte Tapeten

Bei lackierten Tapeten ist die Oberfläche mit Lacken porenschließend abgedeckt, so daß eine Dampfdiffusion völlig verhindert wird. Daher ist es gleichgültig, aus welchem Trägermaterial sie bestehen. Lackierte Tapeten können sich leicht elektrostatisch (→ Luftelektrizität) aufladen. Dadurch werden Staubpartikel angesaugt, die mit der Zeit Brutstätten für Bakterien und Pilze bilden. Kommt es zur elektrostatischen Entladung, werden die Staubpartikel konzentriert in die Innenraumluft zurückgeschleudert, so daß Atemwegsreizungen entstehen können. Austretende → Lösemittel der Lackoberfläche, die teilweise toxische Eigenschaften haben, können den menschlichen Organismus ebenfalls schädigen. Bei Materialanalysen wies man bei lackierten Tapeten → Toluol, → Schwermetalle und verschiedene Kohlenwasserstoffe nach, die alle schädlich für den Menschen sind.

Baubiologische Bewertung
Lackierte Tapeten sind baubiologisch nicht zu empfehlen. Bei Neubezug einer Wohnung sollten vorhandene lackierte Tapeten rückstandsfrei entfernt werden. → Tapeten.

Lasuren → Kunstharz-Dispersionsfarben.

Latexmatratzen

Wenn Latexmatratzen aus dem reinen Naturprodukt, dem Milchsaft des Kautschukbaums, ohne chemische Zusätze hergestellt werden, sind sie sehr zu empfehlen. Die Herstellung von reinen Naturlatexmatratzen ist sehr kompliziert, aufwendig und teuer. Bei Latexmatratzen aus der Massenproduktion handelt es sich grundsätzlich nicht um reinen Naturlatex. Der Naturlatexanteil beträgt hier oft nicht mehr als 30 Prozent. Reine Naturlatexmaterialien herzustellen war bis vor ca. 20 Jahren kaum möglich, da das Naturmaterial bei Beanspruchung mit der Zeit zerbröselte. Mittlerweile konnte die Latexherstellung verbessert werden, so daß Naturlatexmatratzen mit der Aufschrift »Bio« bis zu 80 Prozent Naturkautschuk beinhalten können. Seit den sechziger Jahren kann man, aus Vinylpolymerisaten synthetischen Latex herstellen und so einfärben, daß er vom Naturlatex äußerlich kaum noch zu unterscheiden ist. Verkäufer und Verbraucher haben es daher sehr schwer, den Unterschied zwischen Natur- und Kunstschaumprodukten festzustellen. Echte Biomatratzen, die bislang noch nicht in Massenproduktion hergestellt werden, bestehen aus 100 Prozent Naturlatex. Bei Massenprodukten, die unter der Bezeichnung Naturlatex angeboten werden, wurden zum Teil Ausgasungen von chlorierten Kohlenwasserstoffen, → PCP und → Dioxinen festgestellt. Diese toxischen → Lösungsmittelreste waren allerdings nicht im Naturlatex eingearbeitet, sondern stammten aus den Klebern der schichtverleimten Latexplatten. Jede neue Latexmatratze sollte vor der Benutzung ein paar Tage lang an der frischen Luft ausgelüftet werden, besonders dann, wenn sie gasdicht in Folien verpackt war. Um sich vor giftigen Ausdünstungen zu schützen, sollte man Fabrikate kaufen, die entweder aus einem Teil (ohne Verklebungen) hergestellt wurden oder deren Schichten nur durch Steppungen miteinander verbunden sind.

Baubiologische Bewertung
Naturlatexmatratzen haben wegen ihres großen Porenanteils eine hohe natürliche Luftdurchlässigkeit, die gleichzeitig die Wärme gut reguliert und Feuchtigkeit auf natürliche Art puffert. Aufgrund ihrer hohen Elastizität stützen sie auch bei Rücken- oder Seitenlage die Wirbelsäule optimal ab. Naturlatexmatratzen sollten grundsätzlich mit Schurwolle oder Roßhaar auf Ober- und Unterseite abgesteppt sein, da so der feuchtigkeitsregulierende Effekt noch verstärkt wird. Für Allergiker sind reine Naturlatexmatratzen ohne zusätzliche Wollauflagen am meisten zu empfehlen. Vor dem Kauf sollte man sich vergewissern, daß die Matratze keine Kunstschaumanteile enthält.

Das gesunde Naturlatexprodukt ist sehr zu empfehlen, hat allerdings nicht so gute feuchtigkeitsregulierende Eigenschaften wie eine → Roß-Schweifhaar-Matratze. → Matratzen.

Lattenroste

Zu einer → Matratze aus atmungsaktivem und naturbelassenem Material gehört ein Lattenrost aus unbehandeltem → Holz. Metallkonstruktionen, Kunststoffleisten oder Schichtverleimungen an Lattenrosten, die meistens noch mit Kunstharzlacken bestrichen sind, behindern die Feuchtigkeitsregulierung und den Luftausgleich genau an den Stellen, an denen die Matratze aufliegt. Auch Matratzenschoner aus Kunstfasergewebe sollten nicht verwendet werden, da sie dampfsperrende Eigenschaften haben. Im Extremfall kann es zwischen Lattenrost bzw. Matratzenschoner und Matratze zur Schimmelbildung (→ Schimmel) kommen.

Um die natürlichen wärme- und feuchtigkeitsregulierenden Eigenschaften einer Naturmatratze nicht einzuschränken, sollte ein gut funktionierender Lattenrost aus offenporigem Naturholz verwendet werden. Die einzelnen Auflager der Latten sollten in Naturkautschuktaschen befestigt werden (nicht in Kunststoffhüllen, da sie keine feuchtigkeitsregulierenden Eigenschaften haben!). Der Lattenrost als tragendes Teil sollte genau auf Materialeigenschaften, Stärke und Härtegrad der Matratze abgestimmt werden. Am besten eignet sich – aufgrund seiner Elastizität – unbehandeltes Buchenholz für die einzelnen Federleisten. Die Leisten sollten nach oben überwölbt sein, um eine optimale Elastizität zu gewährleisten. Eine Mittelgurtverbindung durch einen Baumwollstreifen ist ebenfalls sehr wichtig, damit sich die einzelnen Federstäbe bei unterschiedlichen Schlafbelastungen nicht schräg stellen. Besonders weiche, elastische Leisten mit geringem Abstand können ihre federnde Wirkung nicht auf sehr dicke Matratzen übertragen. Trotzdem sollte der Lattenabstand nicht mehr als fünf Zentimeter betragen. Für flache → Latexmatratzen sind schmale Leisten mit geringeren Abständen vorzuziehen. Bei → Strohkernmatratzen muß der Abstand besonders eng sein, die Leisten dürfen sich nicht zu sehr durchbiegen, da sonst die Strohhalme schnell brechen. Innerhalb kürzester Zeit kann es somit zu einer Staubentwicklung in der Innenluft kommen. Da querlaufende Federstäbe sich dem Liegedruck am besten anpassen, sind sie Lattenrosten mit in Längsrichtung angeordneten Holzlatten vorzuziehen.

Da das Becken in der Regel beim Menschen am schwersten ist, sollte ein Lattenrost an dieser Stelle am meisten nachgeben. Anders ist es bei den Schultern. Bei einer seitlichen Schlafstellung ist die Elastizität von Lattenrosten allein für ein vollkommenes Nachgeben der breiten Schulterpartie nicht ausreichend. Um Durchblutungsstörungen an den Druckstellen zu vermeiden, sollten Lattenroste mit speziell eingearbeiteten Schulterabsenkungen verwendet werden. Es sind verschiedene Modelle auf dem Markt, bei denen sich die Federstäbe im Schulterbereich bei einer entsprechenden Belastung entweder mehr absenken oder schon tiefer angeordnet sind.

Unterlagen für Matratzen, die aus geschlossenen Holzplatten bestehen, sind völlig ungeeignet. Zum einen dämpfen sie die Eigenelastizität der Matratze fast vollkommen ab, und zum anderen bilden sie eine Art Dampfsperre aufgrund ihrer geschlossenen Konstruktion, so daß es nach längerem Gebrauch zur Feuchtigkeitsansammlung und damit zur Schimmelbildung kommen kann.

Legionellengefahr

»Legionella Pneumophila« ist eine Bakterienart, die Lungenentzündung hervorrufen kann. 1976 trat erstmals in Verbindung mit diesen Bakterien die sogenannte Legionärskrankheit auf, als amerikanische Kriegsveteranen sich zu einer Jubiläumsfeier in einem Hotel in Philadelphia trafen. Kaum war die Feier beendet, wurden über 200 Legionäre schwer krank. Etwa 180 mußten auf eine Intensivstation eingewiesen werden. Bereits wenige Tage danach starben 29 der Erkrankten. Da die Krankheitsursache nicht erkennbar war, vermutete man zunächst, daß eine terroristische Gruppe das Unglück verursacht haben könnte. Nach langwierigen Obduktionen wurden dann aber bei allen Opfern gleiche stäbchenförmige Bakterien in der Lunge festgestellt, welche die Lungenentzündung ausgelöst hatten.

Die Legionärskrankheit konnte lange Zeit nicht richtig eingeschätzt werden. Noch über zehn Jahre später waren die Mediziner weltweit verunsichert. Heute weiß man, daß Legionellen diese Krankheit verursachen. Die fadenförmigen Stäbchenbakterien vermehren sich blitzartig in stehendem warmem Wasser. Am intensivsten läuft dieser Prozeß ab, wenn abgestandenes Wasser zusätzlich Ablagerungen und Schlammansammlungen enthält. Das ist z.B. häufig in alten, sehr großen Warmwasserboilern der Fall. Auch → Klimaanlagen können aufgrund mangelhafter Filterreinigung und unzureichender Wartung regelrechte Brutstätten für Bakterien, Viren und Keime sein. Wenn die Temperatur dann noch zwischen 30 bis ca. 45 Grad Celsius beträgt, sind die Bakterienstämme in der Lage, sich blitzartig millionenfach zu vermehren. Bei Impfversuchen konnte man feststellen, daß sich innerhalb von 24 Stunden aus einem einzigen Bakterium 4096 neue bilden können.

Da die Klimaanlage in dem Hotel der Legionäre jahrelang nicht gereinigt worden war, noch nie einen neuen Filter erhalten hatte und die Befeuchtungselemente wohl kein einziges Mal mit Frischwasser durchgespült worden waren, bildete sich im Laufe der Jahre ein Nährboden aus Schlammansammlungen und Ablagerungen. Dazu kam noch das warme Klima von Philadelphia – hervorragende Bedingungen für die Bakterien.

Legionellen sind auch in der Natur anzutreffen, und zwar überall dort, wo Feuchtigkeit vorhanden ist. Sie sind in Flüssen, Teichen und Sumpfgebieten ebenso zu finden wie in einer ganz normalen Regenpfütze und im Trinkwasser. Seit Jahrtausenden haben Menschen und Tiere mit Legionellen gelebt, ohne daß sie dabei zu Schaden gekommen sind. Die Bakterien können den Organismus nicht angreifen, wenn sie z.B. mit dem Leitungswasser direkt hinuntergeschluckt werden. Sie wirken nur dann schädigend, wenn man sie in Form von sogenannten Aerosolen einatmet. Wasserdampf besteht aus Aerosolen, einem feinen Gemisch aus Wasser und Luft, das besonders gut nach dem Duschen im Badezimmer an beschlagenen und feuchten Spiegeln zu erkennen ist.

Grundsätzlich kann man davon ausgehen, daß ein gesunder Mensch mit einer durchschnittlichen Konstitution dem Massenangriff von Legionellen standhält. Gefährdet sind vor allem abwehrgeschwächte Menschen. Allerdings fehlen internationale Untersuchungen, die zeigen, wie viele Menschen schon an einer Lungenentzündung gestorben sind, die durch Legionellen hervorgerufen wurde. Mittlerweile ist bekannt, daß die Inkubationszeit nur zwei bis zehn Tage beträgt. Das Bundesgesundheitsamt gab im Juli 1987 erstmals eine Empfehlung zum Schutz vor Legionellen heraus, die die Allgemeinheit verunsicherte bzw. in unbegründete Angst und Panik versetzte. Warum die Öffentlichkeit erst elf Jahre nach der Entdeckung des tödlichen Bakteriums informiert wurde, ist nicht bekannt.

Vor dem Tod aus der Hoteldusche warnte im März 1994 offiziell die Bayerische Landeszentrale für Gesundheitsbildung. Ein 64jähriger Urlauber hatte sich in einem Hotel im deutschen Mittelgebirge mit Legionellen infiziert und starb an einer schweren Lungenentzündung. Die Dusche des Hotelzimmers war den Angaben zufolge völlig verseucht mit den gefährlichen Bakterien, die der Urlauber mit dem konzentrierten Wasserdampf eingeatmet hatte. Die Landeszentrale wies darauf hin, daß die Legionelleninfektion in deutschen Hotels durch unsachgemäße Sanitärhygiene kein Einzelfall sei. Bei einer Untersuchung in Niedersachsen enthielten 18 Prozent der entnommenen Wasserproben eine überhöhte Legionellenkonzentration.

Bei Versuchen, die Bakterien zu vernichten, stellte sich heraus, daß selbst der Einsatz hochtoxischer chemischer Mittel wirkungslos blieb. Das einzige Gegenmittel für Legionellen ist Hitze. Bei Wassertemperaturen ab 50 Grad Celsius sterben die Legionellen schnell ab. Die kritische Grenze liegt bei 55 Grad Celsius, hier sind sie nicht mehr lebensfähig.

Folgende Maßnahmen empfehlen sich beim Kampf gegen die Legionellen:

- Um sich beim Einatmen vor den gefährlichen Bakterien zu schützen, sollte das Brauchwasser auf mindestens 55 Grad Celsius erhitzt werden. Eine Temperatur von 60 Grad ist zwar noch besser (Empfehlung des Bundesgesundheitsamtes), doch hier beginnt das chemische Umkippen des Leitungswassers (Bildung von Kalkstein). Das Brauchwasser sollte in keinem Fall über 60 Grad erhitzt werden, da dies auf die metallischen Leitungsrohre korrodierend wirken kann.
- Bei niedertemperaturbetriebenen Anlagen kann das Rohrsystem durch elektronische Steuerung in bestimmten Zeitabständen kurzfristig aufgeheizt werden, so daß die Legionellen absterben.
- Nebeneinanderliegende Warmwasser- und Kaltwasserrohre müssen besonders gut wärmegedämmt werden.
- Fachfirmen sollten jährlich einmal beauftragt werden, das gesamte Rohrnetz, vor allem auch Blindleitungen, die seltener gebraucht werden, sowie

sämtliche Wasserboiler zu reinigen und ausreichend durchzuspülen. Wirtschaftlicher ist es, nachträglich Filter und Entleerungsventile an den Böden der Wasserboiler einbauen zu lassen. So werden Ablagerungen und Schlammansammlungen sowie Rostschlammbildungen vermieden, und die Bewohner selbst können einmal jährlich den Boiler völlig entleeren und durchspülen.

- Sinnvoll ist es, Duschschläuche und Duschköpfe zu kaufen, die sich selbst entleeren.
- Sämtliche Leitungsteile und Leitungsanschlüsse, die nicht dauernd benutzt werden, sollten völlig abgesperrt und vom übrigen Rohrleitungsnetz getrennt werden.
- Am sichersten vor Legionellen ist man, wenn man Durchlauferhitzer benutzt, da hier die Temperatur kurzfristig bis weit über 60 Grad Celsius hochgefahren werden kann.
- Überdimensionierte Boiler, die leider immer noch häufig eingebaut werden, sind hervorragende Sammelstellen für Legionellen, weil sie in der Regel nie völlig entleert werden. Entgegen den früheren technischen DIN-Vorschriften sollte ein Warmwasserboiler eher unterdimensioniert werden, damit er durch den Verbrauch ab und zu vollständig entleert wird.
- Falls an das Warmwassersystem keine Zirkulationsleitung angeschlossen ist, sollte man morgens – trotz bewußter Energieverschwendung – den Wasserhahn so lange aufdrehen, bis heißes Wasser aus der Leitung fließt; erst dann sollte man es benutzen.
- Sicherlich besteht die Möglichkeit bei veralteten Anlagen, daß man beim Duschen, Zähneputzen, Haarewaschen, Vollbad, aber auch Autowaschen die gefährlichen Legionellen einatmet. Trotzdem ist Panikmache fehl am Platz. Vorsicht ist vor allem für Menschen geboten, die aufgrund ihres angegriffenen Immunsystems schon abwehrgeschwächt sind, wie z.B. Allergiker, Patienten in Krankenhäusern, Kinder in Erholungsheimen. Besondere Hygiene ist auf Säuglingsstationen und Entbindungsabteilungen gefordert. Hier sollten die beschriebenen Präventivmaßnahmen durchgeführt werden.
- Wenn man in älteren Hotels übernachtet, sollte man sich vergewissern, daß das Warmwasser auf mindestens 60 Grad erhitzt wird. Ist das nicht der Fall, empfiehlt es sich, gar nicht oder kalt zu duschen.
- Bei einem neu installierten Leitungsnetz ist die Legionellengefahr viel geringer als bei einem über zehn Jahre alten. Wenn die genannten Sicherheitsmaßnahmen beachtet und zusätzlich für eine ausreichende Lüftung im Badezimmer gesorgt wird, kann ein gesunder Mensch den Legionellen gut widerstehen. In der freien Natur muß niemand vor der Legionella Pneumophila Angst haben, weil Konzentration und Wirkung in jahrtausendelanger Entwicklung auf das Immunsystem abgestimmt wurden.

Häufig wird mit Kanonen auf Spatzen geschossen, indem große Mengen der hochgiftigen Stoffe → Chlor und Brom zum Abtöten der Legionellen eingesetzt werden. Dies ist grundsätzlich unwirksam und schädigt ganz unnötig die Umwelt. Es reicht aus, wenn das Warmwasser kurzfristig auf 60 Grad Celsius erhitzt und damit das gesamte Rohrleitungssystem durchgespült wird. Tatsache ist, daß die verschiedenen Legionellenstämme noch immer sehr wenig erforscht sind. Man kann die einzelnen Bakterienstämme teilweise noch nicht einmal voneinander unterscheiden und weiß nicht annähernd, wie viele es eigentlich gibt. Außerdem ist nach wie vor unbekannt, welche Legionellenkonzentration die tödliche Lungenentzündung auslöst.

Lehm

Lehm gehört zu den ältesten Baustoffen. Er wird seit über 8000 Jahren für den Hausbau verwendet. Nahezu auf jeder Baustelle fällt in Deutschland bei Aushubarbeiten Lehm an. Er besteht aus einem Gemisch von Sand, Ton und Schluff. Magerer Lehm hat einen großen Sandanteil, während bei fettem Lehm der Tongehalt überwiegt. Je nach Wasseranteil kann der Lehm flüssig, plastisch oder fest sein. Lehm vom eigenen Grundstück ist das ökologisch unbedenklichste Baumaterial, das es gibt. Für die Erstellung einer Lehmwand benötigt man nur etwa ein Prozent der Energie, die man für eine Beton- oder Ziegelwand (→ Beton, → Ziegelsteine) aufwenden muß.

Spezielle DIN-Vorschriften und baurechtliche Zulassungen für Lehmbauteile gab es bis 1971. In diesem Jahr wurden sämtliche Lehmbaunormen zurückgezogen, da man diesem Baumaterial beim modernen Hausbau keine wirtschaftliche Bedeutung mehr zugestand und es aufgrund der Schnellbauweise mit Stahlbeton als technisch veraltet abgestempelt wurde. Heute ist es daher sehr schwierig, ein Lehmhaus zu bauen. Zum einen müssen die statischen Berechnungen durch Sonderregelungen genehmigt werden, und zum anderen gibt es kaum noch einen Baubetrieb, der in der Lage ist, tragende Lehmwände zu erstellen. Da das Bauen mit Lehm den großen Nachteil hat, daß es sehr arbeitsintensiv und damit teuer ist und Lehmbauteile zudem nur in den wärmeren Jahreszeiten abbinden und erhärten, wird dieser Baustoff beim Hausbau nur noch selten verwendet.

Aufgrund ihrer hervorragenden Eigenschaften werden in ganz Europa seit ein paar Jahren Lehmhäuser zur Erforschung der Haltbarkeit des Materials und der positiven Auswirkungen auf die Bewohner gebaut. Darüber hinaus entdecken einige Bauherren dieses Material neu und verwenden es, um gesund und giftfrei zu wohnen. Kleine Industriezweige stellen Lehmziegel und Lehmplattenelemente her, die in getrocknetem Zustand genauso wie

→ Mauerziegel oder Plattenelemente schnell und unkompliziert eingebaut werden können. Dadurch ist die Bauweise weniger arbeitsintensiv. Die vorfabrizierte Lehmbauplatte ist das wirtschaftlichste und baubiologisch interessanteste Produkt für den Rohbau. Sie besteht aus einer Kernschicht aus Lehm, in die beidseitig Textillagen eingebettet sind. Als Textilien werden ausschließlich Naturmaterialien ohne zusätzliche Behandlung verwendet. Häufig besteht diese Armierung aus → Kokos-, Sisal-, → Flachs-, → Hanffasern oder Stroh. Neuerdings werden auch Schilfmatten (→ Schilfdämmung) verwendet. Sie sind besonders elastisch und zugfest und weisen darüber hinaus hohe wärmedämmende Eigenschaften auf. Daher sind sie viel besser geeignet als die seit Jahrtausenden verwendeten Strohmatten. Lehmbauplatten werden in den unterschiedlichsten Stärken vorfabriziert. Sie sind mit Hand- oder Elektrosägen leicht zu bearbeiten. Bestimmte Lehmbauplatten haben beidseitig textile Auflagen, so daß sie nach dem Einbau als Wandelemente nicht mehr verputzt werden müssen. Man kann sie direkt mit mineralischen → Naturfarben streichen. Für tragende Wände werden Lehmziegel verwendet, die ohne zusätzliche Bindemittel durch Trocknen erhärten. Lehm ist hervorragend als Füllung für Fachwerkwände geeignet. Hierbei wird für eine bessere → Wärmedämmung Stroh hinzugemischt. Gestampfter Lehm ist ein ideales Material für Kellerböden, vor allem für → Vorratskeller bietet er sich als atmungsaktiver Untergrund an. Weitere Verwendungsmöglichkeiten für Lehm sind → Mörtel, → Putze und → Estrich. Beim Innenausbau kann er zum Mauern von Kaminen, für Öfen und Sitzmöbel verwendet werden. Lehmsteine, die für tragende oder nichttragende Innenwände vorfabriziert werden, können bisher allerdings nur in sehr kleinen Formaten hergestellt werden. Da Lehm auch als fertig abgebundener Baustoff sehr feuchtigkeitsanfällig ist, muß die Baustelle während der gesamten Rohbauzeit vor Regen geschützt werden.

Baubiologische Bewertung

Aus ökologischen Gründen ist Lehm einer der besten Baustoffe. Bei der Verarbeitung muß nur ein Bruchteil der Energie aufgewendet werden, die bei anderen Baustoffen (bis auf → Holz) notwendig ist. Da Lehm praktisch auf jeder Baustelle vorhanden ist, entfallen außerdem bei der Herstellung von Lehmsteinen energieaufwendige Transportkosten.

Lehm ist holzkonservierend, geruchsabsorbierend und hat sehr gute feuchtigkeitsregulierende, wärmedämmende und -speichernde Eigenschaften. Durch die schnelle Feuchtigkeitsaufnahme und -abgabe besteht in einem Lehmhaus das ganze Jahr über eine relativ konstante Luftfeuchtigkeit von 40 bis 50 Prozent. Lehm ist daher bestens geeignet, extrem trockene sowie extrem feuchte Innenraumluft zu vermeiden. Lehmsteine eignen sich hervorragend für schalldämmende Maßnahmen. Da dieser Baustoff keinerlei Zusätze enthält und allein durch Austrocknen abhärtet, ist er zudem völlig frei von Schadstoffen.

Leimfarben

Leimfarben sind absolut lösemittelfrei, als Bindemittel werden pflanzliche und tierische Leime sowie Leinöl verwendet. Die Grundsubstanz besteht aus Methylzellulose (Tapetenkleister), Kreide, Kaolin und Pfeiferton. Konservierungsmittel sind bei Leimfarben an sich unnötig, trotzdem werden von einigen Herstellern oft synthetische Topfkonservierer zugefügt.

Leimfarben sind nur für den Innenbereich zu verwenden, da sie wasserlöslich sind. Sie müssen direkt auf rauhe Tapeten oder Wände aufgebracht werden, da sie auf alten Dispersionsfarbanstrichen nicht halten.

Baubiologische Bewertung
Bei Leimfarben gibt es keinerlei gesundheitliche Gefahren, und auch aus ökologischer Sicht gibt es keine Einschränkungen, außer bei Zusätzen von giftigen Topfkonservierern, die allerdings vom Hersteller deklariert werden müssen. → Farben und Lacke.

Leuchtstoffröhren

Eine Leuchtstoffröhre erzeugt Licht, indem Quecksilberatome (→ Quecksilber) durch Anregungen von Elektronenstößen UV-Strahlen abgeben, die durch einen Leuchtstoff in sichtbares Licht umgewandelt werden. In einer Sekunde wird das Licht bei der üblichen Wechselspannung von 50 Hertz fünfzigmal umgepolt. Es wird also pro Sekunde hundertmal an- und ausgeschaltet und flimmert dadurch. Dieses Flimmern wird als stroboskopischer Effekt bezeichnet, der gesundheitlich sehr kritisch sein kann.

Jede Leuchtstoffröhre enthält vier bis fünf Milligramm Quecksilber. Das ist das Hauptproblem bei der Entsorgung von Millionen jährlich anfallender Leuchtstoffröhren. Sie dürfen nicht zerschlagen werden und gehören in den Sondermüll. Eine echte Entsorgung durch Recycling existiert bisher noch nicht.

Jährlich werden in Deutschland ca. 50 Millionen Leuchtstoffröhren in Haushalte und Industriebetriebe eingebaut. Die meisten sind mit einem Kondensator zur Blindstromkompensation ausgestattet. Bis 1983 enthielten die Kondensatoren hochtoxische → PCB (polychlorierte Biphenyle). Laut Schätzungen des Zentralverbands der Elektrotechnik und der Elektronikindustrie (ZVEI) sind in Deutschland noch über 100 Millionen solcher gesundheitsgefährdender Kondensatoren in Gebrauch. Zwar wurde die Produktion von PCB in Deutschland 1983 eingestellt, aber es existieren Übergangsregelungen bis zum Jahr 2000. Erst dann dürfen PCB-haltige Kleinkondensatoren in Leuchtstoffröhren definitiv nicht mehr verwendet werden.

Insgesamt sind in sogenannten dichten und geschlossenen Systemen, wie z.B. Leuchtstofflampen, Motoren von Haushaltsgeräten, Büromaschinen und Heizungspumpen, 20000 Tonnen PCB enthalten. Dem Laien fallen undichte Stellen in Kondensatoren nur auf, wenn sich durch heraustropfendes PCB gelbliche Flecken in darunterliegenden Lampenschalen bilden oder bei unverkleideten Röhren Tropfen auf den Fußboden fallen. Flüssiges PCB kann (bei alten Kondensatoren) zu hochtoxischen Raumluftbelastungen führen, die die Gesundheit der Bewohner akut gefährden. In den meisten Ländern der Bundesrepublik sind die Austauschaktionen in öffentlichen Gebäuden von alten Kleinkondensatoren aus Leuchtstoffröhren gegen neue PCB-freie abgeschlossen. Der Normalverbraucher dagegen weiß in der Regel nichts von der gesundheitlichen Gefahr und lebt häufig noch über Jahre mit den tickenden Zeitbomben in seinen Leuchtstofflampen.

Seit einigen Jahren sind elektronische Vorschaltgeräte auf dem Markt, die den stroboskopischen Effekt von hundertmal Ein- und Ausschalten in der Sekunde auf ca. 30000mal erhöhen. Dieses extreme Flimmern von 30000 Hertz ist so schnell, daß das menschliche Auge es nicht mehr wahrnimmt. Daher spricht man von flimmerfreien Leuchtstoffröhren. Ein weiterer Vorteil der elektronischen Vorschaltgeräte ist, daß sie auch bei häufigem Ein- und Ausschalten eine lange Lebensdauer haben, jedoch sollten zwischen jedem Schalten ein bis zwei Minuten vergehen. Dagegen wird bei normalen Startern die Lebenserwartung dadurch erheblich gesenkt. Leuchtstoffröhren mit elektronischen Vorschaltgeräten kosten ca. doppelt soviel wie herkömmliche und erzeugen hochfrequente → elektromagnetische Wechselfelder. Daneben ist immer noch eine große Anzahl nichtelektronischer Starter auf dem Markt, die den Startvorgang mittels radioaktiver Stoffe in Kraft setzen.

Besonders in den USA wird in den letzten Jahren der Zusammenhang zwischen der Alzheimer-Krankheit und Leuchtstoffröhren untersucht. Die Alzheimer-Krankheit galt vor Jahren als eine typische Alterskrankheit, die Menschen erst ab dem 60. oder 65. Lebensjahr befällt. Die Schulmedizin versteht darunter eine multifunktionelle, erblich bedingte fortschreitende Gehirnrindenatrophie mit zunehmender Verblödung (Merkfähigkeits- und Denkstörung – Dementia senilis) bei relativ langanhaltender Gemütsansprechbarkeit. Neuere Untersuchungen ergaben, daß immer jüngere Menschen (schon ab dem 40. Lebensjahr) an dieser Krankheit leiden. Bei epidemiologischen Untersuchungen in den USA stellte man fest, daß die Rate der an Alzheimer Erkrankten bei den Menschen erheblich höher ist, die sich eine lange Zeit in Räumen aufhielten, die mit Leuchtstofflampen ausgestattet waren. Da heute der eindeutige wissenschaftliche Beweis vorliegt, daß Leuchtstofflampen mit ihrem stroboskopischen Effekt bei Dauereinwirkung krankmachende Wirkungen haben, gilt der Zusammenhang mit spezifischen Symptomen und Krankheitsbildern als erwiesen. Dazu gehören vegetative Reizerscheinungen, Müdigkeit, Nervosität, Augenbrennen, Haarausfall bis hin zum Verlust sämtlicher Körperhaare.

Baubiologische Bewertung
Leuchtstoffröhren haben wirtschaftliche Vorteile gegenüber Glühlampen. Bei gleichem Stromverbrauch erzeugen sie eine vielfach höhere Lichtleistung und haben bei einer normalen Ein- und Ausschaltrate eine längere Lebensdauer.

Negative gesundheitliche Beeinträchtigungen können bei Daueraufenthalt in einer Entfernung von weniger als zwei Metern hauptsächlich durch den stroboskopischen Effekt (Flimmereffekt) entstehen. Besonders negativ wirken bläulich gefärbte Leuchtstoffröhren. Bläuliche Farbtöne und das hundertfache Ein- und Ausschalten pro Sekunde, können schnell spürbare Reizerscheinungen, vor allem bei konstitutionell bereits angegriffenen Menschen, auslösen.

Das Entsorgungsproblem ist besonders gravierend, da Leuchtstoffröhren in der Regel bis zu fünf Milligramm Quecksilber enthalten und damit die Umwelt schwer belasten. Alte Leuchtstoffröhren müssen speziell entsorgt werden, wobei noch völlig unklar ist, ob und wie das Quecksilber neutralisiert, entgiftet oder vernichtet werden soll. Jährlich fällt allein durch alte Leuchtstoffröhren über eine Tonne an.

Grundsätzlich gehören Leuchtstoffröhren wegen des hohen elektromagnetischen Mischstörfeldes nicht in Wohn- oder Schlafzimmer. Bei längerer Benutzung von Leuchtstoffröhren sollte ein Gesundheitsabstand von mindestens zwei Metern eingehalten werden. → Elektrosmog, → Energiesparlampen, → Kunstlicht.

Lindan

Lindan wird unter der chemischen Bezeichnung Gamma-Hexachlorcyclohexan weltweit als Pestizid eingesetzt. Es gehört zur Gruppe der Chlorkohlenwasserstoffe. Bis vor kurzem war Lindan eins der am häufigsten verwendeten → Biozide im Holzschutzmittelbereich, das trotz seiner hohen Giftigkeit noch nicht verboten ist. Nach wie vor wird es gegen Bodenschädlinge, als Saatgutbehandlungsmittel und zur Bekämpfung von Parasiten bei Mensch und Tier eingesetzt. Auch gegen Schädlinge in Kakao- und Kaffeeplantagen wird es in großen Mengen versprüht. Im Haushalt wird es als Motten- und Ameisenvernichtungsmittel verwendet. Von Kammerjägern wird es gerne als »Sofortkiller« eingesetzt. Jährlich gelangen weltweit immer noch über 200 000 Tonnen dieses starken Nervengiftes in die Umwelt.

Lindan wurde zunächst bevorzugt als Fungizid eingesetzt. Nachdem man die Giftigkeit des Mittels erkannt hatte, reduzierte die Industrie das Insektizid. Neue Ersatzmittel wurden im Gegenzug in aller Eile entwickelt. Aufgrund der Dringlichkeit wurden sie allerdings keiner toxikologischen Prüfung unterzogen, bevor sie auf den Markt kamen. Zusammenhänge zwischen diesen neu entwickelten Bioziden und ihren Auswirkungen auf die menschliche Gesundheit wurden ebenfalls kaum untersucht. Inzwischen weiß man, daß die neu entwickelten Ersatzstoffe wie z.B. → Pyrethroide und → Dichlofluanid noch gefährlicher sind als die Stoffe, die man bereits aus dem Verkehr gezogen hat. Mittlerweile wird Lindan in der Bundesrepublik kaum noch verwendet. 1982 wurden hier über 250 Tonnen versprüht. In der breiten Öffentlichkeit wurde Lindan im Zusammenhang mit → PCP bekannt, da die beiden Biozide sehr oft als hochwirksame Giftkombination in → Holzschutzmitteln verwendet wurden.

Da Lindan ein sehr flüchtiges Chemizid ist, reichert es sich bei der Verwendung in Wohnungen an. In der Ausgasungsphase kann es die gesamte Inneneinrichtung sowie Lebensmittel kontaminieren. Ähnlich wie PCP wird Lindan vom Menschen über die Haut, die Atmung und den Magen aufgenommen. Da es sich um ein sehr starkes Nervengift handelt, kann schon die Aufnahme kleinster Mengen über die Haut zu Symptomen und Krankheiten führen. Lindan hat sich bereits (wie viele andere chlorierte Kohlenwasserstoffe auch) in der gesamten Umwelt angereichert und ist im menschlichen Organismus besonders in fetthaltigem Gewebe und in der Muttermilch zu finden. Es ist kein reiner Stoff, wie oft selbst von Experten angenommen wird. Grundsätzlich ist es immer mit geringen Mengen hochtoxischer → Dioxine und Furane belastet.

Der → MAK-Wert von 0,5 mg/m^3 ist nach Meinung von Experten um ein Vielfaches zu hoch angesetzt. Bisher gibt es keine Richt- oder → Grenzwerte für Konzentrationen von Holzschutzmitteln in der Innenraumluft. Es ist keinesfalls zulässig, Richt- oder Grenzwerte aus geltenden Vorschriften über den Umgang mit Arbeitsstoffen zu entnehmen. Daher kann man den MAK-Wert nicht auf Innenräume übertragen. Die vorliegenden Kenntnisse über gesundheitliche Auswirkungen von Lindan sind immer noch völlig unzureichend, so daß etwaige Richtwertfestlegungen ohnehin keinen zuverlässigen Gesundheitsschutz bieten könnten.

Folgende Symptome und Krankheiten können durch Lindan verursacht werden: Übelkeit, Erbrechen, Kopfschmerzen, Gleichgewichtsstörungen, Atemnot, Überempfindlichkeit, Zittern, Zuckungen, Lähmungserscheinungen, Schweißausbrüche, Kraftlosigkeit, epileptische Krampfanfälle, Beeinträchtigung des gesamten Nervensystems, Muskelschmerzen, krankhafte Blutbildveränderungen, Erkrankungen des Knochenmarks, Lebererkrankungen bis hin zur Auslösung von Leberkrebs, Organschäden sowie Degeneration der Herz- und Skelettmuskulatur.

Baubiologische Bewertung
Wenn Lindan im Haus festgestellt wird, muß sofort eine durchgreifende Sanierung eingeleitet werden. Am sinnvollsten ist es, den → Hausstaub (z.B. den Inhalt des Staubsaugerbeutels) analysieren zu lassen. Bei Werten bis 0,5 mg/kg kann es sich um sogenannte Sekundärkontaminationen handeln. Bei Werten über 3 mg/kg befindet sich eine echte Giftquelle im Haus, die rückstandslos beseitigt werden muß. Gemäß Bundesgesundheitsamt sollte ab einer Raumluftkonzentration von mehr als 1 Mikrogramm Lindan pro Kubikmeter Luft eine Sanierungsmaßnahme eingeleitet werden.

Treten höhere Werte auf, wurden meist Holzdecken und Tragbalken mit Holzschutzmitteln behandelt oder Lindan ist als Insektizid in Wollteppichen oder Lederstoffen enthalten. Oft muß man dann, wie bei einer PCP-Sanierung, die gesamte Innenausstattung (Teppiche, Polster, Gardinen, Tapeten) entfernen und auf einer Sondermülldeponie entsorgen.

Grundsätzlich sollte man keine → Farben, Holzschutzmittel, Insektenvertilgungs- oder Unkrautmittel verwenden, die Lindan enthalten.

Linoleum

Linoleum wurde ca. 1860 von dem Engländer Frederic Walton erfunden. Es ist nach dem »guten alten« Holzdielenboden wohl der älteste Bodenbelag und vor allem eine gesunde Alternative zu → PVC-Bodenbelägen. Die ursprüngliche natürliche Verarbeitung mit ihren damaligen Mängeln, wie schnelle Abnutzung und Rissebildung ist mittlerweile erheblich verfeinert worden. Linoleumböden sind heute genauso strapazierfähig und langlebig wie Kunststoffbeläge. Linoleumbestandteile werden fast ausschließlich aus nachwachsenden Rohstoffen gewonnen. Der Hauptbestandteil ist Leinöl, das aus dem Samenkern der Flachspflanze (→ Flachs) gewonnen wird. Zusätzlich werden verschiedene Harze (vor allem Fichtenharze) verwendet, um Linoleumzement herzustellen. Weitere Bestandteile sind → Kork (bei Naturlinoleum bis zu 40 Prozent), Holzmehl und Farbstoffe mineralischen Ursprungs. Der Schichtträger für den Linoleumzement besteht aus Jutefaser (→ Jute).

Das Leinöl wird in einer Oxidiertrommel mit Baumharzen gemischt und bei erhöhter Temperatur unter Zufuhr von Sauerstoff so lange oxidiert, bis es in einen festen Zustand übergeht. In speziellen Mischmaschinen werden dann alle Zutaten gemischt und geknetet und anschließend auf vorbereitete Juteträger aufgewalzt. Im letzten Arbeitsgang wird das Linoleum bei einer Temperatur zwischen 70 und 80 Grad Celsius getrocknet. Dieses wertvolle Naturprodukt hat alle Eigenschaften, die für ein gesundes Haus notwendig sind. Linoleum ist keimtötend, antistatisch, wärmeisolierend, schallhemmend, verhältnismäßig rutschfest, geruchslos und vor allem sehr preisgünstig. Auch ein nahtloses Verlegen ist durch Heißdrahtverschweißung völlig fugenlos und staubrillenfrei möglich. Bei einer vollflächigen Verklebung sollte man ausschließlich mit ungiftigen Baumharzklebern (→ Klebstoffe) (frei von Chemiziden) arbeiten.

In letzter Zeit klagen immer mehr Bewohner über starke Geruchsbelästigungen, wenn Linoleumböden frisch verlegt werden. Verkürzte Lagerzeiten sind die Ursache hierfür. Früher wurde Linoleum nach der Herstellung mindestens fünf Wochen in speziellen Trockenräumen gelagert. Heute ist der lange Lager- und Trocknungsprozeß den meisten Herstellern zu kostspielig. Die Nachtrocknungszeit wird mindestens um die Hälfte verkürzt, danach kommt das frische Linoleum direkt auf die Böden von Häusern und Wohnungen.

Besonders empfindliche Menschen reagieren auf die teilweise penetranten Ausdünstungen mit Übelkeit. Durch die Verkürzung des normalen Abbindungsprozesses entweichen die beim Aushärten freiwerdenden schlecht riechenden Stoffe in die Luft der Wohnräume. Die Hersteller versuchen nun aufgrund der vielen Reklamationen, das Problem mit Chemie zu lösen. Auf das Linoleum wird eine Oberflächenbeschichtung aus Polyacrylat aufgebracht. Dadurch entstehen allerdings große Nachteile. Zwar riecht das Material weniger intensiv, dafür aber erheblich länger. Durch die Versiegelung der Oberfläche werden die Poren fast luftdicht geschlossen. Die biologisch wertvollen Eigenschaften gehen dabei verloren. So wird z.B. das antistatische Verhalten durch die Oberflächenbehandlung zerstört. Elektrostatische Aufladungen (→ Luftelektrizität), ähnlich wie beim PVC-Boden, können auftreten.

Baubiologische Bewertung
Linoleumböden eignen sich für fast alle Räume. Lediglich Küche und Bad sollten mit anderen Böden ausgestattet werden, da Linoleum empfindlich auf Fett und Feuchtigkeit reagiert. Sollte Linoleum verwendet werden, das nicht von einem Naturhersteller stammt und mit einer Polyacrylatschicht versehen ist, sollte die gesamte Oberfläche gründlich mit Alkoholreinigern abgewaschen werden. Wichtig ist hierbei, daß kein chemisches Reinigungsmittel verwendet wird, da sonst wieder neue, teilweise hochgiftige → Lösemittel in das Linoleum eindringen. Der Raum sollte anschließend stark geheizt und gleichzeitig sehr gut gelüftet werden. Je wärmer der Linoleumboden wird, desto schneller läuft der Abbindeprozeß ab. Nach drei bis vier Wochen Nachtrocknungszeit sollte man Wachs als Oberflächenschutz aufbringen (nur reine Naturprodukte ohne chemische Zusätze verwenden). → Bodenbeläge.

Lösemittel

Als Lösemittel bezeichnet man Flüssigkeiten, die in der Lage sind, andere Stoffe zu lösen, ohne daß diese sich dabei chemisch verändern. Das wichtigste, bekannteste und gesundheitlich unbedenklichste Lösemittel ist Wasser. Alle anderen Lösemittel bestehen aus organischen Flüssigkeiten, die so wie Wasser schnell und leicht verdunsten. Die bekanntesten Lösemittelgruppen sind Alkohole, Glykole, Ester, Ketone, Nitroverbindungen, chlorierte Kohlenwasserstoffe und eine große Anzahl von natürlichen Stoffen wie Zitrusschalen oder Terpentinöl.

Pro Jahr werden in Deutschland ca. zwei Millionen Tonnen unterschiedliche Lösemittel hergestellt. Bei den leichtflüchtigen aromatischen Kohlenwasserstoffen ist besonders → Benzol sehr gesundheitsschädlich. Dieser krebserzeugende Stoff wird zur Herstellung von Kunststoffen, Ölen, Harzen, Fetten, Synthetikkautschuk, Klebern (→ Klebstoffe) und → Farben benutzt. Kohlenwasserstoffe wie Alkohole, Ester und Ketone sind im Vergleich weniger gesundheitsschädlich. Neben den genannten Bereichen werden Lösemittel vorwiegend benötigt für Lacke, Fugenmassen, → Holzschutzmittel, Textilien, Kunstleder, Druckfarben, → Biozide, Entfettungs-, Reinigungs- und Abbeizmittel sowie für den Kosmetik- und Bürobereich. Grundsätzlich ist bei lösemittelhaltigen Materialien für den Innenbereich immer mit gesundheitlichen Belastungen zu rechnen. Besonders bei Farben und Lacken lösen sich nur 90 bis 95 Prozent der Lösemittel in den ersten Monaten. Die restlichen fünf bis zehn Prozent gasen über Jahre hinaus langsam in die Raumluft ab. Bei frisch renovierten Häusern und Wohnungen tritt nach der Verwendung von Lösemitteln besonders in den ersten Wochen und Monaten eine starke Geruchsbelästigung auf, die beim erstmaligen Beheizen von lackierten → Heizkörpern am intensivsten ist. Geruchsbelästigungen entstehen durch Farben, Lacke und Kleber, denen insbesondere Kohlenwasserstoffe der folgenden Gruppe beigemischt sind: Alkane, Aromaten, Alkene, Alkohole, Ketone und Terpene. Seit einiger Zeit werden immer mehr Fälle von Geruchsbelästigungen bei neu verlegten → Teppichböden bekannt. Bei Probeanalysen stellt man in der Regel fest, daß es sich hierbei um die weniger gesundheitsgefährdenden Lösemittel Cyclohexanon und Ethylacetat handelt.

Da täglich neue Lösemittel entwickelt werden, deren toxische Wirkungen völlig unbekannt sind, ist es leider nicht möglich, jede einzelne Gefahrenquelle bei → Wohngiftbestimmungen zu analysieren. In der Regel werden bei diesen Untersuchungen mindestens fünf Milligramm Lösemittelanteile pro Kubikmeter Luft ermittelt. Bei Neubauten oder Sanierungsprojekten ist der Anteil der leichtflüchtigen Substanzen in den meisten Fällen erheblich höher. Durch jeden luftfremden Stoff, auch in geringsten Konzentrationen, können auf Dauer allergische Krankheitsbilder und unspezifische Befindlichkeitsstörungen hervorgerufen werden, auch dann, wenn die Konzentrationen der Lösemittelanteile unterhalb der jeweiligen Geruchsschwelle liegt. Beschwerden können überdies durch Kombinationswirkungen verschiedener Luftschadstoffe verursacht werden. Die Konzentration der Lösemittelanteile in der Raumluft ist abhängig von der Belastung der Innenraummaterialien, vom Luftaustausch und von der Temperatur. Je wärmer es im Raum ist, desto schneller entweichen die Lösemittel.

Durch den vermehrten Einsatz von Wärmedämmaterial (→ Wärmedämmung) und durch die neue → Wärmeschutzverordnung besteht die Gefahr, daß belastete Räume zuwenig gelüftet werden und die Lösemittelkonzentration in der Raumluft stetig ansteigt.

Baubiologische Bewertung
Da keine → Grenzwerte für die Innenraumbelastung mit Lösemitteln festgelegt sind, kann man auch keine gesicherten Angaben zum Schwellenwert machen. Der Schwellenwert sagt aus, ab welchen Schadstoffkonzentrationen eine akute Gesundheitsgefahr besteht. Einige Lösemittel haben krebsauslösende Wirkungen, andere sind schwerwiegend gesundheitsschädigend. Die meisten werden als weniger gesundheitsschädlich eingestuft.

Künstlich erzeugte Lösemittel sind grundsätzlich kritisch zu betrachten. Zu empfehlen sind nur Produkte, die völlig frei von Lösemitteln sind, die aus der Petro- oder Chlorchemie stammen. Falls keine Alternativen auf dem Baustoffsektor vorhanden sind, bei denen die Lösemittel ausschließlich aus Naturprodukten bestehen, sollten möglichst nur lösemittelarme Produkte verwendet werden.

Eine Dauerbelastung der Raumluft kann man nur vermeiden, wenn man ausreichend lüftet. Mehrmals täglich sollte man für einen kompletten Luftaustausch sorgen. Die Raumtemperatur sollte so niedrig wie möglich gehalten werden, denn je wärmer es ist, desto schneller entweichen die Lösemittel aus Farben, Klebern und Kunststoffen. Besonders hohe Lösemittelkonzentrationen treten beim Renovieren oder in neuen Häusern auf. Hier kann man die Lösemittelkonzentration durch Dauerlüftung reduzieren. In der kalten Jahreszeit kann durch intensives Heizen und gleichzeitiges Öffnen sämtlicher Fenster der Hauptanteil der Lösemittelkonzentration schnell entweichen.

Luftelektrizität

Sämtliche elektrischen Wechselbeziehungen, wie elektromagnetische Wellen, Wechsel- und Gleichfelder, bilden den Oberbegriff der Luftelektrizität.

In modernen Häusern mit Kunststoffußböden ist eine elektrostatische Aufladung zur alltäglichen Begleiterscheinung geworden. Das typische Kennzeichen hierfür ist Funkenübersprühen, z.B. wenn ein Mensch, vor allem im Winter bei wenig Luftfeuchtigkeit, eine Türklinke oder ein Möbelstück berührt. Die Funkenbildung entsteht ab einer Feldstärke von über 5000 Volt. Die Aufladungen, meistens durch Reibung verursacht, befinden sich in einer steten Wechselbeziehung mit der Ionisierung der Luft und dem luftelektrischen Feld, etwa wenn man mit Kunststoffschuhsohlen über einen synthetischen Teppich geht. Durch die Reibung bauen sich hohe Spannungen auf, die sich bei der Berührung mit besser leitenden Materialien blitzschnell, oft durch einen sichtbaren Funkenflug, wieder abbauen.

Jeder Stoff besteht aus negativ und positiv geladenen Teilchen. Die Summe der Ladungsträger hebt sich in der Regel auf und ergibt eine gewisse Neutralität. Da die Ladungsträgerdichte jedoch von Stoff zu Stoff sehr unterschiedlich sein kann, verschieben sich die Ladungsträger von Stoffen, die einen größeren Anteil haben, zu den Stoffen mit einem niedrigeren Ladungsträgeranteil. Es bildet sich eine Kontaktspannung, die die Stoffe elektrisch auflädt. Beim schnellen Aneinanderreiben von zwei unterschiedlichen Materialien vergrößert sich die elektrische Kontaktspannung an den beiden sich berührenden Stoffoberflächen. Besonders hoch ist diese bei schlechtleitenden Materialien, so daß Oberflächenentladungen entstehen. Wenn die Ladungen nicht getrennt werden können, vergrößert sich die Spannung, und es kommt zur Funkenentladung. Elektrische Felder entstehen also immer dann, wenn elektrische Ladungen getrennt werden. Dies funktioniert bei der Luftelektrizität genauso wie bei den plötzlichen Entladungen von Blitzen oder bei elektrostatischen Entladungen, die beim Ausziehen eines Pullovers auftreten können. Je höher das elektrische Isoliervermögen eines Stoffes ist (ganz besonders hoch ist es bei Kunststoffen), desto stärker kann er sich aufladen. Elektrisch schlechtleitende Materialien, wie z. B. Synthetikteppiche, können ihre Ladung über Wochen beibehalten, während gutleitende Materialien die elektrostatische Aufladung sehr schnell wieder abgeben. Das bedeutet, je mehr Kunststoffmaterialien in einer Wohnung vorhanden sind, desto stärker kann sich die elektrostatische Aufladung auswirken. Die natürliche Ionisierung der Luft (der Himmel ist z. B. positiv und die Erde ist negativ geladen) wird völlig durcheinandergebracht. Auf vollsynthetischen → Teppichböden, an glänzend lackierten Möbeloberflächen oder an Bildschirmen können sich an der Oberfläche regelrechte Ionenwolken bilden. Durch die Aufladung kommt es zu Sogwirkungen, bei denen der ionisierende Staub ununterbrochen in die Luft zurückgeschleudert wird.

Die elektrostatischen Aufladungen kann man reduzieren, indem man aufladbare Stoffe an einen Erdleiter anschließt. Bei → Bodenbelägen z.B. in Operationssälen oder bei Computeranlagen wird dies schon seit Jahren mit speziellen Erdungskabeln gemacht.

Ein gewachster Parkettboden kann sich nur auf etwa 200 Volt aufladen, während ein Parkettboden, der z. B. mit DD-Lack versiegelt wurde, immerhin eine Aufladung von mehr als 25 000 Volt erreichen kann. Häufig treten in modernen Häusern elektrische Feldstärken von mehr als 50 000 Volt auf.

Das luftelektrische Feld kann auch durch in Kunststoffrohren verlegte elektrische Kabel verändert und teilweise sogar vollkommen neutralisiert werden. Durch den meistens mechanisch erzeugten Aufbau und den blitzartigen Abbau des elektrischen Gleichfeldes werden die natürlichen → elektromagnetischen Wechselfelder so in Schwingung gebracht, daß eine Ableitung der Luftionen mit einem gleichzeitigen Abbau der negativen, dringend notwendigen Klein-Ionen gefördert wird. Die negative Ionisierung bindet und neutralisiert den Staub, der besonders im Winter durch die dauernd aufsteigende Heizungswärme im Raum schwebt (→ Heizung). Werden die Räume zuwenig gelüftet, werden die negativen Klein-Ionen zusätzlich abgebaut. Dadurch kann ein luftelektrisches »Nullfeld«, verbunden mit hohen elektrostatischen Aufladungen, entstehen. Wenn zudem starke magnetische Wechselfelder einer draußen vorbeiführenden Stromleitung in das Haus eindringen, können derartig viele Störfelder entstehen, daß es selbst mit hochsensiblen Feldsonden kaum noch möglich ist, die Einzelkomponenten dieses → Elektrosmogs zu messen.

Die Aufladungen, die durch das Berühren oder Aneinanderreiben von zwei nichtleitenden Stoffen entsteht, führt zu einer Polarisation im menschlichen Organismus und läßt Verschiebungs- und Entladungsströme entstehen.

Die biologischen Wirkungen von plötzlichen Auf- und Entladungen elektrostatischer Felder im Körper sind allerdings bisher kaum untersucht worden.

Bisher beobachtete Symptome und Krankheiten sind: Erschrecken bis hin zum Schock, Haarvibrationen und Kribbeln. Bei permanenter Erhöhung des elektrischen Gleichfeldes kann es zu Herzrhythmusstörungen und Kreislaufkrankheiten kommen.

Um elektrostatische Aufladungen zu vermeiden, sollten möglichst nur naturbelassene großporige Materialien im Innenausbau verwendet werden. Die Oberfläche von Synthetikteppichböden kann durch das Besprühen mit Seifenlauge leitfähiger gemacht werden. Wenn dies jede Woche durchgeführt wird, ist die Leitfähigkeit um ein Vielfaches höher und damit die Aufladung mit ihren störenden Auswirkungen auf den menschlichen Organismus geringer.

M

Magnesiaestrich

Magnesiaestrich (auch Steinholzestrich genannt) war bis zum Zweiten Weltkrieg der am häufigsten verwendete → Estrich. Das Bindemittel Magnesia, das man anstelle von → Zement verwendet, wird durch einen Brennprozeß aus Magnesit gewonnen. Die Zuschläge bestehen aus einem kleinen Teil Sand und einem größeren Anteil Holzgranulat und Holzspänen. Häufig wird auch Korkmehl dazugemischt. Die Zusammensetzung der Zuschläge kann individuell angemischt werden. Je höher der Holzanteil im Magnesiaestrich, desto fußwärmer, schall- und wärmedämmender ist er. Will man eine hohe Druckfestigkeit erreichen, erhöht man den Sandanteil. Damit erhöht sich auch die Rohdichte. Dieses Gemisch wird als Steinholzestrich bezeichnet. Nachteilig beim Magnesiaestrich ist seine Feuchtigkeitsempfindlichkeit. Überdies hat er im feuchten Zustand, beim Abbindeprozeß, eine korrosive Wirkung auf Metalle. Stahlrohre dürfen daher nicht ungeschützt im Magnesiaestrich verlegt werden. Die erste Phase der Abbindezeit – bis zur Begehbarkeit des Estrichbodens – dauert wie beim → Zementestrich zwei bis drei Tage. Nach ca. drei Wochen ist er völlig ausgetrocknet, so daß die normale Ausgleichsfeuchtigkeit in völlig abgebundenem Zustand erreicht ist, während dies beim Zementestrich Monate dauern kann.

Baubiologische Bewertung
Magnesia- oder Steinholzestrich ist das mit Abstand empfehlenswerteste Material für einen schwimmenden Estrich. Schadstoffbelastungen entstehen bei natürlicher Zusammensetzung nicht. Sehr zu betonen ist die große Fußwärme dieses Belags.

MAK-Werte (Maximale Arbeitsplatz-Konzentrationen)

MAK-Werte geben die höchstzulässige Konzentration eines Arbeitsstoffes als Gas-, Dampf- oder Schwebestoff in der Luft am Arbeitsplatz an. Sie werden von der Senatskommission zur Prüfung gesundheitsschädlicher Arbeitsstoffe festgelegt. Das Ziel ist dabei, die Werte so festzulegen, daß nach gegenwärtigem Kenntnisstand bei einer langfristigen täglichen Exposition von acht Stunden, bei einer durchschnittlichen Wochenarbeitszeit von 40 Stunden die Gesundheit der Beschäftigten nicht beeinträchtigt wird. Die Senatskommission betont, daß bei der Grenzwertgebung (→ Grenzwerte) vor allem wissenschaftlich fundierte Kriterien des Gesundheitsschutzes und nicht – wie bei der Grenzwertgebung sonst allgemein üblich – technisch und wirtschaftlich Machbares die Grundlage bilden.

Die Festlegung der MAK-Werte basiert allerdings auf einer falschen, realitätsfremden Annahme. Die deutsche Forschungsgemeinschaft, welche die MAK-Werte jährlich neu herausgibt, geht nämlich davon aus, daß sich ein Angestellter nach einer achtstündigen Belastung mit giftigen Arbeitsstoffen die restlichen 16 Stunden des Tages zu Hause an gesunder, giftfreier Luft erholt. Häufig ist die Raumluftbelastung in modernen Wohnungen und Häusern jedoch erheblich höher als am Arbeitsplatz. In einem modernen Haus können bis zu 70000 unterschiedliche chemische Verbindungen in die Innenraumluft gelangen. Es ist fast unmöglich, daß ein Mensch, der am Arbeitsplatz täglich acht Stunden Giftstoffen ausgesetzt ist, sich im Giftcocktail seines modernen Schlaf- oder Wohnzimmers entgiften kann. Immer wieder werden bestehende Richtwerte gesenkt, weil man anhand Tausender neuer Krankheitsfälle erkennen muß, daß die Giftigkeit der einzelnen Stoffe unterschätzt wurde. Aus dieser Unsicherheit heraus betont die Kommission, daß die MAK-Werte nicht dazu geeignet sind, Gesundheitsgefährdungen zu vermeiden.

Viele hochtoxische Stoffe sind bisher in der MAK-Liste nicht aufgeführt, da ihre Gesundheitsgefährdung noch nicht erkannt wurde oder weil eine Richtwertgebung aufgrund der extremen und unkalkulierbaren Gefährlichkeit nicht möglich ist. Von den vielen chemischen Verbindungen, mit denen der Mensch in einem modernen Haus in Berührung kommt, ist bisher nur ein ganz kleiner Bruchteil auf gesundheitliche Gefahren untersucht worden. Das Ausmaß der Belastungen kann anhand der vorhandenen MAK-Werte daher nicht annähernd abgeschätzt werden. Solange nicht wenigstens wissenschaftliche Daten über die meisten im Wohnbereich eingesetzten Materialien vorliegen, herrscht völlige Unsicherheit bei Fachleuten und Laien darüber, welche Krankheiten auf Wohngifte zurückzuführen sind. Bisher orientierten sich die MAK-Werte grundsätzlich an gesunden durchschnittlichen Menschen. Allein das Beispiel → Formaldehyd zeigt, daß der Stoff verharmlost und der MAK-Wert viel zu niedrig angesetzt wurde. Bei der Bewertung in bezug auf eine Schwangerschaft hieß es hier: »Ein Risiko der Fruchtschädigung braucht bei Einhaltung des MAK-Wertes nicht befürchtet zu werden.« Da es sich jedoch bei Formaldehyd um einen hochaggressiven, krebserregenden Arbeitsstoff handelt, wurde er bei der neuen Bewertung für Schwangere in die Gruppe C eingestuft, die eine akute Gefahr für Leib und Leben des Ungeborenen bedeutet. Da die MAK-Werte jeweils nur für einen Stoff erstellt werden, weiß man nicht, welche krankmachenden und zerstörenden Wirkmechanismen im menschlichen Körper entstehen können, wenn z. B. 20 verschiedene Stoffe auf ihn einwirken.

Da es für den Wohnbereich so gut wie keine Richt- oder Grenzwerte gibt, können die vorhandenen MAK-Werte nur als Orientierung für die unterschiedliche Toxizität der vielen Wohngifte angesehen werden. Eine Ausnahme sind die Formaldehydwerte. Wird Formaldehyd als Standard für eine Umrechnung von MAK-Werten auf Wohnwerte angewandt, so bedeutet dies, daß für den Normalverbraucher nur ein Fünftel des MAK-Wertes eines Stoffes Gültigkeit hat. Der MAK-Wert für Formaldehyd beträgt 0,5 ppm (parts per million), während der Richtwert für die Innenraumluft in Wohnungen gemäß BGA (Bundesgesundheitsamt) auf 0,1 ppm festgesetzt ist. Wenn grundsätzlich nur ein Fünftel aller bestehenden MAK-Werte als Grenzwerte für den Wohnbereich angesetzt würden, wäre dies schon ein erster großer Schritt zur Entgiftung von Häusern und Wohnungen. Dies sollte das Richtmaß für die Bewertung von Luft- oder Materialuntersuchungen in Wohnungen sein.

Matratzen

Nur ca. 15 Prozent aller Deutschen schlafen jede Nacht wirklich gut. Über 20 Prozent klagen über ernsthafte Schlafstörungen. Die Ursachen für das schlechte Schlafen sind sehr vielseitig. Sie reichen von psychosozialen Problemen über schlechte → Lattenroste und Wohngifte bis zu → elektromagnetischen Wechselfeldern.

Eine elementare Rolle für den tiefen gesunden Schlaf spielen die Matratzen. Noch fast 70 Prozent aller erhältlichen Matratzen sind mit Sprung- oder Taschenfedern ausgestattet.

Zu Omas Zeiten spielte ein Lattenrost nur eine untergeordnete Rolle. Die Matratzen waren viel stärker abgepolstert, da sie allein für die notwendige Elastizität sorgen mußten. Heute sind die Matratzen eingeteilt in Vollpolster- und Flachpolstermatratzen. Vollpolstermatratzen haben eine Stärke von zehn bis zwölf Zentimetern, während Flachmatratzen in Stärken von sechs bis acht Zentimetern angeboten werden.

Grundsätzlich sollte eine Matratze nicht stärker als zwölf Zentimeter sein, da sie sonst zu sehr an Atmungsaktivität und feuchtigkeitsregulierenden Eigenschaften verliert. Je dicker eine Matratze ist, desto länger dauert es, bis sie die Feuchtigkeit, die der schlafende Mensch in der Nacht an sie abgibt, wieder an die Zimmerluft entweichen läßt und völlig austrocknet. Früher legte man Matratzen häufig zum Belüften und Trocknen an die Sonne. Gleichzeitig wurden dabei durch die UV-Strahlung Millionen von unerwünschten Mikroorganismen abgetötet. Durch die häufige Belüftung war auch bei sehr dicken Vollpolstermatratzen das Hygieneproblem entschieden besser gelöst als heute. Jede Vollpolstermatratze verliert nach ungefähr acht

Jahren ihre wichtigsten Eigenschaften: die Fähigkeit, Feuchtigkeit zu puffern und Mikroorganismen abzutöten. Selbst bei guter Belüftung kann kaum eine Matratze, wenn sie nicht regelmäßig den Sonnenstrahlen ausgesetzt wird, nach mehr als acht Jahren frei von störenden Mikroorganismen sein. Da alte Matratzen die Feuchtigkeit während der Tageszeit nie völlig abgeben können, ist die Gefahr der Schimmelpilzbildung (→ Schimmel) gegeben. Zudem können sich Millionen von Staubmilben entwickeln, so daß große Mengen mit allergieauslösendem Potential in die Atemluft gelangen. Was für das Wechseln von Kleidungsstücken gilt, sollte bei der Pflege der Matratze selbstverständlich sein. Die menschliche Haut mit über sieben Millionen Poren atmet ebenso wie die Lunge. Durch die Poren werden Feuchtigkeit und Giftstoffe ausgeschieden. Bis zu einem Liter Feuchtigkeit gibt ein Mensch im Schnitt pro Nacht ab, davon ungefähr ein Drittel über die Haut. Giftstoffe, die durch die Haut ausgeatmet werden, müssen durch die Schlafbekleidung, die Bettwäsche, die Matratze und das Bett selbst nach außen geleitet werden. Naturmaterialien wie Schafwolle oder Roßhaar können die meisten Giftstoffe und Bakterien neutralisieren bzw. vernichten. Nach ca. acht Jahren ist diese Fähigkeit erschöpft, und selbst die beste Matratze muß erneuert werden. Bettwäsche und Schlafbekleidung werden aus hygienischen Gründen oft gewechselt. Die Matratze selbst wird dagegen in der Regel viel zuwenig beachtet. Bis auf einige Roßhaarmatratzen läßt sich Matratzenmaterial in der Regel nicht waschen.

Mit einem separaten Unterbett, das problemlos gelüftet werden kann, lassen sich die feuchtigkeitsregulierenden und keimtötenden Eigenschaften erheblich verlängern. Nach Möglichkeit sollte man starkes Schwitzen im Bett aufgrund des Feuchtigkeitsproblems vermeiden. Es empfiehlt sich, ein dickes Oberbett für den Winter und ein dünnes Oberbett oder nur eine Schurwolldecke für den Sommer zu verwenden.

Eine Matratze darf weder zu weich noch zu hart sein. Für die Entlastung der Wirbelsäule spielt der richtige Härtegrad einer Matratze eine viel größere Rolle als die Elastizität des Lattenrostes. Bei einer zu harten Matratze kann es, besonders bei Kleinkindern, zu Mißbildungen der Wirbelsäule kommen. Bei Erwachsenen kann das ständige Liegen auf zu harten Matratzen Rückenbeschwerden auslösen, unter denen schon über 40 Prozent der Gesamtbevölkerung leiden. Nur wenn die Matratze den richtigen Härtegrad hat, können die Wirbelkörper, die Wirbelgelenke, Bänder und Bandscheiben in ihrer Funktion hundertprozentig aufeinander abgestimmt werden, so daß durch ein entspanntes Liegen ohne falsche Druckpunkte keine Kreuzschmerzen entstehen. Schlafpositionen auf dem Rücken oder auf dem Bauch entlasten das Rückgrat am meisten. Allerdings wacht der Mensch in den seltensten Fällen in der Position auf, in der er eingeschlafen ist. Die meisten Menschen ändern ihre Schlafposition nämlich aufgrund der einseitigen Muskelanspannung mehr als zwanzigmal pro Nacht.

Bei → Federkern- und → Schaumstoffmatratzen sind die Härtegrade nach dem Körpergewicht eingeteilt: Härtegrad I bis ca. 60 Kilogramm, Härtegrad II bis ca. 80 Kilogramm und Härtegrad III für ein Körpergewicht über 80 Kilogramm. Bei Naturfasermatratzen gibt es keine festgelegten Härtegrade. Hier muß jede Matratze durch Probeliegen getestet werden.

Unter dem anhaltenden Druck der Tagesbelastung werden die Bandscheiben zusammengepreßt. Morgens ist der Mensch größer als am Abend, da der dauernde Druck auf die Bandscheiben ihn bis zum Abend ca. zwei Zentimeter kleiner werden läßt. Nur wenn die Bandscheiben nicht mehr belastet sind – in einer liegenden Schlafposition – können sie wieder aufquellen, neue Nährsubstrate aufnehmen und die normale Pufferfunktion erlangen.

Demnächst soll eine neue europäische Richtline für den vorbeugenden Brandschutz in Häusern in Kraft treten. In Großbritannien und Irland müssen Polstermöbel und Stoffvorhänge bereits mit Feuerschutzmitteln behandelt werden. Zukünftig soll das für alle europäischen brennbaren Innenausbaumaterialien, also auch für Matratzen, gelten. Die mit Abstand giftigsten Brandschutzmittel, Antimonverbindungen, sind in der → MAK-Werte-Liste als krebserzeugend eingestuft worden. Symptome und Krankheiten, die durch Antimonverbindungen auftreten können, sind Leberschäden, Durchfall, Erbrechen, Kreislaufzusammenbrüche und krebserzeugende Wirkungen an sämtlichen Organen. Giftige Flammschutzmittel wie Brom-, Phosphor- oder Chlorverbindungen sollen für Vorhangstoffe und Polstermöbel eingesetzt werden. Da sich im Laufe der Zeit, besonders bei Matratzen, die hochgiftigen Brandschutzchemikalien aus den Stoffen lösen, gelangen sie als feiner Staub in die Atemluft und werden vom schlafenden Menschen eingeatmet. Matratzen, die mit derartigen Flammschutzmitteln behandelt werden, sind so giftig, daß sie bei der Entsorgung als Sondermüll anfallen. Es wird dringend empfohlen, sich vor dem Kauf einer neuen Matratze schriftlich bestätigen zu lassen, daß weder die Füllung (Naturfasern oder Schaumstoffe) noch die Bezüge mit Flammschutzmitteln behandelt worden sind. → Federkernmatratzen, → Futons, → Kapokmatratzen, → Kokosfasermatratzen, → Latexmatratzen, → Roß-Schweifhaar-Matratzen, → Schaumstoffmatratzen, → Strohkernmatratzen, → Wasserbett.

Mauerziegel

Im Baubereich werden Mauerziegel in verschiedenen Ausführungen als hochfeste Ziegel, Klinker, Vollziegel und Hochlochziegel verarbeitet.

Reine Mauerziegel, die nicht porosiert sind, bestehen aus verschiedenen Zusammensetzungen von Ton, Lehm und → Kalk. Je nach Anwendungsart des Mauerziegels wird der Ziegelton in unterschiedlichen Mischungsverhältnissen als gleichmäßiger Brei gemischt. Damit eine gleichmäßige Durchfeuchtung der Rohlinge entsteht, wird der fertige Ziegelton in Sumpfhäusern oder Mauktürmen gelagert. Anschließend werden die Rohlinge in Trockenkammern gelagert, um dann in Tunnelöfen mit Längen von über 100 Metern bei Brenntemperaturen zwischen 900 und 1 100 Grad Celsius gebrannt zu werden. Frostsichere Klinkersteine werden bei ca. 1300 Grad Celsius gebrannt. Durch die unterschiedliche Rohstoffzusammensetzung und die verschiedenen Brenntemperaturen erhalten die Mauerziegelsteine – je nach Verwendungszweck – Eigenschaften wie hohe Rohdichte, einen großen Porenanteil, gute Wasseraufnahmefähigkeit und Festigkeit. Die unterschiedliche Farbgestaltung der Ziegelmauersteine wird durch Beimischung von Graphit für graue Farbtöne, von Mangan für braune Farbtöne, von Eisenoxid für rote Farben und durch besonders kalkhaltige Mergel für gelbe Ziegelfarben erreicht.

Die Mauerziegelsteine werden praktisch für jeden Anwendungsbereich im Bauwesen hergestellt, vom Sichtmauerwerk als Klinkermauerziegel, über tragendes und nichttragendes Innenmauerwerk, als Vormauersteine sowie für tragende Innen- und Außenwände.

Baubiologische Bewertung

Die bauphysikalischen Eigenschaften von Mauersteinen sind im Vergleich zu → Betonsteinen um ein Vielfaches besser. Der größte Vorteil gegenüber dem Betonstein ist die hohe Luftdurchlässigkeit und die hohe Sorption, also die Fähigkeit, Wasser aufzunehmen und verhältnismäßig schnell wieder abzugeben.

Nicht porosierte Mauerziegelsteine sind ohne zusätzliche Wärmedämmschichten nicht für Außenwände geeignet. Mauerziegel haben für ein gesundes Innenraumklima die besten physikalischen Eigenschaften.

Der Ziegelstein ist aufgrund seiner großen bauphysikalischen Vorteile dem Betonstein vorzuziehen. Zwar wird für die Herstellung von Mauerziegelsteinen mehr Energie aufgewendet als für die Herstellung von Betonsteinen, dafür wird aber für die Herstellung des Bindemittels → Zements für die Betonsteine ebenfalls sehr viel Energie benötigt, und es entstehen große, stark toxische Umweltbelastungen.

Die Umweltverträglichkeit bei der Entsorgung von → Ziegelsteinen ist sehr gut, da der Ziegelbruch problemlos in Bauschuttaufbereitungsanlagen recycelt werden kann.

Maximale Arbeitsplatzkonzentrationen → MAK-Werte.

Messingrohre

Messing ist die Bezeichnung für verschiedene Kupferlegierungen. Der Kupferanteil von Messing beträgt zwischen 56 und 90 Prozent, zu dem als

Hauptlegierungsbestandteil Zink hinzugemischt wird. Es können auch viele weitere Metalle wie z.B. Eisen, Zinn, → Aluminium, Silizium, → Blei, Mangan und Nickel hinzugesetzt werden. Je nach Kupfergehalt kann Messing eine hell- bis rotgelbe Farbe annehmen. Die verschiedenen Messingarten werden den Gewichtsprozenten des Kupfergehaltes entsprechend gekennzeichnet. So bedeutet die Bezeichnung MS 70, daß der Kupfer-Gewichtsanteil 70 Prozent beträgt. Da Messingrohre empfindlicher auf aggressives Wasser reagieren als → Kupferrohre, werden sie kaum noch als → Trinkwasserrohre angeboten. Für Heizwasserrohre, die an ein zentrales Heizsystem angeschlossen werden (→ Zentralheizung), sind Messingrohre (geschlossener Wasserkreislauf) jedoch sehr gut geeignet. Messing ist sehr zu empfehlen für Spritzgußteile für Wasserrohrverbindungen, wie z.B. für Heizkörperverteiler, Gewindestücke, Armaturen, Absperrschieber, Ventile und Entleerungshähne.

Metalltapeten

Metalltapeten bestehen aus Trägerpapieren, auf die mit Kunstharzklebern Metallfolien aufgebracht sind. Durch die fast luftdichte Metallfolie ist die Dampfdiffusionsfähigkeit der Tapete auf ein Minimum herabgesetzt, so daß eine Feuchtigkeitsregulierung der Innenraumluft nicht möglich ist. Zudem besteht die Gefahr, daß sich zwischen Tapete und Wand Feuchtigkeit staut. Im Laufe der Zeit kann durch die Dauerfeuchtigkeit → Schimmel entstehen. Auch die Wärmedämmeigenschaften des Außenmauerwerks werden durch den Feuchtigkeitsstau erheblich verschlechtert. Da die Hersteller die Gefahr einer Schimmelbildung erkannt haben, sind die Spezialkleister für Metalltapeten mit Fungiziden (→ Biozide) angereichert, die häufig hochtoxisch sind.

Baubiologische Bewertung
Metalltapeten sind baubiologisch nicht zu empfehlen, da sie als Dampfbremse wirken, elektrostatische Aufladungen (→ Luftelektrizität) verursachen können und die Gefahr einer Schimmelbildung, vor allem auf den Innenseiten von Außenwänden, extrem hoch ist. → Tapeten.

Mikrowellen

In dem Moment, in dem sich elektrische Ströme und Spannungen zeitlich ändern, bilden sich elektromagnetische Wellen, die sich über Tausende von Kilometern im Luftraum ausbreiten (→ elektromagnetische Wechselfelder). So schwingen z. B. Sendeantennen von ihren einzelnen Dipolen hochfrequente elektrische Ladungen ab. Da diese ständig die Richtung wechseln, verschwindet nach einer bestimmten Entfernung vom Sender der Phasenunterschied zwischen beiden, und sie gehen verkoppelt als elektromagnetische Welle auf ihre lange Reise, bis sie bei der Empfangsantenne ankommen. Dort induzieren sie wieder elektrische Schwingungen, die dann durch Verstärker in Musik, Fernsehbilder oder Töne umgesetzt werden.

Die einwirkende Strahlungsleistung, auch Strahlungsintensität genannt, setzt sich zusammen aus dem vektoriellen Produkt der elektrischen und magnetischen Feldstärke. Gemessen wird sie meistens in Milliwatt pro Quadratmeter (mW/m²). Die Ausbreitungsgeschwindigkeit der elektromagnetischen Wellen ist sehr groß. Sie entspricht etwa der Lichtgeschwindigkeit, also etwa 3000 Kilometer pro Sekunde. Die Ausstrahlung von hochfrequenter elektromagnetischer Energie wird durch zwei unterschiedliche Sendeantennen vollzogen: Bei einer Richtantenne können die Signale durch eine starke Bündelung der elektromagnetischen Energie gezielt in eine bestimmte Richtung gesendet werden. Die Wellenlänge ist erheblich kleiner als die Antennenabmessung. Bei einer Dipolantenne, die nur aus einem einzelnen Antennenstab besteht, ist die Wellenlänge ebenfalls kleiner als die Antenne. In Form von Kugelwellen wird die hochfrequente elektromagnetische Energie hier jedoch nach allen Seiten gleichmäßig abgestrahlt.

Als Mikrowellen bezeichnet man Wellen mit Frequenzen zwischen 300 Megahertz und 300 Gigahertz in Wellenlängen von Dezimetern, Zentimetern und Millimetern. Je schneller die Frequenz ist, desto kürzer ist die Wellenlänge.

Der schon seit den dreißiger Jahren geführte Streit zwischen Wissenschaftlern, welche Wirkungen Mikrowellen auf den menschlichen Organismus haben, ist noch nicht abschließend geklärt. Eine Gruppe erkennt nur thermische Wirkungen an. Sie geht davon aus, daß nur bei hohen Intensitäten Schädigungen auftreten können, weil durch übermäßige Hitzeeinwirkung Verbrennungsprozesse eingeleitet werden. Die andere Gruppe hat in Tausenden von reproduzierbaren Experimenten aufgezeigt, daß sogar Mikrowellen mit Niedrigstintensitäten biologische Wirkungen haben. Dezimeterwellen können z.B. die Funktionen des Gehirns beeinflussen, Millimeterwellen können direkte Funktionsstörungen bei den Kapillaren auslösen. Im hohen Gigabereich können die auf Langwellen aufmodulierten Mikrowellen direkt in das Zellgeschehen eingreifen. Kristallin aufgebaute Zellstrukturen werden durch Resonanzeffekte (→ Resonanz) regelrecht geknackt (in der Gentechnik leitet man diesen Vorgang absichtlich ein) oder umgeformt, so daß sie entweder Funktionsstörungen aufweisen oder zerstört werden. In den roten Blutkörperchen wird die Acetylcholin-Aktivität gestört, dadurch fällt die Struktur des lebendigen, kristallinen Zellwassers zusammen. Das darin eingeschlossene Hämoglobin wird reduziert, weil es von der spannungslos gewordenen Struktur nicht mehr gehalten werden kann. Es kommt zur Alkalose und zur Hämolyse mit zunehmender Verklumpung der roten Blutkörperchen. Gleichzeitig verliert das ferromagnetische Eisen seine Funktion. Die Sauerstofftransportkapazität des Blutes nimmt ab, und die Atmung wird eingeschränkt. Die Leukozyten nehmen zu, die Lymphozyten reduzieren sich. Das Immunsystem wird geschädigt. Wenn der → Elektrostreß andauert, entsteht Anämie bis hin zur Leukozytose. Zudem ist schon seit Jahren bekannt, daß Mikrowellen bei direkter äußerer Einstrahlung schon in Niedrigstintensitäten den Kalziumstoffwechsel im Gehirn stören. Das Kalzium wandert ab, die Steuerungskapazität elektrischer Impulse verringert sich. Der Informationsfluß wird gebremst, der Mensch wird gedankenträge, was zu Verblödung führen kann. Durch die künstliche Veränderung des Potentialgefälles an den einzelnen Zellmembranen durch elektromagnetische Felder wird der natürliche dynamische Transfer der Ionen blockiert und somit die Abwehr der Zellen geschwächt. Viren und Myzeten können eingreifen und die Zelle umprogrammieren. Daraufhin schaltet diese gezwungenermaßen auf die anaerobe Atmung um und produziert anstelle der Abfallstoffe CO_2 und H_2O zum Schlackenabtransport jetzt die Zellgifte CO und H_2, die eine Säuerung einleiten. Diese Säuerung, die zwangsläufig durch den Mikrowellenstreß entsteht, kann zu den schlimmsten Säurekatastrophen führen, z.B. zu Schlaganfällen oder Herzinfarkten.

Da auch skeptische Wissenschaftler biologische Wirkungen von Mikrowellen heute nicht mehr ganz abstreiten, werden zukünftig durch die Auswertung weiterer Forschungsergebnisse sicherlich die → Grenzwerte für Mikrowellen gesenkt werden, → Elektromagnetische Verträglichkeit (EMV) → Elektrosensibilität, → Elektrosmog, → Mikrowellenherde, → Mobilfunk.

Mikrowellenherde

Bei Mikrowellenherden werden die Mikrowellen in einer Senderöhre, einem sogenannten Magnetron, erzeugt, über einen Leiter in das Gerät geführt und zusätzlich über eine Antenne oder einen Reflektorflügel im Inneren verteilt. Je nach Frequenz (Schwingung pro Sekunde) und Wellenlänge kann ein Mikrowellenstrahl, wenn er sein Ziel erreicht, drei verschiedene Effekte haben:

1. Der Strahl kann reflektiert werden, wie Licht in einem Spiegel, wenn er auf Eisenteile trifft. Wenn man Lebensmittel in einem Metallbehälter in einen Mikrowellenherd stellt, können sie nicht erhitzt werden, da die Wellen vom Metallgehäuse völlig abgeschirmt werden.
2. Der Mikrowellenstrahl wird absorbiert, dies ist der gewollte Effekt beim Gar- oder Auftauprozeß von Lebensmitteln.
3. Der Mikrowellenstrahl durchdringt nichtmetallische Materialien wie z.B. Kunststoff, Porzellan, Keramik oder Glas. Gefäße aus diesem Material

sind daher besonders für die »Mikrowellenkochkunst« geeignet. Die Lebensmittel absorbieren den Strahl, und die notwendige Hitze entsteht. Wie tief der Strahl in die Lebensmittel eindringt, ist abhängig von der Dielektrizitätskonstanten, der Leistungsdichte der Mikrowellen und der Eigentemperatur des zu erwärmenden Materials. In Deutschland ist die Frequenz der Mikrowellen einheitlich. Sie beträgt 2450 Megahertz. Die hochfrequenten Mikrowellen wechseln ununterbrochen ihre Polarität. Durch das blitzartige Umpolen von Plus und Minus werden die Wassermoleküle ca. 2,5 Milliarden Mal pro Sekunde im Lebensmittel aneinandergerieben, so daß eine große Reibungshitze entsteht, die blitzartig von innen nach außen auftritt. Je nach Materialzusammensetzung und Feuchtigkeitsanteil dringt die Mikrowelle 1,5 bis 10 Zentimeter in Lebensmittel ein. Mikrowellen erhitzen bestimmte Stellen der zu erwärmenden Mahlzeiten, je nach Wasserhaltigkeit, sehr stark, während andere Stellen – vor allem bei Gefrierkost – kalt bleiben. Bei eiweißhaltigen Nahrungsmitteln, wie z.B. bei Fleisch, bilden sich unterschiedliche Eiweißausfällungen.

Der Innenraum des Mikrowellenherdes wird permanent belüftet, so daß Kochdämpfe schnell abziehen können. Das Magnetron, das die Aufgabe hat, Elektrizität in Mikrowellen umzuwandeln, wird ebenfalls durch ein Gebläse gekühlt.

Wissenschaftlich wurde schon vor Jahren nachgewiesen, daß das Zellgefüge von Lebensmitteln, besonders von Brokkoli, Möhren und Kartoffeln, beim Erhitzen durch Mikrowellen im Gegensatz zur normalen Erwärmung erheblich verändert wird. Beim herkömmlichen Garen mit heißem Wasser werden sie lediglich einem Schrumpfungsprozeß unterzogen. Die Zerstörung von Vitaminen durch Mikrowellen dagegen ist noch sehr umstritten. Bereitet man Fleisch in der Mikrowelle zu, leiden Geschmack und Konsistenz darunter. An der Universität Wien wurde experimentell ermittelt, daß beim Erhitzen mit Mikrowellen Milcheiweiß in bestimmte Aminosäuren gespalten wird, die in der Natur nicht existieren. Bestimmte Fleischzellen werden bei Mikrowellenerhitzung durch die milliardenfache blitzartige Umpolung derart polarisiert, daß dadurch freie Radikale (aggressive, oxidationsfördernde Atomgruppen) entstehen können. Freie Radikale sind chemisch sehr reaktionsfreudig und dadurch in der Lage, mit anderen Zellen funktionsstörende Verbindungen einzugehen. Sie können gewisse Aminosäuren derart angreifen, daß diese giftige Moleküle bilden, die das Stoffwechselgeschehen schädigen.

Seit jeher wurde Nahrung durch Kochen, Braten, Grillen oder Garen von außen nach innen erhitzt. Mit der Mikrowelle ist es der Technik erstmals gelungen – auf völlig unnatürliche Art und Weise –, ein Stück Fleisch, eine Kartoffel oder ein Spiegelei genau umgekehrt, nämlich von innen nach außen zu erhitzen. Je wasserhaltiger das Gargut ist, desto schneller wird es erhitzt. Welche Gefahren für die Gesundheit entstehen, wenn Menschen täglich mit Mikrowellen erhitzte Kost zu sich nehmen, zeigen neueste wissenschaftliche Erkenntnisse von Bernhard H. Blanc und H. U. Hertel. Bei Versuchsanordnungen wurden Probanden zwischen 20 und 61 Jahren zwei Monate lang verschiedenen Testreihen unterzogen. So wurde z. B. Rohmilch, die die Probanden zu sich nahmen, jeweils auf konventionelle Art und Weise und in der Mikrowelle erhitzt. Die Fettstruktur mikrowellenerhitzter Milch wird verändert, das Sediment nimmt zu und die Folsäure (ein Vitamin der B-Gruppe) nimmt ab. Bei anschließenden Blutabnahmen stellte man fest, daß sich der Säuregrad des Blutes nach der Aufnahme von mikrowellenerhitzter Milch erhöht hatte. Auch bei anderen Streßeinwirkungen, wie Chemiegiften oder radioaktiver Strahlung, steigt der Säuregehalt an. Die Übersäuerung, die in der Milch durch die Mikrowelle entsteht, überträgt sich im menschlichen Organismus auf fast alle Organe, auf Gewebe und Zellen und stört damit deren Funktionen. Im Extremfall wird die Kapillardurchblutung der Organe durch eine Übersäuerung vermindert oder blockiert. Die schlimmsten Säurekatastrophen, die durch Mikrowellen entstehen können, sind nach Dr. B. Kern, Stuttgart: Herzinfarkt, Hirnschläge (Schlaganfälle, Apoplexien) und Beinnekrosen (Absterben der Zellen), die oft Beinamputationen zur Folge haben. Im Normalfall können junge Menschen ihren Körper über den Stoffwechsel noch gut entsäuern. Die biologischen Widerstandskräfte wehren Säureschäden ab, so daß Störungen nicht bemerkt werden. Mit dem Alter wächst sowohl der Säuregehalt im Gewebe und in den Organen als auch deren Anfälligkeit für Säureschäden. Durch Kerns Experimente kann man erstmals einen Zusammenhang zwischen dem immer saurer werdenden Waldboden (Folge: Waldsterben) und der starken Zunahme der Krankheiten durch Übersäuerung erkennen. Neben den Säureschäden kann es zu weiteren gravierenden Veränderungen im Stoffwechselablauf kommen. Bei Menschen, die Nahrungsmittel verzehren, die vorher in der Mikrowelle aufgewärmt wurden, verändert sich unmittelbar danach das Blut, ähnlich wie bei der Auslösung eines Krebsprozesses. Die Anzahl der Erythrozyten nimmt ab. Aus der Schulmedizin ist bekannt, daß sie bei kurzfristigem Streß zunehmen und bei anhaltender Streßeinwirkung wieder abnehmen. Die Hämoglobinwerte dagegen nehmen nach dem Verzehr von mikrowellenerhitzter Milch und -gekochtem Gemüse ab. Die Abnahme von Hämoglobin ist ein zusätzlicher Indikator für Streß. Außerdem zeigt sich eine Zunahme der Leukozyten und eine Abnahme der Lymphozyten, was ebenfalls auf eine Streßsituation hinweist. Die Abnahme der Erythrozyten und der Hämoglobinkonzentration sind Anzeichen für eine Anämie. Ähnliche Erscheinungen treten bei Vergiftungen und radioaktiver Verstrahlung auf. Ein weiterer Hinweis auf eine akute Vergiftung ist die Zunahme des Hämatokritwertes.

Ist ein Mensch einer Ganzkörper- oder Teilbestrahlung durch Mikrowellen ausgesetzt, spürt er die Erwärmung anfänglich nicht, sondern bekommt schnell hohes Fieber. Die unter der Haut liegenden Zonen (Muskeln und

Fettgewebe) werden erwärmt, die tiefergelegenen Organe können die entstehende Wärme nur in begrenztem Maß durch eine erhöhte Blutzirkulation ausgleichen. Ein Wärmeaustausch der Fettschichten ist nicht möglich. Das Gefährliche an Mikrowellen ist, daß sie das Körperinnere erwärmen und aufheizen, ohne daß der Mensch es bemerkt. Unter der Haut existiert kein Schutzsystem gegen Wärme, während die Thermorezeptoren auf der Haut bei Mikrowelleneinwirkung erst dann aktiviert werden, wenn der Organismus von innen bereits verbrannt ist. Diese Thermorezeptoren, die auf der gesamten Hautoberfläche des Menschen angeordnet sind, werden von Mikrowellen praktisch umgangen. Besonders extrem wirkt sich dies bei den Augen aus, da sie kein biologisches Kühlsystem besitzen. Eine Abkühlung durch Blutzirkulation in den Augen ist also nicht möglich. Im Extremfall kann man erblinden oder am Grauen Star erkranken.

Die Gefahr einer solchen Überhitzung besteht bei modernen Mikrowellenöfen in der Regel nicht, da die auf dem Markt erhältlichen Geräte den VDE-Bestimmungen entsprechen und somit nur eine bestimmte Menge von Mikrowellen durch das Gehäuse, die Dichtungen oder das Gebläse nach außen abgeben.

Bei Geräteuntersuchungen stellte man allerdings fest, daß bei älteren Mikrowellenherden oft die Dichtungen, wahrscheinlich durch mangelhaftes Reinigen, durchlässiger für Mikrowellen werden und so große gesundheitliche Gefahren für die Benutzer mit sich bringen. Auch bei Neugeräten stellte man undichte Ventilationsöffnungen fest, durch die die Grenzwerte bis zum Vierfachen überschritten wurden. Am extremsten waren die Undichtigkeiten bei gewerblich langjährig betriebenen Mikrowellenöfen.

Es empfiehlt sich, nach jedem Benutzen die Türdichtungen zu reinigen, um von vornherein auszuschließen, daß durch verkrustete Stellen und Deformierungen Leckstrahlungen auftreten können. Kein Mikrowellengerät darf sich während des Betriebs öffnen lassen, da sonst die Strahlung mit voller Intensität in den menschlichen Körper eindringt. Mikrowellenherde älterer Bauart, die sich während des Betriebs öffnen lassen, sollten aus Gründen des Gesundheitsschutzes verschrottet werden. Grundsätzlich sollte sich niemand direkt vor Mikrowellenöfen aufhalten, solange sie in Betrieb sind. Das gilt besonders für Schwangere und Kleinkinder.

Bei Messungen mit hochempfindlichen Geräten konnte die Mikrowellenstrahlung noch durch mehrere Räume hindurch, die teilweise dicke Wände hatten, nachgewiesen werden. Eine völlige Abschirmung der Mikrowellen ist technisch durchaus möglich, wird aber aus Kostengründen nicht durchgeführt. Die deutschen →Grenzwerte berücksichtigen keine biologischen Wirkungen, sondern nur thermische Effekte. Die gültigen Grenzwerte lassen die Erhitzung des menschlichen Organismus bis zu einem bestimmten Maße zu. Demnach darf eine Körpertemperaturerhöhung 0,5 bis maximal 1 Grad nicht überschreiten. Grenzwerte aus dem ehemaligen Ostblock schließen dagegen biologische Wirkungen von Mikrowellen auch bei geringsten Intensitäten ein, darum sind sie dort um das Eintausendfache niedriger.

Baubiologische Bewertung
Ein Mikrowellenofen gehört nicht in ein gesundes und giftfreies Haus. Wenn er in der Nähe eines Schlafzimmers aufgestellt wird, kann er selbst in ausgeschaltetem Zustand negativ auf den menschlichen Organismus wirken. Grundsätzlich sind Mikrowellenöfen mit starken Permanentmagneten ausgerüstet. Ein Magnet bewirkt in seiner unmittelbaren Umgebung eine Verschiebung des natürlichen Erdmagnetfeldes. Diese Verschiebungen können je nach Bauart des Gerätes bis zu einer Entfernung von fünf Metern auftreten. Durch Magnetfeldverschiebungen im Bettbereich können Befindlichkeitsstörungen wie Kopfschmerzen bis hin zu Migräneanfällen, akute Schlafstörungen, Hitze- und Kältegefühle sowie Zittern an sämtlichen Gliedern ausgelöst werden. Mit Mikrowellenöfen kann zwar bequem, schnell und pflegeleicht aufgetaut, erwärmt und gekocht werden, da dies aber zu Lasten der Qualität der Nahrungsmittel geht und noch völlig unterschätzte Gesundheitsgefahren birgt, ist vom Kauf oder der Benutzung von Mikrowellengeräten dringend abzuraten. → Mikrowellen.

Mineralfasern

Zur Gruppe der künstlichen Mineralfasern (KMF) gehören Steinfasern, Glasfasern, Keramikfasern und Schlackefasern. Glaswolle wird aus Altglas und Glasrohstoffen hergestellt. Steinwolle setzt sich aus Sediment- und magmatischem Gestein zusammen, hauptsächlich aus Basalt und Diabas. Die Rohstoffe der künstlichen Mineralfasern werden geschmolzen und in Schleuder- oder Blasverfahren durch dünne Düsen gepreßt. Die unzähligen, kleinen Fasern werden mit künstlichen Bindemitteln, z.B. mit → Phenol-→ Formaldehydharzen vermischt, so daß beim Verarbeiten zu Dämmatten der Faserbruch verhindert und durch das Zusammenkleben ein Auseinanderfallen der Platten unterbunden wird. Bei den fertigen Dämmatten beträgt der Anteil der Mineralfasern ca. 90 Prozent, während der Rest aus Kunstharzbindemitteln und aliphatischen Mineralölen besteht.

Seit den frühen vierziger Jahren werden künstliche Mineralfasern für Dämmzwecke verwendet. Steinwolle und Glaswolle sind heute mit einem Anteil von über 60 Prozent die gebräuchlichsten Dämmaterialien im modernen Hausbau. Sie haben alle anderen Wärmedämmatten und -schäume vom ersten Platz verdrängt. Pro Jahr werden in Deutschland ca. 400000 Tonnen Mineraldämmfaserprodukte hergestellt. Der Anteil der als erheblich gesundheitsschädigend einzuschätzenden Keramikfasern beträgt ca. 5000 Tonnen pro Jahr. Keramikfasern bestehen aus Ton und Quarzsand. Ähnlich wie bei

Stein- und Glaswolle wird das Rohprodukt geschmolzen, verflüssigt, durch feinste Düsen gedrückt und anschließend für besseren Halt und Formgebung mit Acryl- oder Phenol-Formaldehydharzen vermischt. Keramikfasern werden erst seit Anfang der siebziger Jahre produziert. Sie spielen im Baubereich nur eine untergeordnete Rolle und werden vor allem als Dämm- und Dichtungsmaterialien für feuerfeste Gegenstände und Maschinen verwendet. Häufig werden sie auch als Ersatzstoff für → Asbest eingesetzt.

Schlackenfasern spielen im Baubereich praktisch keine Rolle mehr. Das Rohmaterial besteht aus verschiedenen Hochofenschlacken mit einer Mischung aus Sedimentgestein. Die Faserbildung wird wie bei den anderen Mineralwollen erzeugt. Bei Schlackenwollen besteht eine erhöhte Gesundheitsgefahr durch → Schwermetall- und Arsenrückstände.

Es gibt eigentlich kein Haus, in dem keine künstlichen Mineralfasern verwendet worden sind. Besonders durch die verschärften Schallschutzbestimmungen erfreuen sich Mineralfasermatten in Fachkreisen immer größerer Beliebtheit. Sie sind das beste Material für eine Kombination von Schall- und → Wärmedämmung für Dachkonstruktionen, für Schallentkoppelungen in Reihen- und Mehrfamilienhäusern, Dämmungen unter Estrichböden (→ Estrich), Rohrisolierungen für Kalt- und Warmwasserleitungen, Brandschutzabschottungen, Schalldämmungen für abgehängte Decken, Füllungen für Leichtständerwände und Feuerschutztüren, Wärmedämmungen von → Elektrospeicherheizungen, zum Ausstopfen von Ritzen und Löchern bei Türen, Fenstern, Dachverkleidungen und vielem mehr.

1992 wies man zum ersten Mal die krebserzeugende Wirkung von Stein- und Glaswollfasern in Tierversuchen nach. Diese Erkenntnisse waren ausschlaggebend dafür, daß offizielle Stellen einen begründeten Verdacht auf gravierende Gesundheitsgefahren aussprachen (Umweltbundesamt, Bundesanstalt für Arbeitsschutz und Bundesgesundheitsamt). Wie bei Asbest vermutet man, daß sich die spitzen Fasern der Mineralstäube in den Atemwegen, festhaken und eine kanzerogene Potenz haben. Die Senatskommission zur Prüfung gesundheitsschädlicher Arbeitsstoffe nahm 1993 Stein- und Glaswolle mit Einschränkungen unter der Rubrik »krebserzeugende Stoffe« in die → MAK-Werte-Liste auf. Trotz des jahrelangen Drucks von Wissenschaftlern wurden die beiden Mineralfasern nicht definitiv als krebserzeugende Stoffe aufgeführt. Statt dessen führte man die neue Gefahren-Kategorie »III A2« ein. Sie wird folgendermaßen definiert: »Eindeutig positive Befunde (signifikant erhöhte Tumorrate) aus Versuchen mit intraperitonealer, intrapleuraler oder intrachealer Verabreichung.« Um den Millionen Anwendern von Stein- und Mineralwolledämmatten die Angst vor der oben beschriebenen Gefährlichkeit zu nehmen, werden vor die neue Kategorie einfach die beiden Wörter »als ob« gesetzt – ohne weitere Erklärung.

Die Gesundheitsgefahr der künstlichen Mineralfasern wird international immer noch sehr unterschiedlich eingeschätzt. In den USA müssen sämtliche Mineralfaserprodukte seit 1991 mit dem Hinweis »Krebsgefahr« bezeichnet werden. Mit der europaweiten Harmonisierung von Richt- und → Grenzwerten ist zu befürchten, daß die in Deutschland ausgesprochenen Warnungen vor künstlichen Mineralfasern zurückgenommen werden müssen. In den Gefahrstoffverordnungen einiger Länder Europas (England, Frankreich, Niederlande) werden künstliche Mineralfasern noch als völlig ungefährlich eingeschätzt. Allein in Deutschland sind 5000 Menschen direkt in der Mineralwollindustrie und 500 in der Keramikfaserindustrie beschäftigt; ca. 30000 führen technische Isolierarbeiten aus. Über 450000 Menschen kommen in anderen Berufszweigen mit Mineralfasern in Kontakt. Mindestens zwei Millionen Heimwerker kaufen ungenügend verpackte Mineraldämmstoffe in Baumärkten und verarbeiten sie ohne entsprechende Atemschutzmaßnahmen in ihrem Wohnbereich. Davon ist dringend abzuraten! Künstliche Mineralwolle sollte nur unter entsprechenden Schutzmaßnahmen verarbeitet werden. Man sollte grundsätzlich Feinstaubmasken tragen. Beim Verarbeiten von losen, nicht kaschierten Steinwollmatten sollten zusätzlich Schutzanzüge verwendet werden. Untersuchungen ergaben, daß einfache Papiermasken keinen ausreichenden Atemschutz bieten. Besser geschützt ist man mit Staubschutzmasken und Einweganzügen mit Kapuze.

Die ersten Richtwerte in Form von TRK-Werten (→ Technische Richtkonzentration) wurden für künstliche Mineralfasern erlassen. Man geht dabei von der gleichen Lungengängigkeit der Mineralfasern aus wie bei Asbestfasern. Sie ist gegeben, wenn der Durchmesser der Einzelfaser kleiner ist als drei tausendstel Millimeter und die Länge größer als fünf tausendstel Millimeter. Das Verhältnis von Länge zu Durchmesser muß größer als drei zu eins sein. Die Schätzungen, wieviel Prozent der lungengängigen Mineralfasern in der Luft frei werden, sind sehr unterschiedlich. Die Mineralfaserindustrie spricht von null Prozent beim Verlegen von Dämmplatten und von maximal fünf bis zehn Prozent beim Schneiden oder Bearbeiten. Kritische Wissenschaftler setzen den Prozentsatz generell bei 30 bis 60 Prozent an.

Auf Baustellen wird die TRK mit 500000 Fasern/m^3 Luft eingehalten, wenn die Gesamtfaserzahl lichtmikroskopisch nachgewiesen unter einer Million Fasern/m^3 beträgt. Bei stationären Altanlagen galt bis zum 31. Dezember 1995 ein Übergangswert von einer Million Fasern/m^3. Unter Wissenschaftlern gelten diese Werte als gefährliches Zugeständnis an die Mineralfaserindustrie. Viel zu leichtfertig wird hier mit Arbeitsstoffen, die im Verdacht stehen, ein krebserzeugendes Potential zu besitzen, umgegangen.

Künstliche Mineralfasern sind bei weitem nicht so gefährlich wie Asbest. Sie können sich auch nicht längs aufspalten und zerspleißen. Sie brechen quer, d.h., sie verkürzen sich. Durch die Längsspaltung der Asbestfasern entstehen die gefährlichen Feinstfasern. Mineralfasern mit einer lungengängigen Größe können aber eingeatmet werden und durch die hohe Biobeständigkeit langfristig krebsauslösende Wirkungen haben. Die Beständigkeit von eingeatmeten Glas- oder Steinwollefasern im Lungengewebe oder im Bauchfell beträgt – bevor sie sich wieder auflösen – etwa zwei bis acht Jahre. Asbestfasern lösen sich im Organismus dagegen nicht auf.

Auf keinen Fall sollte man eingebaute Mineralfasermatten aus Dachkonstruktionen oder Wandverkleidungen entfernen. Beim Abnehmen oder Sanieren von alten Mineralfasermatten werden lungengängige Mineralstäube in einer Größenordnung von mehreren Millionen Fasern/m³ freigesetzt und vom Menschen eingeatmet.

Grundsätzlich gilt, daß nach einem fachgerechten Einbau von Mineralfaserdämmstoffen keine gesundheitlichen Gefahren bestehen. Gesundheitsgefahr besteht nur dann, wenn die Dämmstoffe nach dem Einbau unsachgemäß, d.h. nicht luftdicht abgedeckt worden sind. Nach den gültigen DIN-Richtlinien müssen Dachkonstruktionen nach innen winddicht abgeklebt werden. Nur wenn es unter Dachschrägen zieht oder Löcher in Verkleidungen sichtbar sind, ist ein luftdichtes Nachkleben notwendig.

Bei Leichtständerwänden, die mit Mineralfasern gefüllt sind, sollten keine Sanierungsmaßnahmen durchgeführt werden. Oft lösen sich nämlich bei älteren Dämmatten die künstlichen Bindemittel teilweise oder ganz auf, so daß der Zusammenhalt der einzelnen Fasern nicht mehr gewährleistet ist. Beim Herausreißen werden große Mengen Faserstäube durch das Zerfallen der Matten frei. Undichtigkeiten wie z.B. Risse oder Beschädigungen sollten daher lediglich luftdicht nachgeklebt werden.

Grundsätzlich sollten die eingebauten Mineralfaserdämmstoffe kontrolliert werden, da eine absolute Dichtigkeit der Abdeckungsmaterialien zu den Innenräumen hin gewährleistet sein muß.

Luftmessungen im Wohnbereich durchführen zu lassen, ist nicht sinnvoll. Zum einen sind die Messungen sehr aufwendig und teuer, zum anderen können sie oft nicht die echten Meßwerte wiedergeben. Je nach Zugerscheinungen oder Bewohnerverhalten treten unterschiedliche Faserkonzentrationen auf, so daß Messungen in ein und demselben Raum zu unterschiedlichen Zeiten Konzentrationen zwischen 20000 und 2 Millionen Fasern/m³ Luft ergeben haben.

Baubiologische Bewertung

Heimwerker und Hobbybastler sollten keine Stein- oder Glaswolle verarbeiten, da gerade bei unfachmännischer Handhabung Millionen von Fasern freigesetzt werden.

Aufgrund der Gesundheitsgefährdung sollte man beim Hausbau völlig auf dieses Material verzichten.

Ungefährliche Alternativen für Wärmedämmzwecke sind in großer Auswahl vorhanden, z.B. → Holzwolle-Leichtbauplatten, → Kokosfasern, → Kork, → Schafwolle und → Zellulose-Dämmstoffe.

Mobilfunk

Bis zum Jahr 2000 werden in Deutschland schätzungsweise über zwölf Millionen Mobilfunktelefone in Betrieb sein. Seit etwa 1990 ist das digitale Funknetz D1 der Telekom der Nachfolger des veralteten analogen C-Netzes. Ca. ein Jahr später kam das D2-Netz von Mannesmann dazu. Die beiden Netze werden von ca. 3,5 Millionen Teilnehmern benutzt. Auch für das D-Netz gibt es schon wieder Nachfolger: Ein Satelliten-Funknetz wird aufgebaut, mit dessen Hilfe man mit einem Handy rund um den Erdball telefonieren kann. Zudem wurde im Herbst 1994 in Deutschland ein neues E-Netz in Betrieb genommen, das finanziell von den Firmen Veba, Thyssen, Bellsouth und Vodafone getragen wird. Für das Jahr 2000 werden hier mehr als 2,5 Millionen Teilnehmer prognostiziert.

Diese Zahlen zeigen, daß noch Tausende von Sendeanlagen und Funktürmen mit Leistungen von 6 bis 2000 Watt errichtet werden müssen. Mobilfunktürme werden zur Zeit in Deutschland mit einer Höhe bis zu 55 Metern gebaut. Sie stehen nicht nur entlang der Autobahnen, sondern auch mitten in Wohngebieten. Große Mobilfunksendeanlagen werden aus Kostengründen immer häufiger auf Häusern errichtet. In Süddeutschland ist ein Fall durch eine Initiative gegen Mobilfunkanlagen bekannt geworden, wo eine Sendeanlage direkt auf dem Dach eines Kindergartens errichtet wurde. Die Wirkungen des Mobilfunks sind heftig umstritten. Obwohl noch nicht eindeutig geklärt ist, in welchem Ausmaß der menschliche Organismus dadurch in Gefahr gerät, werden die Sendeanlagen von Telekom und Mannesmann mit unverminderter Geschwindigkeit ausgebaut. Wenn Millionen von Mobilfunktelefonen nicht nur in Autos, sondern auch in Büros, Supermärkten und Einkaufszentren benutzt werden, wird jeder einzelne den Hochfrequenzemissionen noch stärker ausgesetzt sein, da nicht nur die fest installierten Sende- und Empfangsanlagen der Funktürme hochfrequente Strahlen aussenden, sondern auch jedes einzelne Handy.

Inzwischen verzögerten Bürgerinitiativen bei über 300 geplanten Funktürmen den Baubeginn oder unterbrachen per Gerichtsbeschluß die schon begonnenen Bauarbeiten. Immer mehr Verwaltungsgerichte erklären die Errichtung von Funktürmen in der Nähe von Wohngebieten als unzulässig, weil gesundheitliche Risiken für die Bevölkerung nicht auszuschließen sind. → Grenzwerte jedoch sind bisher noch nicht in Verordnungen festgelegt; Umwelthaftungsgesetze für Sendemasten existieren nicht. Das neue Gesetz zur Prüfung der Umweltverträglichkeit, das eine Beurteilung aller Risiken für Natur und Mensch verlangt, gilt für Sendemasten ebenfalls nicht.

Auf Druck der Mobilfunkbetreiber soll allerdings bundesweit zum ersten Mal eine Grenzwertgebung erlassen werden Bundesimmissionsschutzgesetz). Diese neue Rechtsverordnung würde den Betreibern von Funktürmen, Sendeanlagen, Hochspannungsleitungen und Trafostationen die juristische

Grundlage schaffen, ihre Anlagen dort, wo sie technisch benötigt werden, zu installieren, da die Grenzwerte viel zu hoch angesetzt sind und daher in der Regel nicht überschritten werden. Die Bevölkerung hat demnach keine Möglichkeit mehr, gerichtlich gegen neue Sendeanlagen etc. vorzugehen. Mobilfunkbetreiber müssen also keine Angst mehr vor Verzögerungen haben. Bei Fernsehen und Rundfunksendern, Radarüberwachungsanlagen sowie militärischen Anlagen können aufgrund einer Ausnahmeregelung sogar die ohnehin viel zu hohen Grenzwerte überschritten werden. Die geplante Verordnung ist keinesfalls ein Schutz für die Bevölkerung, da die Grenzwerte aufgrund veralteter amerikanischer Forschungsergebnisse aus den Jahren 1988/1989 erstellt wurden. Neue Erkenntnisse über die große Gesundheitsgefährdung durch Elektrosmog wurden dabei nicht berücksichtigt.

Nach einer Empfehlung des Bundesamtes für Strahlenschutz von 1991 sollten Benutzer von Handys und tragbaren Autotelefonen Mindestabstände zu den eingebauten Antennen einhalten. Die Bundesbehörde betont, daß die Hochfrequenzstrahlung durch die Einführung des D-Netzes noch erheblich zunimmt. Folgende Sicherheitsabstände werden empfohlen:

Bei Geräten des analogen Funksystems (C-Netz) mit einer Sendeleistung zwischen 1 und 5 Watt sollte man einen Gesundheitsabstand von 4 bis 25 Zentimetern einhalten. Bei höheren Geräteleistungen bis 20 Watt etwa 50 Zentimeter, bei darüber hinausgehenden Leistungen 1 bis 2 Meter. Die Benutzer solcher C-Netz-Geräte müßten demnach das Telefonieren völlig unterlassen, da derartige Sicherheitsabstände zwischen Antenne und Ohr nicht praktizierbar sind. Bei Geräten mit einer geringen Sendeleistung muß laut Bundesamt für Strahlenschutz (beim analogen System bis 0,5 Watt und beim digitalen D-Netz bis 2 Watt) kein Mindestabstand eingehalten werden. Die Sicherheitsabstände von den Sendeantennen der einzelnen Handys zum Kopf erklärt sie damit, daß unter ungünstigsten Bedingungen auszuschließen sein muß, daß durch körpernah betriebene Sender Hochfrequenzenergie in den menschlichen Kopf eingekoppelt wird und zu unerwünschten Nebenwirkungen wie Grauem Star oder Störungen der Gehirnfunktion führt.

Die neue Generation von D-Netz-Handys arbeitet fast einheitlich mit einer Leistung von zwei Watt. Auch die meisten Hersteller geben an, daß Mindestabstände nicht mehr notwendig seien, weil schon die Konstruktion des Handys den notwendigen Abstand zwischen Antenne und Kopf garantiere. Hierbei wird nicht beachtet, daß Stummelantennen beim Telefonieren oft den Kopf direkt berühren und sich dadurch Hochfrequenzenergie in den Kopf einkoppelt. Die Berechnungen darüber, wieviel Hochfrequenzenergie ein Mensch aufnehmen darf, zielen nur darauf ab, Verbrennungen oder übermäßige Erwärmung des Innengewebes zu verhindern (thermischer Effekt). Die Strahlenschutzkommission ist sich der noch nicht absehbaren gesundheitlichen Risiken bewußt und hat darum folgende wichtige Erklärung veröffentlicht: »Sollten von den Mobilfunkgeräten gesundheitliche Risiken ausgehen, so wären davon weite Bevölkerungskreise betroffen. Hinzu kämen mögliche Wirkungen durch die Funk-Feststationen, deren Anzahl zum Betrieb des D-Netzes noch nennenswert erhöht werden muß.«

Die Erwärmung, die beim Telefonieren durch die Mikrowellen im Kopf erzeugt wird, kann der Mensch nicht spüren, sie erfolgt von innen nach außen, so daß die in der menschlichen Haut integrierten Wärmerezeptoren nicht angesprochen werden. Würden Mikrowellen, ähnlich wie die Sonnenstrahlen, zuerst die Haut erwärmen, würden Menschen das beim Telefonieren mit Mobilfunk spüren und das Gespräch sofort abbrechen.

Der wichtige Hinweis, daß Mobilfunkteilnehmer grundsätzlich keine Dauergespräche führen sollten (denn die Berechnungen gelten nur für Sechs-Minuten-Intervalle) ist auf keiner Gebrauchsanweisung für Handys abgedruckt.

Der Unterschied zwischen dem älteren C-Netz, dem modernen D-Netz und dem neu eingeführten E-Netz besteht in der analogen bzw. digitalen Funktionsweise. Die veraltete Technik des analogen Übermittlungssystems beim C-Netz basiert auf Sprachinformationen, die auf hochfrequenten elektromagnetischen Wellen aufgeprägt sind. Mit fast gleichbleibender Signalfrequenz werden dabei die Mikrowellen ausgestrahlt. Wenn die elektromagnetischen Wellen mit ihren Sprachinformationen auf einen Funkturm treffen, werden die ankommenden Signale elektronisch verarbeitet und an den Empfänger weitergeleitet. Danach werden sie in Sprache zurückverwandelt. Diese analoge Informationsübertragung wird heute vorwiegend bei Ortsgesprächen angewendet. Allerdings werden die elektromagnetischen Felder hier nicht in die Luft gesendet, sondern über Kabel im Boden transportiert.

Für kabellose Mobiltelefone des D- und E-Netzes wird das digitale Übertragungssystem angewendet. Dabei werden die Sprachinformationen 217mal pro Sekunde zerhackt (gepulste Strahlung). Das bedeutet, daß hochfrequente Strahlung (Mikrowellen) zusätzlich niederfrequent mit 217 Hertz gepulst wird. Die abgesandten Sprachinformationen werden auf Zahlenreihen verschlüsselt und beim Empfänger wieder in Sprache übersetzt. Digitale Funksysteme arbeiten mit wesentlich niedrigeren Leistungen als analoge, haben aber aufgrund ihrer gepulsten Ausstrahlung erheblich größere biologische Wirkungen.

Der Mediziner von Klitzing, Lübeck, erhielt 1994 aufsehenerregende Resultate bei Experimenten an Versuchspersonen. Er stellte per EEG (Elektroenzephalogramm) Veränderungen der Gehirnströme fest: Nach 15 bis 20minütiger Einwirkung der D-Netz-Strahlung reagieren die Gehirnströme mit sogenannten Peaks. Bei einigen Versuchspersonen konnten diese Veränderungen noch 24 Stunden nach der Bestrahlung gemessen werden. Ferner wurde in der Universitätsklinik von Lübeck festgestellt, daß durch gepulste Felder die Immunreaktionen von Zellen bei Tieren um bis zu 90 Prozent reduziert wurden. Das Flucht- und Lernverhalten von Ratten wurde bereits bei geringsten Intensitäten von gepulsten, hochfrequenten Strahlungen, wie sie beim D-Netz auftreten, beeinträchtigt. Man geht heute davon aus, daß noch weitere Wirkmechanismen durch diese gepulsten Strahlungen ausgelöst werden, die mangels Forschungsarbeit noch nicht erkannt worden sind. Fest steht, daß bei unbeteiligten Menschen, die sich in der Nähe von Mobilfunkbetreibern aufhalten, Veränderungen der Gehirnströme eintreten. Es wird immer mehr beobachtet, daß sich die Rate der Menschen erhöht, die an Grauem Star erkranken. Besonders auffällig ist dies bei Menschen zwischen 30 und 40 Jahren, die täglich Handys benutzen. Das Auge ist bei längerer Bestrahlung besonders gefährdet, da es keine Kühlfähigkeit wie die Haut des Körpers besitzt. Ähnlich wie bei einem Ei, das man in heißes Wasser wirft, kann das Auge bei intensiver und langer Einstrahlung blind und weiß werden. Der erste Musterprozeß, der in den USA 1993 von einem Privatmann gegen den Betreiber von Mobilfunkgeräten geführt wurde, weil seine Frau – seiner Meinung nach – durch das Dauertelefonieren an einem Gehirntumor starb, hatte weitreichende Konsequenzen. Der Absatz von Mobilfunktelefonen in den USA ist seitdem erheblich zurückgegangen. Die Kurse der Handy-Hersteller an der Wall Street fielen plötzlich. Der US-Kongreß befaßt sich seitdem mit der Frage: Machen Mikrowellen krank?

1994 stellte das Walter-Reed-Army-Institut, USA, nach der Auswertung vieler Experimente fest, daß sich Mikrowellenimpulse im menschlichen Organismus bevorzugt an das zentrale Nervensystem ankoppeln. Der wissenschaftliche Streit über die gesundheitlichen Auswirkungen von Mikrowellen hat mit der Einführung des digitalen D- und E-Netzes seinen Höhepunkt erreicht. Die umstrittenen biologischen Effekte, die bei den niederfrequent gepulsten Mikrowellen des D-Netzes schon bei äußerst niedrigen Intensitäten auftreten, sind Kalziumstromerhöhungen, Änderungen der Lymphzellen, Beeinflussungen der Gehirnströme, DNS-Veränderungen und Verminderung der Immunreaktion. Viele weitere Wirkmechanismen werden beobachtet, sind aber wissenschaftlich noch nicht abgesichert.

Durch Telefonieren per Mobilfunk im Flugzeug kann die Flugelektronik derart außer Kontrolle geraten, daß die Maschine abstürzt. Der Störpegel eines Handys kann in einem Meter Entfernung bei 30 Volt/Meter liegen. Zwar können die Störpegel durch Inneneinrichtungen der Kabine gedämpft werden, allerdings ist es trotzdem möglich, daß durch Resonanzerscheinungen (→ Resonanz) oder gar Reflektionen noch höhere Werte auftreten. Jedes Flugzeug hat einen sogenannten Härtungspegel zum Schutz der elektronischen Instrumente an Bord, der aber nur maximal 1 Volt/Meter beträgt. Daher muß es zwangsläufig zu Funktionsfehlern in einzelnen Elektronikbaugruppen in der Kabine kommen. Die Fluggäste werden daher mittlerweile gebeten, weder während der Landung noch während des Startvorganges Mobilfunktelefone zu benutzen.

Bei einigen Tankstellen ist die Benutzung von Handys wegen erhöhter Explosionsgefahr verboten.

Auch vor der Benutzung eines Handys im fahrenden Auto werden offiziell Warnungen ausgesprochen. Ein Autounfall wurde z.B. verursacht, als ein klingelndes Handy das elektronische ABS-System so manipulierte, daß plötzlich alle vier Räder in einer Rechtskurve blockierten. Die Fahrerin verlor die Kontrolle über das Fahrzeug und verunglückte schwer. Die Ursache: Jedes Handy reguliert seine Leistung, je nach Entfernung zum nächsten Sendeturm selbst. Je weiter es vom Sender entfernt und je stärker es abgeschirmt ist, desto mehr muß es selbst leisten, um seine Sendefrequenz zum nächsten Funkturm weitergeben zu können. Da das Auto durch die Metallkarosserie eine ähnlich abschirmende Wirkung hat wie ein Faradayscher Käfig, muß das Handy mit Höchstleistung arbeiten. Hierbei entstehen hohe elektromagnetische Felder, die das elektronische System im Auto außer Kraft setzen können. Ähnliche elektronische Probleme stellten sich bereits in den sechziger Jahren ein. Damals kam es häufig vor, daß bei Autos, die mit elektronischen Bauteilen ausgerüstet waren, die elektronisch gesteuerte Benzineinspritzung nicht mehr funktionierte, wenn man sich gerade in der Nähe von großen Sendeanlagen befand. Die Hersteller der Elektronikgeräte haben daraufhin die elektrischen und elektronischen Bausteine in den Autos abgeschirmt, so daß von außen einwirkende Störfelder keinen Schaden mehr anrichten konnten. Die heutigen Störungen, die durch Handys im Auto auftreten, sind nur möglich, weil noch keine Abschirmmaßnahmen gegen Störfelder, die im Innenraum des Autos selbst produziert werden, vorhanden sind. Daher sollte man im Auto nur telefonieren, wenn die Antenne, also die Sende- und Empfangsstation des Mobilfunktelefons, außen auf dem Dach angebracht ist.

Die Grenzwerte werden beim Telefonieren mit einem Handy im Auto ohne Außenantenne überschritten, so daß nicht nur die Gefahr eines Unfalls durch eine elektronische Störung besteht, sondern auch der gesamte biologische Organismus des Menschen angegriffen wird.

Strahlungsdämpfer zur Abschirmung von Mobiltelefonen sollte man in keinem Fall verwenden, da sich die Sendeleistung des Handys durch eine automatische Regelschaltung der Betriebsbereitschaft des nächstliegenden Sendeturmes anpaßt. Durch einen zusätzlichen Strahlungsdämpfer wird die Leistung des Handys maximal hochgefahren, kann aber trotzdem bei zu großer Entfernung zur nächsten Sendestation zum Telefonieren nicht mehr ausreichend sein. Oft entsteht dann keine Verbindung, die hohe Abstrahlung aber gefährdet den Menschen akut.

Baubiologische Bewertung

Da besonders die gepulste Strahlung des neuen D- und E-Netzes biologisch sehr relevant ist und die Forschung über negative Auswirkungen, die beim

Telefonieren mit Mobilfunk entstehen können, längst noch nicht abgeschlossen ist, muß man von der Benutzung solcher Geräte abraten. Nur wenn es zur Resonanz zwischen Sender (Funkturm) und Antenne (Handy) kommt, funktioniert die physikalische Signalübertragung. Welche Wirkungen im menschlichen Organismus ausgelöst werden, wenn der Mensch zwischen beiden steht, ist heute noch völlig ungeklärt. → Elektromagnetische Verträglichkeit (EMV), → elektromagnetische Wechselfelder, → Elektrosensibilität, → Elektrosmog, → Elektrostoß, → Mikrowellen.

Mörtel

Mörtel ist ein äußerst kompliziert zusammengesetztes Baumaterial. Mauermörtel wird unterteilt in Mörtelgruppe I: Kalkmörtel; Mörtelgruppe II: Kalk-Zement-Mörtel; Mörtelgruppe IIa: Kalk-Zement-Mörtel, Mörtelgruppe III : Zement-Mörtel und Mörtelgruppe IIIa: Zement-Mörtel.

Weitere Mörtelarten sind u.a. Wärmedämm-Mörtel, Gießmörtel, Dünnbettmörtel, Trockenmörtel oder Spezialmörtel wie wasserdichter Fugenmörtel, z.B. für durch Schlagregen beanspruchtes Mauerwerk.

Mörtel ist ein Gemisch aus Sand, Wasser, Bindemitteln und einer riesigen Palette von Zusatzmitteln wie Dichtungs- und Fließmittel, Erstarrungsverzögerer, Erstarrungsbeschleuniger und Farbpigmente.

Durch die Vielzahl der Zusätze erhält Mörtel sehr unterschiedliche Eigenschaften. Der Zusatz von Kunstharzdispersionen (→ Kunstharz-Dispersionsfarben), in denen oft hochtoxische Verbindungen und auch → PVC enthalten sein können, bewirkt z.B. eine hohe Zug- und Biegefestigkeit, eine Verbesserung der Elastizität, starke Widerstandsfähigkeit gegen chemische Einflüsse, eine Verringerung des Schrumpfprozesses und vieles mehr. Der Zusatz an Kunstharzen kann bis zu 15 Prozent betragen. Die Hauptinhaltsstoffe der Zusatzmittel bestehen aus Tensiden, Salzen und Silikaten. Hierdurch können beim Verarbeiten von Mörtel starke Hautverätzungen auftreten, die zu Hautekzemen führen; zudem können Allergien und Schleimhautreizungen ausgelöst werden. Da viele der Zusatzstoffe aus toxischen und stark umweltschädigenden Stoffen bestehen und auch die Zementfarben (→ Zement) zum Teil gesundheitsschädlich sind, ist für den Verbraucher die Wahl des richtigen Mörtels für ein gesundes und giftfreies Haus sehr schwierig. Mensch und Umwelt sind durch diese Zusatzmittel gefährdet, zumal noch völlig unbekannt ist, wie die einzelnen chemischen Zusätze in Kombination wirken.

Baubiologische Bewertung
Es ist weder bekannt, wieviel verschiedene Substanzen aus den Mörtelfugen in die Luft entweichen, noch in welcher Größenordnung sich Restmonomere

aus Kunststoffen ablösen. Sogenannte Restmonomere, die an die Luft abgespalten werden können, sind Ausgangsstoffe, die zur Herstellung eines Kunststoffproduktes verwendet werden und oft hochgiftige Eigenschaften aufweisen. Je mehr Zusatzmittel ein Mörtel enthält, desto gefährlicher ist er für Gesundheit und Umwelt. Am sichersten vor gesundheitlichen Beeinträchtigungen ist man bei der Verwendung von normalem zementgebundenem Mörtel, der keine Kunstharzzusätze enthält.

Mottenbekämpfung

Mottenkugel wurden bis in die achtziger Jahre als wirksames Mottenbekämpfungsmittel eingesetzt. Erst als man erkannte, daß Naphthalin in den Mottenkugeln auch für den Menschen extrem giftig ist, verwendete man neue chemische Ersatzstoffe. Das Einatmen von Naphthalindämpfen aus Kleidungsstücken, die lange mit Mottenkugeln gelagert waren, kann ernsthafte Symptome und Beschwerden auslösen. Am häufigsten traten Hautekzeme, Übelkeit, Erbrechen, Kopfschmerzen und schwere Konzentrationsstörungen auf.

Naphthalin wurde durch Paradichlorbenzol abgelöst. Es wird heute auch als Pestizid für die Bekämpfung von Mehltau und zur Desinfektion von WCs eingesetzt. Der Einsatz von Paradichlorbenzol, das als Abfallprodukt bei der Monochlorbenzolproduktion entsteht, ist als Pestizid im Wohnbereich und in Toiletten wegen seiner hohen Giftigkeit heftig umstritten. Sicher ist, daß eine längere Verwendung des Pestizids in Kleiderschränken und auf → Teppichböden gesundheitsschädlich ist.

Das heute am meisten verbreitete Mottenschutzmittel ist Permethrin. Es gehört zur Wirkstoffgruppe der → Pyrethroide. Pyrethroide sind äußerst giftig. Sie greifen den menschlichen Organismus direkt an. Besonders Teppiche, die mit Pyrethroiden behandelt worden sind, stellen eine akute Gesundheitsgefahr für die Bewohner dar. Geringe Mengen der einzelnen Substanzen der Pyrethroide werden beim Begehen eines Teppichbodens gelöst und zusammen mit dem → Hausstaub in die Raumluft geschleudert. Folgende Symptome und Krankheiten werden durch Pyrethroide verursacht: plötzliche Fieberanfälle, Herzrhythmusstörungen, Taubheitsgefühle, Lähmungserscheinungen, Hautausschläge am ganzen Körper, Atemnot, Husten, Bronchitis, Haarausfall, Sehstörungen, allgemeine Nervenstörungen bis hin zum totalen Zusammenbruch des Immunsystems.

Mottenschutz ist in der Regel nicht notwendig. Stoffe aus Pflanzenprodukten (Leinen oder Baumwolle) werden von Motten nicht befallen. Echter Mottenbefall kann eigentlich nur bei tierischen Textilfasern vorkommen. Pelze, Felle, Wolle und Rohseideprodukte sind besonders anfällig. Vorbeugend kann man den Kleiderschrank wirksam vor Motten schützen, indem man Zedern- oder Kampferholzstücke oder Lavendelzweige in kleinen Leinensäcken während des ganzen Jahres zwischen die Kleidungsstücke legt.

Chemisch präparierte Blätter und Klebestreifen für den Kleiderschrank, die ihre giftigen Dämpfe permanent zur Mottenabschreckung ausgasen, sollten vermieden werden, da dadurch die Kleidungsstücke kontaminiert werden. Giftige Substanzen können sich auch hier abspalten, in die Atemluft geraten und Vergiftungssymptome auslösen.

Wenn tatsächlich Motten im Kleiderschrank entdeckt werden, sollten mit Kampferöl getränkte Wattestücke gleichmäßig im Schrank verteilt und die befallenen Kleidungsstücke gründlich gereinigt werden.

Beim Kauf eines Schurwollteppichs sollte man darauf achten, daß der Teppich nicht eulanisiert ist. Mit der Handelsbezeichnung »Eulan« werden Teppiche gekennzeichnet, die mit Mottenschutzmitteln behandelt sind. Da bei Schurwollteppichen oft nicht erkennbar ist, ob sie mit Permethrin behandelt wurden, sollte man sich vor dem Kauf eine entsprechende Bescheinigung ausstellen lassen.

Baubiologische Bewertung
Chemische Mottenbekämpfungsmittel sind aufgrund ihrer toxischen Auswirkungen vollkommen abzulehnen. Mottenschutz sollte nur mit ungiftigen, emissionsfreien Naturprodukten durchgeführt werden. Naturwollteppichböden müssen grundsätzlich nicht mit Mottenschutzmitteln behandelt werden. Regelmäßiges Absaugen der Teppiche beugt Mottenbefall vor. Natürliche Mottenbekämpfungsmittel sind Lavendelblätter, Arvenöl, Zedern- oder Kampferholz.

Damit Motten erst gar nicht angelockt werden, können im Früh- und im Spätsommer frische Lavendelblätter drei Tage lang in dunklen Ecken, hinter Möbeln und in schlecht belüfteten Raumnischen direkt auf den Teppichboden gelegt werden. → Biozide.

N

Naturfarben

Sämtliche Bindemittel der Naturfarben werden aus nachwachsenden Rohstoffen hergestellt; dadurch unterscheiden sie sich von den synthetischen Farben (→ Farben und Lacke), deren Inhaltsstoffe in der Regel aus der Petro- oder der Chlorchemie stammen. Die am häufigsten verwendeten Öle und Harze der Naturfarbenhersteller sind Leinöl, Tungöl und Kolophonium. Leinöl, das durch Auspressen von Flachssamen (Leinsaat) erzeugt wird, ist auch ein hervorragendes Speiseöl und wird bei der Herstellung von Schmierseife verwendet. Es ist ein völlig ungefährliches Bindemittel. → Flachs wird in Mitteleuropa wieder vermehrt angebaut und trägt zur sinnvollen Agrarnutzung bei.

Kolophonium ist ebenfalls ein nachwachsender Rohstoff, der aus dem Harz von Nadelbäumen gewonnen wird. Kolophonium muß, um härten zu können, zusätzlich mit pflanzlichem Glyzerin oder mit → Kalk gebunden werden. Balsamterpentinöl wird ebenfalls aus Baumharzen gewonnen. Tungöl oder chinesisches Holzöl wird aus den Nüssen des Tungölbaumes gewonnen. Diese Rohstoffe sind ausnahmslos umweltverträglich; da sie den ökologischen Kreislauf nicht negativ beeinflussen, keinerlei giftige Abfallstoffe bei ihrer Produktion entstehen und auch die Entsorgung völlig unproblematisch ist.

Die → Lösemittel von Naturfarben werden in der Regel ebenfalls nur aus nachwachsenden Rohstoffen gewonnen, während die Lösemittel für synthetische Farben aus der Chlor- und Petrochemie kommen. Lösemittel für Naturfarben bestehen aus den Hüllen von Zitrusfrüchten, meistens von Orangen. Häufig werden auch Balsamterpentinöl und Zitrusschalenöl zusammen als Lösemittel eingesetzt. Naturfarben mit solchen Lösemitteln sind biologisch empfehlenswert, da sie umweltverträglich und problemlos zu entsorgen sind.

Die völlig ungiftigen, natürlich gewonnenen Stoffe Lecithin und Kasein werden oft als Hilfsmittel eingesetzt. Da Menschen mit besonders empfindlicher Haut auf direkten, intensiven und häufigen Kontakt mit Zitrusterpenen allergisch reagieren, wird leider auch hier manchmal zur Chemie gegriffen.

So werden Isoalipate beigemengt, um den Zitrus-Terpengehalt zu verringern. Sie sind zwar frei von giftigen Aromaten wie → Toluol oder → Xylol, von echten Naturfarben kann hier aber nicht mehr gesprochen werden. Isoalipate kommen aus der Petrochemie. Schon bei ihrer Produktion wird eine hohe Anzahl von giftigen Substanzen frei.

Die Härtung basiert bei Naturfarben auf der Verdunstung von Wasser und den natürlichen Lösemitteln sowie der Oxidation der ätherischen Öle. Als Konservierungsmittel wird nur Borax in geringen Mengen verwendet. Da der Lösemittelanteil bis zu 30 Prozent betragen kann, wird Naturfarben kein → Umweltzeichen verliehen, obwohl diese Lösemittel im Gegensatz zu denen der synthetischen Farben natürlichen Ursprungs, umweltschonend und gesundheitlich gut verträglich sind.

Die Farbpigmente von Naturfarben werden ebenfalls aus ungiftigen Naturprodukten gewonnen, wie z.B. aus Talkum, Glimmer, Kreide, Titandioxyd, Cellulosemehl oder Quarz.

Baubiologische Bewertung
Reine Naturfarben sind die einzige biologisch verträgliche Alternative zu sämtlichen synthetischen Farben. Allerdings muß auch hier bei Innenanstrichen auf gute Durchlüftung geachtet werden, damit Binde- und Lösemittel schnell entweichen. Besonders empfindliche Menschen können nämlich auf konzentrierte Mengen von Alkohol und Zitrusölen in Binde- und Lösemitteln allergisch reagieren.

Dringend ist bei Naturfarben darauf zu achten, daß keine Isoalipate verwendet wurden, denn diese verfälschen die als reines Naturprodukt deklarierte Naturharzfarbe.

Die Qualitätsunterschiede zwischen Kunst- und Naturharzfarben, die vor zehn Jahren noch gravierend waren, sind heute, nach entsprechenden Weiterentwicklungen, so gut wie nicht mehr vorhanden. Zu Beginn der Naturfarbenherstellung waren diese Farben schwerer zu verarbeiten, und auch die Haltbarkeit wurde bemängelt. Heute gibt es solche Unterschiede nicht mehr. Lediglich der Preis von Naturfarben ist etwas höher als der von synthetischen.

Naturharz-Dispersionsfarben

Der Hauptunterschied zu → Kunstharz-Dispersionsfarben besteht in den Bindemitteln: Echte Naturharz-Dispersionsfarben beinhalten nur Bindemittel aus natürlichen Harzen, wie z.B. Dammarharz, Kolophonium, Leinöl, Bienenwachs, d.h. Rohstoffe, die immer wieder nachwachsen. Als Lösemittel werden Wasser und geringe Mengen von Zitrusschalen- oder Balsamterpentinölen beigemengt. Als Konservierungsmittel werden keine synthetischen Topfkonservierer verwendet, sondern in der Regel das unproblematische Borax.

Baubiologische Bewertung
Naturharz-Dispersionsfarben sind eine sehr gute Alternative zu synthetischen → Wandfarben. Die echte Naturharzfarbe ist völlig frei von Chlor- oder Petrochemieprodukten und ist damit nicht schädlich für die Gesundheit. Der neue Trend bei einigen Naturfarbenherstellern, aus Erdöl erzeugte synthetische Isoalipate zu verwenden, ist abzulehnen. → Farben und Lacke.

Natursteine

Naturstein ist der Oberbegriff für eine große Palette der unterschiedlichsten, meistens aus Steinbrüchen gewonnenen Steine. Im Außenbereich wird häufig Sedimentgestein verwendet, z.B. Sandsteine für Gehwegplatten oder Vulkanite (Ergußgestein) wie Porphyr für Pflasterungen. Als Bruchstein für Mauerwerk oder im Innenbereich für → Boden- und Wandbeläge werden Steine aus metamorphem Material verlegt. Sie entstanden unter jahrtausendelangem Druck aus Magmagesteinen (Erstarrungssteine) oder Sedimentgesteinen; so wurden aus Sandsteinen Quarzite und aus Kalksteinen Marmor.

Alle Natursteine haben eine hohe Wärmeleitfähigkeit und isolieren damit äußerst schlecht. Sie können daher ohne zusätzliche Wärmedämmaßnahmen (→ Wärmedämmung) nicht als Baustoff für Außenwände verarbeitet werden. Entgegen der landläufigen Meinung verwendete man früher nur sehr selten Natursteine für den Hausbau, weil man die hohe Oberflächenkälte nur durch sehr viel Heizaufwand vermindern konnte. Anders war es bei Kirchen, Schlössern oder Burgen – für diese Bauten waren Wohnlichkeit und Wärmedämmung nicht notwendig. Die positiven Eigenschaften von Natursteinen sind eine hohe Wärmespeicherfähigkeit und Giftfreiheit. Gesundheitsgefährdend kann allerdings die Bearbeitung von Natursteinen sein, wenn beim Schleifen oder Sägen große Mengen von Steinstäuben eingeatmet werden. Eine erhöhte radioaktive Belastung (→ Radioaktivität) kann, je nach Fundort, vor allem bei kristallinen Gesteinen und Natursteinen vulkanischen Ursprungs auftreten.

Baubiologische Bewertung
Da Natursteine in der Regel in landschaftsschädigenden Steinbrüchen geschlagen und über lange Anfahrtswege zur Baustelle transportiert werden, sind sie aus ökologischen Gründen abzulehnen. Außerdem können sie eine überhöhte Radioaktivität aufweisen, weshalb sie nicht unbedingt als Dacheindeckungen, Fußbodenbeläge, Wandverkleidungen oder Treppenstufen geeignet sind. Da Natursteine im Innenbereich wegen ihrer kalten Oberfläche das Raumklima negativ beeinflussen, sollte man sie sowenig wie möglich und nur für dekorative Zwecke verwenden. Im Gartenbereich, z.B. für Stützmauern, können Natursteine ohne Bedenken verwendet werden.

Naturtapeten

Unter dem Oberbegriff Naturtapeten sind Kork-, Holz-, Gras und Naturfasertapeten zusammengefaßt. Sämtliche Naturtapeten werden auf ein Trägermaterial aus Papier aufgeklebt. Man sollte beim Kauf darauf achten, daß die Naturfasern aus Gras, → Jute, Baumwolle oder anderen naturbelassenen Materialien bestehen und nicht mit toxischen Fungiziden (→ Biozide) behandelt wurden.

Bei Korktapeten ist darauf zu achten, daß der → Kork nicht mit Kunstharzen gebunden ist, sondern als Backkork mit seinen eigenen Harzen verklebt wurde.

Für das Verkleben von Holztapeten, die aus Naturholz bestehen sollten, und nicht – wie im Handel oft angeboten – aus PVC-Weich-Folien (→ PVC), empfiehlt sich Methylzelluloseleim ohne chemische Zusätze. Keinesfalls darf für ein gesundes und giftfreies Haus Spezialkleber verwendet werden. Unbehandelte Grastapeten können bei Allergikern Heuschnupfenreaktionen verursachen. → Hausstaub.

Baubiologische Bewertung
Tapeten aus naturbelassenem Material ohne chemische Zusätze kann man grundsätzlich empfehlen.Vor allem in Schlafzimmern sollte man allerdings Tapeten mit möglichst glatter Oberfläche (→ Rauhfasertapeten) verwenden, damit die Staubansammlung an der Wandoberfläche auf ein Minimum reduziert wird. →Tapeten.

Netzfreischalter

Jeder Mensch wird in seinem Wohnbereich von einer Vielzahl von Strahlungen natürlichen und künstlichen Ursprungs beeinflußt. Besonders durch elektrische Leitungen und Geräte entstehen → elektromagnetische Wechselfelder als Folge des elektrischen Stromflusses. Gegenüber den natürlichen elektrischen und elektromagnetischen Feldern sind die durch elektrische Geräte künstlich erzeugten um mehr als das Hunderttausendfache stärker. Untersuchungen weisen darauf hin, daß künstlich erzeugte elektromagnetische Felder Symptome und Krankheiten beim Menschen hervorrufen können (→ Elektrosmog). Die typischen Krankheitssymptome sind Herz- und Kreislaufbeschwerden nachts und beim Aufstehen, chronische Schlafstörungen, Störungen im vegetativen Nervensystem, Verkrampfungen, Nervosität, Kopf- und Gliederschmerzen, Müdigkeit während des Tages, Sehstörungen, Muskelverspannungen, nervöse Reizbarkeit, Organerkrankungen, Rheuma, Migräne, Schwindelanfälle, Atembeschwerden, Depressionen.

Die elementare Physik zeigt in einfachen Versuchen, wie durch elektromagnetische Felder der Stromfluß in einem Leiter beeinträchtigt und manipuliert werden kann. Da der menschliche Organismus sich gerade nachts von Spannungen jeder Art regenerieren soll, ist es besonders im Schlafzimmer wichtig, künstliche elektromagnetische Felder vollkommen abzuschalten.

Auch wenn kein Strom in einer elektrischen Leitung fließt, besteht das elektrische Wechselfeld, so daß der Schlafende auch bei ausgeschalteter Nachttischlampe die ganze Nacht dem elektrischen Wechselfeld ausgesetzt ist. Um sich gegen eventuell schädigende Wirkungen oder Nebenwirkungen zu schützen, wird als Vorsorge empfohlen, durch geeignete Abschirmmaßnahmen das elektrische Wechselfeld auszuschalten. Derartige Abschirmungen durch spezielle Kabel und Erdungen sind nur bei Neuinstallationen möglich und sinnvoll. Der Aufwand für eine Nachrüstung ist sehr hoch, wenn eine vollständige Abschirmung und Ableitung der elektromagnetischen Felder erreicht werden soll. In den meisten Fällen reicht es aus, den Wohn- und Schlafbereich von der Stromversorgung zu trennen, sobald keine Energie mehr benötigt wird.

Der Netzfreischalter, auch Stromsensor genannt, ist eine empfehlenswerte und wirtschaftliche Lösung zum Schutz gegen elektromagnetische Wechselfelder. Er trennt die elektrische Spannung im Stromkreislauf ab, wenn das letzte Gerät abgeschaltet wird. Wenn z.B. die Nachttischlampe ausgeschaltet wird, trennt der Netzfreischalter automatisch innerhalb von Sekunden den Phasen- und Nulleiter ab, ähnlich wie beim Herausnehmen einer Sicherung. Wird die Nachttischlampe wieder eingeschaltet, wird dies vom Stromsensor erkannt und die Netzspannung automatisch wieder eingeschaltet. Es sind eine Reihe von Netzfreischaltern auf dem Markt, die lediglich den stromführenden Leiter (= Phasenleiter) des Netzes abschalten. Vergleichsmessungen ergaben jedoch, daß die elektrische Belastung des Raumes erheblich niedriger ist, wenn beide Leiter vom Stromnetz getrennt werden.

Stromkreise können nur freigeschaltet werden, wenn keine Energie mehr benötigt wird. Bei einem Schaltkreis, an den z.B. ein Radiowecker oder ein Kühlschrank angeschlossen ist, geht das nicht, da beide Geräte permanent mit Strom versorgt werden müssen. Soll der Schaltkreis eines Schlafzimmers freigeschaltet werden, muß man sich zwangsläufig von seinem Radiowecker, der besonders hohe elektromagnetische Felder abstrahlt, trennen. Wenn in einem Schlafzimmer außer Lampen keine weiteren elektrischen Geräte installiert sind, funktioniert der Netzfreischalter sehr gut, denn mit dem Löschen der letzten Lichtquelle werden ja sämtliche elektromagnetischen Wechselfelder abgeschaltet. Wenn sich allerdings hinter dem Kopfbereich des Bettes die Küche befindet und genau an der Rückwand zum Bett ein Kühlschrank oder eine Tiefkühltruhe steht, wird die positive Wirkung des Netzfreischalters für des Schafzimmer durch die elektromagnetischen Felder aus der Küche zunichte gemacht. Sie durchdringen die Wand und durchströmen den menschlichen Organismus die ganze Nacht lang. Um effektiv etwas für die Gesundheit zu tun, sollten hinter dem Kopfbereich des Bettes weder elektrische Geräte noch Starkstrominstallationen angebracht sein. Außerdem ist zu beachten, daß ein Netzfreischalter von außen einwirkende elektromagnetische Felder, wie sie zum Beispiel von → Hochspannungsleitungen ausgehen, nicht beeinflussen kann.

Baubiologische Bewertung
Ein Netzfreischalter, der den Phasen- und Nulleiter automatisch vom Stromnetz trennt (zweipolige Trennung), wenn die Lampen im Schlafzimmer gelöscht werden, ist sehr zu empfehlen. Netzfreischalter lassen sich unproblematisch und ohne hohe Kosten (mit Einbau ca. DM 350,– bis DM 550,–) in nahezu jeden Sicherungskasten nachträglich einbauen. Sie bieten die wirtschaftlichste Möglichkeit, sich zur Gesundheitsvorsorge ein spannungsfreies Schlafzimmer zu schaffen.

P

Parkett → Holzböden.

PCB (Polychlorierte Biphenyle)

1929 wurde PCB erstmals technisch hergestellt. Ihren Höhepunkt erreichte die Produktion in den siebziger Jahren. Man schätzt, daß bisher weltweit insgesamt ca. 1,5 Millionen Tonnen PCB produziert worden sind. PCB gehört zur Gruppe der chlorierten Kohlenwasserstoffe und kann in 209 unterschiedlichen Verbindungen hergestellt werden.

PCB ist eine farblose Flüssigkeit mit einem Chlorgehalt von 30–60 Prozent (→ Chlor). Es hat eine sehr hohe thermische und chemische Stabilität. Aufgrund der Stabilität ist die Entsorgung von PCB-belasteten Materialien sehr aufwendig und kostenintensiv. Ohne Rückstände kann PCB nur in speziellen Verbrennungsöfen bei mehr als 1200 Grad Celsius verbrannt werden.

Bis in die siebziger Jahre wurde PCB völlig sorglos in sogenannten offenen Systemen verwendet, als Schneid- und Bohröl für die Metallbearbeitung, in Ölen für Gasturbinen und Vakuumpumpen, in Schmierölen, als feuerhemmendes Imprägniermittel, in Weichmachern für Kunststoffe, in Silikon für Dehnfugen, als Zusatz von Wachsen, Kitten, Klebstoffen, Asphalt, Flammschutzmitteln, in Insektiziden (→ Biozide), Textilien, Druckfarben, Schalölen, Kopier- und Durchschreibepapier. Man geht davon aus, daß der größte Teil der ca. 23000 Tonnen PCB, die in den alten Bundesländern eingesetzt wurden, bereits in die Umwelt gelangt ist.

PCB ruft folgende Symptome und Krankheiten beim Menschen hervor: allgemeine Schwäche, Kopfschmerzen, Sehschwäche, Haarausfall, Schwächung des Immunsystems, Verhaltensänderungen, Wachstumsverzögerungen bei Kindern, Bildung von Lungenödemen. Am häufigsten treten Schädigungen der Leberfunktion auf.

Ohne irgendwelche Schutz- oder Vorsorgemaßnahmen wurde PCB eingesetzt, bis 1968 eine Massenvergiftung in Japan Aufsehen erregte. Mehr als 1500 Menschen erkrankten durch PCB-belastetes Reisöl. Vier Jahre später wurde in Japan ein Produktions- und Importverbot ausgesprochen. Der Ministerrat der EG verbot 1976 PCB in offenen Systemen. Es durfte demnach nur noch in geschlossenen Systemen wie Wärmetauschern, Isolier- und

Kühlflüssigkeiten von Transformatoren, Hydraulikölen und als Dielektrikum in Kondensatoren eingesetzt werden. Die Produktion von PCB in der Bundesrepublik Deutschland wurde 1983 eingestellt; die Anwendung ist seit 1989 nicht mehr erlaubt. Ein striktes PCB-Verbot existiert in Wirklichkeit jedoch nicht, da chemischen Produkten weiterhin bis zu 50 mg/kg beigemengt werden dürfen, und das, obwohl PCB in der → MAK-Werte-Liste unter der Kategorie III B (begründeter Verdacht auf krebserzeugendes Potential) und als fruchtschädigend eingestuft ist.

Bis zum Jahr 2000 ist eine Übergangsregelung für vorhandene PCB-haltige Produkte in Kraft. Polychlorierte Biphenyle haben sich in der Umwelt derart verbreitet und festgesetzt, daß sie in sämtlichen Nahrungsmitteln, vor allem in Seefischen und im Wasser, nachzuweisen sind. Jeder Mensch nimmt durchschnittlich 2 µg PCB täglich mit der Nahrung auf, vor allem mit tierischen Fetten. Muttermilch ist durchschnittlich mit 50 µg/l belastet, was eigentlich höher ist, als man verantworten kann.

Trotz der weltweiten Ächtung des krebserzeugenden chlorierten Kohlenwasserstoffs gefährden seine Ausgasungen die menschliche Gesundheit weiterhin stark. Die ersten Ausgasungen traten aus undichten geschlossenen Systemen Tausender PCB-haltiger Kleinkondensatoren in → Leuchtstoffröhren auf. Insgesamt wurden in der Bundesrepublik über 20000 Tonnen PCB in Groß- und Kleinkondensatoren eingesetzt: in Leuchtstofflampen, Motoren von Haushaltsgeräten (z.B. in Waschmaschinen oder Geschirrspülern), Büromaschinen, Heizungspumpen und -brennern. In den meisten Bundesländern sind die Austauschaktionen von Kleinkondensatoren in Leuchtstofflampen längst abgeschlossen. Zwar werden seit 1982 in der Bundesrepublik keine PCB-haltigen Kondensatoren mehr hergestellt, der Normalverbraucher allerdings weiß oftmals nichts von der gesundheitlichen Gefahr und lebt weiterhin mit der tickenden Zeitbombe in seinen alten Lampen. Dem Laien kann die Undichtigkeit von Kondensatoren nur auffallen, wenn eine Flüssigkeit sichtbar heraustropft. Dann allerdings ist die Gesundheitsgefahr so hoch, daß Experten den Kondensator sofort entsorgen und die Wohnung entgiften müssen.

Bei den großen Austauschaktionen der Leuchtstoffkondensatoren wurden Raumluftmessungen durchgeführt. In einigen Schulen stellte man fest, daß sich die PCB-Konzentration in verschiedenen Räumen um mehr als das Tausendfache unterschied, obwohl in den stark kontaminierten Räumen keine undichten Kondensatoren zu finden waren. Nach langwierigen Untersuchungen wurde die hochgiftige Gefahrenquelle entdeckt: Gebäudefugen aus einem Zwei-Komponenten-Gemisch mit dem Weichmacher Clophen 50 stellten sich als wahre PCB-Schleudern heraus. Das unter dem Handelsnamen Thiokol verkaufte Fugenmaterial mit ca. 35 Prozent PCB-Weichmacheranteil wurde bis 1978 verwendet. Man schätzt, daß von dieser hochgiftigen Fugenmasse mehr als 2000 Tonnen verarbeitet worden sind. Aus den

Dichtungsfugen tritt PCB noch nach vielen Jahren aus. Die klimatischen Bedingungen spielen hierbei eine große Rolle. Im Sommer ist die PCB-Konzentration bis zu 50 Prozent höher als im Winter. Wie viele andere Weichmacher und → Lösemittel dampft PCB bei höheren Temperaturen vermehrt aus. Bei Materialprobenanalysen stellte man häufig fest, daß alle Innenausbaumaterialien in den belasteten Räumen mit PCB kontaminiert waren. Bei der Analyse von Sichtbetonwänden zeigte sich z.B., daß das PCB tief in die Poren des Betons eingedrungen war.

In belasteten Innenräumen werden noch heute Werte von über 10000 ng/m³ festgestellt. Der Vorsorgewert, der vom Bundesgesundheitsamt ausgegeben wurde, liegt bei 300 ng/m³. Der Eingreifwert (Interventionswert), bei dem sofort Sanierungsmaßnahmen eingeleitet werden müssen, liegt zwischen 1000 und 3000 ng/m³. PCB-Grenzwerte liegen nicht vor, da die medizinische Beurteilung der Gesundheitsgefährdung sehr unterschiedlich ist. Nach einer fachgerechten PCB-Sanierung sollten 100 ng/m³ aber nicht überschritten werden.

Wenn PCB als Weichmacher in dauerelastischen Fugen festgestellt wurde, muß zur Gesundheitsvorsorge folgendes beachtet werden:

- Niemals in einem PCB-belasteten Raum schlafen.
- Öfters als gewöhnlich putzen, naß wischen und mit Feinfiltern staubsaugen.
- Häufig durchlüften (mehrmals am Tag).
- Staubbildung möglichst vermeiden, z.B. → Teppichböden gegen Fliesen austauschen, Vorhänge entfernen, offenporige oder grobmaschige → Tapeten durch glatte, nicht staubbindende Putzanstriche (→ Putze) ersetzen.
- Sämtliche kontaminierten Innenausbaumaterialien entfernen und als Sondermüll entsorgen.
- Keine Lebensmittel in PCB-belasteten Räumen lagern. PCB sammelt sich vor allem in Fetten an.

PCP (Pentachlorphenol)

Pentachlorphenol gehört zu den chlorierten Kohlenwasserstoffen. Es ist ein stark wirkendes Pestizid (→ Biozide), das aus nadelförmigen, farblosen bis weißen Kristallen besteht. PCP wird seit den dreißiger Jahren hauptsächlich als Fungizid eingesetzt. Bis 1977 wurden bei 97 Prozent aller → Holzschutzmittel bis zu sechs Prozentanteile PCP hinzugemischt. PCP hat eine überdurchschnittlich hohe Flüchtigkeit und verursacht nachweisbar starke Gesundheitsschäden. Besonders gesundheitsschädlich sind die in PCP enthaltenen hochgiftigen → Dioxine und Furane. Die hohe Flüchtigkeit von PCP wurde bewußt bei der Bekämpfung von Insekten genutzt. Nach dem Streichen gasen 50 Prozent der Inhaltsstoffe innerhalb der ersten sechs Monate aus. Die restlichen Zusätze verflüchtigen sich langsam, aber kontinuierlich in einem Zeitraum von 20 bis 30 Jahren – je nach Anzahl der Anstriche und der Dicke des Farbauftrags. Man entwickelte PCP bewußt mit einer extrem langen Ausgasungsphase, da Insekten so über einen langen Zeitraum nicht in die Nähe der behandelten Balken oder Hölzer kommen. Mit diesem Mittel hat man einen »perfekten« Holzschutz entwickelt, der aber nur 20 bis 30 Jahre lang effektiv ist. Nach der Ausgasungsphase haben die Holzschutzmittel keine Wirkung mehr auf die Insekten. Da PCP-haltige Mittel noch bis zum Ende der siebziger Jahre verwendet wurden, werden bis weit über das Jahr 2000 hinaus Menschen in ihren Wohnungen und Häusern gesundheitlich schwer belastet.

Bis April 1990 wurde per Gesetz ein Holzschutzzwang für alle Häuser und Holzkonstruktionen vorgeschrieben. Diese gefährliche DIN-Forderung war ebenso unsinnig wie lebensgefährlich. Bei der langen Ausgasungsphase der gefährlichen Inhaltsstoffe wurden zwar die Holzschädlinge abgehalten, die betroffenen Bewohner wurden aber gleichzeitig gesundheitlich schwer geschädigt.

Die Anwendung von PCP in Aufenhaltsräumen ist erst seit 1986 verboten. Es ist zu befürchten, daß dieses leichtflüchtige Fungizid auch noch danach, allerdings in geringeren Mengen, in Holzschutzmitteln verwendet wurde.

Durch die Harmonisierung der Gesetze im vereinten Europa wird das nationale PCP-Verbot erheblich eingeschränkt werden. Da ein großes staatliches französisches Chemieunternehmen nach wie vor über 20000 Tonnen PCP pro Jahr herstellt, wurden auf Druck der starken französischen Lobby die deutschen PCP-Richtlinien nicht von der EG-Kommission angenommen. Die Ausnahmeregelung, daß PCP in Deutschland nicht hergestellt und in Aufenthaltsräumen nicht mehr verwendet werden darf, wird bereits vor dem Europäischen Gerichtshof angefochten. Die europäische Kommission befürchtet, daß durch die strengen deutschen Umweltregelungen der freie Handel im gemeinsamen Binnenmarkt negativ beeinflußt wird. Unterstützt wird die Bundesrepublik nur von Dänemark, den Niederlanden und den skandinavischen Ländern. Der deutsche Grenzwert beschränkt Beimischungen von PCP für Imprägnierungslösungen auf 0,01 Prozent, der europaweite → Grenzwert beträgt jedoch das Zehnfache also 0,1 Prozent. PCP wird in vielen europäischen Ländern nach wie vor für die Holzimprägnierung, für Textilien, schwere Stoffe, Zelte, Leder, → Farben und Lacke, Obstkisten, Möbel, Teppiche sowie Klebstoffe verwendet. Seit Juni 1992 dürfen aus Frankreich, Italien und Griechenland keine PCP-haltigen Lederwaren oder Holzpaletten mehr in die Bundesrepublik eingeführt werden. Deshalb kommt es zu erheblichen Protesten seitens dieser Länder. Wenn europaweit die PCP-Grenzwerte vereinheitlicht werden, hat das zur Folge, daß Holzschutzmittel wieder uneingeschränkt in Deutschland verkauft werden dürfen. Bis zur endgültigen EU-Regelung muß der Käufer, vor allem bei Teppichen aus ausländischer Produktion, die das Qualitätsmerkmal »Wollsiegel« tragen, besonders achtsam sein. Beim Kauf solcher Wollteppiche, vor allem wenn sie in südlichen Ländern hergestellt wurden, sollte man sich schriftlich garantieren lassen, daß die Teppiche PCP-frei sind.

Der → MAK-Wert ist auf eine PCP-Konzentration von 0,5 mg/m³ Raumluft festgelegt. Für den normalen Verbraucher gilt der MIK-Wert (Maximale Immissions-Konzentration) von 0,06 mg/m³ Raumluft. Weil PCP sehr wasserdampfflüchtig ist, können besonders aus feuchtem Holz oder in Räumen mit hoher Luftfeuchtigkeit hohe PCP-Konzentrationen auftreten. Die ohnehin viel zu hoch angesetzten Richtwerte können so erheblich überschritten werden. Besonders gesundheitsgefährlich kann dies in Schwimmbädern, Saunen, Küchen und Badezimmern sein, da in der Regel sämtliche Hölzer in Naßräumen mit Holzschutzmitteln geschützt sind. Eine Holzdecke in einem Bad kann aufgrund der hohen Luftfeuchtigkeit so große PCP-Mengen ausgasen, daß die Raumluftkonzentration den zulässigen Wert 500fach übersteigt.

Da auch die am häufigsten genutzten Ersatzstoffe → Dichlofluanid und → Furmecyclox leichtflüchtig und hochgiftig sind, sollte man behandelte Hölzer unbedingt rückstandsfrei entfernen.

Bei der Sanierung von PCP-belasteten Häusern und Wohnungen treten fast unüberwindbare Probleme auf, weil dieser leichtflüchtige Stoff in andere offenporige Materialien eindringt. Unbehandelte Hölzer, Möbelstoffe, → Teppichböden, Gardinen, Putz und Tapeten werden genauso kontaminiert wie fast alle Lebensmittel und Kleidungsstücke. Am meisten gefährdet ist unbehandeltes offenporiges Holz. Das PCP dringt teilweise bis zu 1,5 Millimeter tief in das Holz ein. In einem Raum, in dem nur die Holzdecke mit PCP-haltigem Holzschutzmittel gestrichen worden ist, sind bei Analysen große Mengen von PCP-Rückständen in Polsterstoffen, Bucheinbänden, Tonbandkassetten, Teppichböden und Tapeten gefunden worden.

Tausende von Holzschutzmittelgeschädigten kennen diese gefährliche Kettenreaktion: In einigen Fällen wurden nur die Tragkonstruktionen (Dachsparren, Pfetten und Dachlatten) mit PCP-haltigen Holzschutzmitteln behandelt, trotzdem waren sämtliche Ausbaumaterialien und Möbel derartig kontaminiert, daß eine Totalsanierung erforderlich war. Das Haus muß in einem solchen Fall zunächst in einen Rohbau zurückverwandelt werden, weil sämtliche Innenausbaumaterialien und auch der Innenputz entfernt und auf einer Sondermülldeponie entsorgt werden müssen. Erst dann kann man es mit neuen ungiftigen Materialien wieder wohnlich machen. Nach Professor Wassermann sind mindestens drei Millionen Häuser in der Bundesrepublik mit PCP-haltigen Holzgiften behandelt. Nach Schätzungen betragen die Renovierungskosten ca. DM 100 000,– pro Haus.

In dem größten deutschen Umweltprozeß wurden Ende der achtziger Jahre von der Staatsanwaltschaft führende Manager der Holzschutzmittelindustrie angeklagt, weil in den von ihnen vertriebenen Mitteln (z. B. Xylamon,

Xyladekor, Sadolins PX 65, Sadolins 78 u.a.) Wirkstoffe wie Pentachlorphenol und/oder Lindan beigemischt waren. Bis 1978 wurden sie als geeignet für den menschlichen Wohnbereich deklariert, obwohl ihnen spätestens seit 1969 aufgrund toxikologischer Untersuchungen bekannt war, daß zahlreiche Personen durch die Verwendung der Mittel schwere Gesundheitsschäden erlitten hatten. Die Geschäftsführer und leitenden Angestellten wurden wegen fahrlässiger Körperverletzung, der vorsätzlichen gefährlichen Körperverletzung und der schweren Umweltgefährdung durch das Freisetzen von Giften angeklagt.

Weil sie die Verbraucher nicht beizeiten vor einer weiteren Verwendung ihres Pentachlorphenol- und Lindan-haltigen Holzschutzmittels im Wohn- und Innenbereich gewarnt hatten, waren zwei ehemalige Geschäftsführer der Firma Desowag vom Landgericht Frankfurt zu je einem Jahr Freiheitsstrafe mit Bewährung verurteilt worden. Gleichfalls wurden sie verpflichtet, insgesamt DM 240000,– an elf geschädigte Familien zu zahlen.

Die Staatsanwaltschaft beantragte dreieinhalb bzw. zwei Jahre und drei Monate Freiheitsstrafe, weil die Angeklagten nicht nur wegen fahrlässiger Körperverletzung bestraft werden sollten. Sie hatten es auch vorsätzlich unterlassen, nach dem Auftreten der ersten Gesundheitsschädigungen sofort eine Rückrufaktion von »Xyladekor« einzuleiten. Beide Seiten legten Revision gegen das Gerichtsurteil ein, weil die Geschädigten einen Betrag von mindestens hundert Millionen Mark für insgesamt achthundert Familien fordern und die Beklagten mit den Freiheitsstrafen und dem Schadenersatz nicht einverstanden sind. Das Ende dieses Prozesses ist noch lange nicht absehbar.

PCP wird überwiegend über die Haut und durch Inhalation aufgenommen. Dadurch bindet es sich an die Plasmaproteine im Blut. Der größte Teil lagert sich in Leber und Niere ab. Betroffen sind darüber hinaus Herz, Lunge, Schilddrüse, Hoden, Hypophyse und Nebenniere. Besonders gesundheitsgefährdend wirkt PCP bei gleichzeitiger → Formaldehydbelastung. Das Zusammenwirken beider Chemizide kann den Effekt auf den menschlichen Organismus um das Fünffache steigern.

PCP verändert die Zellstruktur im gesamten Organismus. Anders als Kochsalz, das sich im Blut absetzt und von dort aus verteilt wird, wandern Biozide in sämtliche fetthaltigen Körperpartien. Sie schädigen kein bestimmtes Organ, sondern verteilen sich überall. Daher rufen PCP-Belastungen auch sehr unspezifische Symptome hervor. Man spricht von zehn typischen Symptomen und mindestens 50 weiteren Krankheiten und Beschwerden. Dazu gehören: Juckreiz am ganzen Körper, Hautreizungen mit schlecht verheilender Akne und Furunkeln, Herzrhythmusstörungen bis zum Kollaps, Augenschäden, stechende Magenschmerzen, Magen-Darm-Störungen, Kopfschmerzen, Muskelkrämpfe, Muskelschwund, Muskelschwäche, Schweißausbrüche, Durst, krankhafte Vermehrung der weißen Blutkörperchen,

Reizungen der Schleimhäute und Augen, neuralgische Schmerzen, Leberentzündungen und Gewebeschäden im Gehirn. Zudem wird der Kohlehydratstoffwechsel erheblich beeinflußt, und zwar in dem Maße, daß speziell die Leberzellen ihre Entgiftungsfunktionen nicht mehr erfüllen können und regelrecht absterben.

Zudem kommt es zu Zahnfleischentzündungen und -blutungen, Übelkeit, Schwellungen im Gesicht, an der Brust und den Gliedmaßen, Schilddrüsenfunktionsstörungen, Schlafstörungen, Prostatabeschwerden, rheumatischen Beschwerden, Nierenbeschwerden, Aggressivität, allergischen Erkrankungen, Angstzuständen, Benommenheit, Gelenkentzündungen, Gedächtnisstörungen, Gallenbeschwerden, Durchblutungsstörungen, Depressionen, Nervosität, Nervenentzündungen, Nagelveränderungen, Haarausfall, Herzinfarkten, Verschlechterungen des Hörvermögens, Lymphknotenschwellungen u. a.

In Tausenden von Fällen hat PCP zu schweren Vergiftungen geführt, die ganz plötzlich auftraten und dramatisch verliefen.

Baubiologische Bewertung
Holzschutzmittel mit chemischen Bioziden dürfen aus gesundheitlichen Gründen grundsätzlich nicht im Innenbereich verwendet werden. Auch sogenannte PCP- und → Lindan-freie chemische Holzschutzmittel haben meist hochtoxische Eigenschaften. Holzschutzmittel in Innenräumen sind völlig überflüssig und unnötig. Auch auf chemiefreie, nur auf Pflanzenbasis hergestellte Mittel kann man im Innenbereich verzichten.

Auch wenn PCP-haltige Mittel durch die europäische Harmonisierung der Gesetze wieder frei verkäuflich werden, sollte man auf ihre Anwendung, auch im Außenbereich, unter allen Umständen verzichten. → Holzschädlinge, → Holzschutz, biologischer, → Holzschutz, chemischer, → Holzschutzmittel-Sanierung.

Perlite

Der Rohstoff zur Herstellung von Blähperliten ist Stein vulkanischen Ursprungs. Das Perlitgestein wird nach der Zerkleinerung und einem Mahlprozeß schockartig auf über 1000 Grad Celsius erhitzt. Durch diese plötzliche Hitzeeinwirkung wird das glasartige Gestein weich, und gleichzeitig verdampft das in ihm enthaltene Wasser. Durch den Verdampfungsprozeß bläht sich das gemahlene Granulat bis zum zwanzigfachen seines ursprünglichen Volumens auf. Die neu entstandenen Perlitkügelchen werden bis zu sechs Millimeter groß. Sie bestehen aus vielen kleinen Zellen und weisen eine offenporige Oberfläche auf. Blähperlite ohne Zusatzstoffe sind zwar ungezieferbeständig, jedoch sehr feuchtigkeitsempfindlich. Erst nach der Behandlung mit → Bitumen und Kunstharzen werden Perlite wasserabweisend.

Verglichen mit → Blähton sind Perlite nur mäßig druckfest. Die wärmedämmenden Eigenschaften sind allerdings erheblich besser als bei Blähton. Angewendet werden Perlite im Bausektor hauptsächlich als Schüttung unter → Estrichen, als Kerndämmung für Holzbalkendecken und Holzständerwände sowie für Dämmungen von Dachschrägen und Flachdächern. Häufig setzt man Perlite auch als Leichtzuschlag für → Beton ein und – aufgrund ihrer sehr hohen Wasseraufnahmefähigkeit – als Aufsaugmittel für Öle. Außerdem werden in Aufbereitungsanlagen für Trinkwasser häufig Perlite eingesetzt.

Baubiologische Bewertung
Rohperlite, die weder gegen Feuchtigkeit imprägniert noch mit Bitumen oder Kunstharzen behandelt wurden, sind als biologischer → Dämmstoff empfehlenswert. Da genügend Ressourcen zur Verfügung stehen, ist der Einsatz von Rohblähperliten unbedenklich. Ähnlich wie bei Blähton ist aber der Energieaufwand für die Herstellung überdurchschnittlich hoch.

Feuchtigkeitsimprägnierte Perlite, die besonders für Schüttungen im Feuchtbereich geeignet sind, werden unter dem Namen Bituperl verkauft. Im Innenbereich ist die Verwendung abzulehnen, da Bitumen krebserzeugendes Potential enthält. Andere Imprägnierungen oder Zuschläge auf Kunstharzbasis sind ebenfalls nicht zu empfehlen, da Schadstoffemissionen nicht ausgeschlossen werden können.

Da es sich bei Perliten um Vulkangestein handelt, kann die natürliche Hintergrundradioaktivität erhöht sein (→ Radioaktivität).

Permethrin → Pyrethroide.

Pestizide → Biozide.

Phenole

Phenole stammen aus der Chlorchemie und waren früher unter der Bezeichnung Carbolsäure bekannt. Sie haben auf dem Bausektor einen großen Anwendungsbereich und sind in → Farben, Klebern (→ Klebstoffe), Pflanzenschutzmitteln (→ Biozide), Weichmachern, → Spanplatten, Teerpappe, Desinfektionsmitteln, Kunststoffen und Kunstharzen, z.B. in Phenol-Formaldehyd-Harz (→ Formaldehyd) enthalten. Das Chemieprodukt Phenol-Formaldehyd-Harz gehört zu den ältesten vollsynthetischen Kunststoffen, es wurde bereits im Jahre 1907 entwickelt. Die Produktion nimmt weltweit immer noch zu. Oft werden Phenol-Formaldehyd-Harze als Bindemittel für

Span- und Hartfaserplatten eingesetzt. Eine der giftigsten Phenolverbindungen ist das inzwischen verbotene, früher jahrelang in Holzschutzmitteln verwendete Pentachlorphenol (→ PCP).

Der → MAK-Wert für Phenole ist mit 5 ppm (parts per million) sehr niedrig angesetzt, was darauf hinweist, daß es sich hier um eine äußerst gesundheitsschädliche chemische Verbindung handelt.

Phenole verursachen folgende Symptome und Krankheiten: Schleimhautreizungen, Pupillenverengung, Übelkeit, Krämpfe, Schwindelanfälle, Blutbildveränderungen, Schädigungen an Leber und Niere. Zudem haben sie erbgutschädigende Auswirkungen. Bei Hautkontakt treten Verätzungen auf. Ob Phenole krebserzeugend sind, ist noch umstritten.

Baubiologische Bewertung
Phenole sollten im Wohnbereich nicht verwendet werden, weil sie stark giftig sind. Da auch Herstellung und Entsorgung mit hohen Umweltbelastungen verbunden sind und Phenole als Gewässergift gelten, gehören sie nicht in ein gesundes Haus.

Polystyrol

Das Grundprodukt für die Herstellung von Polystyrol ist → Styrol. Polystyrol-Dämmstoffe sind seit der weltweiten Ölkrise in den siebziger Jahren das beliebteste Dämmaterial, da man durch vermehrten Kälteschutz möglichst viel Heizenergie einsparen will. Es ist zu befürchten, daß die Produktion aufgrund der am 1. Januar 1995 in Kraft getretenen → Wärmeschutzverordnung noch erheblich gesteigert wird.

Polystyrolkunststoffe und Polyesterharze werden u. a. verwendet für Elektrogeräte, Kühltruhen, Spielwaren, Schränke, Tische, Stühle, Klebstoffe, Textilbeschichtungen, Schaumstoffrücken von → Teppichböden, Radios, Fernseher, Staubsauger, Hunderte von anderen Haushaltsgegenständen und → Styrol-Butadin-Kautschuk für Kunststoffböden.

Eine Gefahr für den Menschen entsteht, wenn in Wohnräumen ein Restgehalt an monomerem Styrol in die Innenraumluft gelangt. Als Restmonomere bezeichnet man Ausgangsstoffe, die zur Herstellung eines Kunststoffproduktes verwendet werden. In fertigen Polystyrolprodukten ist immer ein gewisser Restmonomeranteil von Styrol enthalten. Die Restmonomere von Styrol können noch nach vielen Jahren freiwerden und die Bewohner gesundheitlich schwer beeinträchtigen. Die chemische Industrie streitet das nach wie vor ab, obwohl die stetige Abspaltung von Styrol-Restmonomeren nachgewiesen ist. Besonders die beliebten Fertigplatten aus weißen Kunstschäumen für Decken- und Wandverkleidungen (z. B. Styropor), die in verschiedenen Profilen und Formen angeboten werden, geben permanent das giftige Styrol an die Luft ab. Meistens werden solche Verkleidungen auch noch vollflächig mit hochtoxischen Klebern (→ Klebstoffe) angebracht, so daß der Mensch zwangsläufig weitere giftige Substanzen einatmet. Bei Hausbränden entwickeln derartige Dämmplatten und Innenverkleidungen lebensgefährliche giftige Gase, so daß die Feuerwehren sich für Löscharbeiten in modernen Häusern mit Spezialanzügen und Atemschutzgeräten ausrüsten. In einem modernen Haus ist die Gefahr, die im Brandfall von Feuer und Hitze ausgeht, erheblich geringer als die Gefährdung durch giftige Gase.

Baubiologische Bewertung
Polystyrolschäume und -dämmstoffe sollten aus gesundheitlichen Gründen und aufgrund der hohen Belastung der Umwelt nicht mehr verwendet werden, zumal es genügend gesunde und ungiftige Alternativen für Dämmaterialien gibt, wie z.B. → Kork, → Holzwolle-Leichtbauplatten, Hart- und Weichfaserdämmstoffe, → Zellulose-Dämmstoffe, → Schafwolle, → Kokosfaser-Dämmung.

Polyurethane → Isocyanate.

Putze

Putze sind Mischungen aus → Kalk, → Gips, → Zement, Sand und Kunststoff. Im Innenbereich haben Putze gestalterische Funktionen, hauptsächlich gleichen sie Unebenheiten aus, damit tapeziert oder gestrichen werden kann. Putze an den Außenwänden sollen das Haus vor Witterungseinflüssen schützen. Ausschlaggebend für das Wohnklima ist die Zusammensetzung der Putze. Putzmaterialien aus Gips oder Kalk sind offenporig, diffusions- und sorbtionsfähig. Durch Kunststoffzusätze wird die »Atmungsfähigkeit« von Putzen eingeschränkt. Sie wirken dampfsperrend, so daß kaum Luftfeuchtigkeit aufgenommen wird und Schadstoffe nicht diffundieren oder gefiltert werden können. Der richtige Putz für ein gesundes und giftfreies Haus muß also wasserdampfdurchlässig und ohne dampfbremsende Eigenschaften sein, so daß die Feuchtigkeit der Innenraumluft reguliert wird. Aber auch reine → Kalkputze können, wenn anschließend → Kunstharz-Dispersionsfarben, → Metall- oder → Kunststofftapeten angebracht werden, das Innenraumklima negativ beeinflussen. Ein reiner Kalkputz, auf dem eine schadstofffreie → Rauhfasertapete mit → Naturharz-Dispersionsfarbe geklebt wird, kann Gerüche und Schadstoffe der Innenraumluft am besten abbauen und filtern. Da Innen- und → Außenputz die natürlichen Eigenschaften einer zweiten Haut aufweisen müssen, ist besonders auf eine natürliche und atmungsaktive Zusammensetzung zu achten. → Gipsputz, → Kunstharzputze.

PVC (Polyvinylchlorid)

PVC ist einer der giftigsten und umweltschädigendsten Kunststoffe der heutigen Zeit. Man schätzt, daß jährlich weltweit ca. 15 Millionen Tonnen PVC-Kunststoffe produziert werden – knapp ein Zehntel davon allein in Deutschland. Mit ungefähr 60000 Arbeitsplätzen wird bei der PVC-Herstellung ein Jahresumsatz von ca. zehn Milliarden DM erwirtschaftet.

PVC setzt sich aus Riesenmolekülen, den sogenannten Polymeren zusammen. Diese sind mit Monomeren, den Einzelmolekülen, verknüpft. Das Endprodukt PVC ist ein hochmolekularer thermoplastischer Stoff, der durch Polymerisation von Vinylchlorid hergestellt wird.

Jahrzehntelang galt Vinylchlorid (VC) als ungiftig, lediglich leichte Augenreizungen und eine minimale anästhetische Wirkung wurden beobachtet. Erst nach dem sprunghaften Anstieg der PVC-Produktion in den sechziger Jahren traten gehäuft schwere Erkrankungen bei Beschäftigten dieses Industriezweiges auf: Zerstörungen des Knochengewebes, anfangs nur in den Fingerendgliedern, später auch Durchblutungsstörungen in den Händen sowie lederartige Verhärtungen einzelner Hautpartien (Sklerodermie). Ab 1970 stellte man weitere Krankheitsbilder wie Leber- und Milzschäden sowie Blutbildveränderungen fest. Erst 1974, nachdem einige Beschäftigte der Firma Gudrich in den USA an einem seltenen Leberkrebs gestorben waren, führte man diese Schädigungen auf den Umgang mit Vinylchlorid zurück. 1978 wurde eine Verordnung erlassen, die erstmals die Vinylchloridemissionen reduzieren sollte.

Vinylchlorid ist heute eindeutig als krebserzeugender Stoff eingestuft. Nichtsdestotrotz wird er uneingeschränkt bei der PVC-Herstellung weiter verwendet.

Angeblich entwickelte man die Herstellung von PVC als Verwertungsverfahren für das hochgiftige → Chlor. Hätte man nämlich keine weitere Verwendung für Chlor, müßte der Stoff aufwendig und kostenintensiv neutralisiert und entsorgt werden. Der Chloranteil in PVC-Materialien beträgt ca. 50 Prozent. PVC ist als Rohstoff spröde und völlig unelastisch. Um eine lange Haltbarkeit, Elastizität, Kratzfestigkeit und glatte geschlossene Oberflächen zu erhalten, werden viele Zusatzstoffe verwendet: z. B. hochtoxische Weichmacher, Füllstoffe, Stabilisatoren und Pigmente.

Ein gebräuchlicher hochgiftiger Weichmacher ist DEHP (Phthalsäureester). In Deutschland werden jährlich ca. 60000 Tonnen davon hergestellt. DEHP ist aufgrund seines Masseneinsatzes zu einem der größten Umweltgifte geworden. Ähnlich wie das schon seit Jahren verbotene hochgiftige Pflanzenschutzmittel DDT ist mittlerweile auch DEHP überall in Nahrungsmitteln, im Trinkwasser und in den Böden nachweisbar. DEHP wurde schon vor Jahren von der amerikanischen Gesundheitsbehörde (EPA) als eindeutig krebserregend eingestuft. In Deutschland dagegen ist DEHP immer noch nicht in die Liste der gesundheitsschädlichen Arbeitsstoffe aufgenommen. Es gilt als gesichert, daß allein bei der Herstellung von DEHP ein bis zwei Prozentanteile in die Außenluft entweichen. PVC enthält Hunderte von chemischen Zusatzmitteln, die häufig Produktionsgeheimnisse sind und daher weder auf Umweltverträglichkeit noch auf toxische Wirkungen untersucht werden. Als Stabilisatoren werden auch heute noch hochgiftige → Schwermetalle wie z.B. → Blei und → Cadmium verwendet.

Der Weichmacheranteil im PVC kann bis zu 50 Prozent betragen. Diese ebenfalls hochgiftigen Zutaten emittieren ununterbrochen aus PVC-Produkten.

Von den jährlich ca. 1,3 Millionen hergestellten Tonnen PVC werden etwa 55 Prozent im Baubereich verwendet. Am häufigsten wird der Stoff für Rohre und Fensterrahmen eingesetzt. Inzwischen liegt der Marktanteil von PVC-Fensterrahmen bereits bei ca. 40 Prozent. Am giftigsten ist die Produktion und Verwendung der PVC-Pasten (etwa 80000 Tonnen jährlich). In ca. 60 Anlagen werden diese Pasten mit einem Weichmacheranteil von bis zu 55 Prozent verarbeitet. PVC-haltige Materialien sind so weit verbreitet, daß es sicherlich keinen Haushalt gibt, der ganz frei davon ist. PVC wird für folgende Produkte verwendet: → Trinkwasserrohre, Abwasserrohre, Schläuche, → Fenster, → Rolläden, Regenrinnen, Fassadenplatten, → Bodenbeläge, Handläufe, Klebefolien, Eingangstüren, Türklinken, Textilfasern, Kunstleder, Schaumstoffe, Vorhänge, Möbel, Tischbeschichtungen, Schreibtische, Elektrogeräte, Lampen, Kühlschränke, Fernseher, Videokassetten, Koffer, Taschen, Kinderspielzeug, Geschirr, Butterdosen, Verpackungsmaterialien, Flaschen, Regenschutzbekleidung, Kugelschreiber und vieles mehr.

Bekannt ist auch die Gefährlichkeit von PVC-Produkten im Brandfall. Hierbei entstehen Lösemitteldämpfe und hochgiftige Chlor-Wasserstoff-Gase, die tödlich sein können. Das ist der Grund dafür, daß in einem modernen Haus im Brandfall Menschen nur selten durch das Feuer, sondern meistens durch giftige Gase umkommen. Daher dürfen in den USA Flucht- und Rettungswege nicht mehr mit PVC-Bodenbelägen ausgestattet werden. Auch tragende Stahlkonstruktionen und Betonarmierungen können im Brandfall derart angegriffen werden, daß Sanierungsmaßnahmen nicht mehr möglich sind, da sich Chlor in ätzende Salzsäure verwandelt. Die betroffenen Häuser müssen in einem solchen Fall abgerissen werden.

Als besonders gesundheitsschädigend haben sich gewöhnliche PVC-Bodenbeläge erwiesen, wie sie in Wohnräumen, Kinderzimmern, Küchen, Schulen und Kindergärten verlegt werden. Bei einer PVC-Fußbodenanalyse wurden 62 unterschiedliche ausgasende Chemikalien festgestellt. Nur 27 davon konnten identifiziert werden, die restlichen 35 chemischen Verbindungen waren den Wissenschaftlern noch unbekannt. Von den 27 bekannten chemischen Verbindungen sind fünf so toxisch, daß sie schon vor einigen Jahren als krebserzeugend oder krebsverdächtig eingestuft worden sind. Die

Aussagen der PVC-Hersteller, daß aus abgebundenen PVC-Produkten keine toxischen Substanzen emittieren können, sind daher falsch. Völlig unklar sind immer noch die gesundheitsschädigenden Auswirkungen durch die Kombination der vielen austretenden Einzelverbindungen. Über neue chemische Verbindungen, die entstehen, wenn viele Chemizide als »Giftcocktail« in die Raumluft austreten, ist ebenfalls noch nichts bekannt.

Symptome und Krankheiten, die durch einzelne Substanzen verursacht werden, die von PVC-Produkten ausgasen, sind u.a.: Kopfschmerzen, Schwindel, Müdigkeit, Sehstörungen, Gedächtnisverlust, Leber- und Nierenschäden. Als gesichert gilt, daß Vinylchlorid als krebserzeugender Stoff selbst in geringen Mengen erhebliche gesundheitliche Schäden hervorrufen kann.

Weitere gesundheitliche Gefahren gehen von den Klebern (→ Klebstoffe) aus, die beim Verlegen von PVC-Belägen verwendet werden. Die Kleber geben Lösemitteldämpfe (→ Lösemittel) ab, die ebenfalls heftige Symptome wie Schwindel, Kopfschmerzen, Gliederzittern, Müdigkeit, eine taube und schwere Zunge bis hin zu starken Atembeschwerden verursachen können. Da PVC-Beläge fast luftdicht sind, können die Lösemitteldämpfe der Kleber nur sehr langsam entweichen. Die Abdampfphase, die normalerweise bei Teppichen nach den ersten Monaten zu 90 Prozent abgeschlossen ist, kann im PVC-Bodenbereich viele Jahre dauern. Da PVC-Bodenbeläge häufig auf nicht abgebundenem, noch feuchtem → Zementestrichboden verlegt werden, entweichen Lösemitteldämpfe nur langsam an Schnittstellen, Nähten und Sockelleistenanschlüssen. Der gesamte Abbindeprozeß der Bodenkleber wird dadurch erheblich verlangsamt. Die Bewohner sind also über Jahre einer überhöhten Lösemittelbelastung ausgesetzt.

Ein Drittel aller PVC-Produkte sind Wegwerfartikel, die in der Regel im Hausmüll oder in Müllverbrennungsanlagen enden. Die dauerhafteren PVC-Produkte haben eine Lebenserwartung von 10 bis maximal 50 Jahren, wobei Fußbodenbeläge nach 15 Jahren und Fenster im Durchschnitt nach 30 Jahren erneuert werden müssen. Die Entsorgung ist kostspielig und belastet die Umwelt stark. Ein großer Teil wird in Müllverbrennungsanlagen entsorgt (in Deutschland gibt es ca. 50). Seit Jahren warten noch einige Millionen Tonnen PVC-Müll auf die Verbrennung. Diese Altlasten der letzten Jahrzehnte setzen bei der Verbrennung 100000 Tonnen Blei und einige 10000 Tonnen hochtoxisches Cadmium in die Umwelt frei.

Ca. 50 Prozent des in den Müllverbrennungsanlagen anfallenden Chlors ist auf PVC-Produkte zurückzuführen. So entstehen aus 100 Gramm PVC bis zu 400 Gramm Chlorwasserstoff. Zudem wird eine erhebliche Menge von → Dioxinen und Furanen frei.

Würde man als dringende Sofortmaßnahme die Herstellung und den Vertrieb sämtlicher PVC-Artikel verbieten, bliebe das hohe Gesundheitsrisiko und die starke Umweltschädigung noch bis zu 50 Jahre bestehen.

Die Wiederverwertung von PVC ist äußerst problematisch. Häufig können Farbpigmente und Kleberückstände von PVC-Bodenbelägen nicht getrennt werden, so daß beim Recyceln Neuprodukte von minderwertiger Qualität entstehen. Häufig sind sie brüchig oder haben häßliche Verfärbungen.

PVC-Verbote: 1986 hat die Stadt Bielefeld als erste Kommune den Beschluß gefaßt, in städtischen Neubauten bis auf Elektrokabel kein PVC mehr zu verwenden. Über 50 Großstädte und Gemeinden haben sich diesem PVC-Boykott inzwischen angeschlossen (z.B. Aachen, Gießen, Stuttgart, Nürnberg und auch die Chemiestadt Leverkusen). Bei PVC-Fenstern und Bodenbelägen haben die meisten Verwaltungen keine Probleme, ihren PVC-Boykott durchzusetzen. Schwieriger ist es bei Dachrinnen, Entwässerungsrohren und vor allem bei Elektrokabeln, weil hier ungiftigere Alternativen immer noch sehr teuer sind.

In Berlin dürfen in öffentlich geförderten Sozialwohnungen weder Kanalisationsleitungen noch Frischwasserrohre, Fußbodenbeläge, → Tapeten oder Kleinbauteile aus PVC verwendet werden. Künftig sollen Fenster- und Türprofile aus PVC in öffentlichen Gebäuden ebenso verboten werden. In den Bundesländern Bremen, Hessen und Niedersachsen wurden bereits ähnliche Regelungen beschlossen. Schleswig-Holstein, Brandenburg und Baden-Württemberg planen PVC-Verbote.

Experten gehen davon aus, daß die Bundesregierung zumindest ein Verbot für PVC-Verpackungen aussprechen wird. Die Herstellung von PVC-Flaschen ist mittlerweile schon drastisch zurückgegangen, dagegen steigt die PVC-Nachfrage im Bausektor leider immer noch.

Alternativen zu PVC-Produkten: Für Fenster sollte man als Ersatzstoff für PVC keinesfalls → Tropenhölzer oder → Aluminium verwenden. Die Umwelt wird durch den Raubbau an Tropenhölzern extrem geschädigt. Für die Herstellung von Aluminium muß man sehr viel Energie aufwenden. Umweltverträglicher und völlig ungiftig sind dagegen Fenster aus einheimischen Hölzern (→ Holz). Nadelhölzer wie Kiefer oder Fichte sind am preisgünstigsten.

Einheimische Hölzer sind ebenfalls eine hervorragende Alternative zu PVC-Materialien für Türen, Fußbodenbeläge, Vorhangschienen, Handläufe, Balkonverkleidungen etc. Als Bodenbelag kann man z.B. Holzdielen, → Linoleum, → Kork, → Jute, Schurwollteppiche oder → Fliesen verwenden. Vorsicht ist bei besonders preisgünstiger Ware geboten, da die Oberfläche von Naturbelägen mit einer PVC-Schicht versiegelt sein kann. Dies wurde schon bei verschiedenen Kork- und Linoleumböden festgestellt.

Die Hersteller von PVC-Bodenbelägen entwickeln aufgrund des großen öffentlichen Drucks nun selbst etwas ungiftigere Bodenbeläge. So produziert ein großer Hersteller bereits einen neuen Kunststoffbelag aus den Polymeren von Ethylen und Propylen. Entscheidend ist, daß dabei kein Chlor mehr verwendet wird. Angeblich ist dieser Belag weniger giftig und viel unproblematischer zu recyceln als PVC. Auch bei der Verbrennung sollen lediglich Kohlendioxyd und Wasser entstehen. Damit scheint man endlich eine einigermaßen verträgliche Alternative zu PVC-Produkten gefunden zu haben.

Weitere Alternativen zu PVC-Produkten: Kanalisationsrohre sollten aus Steinzeug hergestellt sein, Dachrinnen aus Zink oder Kupfer (→ Kupferrohre), Lichtkuppeln aus Glasfasern, Rolläden aus Holz, Trinkwasserrohre aus Kupfer oder Eisen, Drainageleitungen aus Ton, Dachdichtungsfolien aus → Bitumen, Dichtungen für Fenster und Türen z.B. aus Neopren. Am schwierigsten ist es, Ersatzstoffe für die Ummantelungen von elektrischen Leitungen zu finden. Halogenfreie Kabel, die auch im Brandfall keine giftigen Gase entwickeln, sind eine noch sehr teure Alternative.

PVC-Produkte kann man durch einen einfachen Test erkennen. Der Versuch darf nur im Freien durchgeführt werden. Man hält eine Materialprobe mit einer Pinzette über die Flamme einer Kerze oder eines Feuerzeugs (bitte eine feuerfeste Unterlage verwenden, z.B. einen metallenen Aschenbecher). Wenn der Kunststoff sich erhitzt hat und anfängt zu schmelzen, zu glühen oder zu brennen, hält man ein Stück blaues Lackmuspapier, das in jeder Apotheke zu kaufen ist, darüber. Färbt sich das Lackmuspapier rot, weiß man, daß es sich um PVC handelt, da das durch die Hitze entstehende Salzsäuregas die rote Färbung hervorruft. Wird das Lackmuspapier nur an den Rändern rot, handelt es sich nicht um PVC, sondern um ein anderes, häufig harmloseres Kunststoffprodukt.

Baubiologische Bewertung

PVC-Materialien sollten grundsätzlich nicht verwendet werden. Besonders Kleinkinder sind gesundheitlich stark gefährdet, wenn der Bodenbelag im Kinderzimmer aus PVC besteht. Beim Krabbeln und Spielen am Boden können durch direkten Hautkontakt und das Einatmen hochgiftige Substanzen in den Organismus gelangen.

In Räumen mit → Fußbodenheizungen unter PVC-Belägen treten giftige Substanzen besonders stark aus.

Vorhandene PVC-Beläge sollten mittelfristig rückstandslos aus Wohn-, Schlaf- und Kinderzimmern entfernt werden. Bei der Entsorgung muß man bei der zuständigen Gemeinde nachfragen, ob PVC als Sondermüll eingestuft ist.

Die früher häufig verwendeten Beimengungen von Bitumen und → Asbest werden heute, nach Auskunft der Hersteller, nicht mehr eingesetzt. Weil sie diese beiden Stoffe nicht mehr enthalten, gibt es jetzt schon viele PVC-Böden, die mit dem Blauen Umweltengel (→ Umweltzeichen) gekennzeichnet sind. Diese Beläge sind genauso zu vermeiden wie andere PVC-Produkte auch. Ein völliges PVC-Verbot ist dringend erforderlich.

Pyrethroide

Da Pentachlorphenol (→ PCP) aufgrund seiner hohen Toxizität in Deutschland verboten ist, werden immer mehr Ersatzstoffe, die häufig sogar noch giftiger sind, entwickelt und eingesetzt. Pyrethrum ist ein Schädlingsbekämpfungsmittel, das aus Chrysanthemenblüten gewonnen wird. Diese werden vorwiegend in Kenia und Tansania in großen Monokulturen angebaut. Pyrethrum ist ein Nervengift und kann die menschliche Gesundheit stark schädigen. Die Giftwirkung ist bereits seit dem vorigen Jahrhundert bekannt. Schon damals wurde aus den Blütenköpfen bestimmter Chrysanthemenarten ein getrocknetes Pulver gewonnen und erfolgreich als Insektizid eingesetzt. Wenn Pyrethrum z. B. durch kleinste Verletzungen der Haut in den Blutkreislauf gelangt, kann dadurch ein Kreislaufkollaps ausgelöst werden.

Anfang der siebziger Jahre gelang es Chemikern, Pyrethrum synthetisch herzustellen. Aufgrund der ähnlichen Giftwirkung gab man dem neuen Wirkstoff auch einen ähnlichen Namen: Pyrethroid. Am häufigsten wird dieses Produkt unter dem Namen Permethrin verkauft.

Pyrethroide sind nicht nur für Schädlinge tödlich, sondern auch für Nützlinge, wie z.B. Bienen und andere Insekten. Die Wissenschaftler, die Pyrethroid entwickelt haben, gingen davon aus, daß aufgrund der großen Ähnlichkeit zum natürlichen Pyrethrum die menschliche Gesundheit nicht gefährdet wird. Sie unterlagen dabei einem tragischen Irrtum, der leider erst viel zu spät entdeckt wurde und durch schätzungsweise schon 50000 Betroffene leidvoll widerlegt worden ist. Der Wirkstoff gehört zu den stärksten Nervengiften, die es gibt. Über die Langzeitwirkungen und das Ausgasungsverhalten von Pyrethroiden sind bisher kaum Daten veröffentlicht worden. Pyrethroide werden immer noch als Ersatzmittel für → Lindan in → Holzschutzmitteln eingesetzt. Das natürlich hergestellte Pyrethrum zersetzt sich sehr schnell durch Lichteinwirkung; der künstliche Nachfolger ist viel langlebiger. Pyrethroide werden häufig durch die Zugabe von Chlor- oder Bromatomen chemisch stabilisiert, um die Wirksamkeit und die Wirkungsdauer zu erhöhen. Der biologische Abbau verlangsamt sich dadurch erheblich. Im menschlichen Organismus können sich Pyrethroide in den Nerven und im Gehirn anreichern und eine Blockade der Signalübertragung zwischen den Nervenzellen auslösen. Pyrethrum und Pyrethroide haben ein stark sensibilisierendes und allergisierendes Potential. In öffentlichen Gebäuden und Schulen mußten nach dem Einsatz dieser Schädlingsbekämpfungsmittel schon mehrfach aus Gesundheitsschutzgründen aufwendige Sanierungsmaßnahmen durchgeführt werden.

Bis vor kurzem konnte man als Verbraucher nicht wissen, daß die als harmlos angepriesenen Elektroverdunster gegen Fliegen und Mücken regelrechte Pyrethroid-Schleudern sind. Weit über 100 Millionen solcher giftausgasenden Elektroverdunster werden jährlich in deutschen Schlafzimmern in die Steckdosen gedrückt, um einen mückenfreien Schlaf zu garantieren. Durch die Erhitzung entwickeln die mit den hochtoxischen Pyrethroiden getränkten kleinen Plättchen ununterbrochen giftige Gase. Schwerste Vergiftungserscheinungen können auftreten, wenn Babys oder Kleinkinder diesen Gasen nächtelang ausgesetzt sind. Nichtsdestotrotz werden diese Elektroverdunster immer noch als ideales Mückenvernichtungsmittel angeboten. Besonders irreführend ist die Werbung, welche diese Produkte als »naturidentisch« anpreist oder mit einem Okö-Siegel auszeichnet.

Permethrin wird häufig in Holzschutz- oder Mottenmitteln (→ Mottenbekämpfung) verwendet, ohne daß die Benutzer sich der Gefahr bewußt sind. Kein Mückenmittel für den Hausgebrauch unterliegt irgendeinem Zulassungsverfahren.

Innenräume werden durch Pyrethroide regelrecht vergiftet. Die Mittel haften an den vielen Schwebestaubpartikeln der Luft, dringen in die Poren von Möbeln, Polstergarnituren und Teppichen ein. Dort setzen sie sich fest und können beim Liegen im Bett, beim Sitzen auf dem Sofa oder beim Begehen des → Teppichbodens immer wieder in die Raumluft gewirbelt werden und damit die Menschen gesundheitlich belasten. Die extremsten Giftbelastungen werden in der Regel durch Kammerjäger verursacht. Räume, die von einem Kammerjäger »bearbeitet« worden sind, müßten als unbewohnbar gesperrt werden. Eine Sanierung ist sehr schwierig, da in der Regel selbst ein Staubsauger kaum in der Lage ist, sämtliche vergifteten Schwebeteilchen aus den tiefen Poren der Innenausstattungsmaterialien herauszusaugen. Bei starken Belastungen, vor allem von Textilbelägen und → Tapeten, hilft meist nur ein rückstandsfreies Entfernen.

Aufgrund der zunehmenden Verwendung der Insektenkiller klagen immer mehr Betroffene über ernsthafte Gesundheitsstörungen, die u. a. durch Permethrin-behandelte Teppiche verursacht werden.

Besonders gravierend für den Verbraucher ist, daß es nahezu unmöglich ist, einen Teppichboden zu kaufen, der nicht mit Pyrethroiden behandelt wurde. Teppichböden werden dabei nur dann mit dem Wollsiegel oder dem Kombi-Wollsiegel (bei Mischgeweben) ausgezeichnet, wenn sie »mottenecht« sind, d. h., wenn die Teppichfasern mit mindestens 35 Milligramm Permethrin pro Kilogramm ausgerüstet sind. Damit eine gleichmäßige Wirkung auf die Einzelteppichfasern gewährleistet wird, ist es üblich, sie mit Mengen von 100–150 mg/kg zu behandeln. Bei Staubuntersuchungen von neuen Teppichböden wurden Konzentrationen von bis zu 500 mg Permethrin pro Kilogramm → Hausstaub gefunden.

Die häufigsten Krankheiten und Symptome sind: plötzliche Fieberanfälle, Herzrhythmusstörungen, Taubheitsgefühle, Lähmungserscheinungen, Hautausschläge am ganzen Körper, Atemnot, Husten, Bronchitis, Haarausfall, Sehstörungen, allgemeine Nervenstörungen bis zum totalen Zusammenbruch des Immunsystems.

Die Krankheitssymptome häuften sich derart, daß sogar das Bundesgesundheitsamt 1993 erwogen hat, Permethrin für den Gebrauch in Innenräumen zu verbieten. Das Bundesamt für gesundheitlichen Verbraucherschutz und Veterinärmedizin (BGVV), als Nachfolger des aufgelösten Bundesgesundheitsamtes, verharmloste die Pyrethroide dagegen. Man behauptete, daß nach intensivem Kontakt nur bei sehr empfindlichen Personen Reizerscheinungen der Haut und Schleimhäute auftreten können. In direktem Widerspruch dazu steht eine neu vorgeschlagene Bezeichnung von Teppichen, die aussagt, daß das Erzeugnis nicht gegen Wollschädlinge geschützt ist und es daher bei einem Schädlingsbefall zu einem erhöhten Allergierisiko kommen kann. Durch diesen Kennzeichnungsvorschlag für unbehandelte Wollgewebe wird der Verbraucher noch mehr verunsichert, so daß er wohl zukünftig wieder »mottenechte« Wollteppiche kaufen wird.

In der Liste der gesundheitsschädlichen Arbeitsstoffe (→ MAK-Werte) ist bisher nur das natürliche Pyrethrum aufgeführt und dabei nur im Bereich der Insektizidwirkstoffe als hochtoxisch eingestuft worden. Die schädlichen Wirkungen des künstlich hergestellten Permethrin sind bisher weder untersucht worden, noch war bis zum Jahr 1995 offiziell bekannt, daß es sowohl in Insekten- als auch in Holzschutzmitteln in großem Ausmaß verwendet wird. Aufgrund der schweren Krankheitsfälle, die nachweislich durch Permethrin verursacht wurden, gab das damalige Bundesgesundheitsamt vorsorglich, allerdings ohne toxikologische Begründung, einen Orientierungswert von 1 mg/kg Hausstaub heraus. Da bei neuen Teppichböden zum Teil Permethrinwerte von über 250 mg/kg festgestellt werden, ist es nicht verwunderlich, daß die Bewohner schon nach kurzer Zeit erkranken.

Baubiologische Bewertung

Pyrethroide sollten vermieden werden. Grundsätzlich sollte man sich vor dem Kauf von Teppichböden oder Holzschutzfarben eine Bescheinigung des Verkäufers ausstellen lassen, aus der hervorgeht, daß die Materialien frei von Permethrin sind. Pyrethroide wirken nicht nur verheerend auf die Umwelt, sondern sind auch für den Menschen extrem gefährlich. Bisher weiß man nicht, ob sich durch Ablagerungen im menschlichen Organismus chronische, unheilbare Krankheiten entwickeln können. Aufgrund der hohen toxischen Eigenschaften sollte sofort ein umfassendes Verbot für Permethrin ausgesprochen werden.

Neue, mit Permethrin behandelte Wollteppiche sollten sofort entfernt werden. Als Sofortmaßnahme bei älteren, nur leicht mit Permethrin kontaminierten Teppichböden sollte man gründlich und oft staubsaugen. Hierbei ist ganz besonders wichtig, daß der Staubsauger mit einem Feinfilter ausgestattet ist. Grundsätzlich sollten aber zum vorbeugenden Gesundheitsschutz sämtliche Teppichböden entfernt werden, auch wenn sie nur minimal mit Permethrin behandelt wurden.

Q

Quecksilber

Quecksilber ist ein silbrig glänzendes flüssiges → Schwermetall. Es wird in → Halogenlampen, Fieberthermometern, → Energiesparlampen und → Leuchtstoffröhren verwendet. Die wichtigsten Quecksilberverbindungen (Quecksilberoxid, Quecksilber-III-jodit, Quecksilber-I-chlorid, Quecksilber-II-chlorid, Quecksilber-II-amidochlorid, Quecksilbersulfid, Quecksilber-II-nitrat, Quecksilber-II-(oxi)zyanate, Quecksilberfulminat und Quecksilberarsenat) wurden oder werden für Saatbeizmittel, Farben für Schiffsböden, Trockenbatterien, Fungizide und Insektizide (→ Biozide), Amalgamfüllungen, Salben gegen Hauterkrankungen, in der Pyrotechnik (bengalisches Feuer), der Porzellanmalerei, der Pelz- und Filzindustrie zum Beizen von Tierhaaren, zur Holzkonservierung, bei der Tintenfabrikation, beim Ätzen von Stahl und bei der Wasseraufbereitung verwendet.

Quecksilber ist hochtoxisch, daher ist seine Verwendung seit 1988 in Deutschland eingeschränkt; so darf z.B. Phenylquecksilber nicht mehr als Saatbeizmittel eingesetzt werden. Seit 1993 dürfen quecksilberhaltige Verbindungen in Deutschland nicht mehr für Textilien, Garne, die Wasseraufbereitung oder in Holzschutzmitteln verwendet werden. Auch quecksilberhaltige Antifoulingfarben für Schiffsböden dürfen nicht mehr hergestellt werden.

Allerdings ist zu befürchten, daß im Zuge der Harmonisierung der EU-Staaten die Verbote, vor allem für die Verwendung von Quecksilber bei der Herstellung von Textilien, → Farben und Holzschutzmitteln, in Deutschland bald aufgehoben werden müssen.

Quecksilber reichert sich in der Nahrungskette sowie im menschlichen Körper an. Die höchste Konzentration findet man in tierischer Leber und in Pilzen.

Die starke Giftigkeit von Quecksilber wurde bei einer Massenvergiftung in Japan Ende der fünfziger Jahre erstmals bekannt. In die Minamata-Bucht wurde jahrelang quecksilberhaltiges Abwasser geleitet. Hunderte von Anwohnern erkrankten, weil sie die mit Quecksilber angereicherten Fische verspeisten. Hauptmerkmale der Schädigungen durch die Quecksilberaufnahme waren anhaltendes Erbrechen, Kreislaufkollaps, blutige Durchfälle bis hin zu Magenperforationen, Schädigungen von Groß- und Kleinhirn, Nieren- und

Leberschäden sowie Hirnödeme. Weitere Symptome einer Quecksilbervergiftung sind Sprach-, Konzentrations- und Schlafstörungen, Kopfschmerzen, Übelkeit; ganz besonders gefährlich sind die erbgutverändernden Wirkungen. Kontrolluntersuchungen über einen Zeitraum von fünf Jahren bei den Anwohnern der Minamata-Bucht ergaben, daß ca. 30 Prozent der Neugeborenen geistig behindert waren oder körperliche Mißbildungen aufwiesen.

Weltweit werden jährlich ca. 6000 Tonnen Quecksilber hergestellt. Ca. 30 Prozent für die Chloralkaliindustrie, ca. 20 Prozent für Batterien, ca. 20 Prozent für den elektrotechnischen Bereich, ca. 15 Prozent für Farben, die nur in den USA hergestellt werden, der Rest für Zahnfüllungen und anderes.

Der → MAK-Wert für Quecksilber beträgt 0,1 mg/m^3, für organisches Quecksilber 0,01 mg/m^3.

Baubiologische Bewertung

Da sich Quecksilber in den Organen anreichert und nur sehr langsam ausgeschieden wird, sollten quecksilberhaltige Produkte völlig gemieden werden, zumal es gute Alternativen gibt. Im Baubereich sollte man auf Leuchtstoffröhren und Energiesparlampen verzichten und anstelle dessen Glühbirnen, → Vollspektrumleuchten oder quecksilberfreie Halogenlampen verwenden. Batterien oder Thermometer sollten ebenfalls nur gekauft werden, wenn sie kein Quecksilber enthalten. Das gefährliche Amalgam beim Zahnarzt kann problemlos durch Keramik-, Gold- und Kunststoffüllungen ersetzt werden.

R

Radiästhesie

Der Begriff »Radiästhesie« kommt aus dem Griechischen und bedeutet Strahlenfühligkeit. Sensitiv veranlagte Menschen können Erdstrahlen radiästhetisch mit Ruten oder Pendeln ermitteln. Die Bezeichnung Wünschelrute ist etwas irreführend, da der Rutengänger nichts herbeiwünscht, sondern mit Hilfe seiner sensitiven Veranlagung, Anomalien unter der Erdoberfläche vermessen kann. Auch mit modernen physikalischen Meßgeräten können gewisse Veränderungen über sogenannten Störzonen, allerdings nur in sehr geringem Umfang, gemessen werden, z. B.: Erdmagnetfeldverschiebungen, Ionisationsveränderungen der Luft, Abweichungen der Infrarotstrahlungen vom natürlichen Spektrum, feinste Veränderungen der → Radioaktivität, Überlagerungen und Veränderungen künstlicher elektromagnetischer Felder sowie Abweichungen vom natürlichen Mikrowellenspektrum. Anhand von Messungen des Hautwiderstands von Menschen und durch den elektromagnetischen Bluttest nach Dr. Dieter Aschoff kann man ebenfalls Störungen ermitteln.

Bei der Hautwiderstandsmessung müssen die Betroffenen je eine Meßelektrode in der Hand halten. Auf gestörten Plätzen steigt der Hautwiderstand erheblich an. Diese Meßmethode kann jedoch nur sehr grobe Anhaltspunkte geben, weil je nach Konstitution und Krankheitszustand des einzelnen der Hautwiderstand großen natürlichen Schwankungen unterliegt.

Der Bluttest nach Aschoff stützt sich auf die wissenschaftlich anerkannte Tatsache, daß jeder Krankheitsherd ein elektromagnetisches Feld darstellt. An einem Tropfen Blut kann der Schwingungscharakter mit einem Resonanz-Dämpfungs- und Entdämpfungs-Meßverfahren (REDEM) festgestellt werden. Daraus lassen sich sowohl Krankheitsinformationen als auch Reizzoneneinflüsse ableiten.

Erdstrahlenphänomene treten über unterirdischen Wasserläufen, wasserführenden Schichten, Mäanderstreifen, Erzschichten, Salz-, Erdöl- und Kohlelagerschichten, geologischen Verwerfungen, geologischen Brüchen, Spalten, Klüften und Hohlräumen auf.

Wenn ein Bett im Wirkungsfeld von Erdstrahlen steht, kann das vegetative Nervensystem des Menschen, der in diesem Bett schläft, gestört werden. Der Schlaf ist die wichtigste Regenerations- und Erholungsphase für den menschlichen Organismus. Nur in Harmonie mit der Natur, ohne störende Einflüsse kann der Mensch hier für den nächsten Tag notwendige Energie speichern. Daher ist der Schlafbereich sehr wichtig für die Gesundheit. Naturmediziner und Biophysiker sind aufgrund ihrer Messungen und Erfahrungen davon überzeugt, daß biologische Wirkungen von Störzonen negativ auf den menschlichen Organismus einwirken können. Typische Symptome und Krankheiten, die auftreten können, sind: Schlafstörungen, Kopfschmerzen, Migräneanfälle, Kreislaufstörungen, Schwindel während der Nacht, rheumatische Erkrankungen, Nervenleiden, Venenentzündungen, bis hin zu Krebs.

Bei Verdacht auf Erdstrahlen sollte man den Bettplatz durch einen Radiästhesisten untersuchen lassen. In vielen Fällen kann das Verrücken des Bettes oder der Wechsel in andere Zimmer schwere Krankheiten heilen. In jedem Fall aber sollten Menschen mit chronischen Krankheiten auch nach der Verlegung des Bettes an neutrale Schlafstellen ihre Heilbehandlung fortsetzen.

Ein neuer Naturmedizinzweig zeichnet sich bereits ab, da die Zahl der Mediziner, die mit geschulten Radiästhesisten zusammenarbeiten und dadurch überdurchschnittlich hohe Heilquoten erreichen, ständig zunimmt. → Radiästhetische Messungen.

Radiästhetische Messungen

Radiästhetische Messungen mit Ruten, Steinen, Ringen oder Pendeln werden schon seit langer Zeit durchgeführt. So sind in frühen Höhlenzeichnungen Menschen mit Wünschelruten dargestellt. Bereits vor dem Beginn der neuen Zeitrechnung war das Aufspüren von Störzonen allerdings genauso umstritten wie heute. Da Störzonen nur in ganz beschränktem Umfang physikalisch nachgewiesen werden können, ist man immer noch auf die ursprünglichen Meßmethoden angewiesen. Für geopathologische Untersuchungen (→ Geobiologie) werden in der Regel folgende Meßinstrumente verwendet: die klassische Rute, die schon auf Abbildungen aus dem frühen Mittelalter zu finden ist. Damals schnitten Menschen mit hoher sensitiver Begabung die Ruten in Y-Form immer dort von Bäumen oder Büschen, wo die → Wünschelrutenphänomene gemessen werden sollten. Man wußte aus alten Überlieferungen, daß die Informationen (biologisches Strahlenmileu) der unmittelbaren Umgebung im Einklang mit dem Baum- und Strauchbewuchs dieser Gegend waren. Die Radiästhesisten von damals arbeiteten mental, d. h., sie konzentrierten sich ganz gezielt auf das, was sie suchen wollten, z. B. auf eine Wasserader oder auf eine geologische Anomalie.

Seit ein paar Jahrzehnten versuchen Rutengänger diese »Mutungen« (das Aufspüren von Störfeldern) zu vereinfachen. Sie entwickelten die sogenannten V-Ruten. Die bekannteste unter ihnen ist die »Lecher-Antenne«. Diese

Ruten haben Ähnlichkeit mit einem Rechenschieber. Auf ihnen sind Skalen aufgebracht, die mittels verschiedener Frequenzen genau darauf reagieren sollen, was man gerade eingestellt hat. So kann man z. B. bei der Suche nach Wasser die Frequenz von Wasserstoff einstellen. Diese Art von Messung wird als physikalische Radiästhesie bezeichnet. Unter Radiästhesisten sind die verschiedenen Materialien und Formen der Ruten sehr umstritten. Ein sensitiv veranlagter Rutengänger ist allerdings in der Lage, praktisch aus jedem Material und mit jeder beliebigen Rute Wünschelrutenphänomene aufzuspüren.

Das Muten mit einem Pendel ist ungenauer und viel beeinflußbarer als das Muten mit einer Rute. Um echte radiästhetische Messungen durchzuführen, muß sich der Radiästhesist beim Pendeln vorher mental programmieren. Die verschiedenen Bewegungsabläufe sind deshalb individuell unterschiedlich, genauso wie Materialien und Formen des Pendels selbst. Wie beim Messen mit der Rute unterscheidet man auch beim Pendeln zwischen physikalischer und mentaler Mutung. Beim physikalischen Meßvorgang werden undifferenziert alle geobiologischen Anomalien wahrgenommen, während der Radiästhesist beim mentalen Messen nur auf Reize reagiert, auf die er sich vorher mental programmiert hat.

Baubiologische Bewertung
Da es sich bei radiästhetischen Messungen um physikalisch meist nicht nachweisbare, rein mentale, hochsensitive Vorgänge handelt, ist es durchaus möglich, daß verschiedene Radiästhesisten auch zu unterschiedlichen Meßergebnissen gelangen. Daher sollten nur geschulte Radiästhesisten mit langjähriger Erfahrung und guten Referenzen herangezogen werden. Verlassen kann man sich in der Regel auf Empfehlungen von Naturmedizinern und erfahrenen Heilpraktikern. Gewarnt werden muß vor sogenannten Radiästhesisten, die ihr Geld lediglich durch das Geschäft mit der Angst verdienen und Messungen nur zu dem Zweck durchführen, um danach völlig nutzlose → Abschirmgeräte zu verkaufen. → Radiästhesie, → Strahlensucher – Strahlenflüchter.

Radioaktivität

Unsere gesamte Umwelt hat eine natürliche radioaktive Strahlung. Sie setzt sich zusammen aus der kosmischen Strahlung aus dem Weltall (Höhenstrahlung) und der terrestrischen Strahlung, die aus der Erde austritt. Die energiereichen Teilchen durchdringen fast jedes Material. Sie wirken somit sowohl im Freien als auch in Häusern auf den Menschen. Die Intensität der natürlichen Radioaktivität ist zeitlich und örtlich sehr unterschiedlich. Die natürliche Strahlung war die Voraussetzung für die Entwicklung des Lebens auf der Erde. Das gesamte biologische System kann nur funktionieren, wenn die vielen Bausteine der natürlichen Radioaktivität genau aufeinander abgestimmt sind. Millionen unterschiedlicher Strahlen wirken dabei zusammen. Schon eine geringe Erhöhung der natürlichen Strahlung kann das biologische Gefüge des Menschen beeinflussen. Radioaktivität ist die Aussendung von Strahlungen durch Materie infolge eines Zerfalls von Atomkernen. Die Maßeinheit für die »Aktivität« der radioaktiven Strahlung ist nach Antoine Henri Becquerel benannt, der sie 1896 als erster entdeckte. Ein Bq bedeutet, daß innerhalb von einer Sekunde ein Atom radioaktiv zerfällt. Das erste radioaktive Element, das Becquerel entdeckte, war Radium. Er trug stets eine Probe Radium in einem Glasröhrchen in seiner Westentasche. Mit der Zeit kam es an der darunterliegenden Haut zu Verbrennungserscheinungen. Weder Becquerel noch seine Forscherkollegen Pierre und Marie Curie konnten sich diese Verbrennungserscheinungen erklären oder gar etwas von möglichen Spätfolgen ahnen. Viel später erst wurde die Wirkung der radioaktiven Strahlung im menschlichen Organismus erkannt. Diese Strahlenwirkung wird als sogenannte Äquivalentdosis in Sievert (Sv) angegeben. Die Maßeinheit soll den biologischen Schaden angeben, den eine bestimmte Strahlenmenge im menschlichen Organismus auslöst, soweit das nach heutigen Erkenntnissen möglich ist. Sie gibt in der Regel einen Mittelwert der Strahlungsbelastung auf den gesamten menschlichen Körper an. Bei speziellen Strahlenbelastungen wird die Äquivalentdosis auch für einzelne Organe wie z.B. die Keimdrüse und die Lunge errechnet. Atome sind spaltbar und können chemische Elemente völlig umwandeln. Über 1000 Radioisotope, das sind künstliche radioaktive Elemente, können hergestellt werden. Die Zahl ist etwa zehnmal so hoch wie die der natürlichen radioaktiven Elemente. Radioaktive Strahlung ist sehr energiereich. Sie setzt sich aus drei Hauptkomponenten zusammen:

- Die Alphastrahlen sind bewegte positive Ladungen und eigentlich nichts anderes als Atomkerne des Elementes Helium. Der instabile Atomkern spaltet Bruchstücke ab, die jeweils aus zwei Protonen und zwei Neutronen bestehen. Mit ungeheurer Kraft werden diese Alphateilchen vom Atomkern abgeschleudert. Stoßen sie aber mit anderen Atomen zusammen, werden sie dadurch unmittelbar und schnell abgebremst. Jede Art von Materie bremst Alphateilchen stark ab, daher können sie sich nur über sehr kurze Strecken ausbreiten. Die menschliche Haut bremst Alphastrahlen beispielsweise ab, so daß sie nicht in das Gewebe eindringen können. Selbst ein dünnes Stück Papier kann die Ausbreitung der Alphastrahlung vollkommen stoppen. Lebensgefährlich ist die Alphastrahlung, wenn sie eingeatmet wird. Der gefährlichste Stoff, der Alphastrahlen aussendet, ist Plutonium. Schon kleinste Mengen sind hochgiftig und krebserzeugend. Plutonium reichert sich als sekundäres Produkt bei der Energiegewinnung in Atomkraftwerken an.

- Die Betastrahlung ist eine reine Ionenstrahlung, die entsteht, wenn in einem Atomkern die Anzahl der Neutronen und Protonen nicht zueinander passen. Es entsteht ein neues Elektron, das mit großer überschüssiger Energie aus dem Kern herauskatapultiert wird. Diese hochenergetischen Elektronen werden erst durch den Aufprall auf Tausende von Atomen abgebremst. Darum kann die Betastrahlung tiefer in die Materie eindringen als die Alphastrahlung. In der Luft kann die Durchdringung mehrere Meter betragen, in den menschlichen Organismus kann die Strahlung zentimeterweit eindringen. Ein natürlicher Betastrahler ist z.B. Kalium 40. Künstliche Betastrahler, die z.B. in Kernkraftwerken und bei Atombombenversuchen entstehen, sind Cäsium 137 und Strontium 90.
- Die Gammastrahlung besteht aus sehr kurzen elektromagnetischen Wellen, genauso wie Licht- und Röntgenstrahlen. Die Gammastrahlung kann nur in Verbindung mit Alpha- und Beta-Zerfallsprozessen auftreten. Die überschüssige Energie, die aus dem Kern herausexplodiert, besteht aus hochenergetischen Lichtblitzen, die nur sehr schwer durch Materie abgeblockt werden können. Auch die Gammastrahlung ist unsichtbar und wie die anderen radioaktiven Strahlungen bei Überhöhungen für lebende Organismen sehr gefährlich. Gammastrahlung kann sich in der Luft kilometerweit ausbreiten. Sie kann nur durch dicke Beton- oder Bleiabschirmungen abgeblockt werden.

Radioaktivität tritt in unterschiedlichen Formen auf:
1. Fallout: Radioaktiver Niederschlag aus winzigen Staubteilchen, die über das Atmungssystem in den gesamten Organismus gelangen (z.B. Radongas, → Radon).
2. Direkte Strahlenbelastung z.B. durch radioaktive → Fliesen.
3. Radioaktive Aerosolteilchen: Sie entstehen bei Regen, Nebel oder überhöhter Luftfeuchtigkeit. Sie werden über das Atmungssystem aufgenommen.
4. Radioaktivität in der Nahrung: Immer noch reichern sich infolge des Atomunfalls von Tschernobyl Radionukleide in sämtlichen Nahrungsmitteln an.

Die radioaktive Strahlung wird auch als ionisierende Strahlung bezeichnet, da sie bei den energiereichen Zusammenstößen der Atome Einzelelektronen herausschleudern kann, so daß sich dadurch ungeladene Atome in geladene umwandeln können. Durch das Herausreißen der Elektronen wird das Atom ionisiert, ist chemisch nicht mehr stabil und kann dadurch unvorhersehbare chemische Verbindungen eingehen. Durch die ständig ablaufenden radioaktiven Zerfallsprozesse wird der Molekularbereich zerstört. Im menschlichen Organismus werden die betroffenen Körperzellen beliebig manipuliert. Plötzlich entstehen völlig neue chemische Verbindungen, die Zellen in ihrer Funktion stören und so stark vergiften, daß sie absterben können. Durch die

Halbwertszeit läßt sich die Lebensdauer der einzelnen radioaktiven Elemente berechnen. Die Halbwertszeit ist die Zeit, nach der die Hälfte eines Elements zerfallen ist. Natürliches Uran 238 hat z.B. eine Halbwertszeit von 4,5 Milliarden Jahren, während einige künstliche Elemente Halbwertszeiten von nur einer Sekunde aufweisen.

Die einzelnen radioaktiven Elemente können im menschlichen Körper sehr unterschiedliche biologische Wirkungen verursachen, selbst wenn sie physikalisch gesehen die gleiche Energie oder die gleiche Größe haben. Wenn z.B. zwei gleich große und gleich schwere Gegenstände mit der gleichen Energie und der gleichen Geschwindigkeit auf den menschlichen Körper gedrückt werden, wird ein spitzer Gegenstand erheblich tiefer in das menschliche Gewebe eindringen als ein Gegenstand mit einer abgerundeten Oberfläche. Ähnlich verhält es sich mit der Radioaktivität: Künstlich erzeugte radioaktive Elemente können erheblich gefährlicher für den menschlichen Organismus sein als natürliche. Der komplizierte Abwehrmechanismus des Menschen kann Prozesse einleiten, welche die Einwirkungen der natürlichen Umgebungsradioaktivität ausgleichen. Die natürliche Strahlung der Hintergrundradioaktivität wird so problemlos verarbeitet wie die unterschiedlichen Einflüsse von Wetterveränderungen. Künstlich erzeugte Radionukleide dagegen sind dem menschlichen Organismus völlig fremd. Ein natürlicher Abwehrmechanismus gegen diese künstliche Radioaktivität hat sich noch nicht entwickelt, darum kann selbst eine sehr niedrige Dosis für den Menschen gesundheitsgefährdend sein.

Beim Hausbau kann radioaktive Strahlung auf zwei Arten auftreten: Zum einen kann aus einem Baustoff das radioaktive Edelgas Radon in die Atemluft ausgasen, und zum anderen können verschiedene Baustoffe Radioaktivität direkt abstrahlen. Bei dieser radioaktiven Direktabstrahlung ist nur die Gammastrahlung für den menschlichen Organismus relevant, da Alpha- und Betastrahlung aufgrund ihrer geringen »Durchschlagskraft« den Menschen nur durch unmittelbaren Dauerkontakt schädigen können. Da in der Regel aber niemand ohne Unterlage auf einem radioaktiv belasteten Fliesenboden schläft, werden mit den gängigen Geigerzählern lediglich die durchdringenden Gammastrahlen gemessen. Die radioaktive Strahlung von Baustoffen für ein gesundes und giftfreies Haus sollte auf keinen Fall höher sein als die Hintergrundstrahlung des Wohnortes. Darum sollten nach Möglichkeit → Mauerziegel, Fliesen, → Mörtel oder → Putze verwendet werden, deren Rohstoffe in der Nähe gewonnen werden. Das Grundmaterial Ton als Ausgangsprodukt für Bodenfliesen kann sehr unterschiedliche radioaktive Belastungen aufweisen. So nimmt z.B. in Deutschland die Radioaktivität von Norden nach Süden erheblich zu. Fliesenrohmaterial aus Bayern kann bis zu dreimal so hoch belastet sein wie das aus Bremen. Bundesweite Messungen von Baumaterialien zeigen, daß die Radioaktivität von Bims- und Schlacksteinen gegenüber der natürlichen Hintergrundradioaktivität durchschnittlich um 50 Prozent erhöht ist, während → Holz mit Abstand am besten abschneidet. Es unterschreitet den Wert der Hintergrundradioaktivität durchschnittlich um ca. vier Prozent. Seitdem immer mehr Industrieabfälle wie z. B. Hochofenschlacken dem → Beton zugeschlagen werden, kann die Überhöhung der natürlichen Radioaktivität bei Stahlbeton je nach Zusammensetzung weit mehr als hundert Prozent betragen. Als tragendes Innenmauerwerk ist → Kalksandstein am meisten zu empfehlen, da er eine maximale Überhöhung von nur ca. zehn Prozent aufweist. Bei dem Industrieabfallprodukt REA-Gips (→ Gips) können erhebliche radioaktive Überhöhungen gegenüber Naturgips auftreten. Starke radioaktive Schwankungen sind auch bei Tonziegelsteinen gemessen worden. Je nach der Herkunftsgegend des Rohstoffs Ton kann die radioaktive Ausstrahlung nach eigenen Messungen um das Zweifache des Wertes variieren. Starke radioaktive Schwankungen treten zudem bei Marmor auf. Ohne vorherige Messung kann man keine Aussage über die Höhe der radioaktiven Belastung treffen. Bei Granitplatten sind Unterschiede bis zum dreifachen Wert möglich.

Der kanadische Wissenschaftler A. Petkau entdeckte 1972, daß eine geringe, aber dafür dauerhafte radioaktive Überhöhung äußerst gesundheitsgefährlich ist. Eine kleine Dosis radiokativer Strahlung, die über längere Zeit einwirkt, ist also viel gefährlicher als eine höhere Kurzdosis. Das Neue an dieser Erkenntnis war, daß bei einer anhaltenden Dauerbestrahlung lediglich eine um das 5000fache schwächere Dosis notwendig war, um eine menschliche Zelle zu zerstören, als bei einer kurzzeitigen Großdosis bei einer Röntgenbestrahlung. Indirekte Belastungen im niedrigen Dosisbereich sind daher unbedingt zu vermeiden. Eine niedrige Dauerbelastung tritt auf, wenn Menschen sich lange in Räumen aufhalten, die eine leichte radioaktive Überhöhung aufweisen. Daher ist es wichtig, daß die Bewohner über den radioaktiven Zustand ihres Hauses Bescheid wissen. Um die Radioaktivität einzelner Materialien zu untersuchen, muß im Labor eine gammaspektroskopische Messung durchgeführt werden. Den Gesamtzustand eines Wohnraums kann man nur vor Ort durch sogenannte Geigerzähler ermitteln. Leider können auch sehr teure und aufwendige Meßgeräte nur Impulse messen. Da die radioaktive Abspaltung sehr unregelmäßig ist – sie verläuft zufallsabhängig –, kann eine einminütige Messung nur ein Zufallsergebnis sein. Eine einstündige Messung dagegen ist schon erheblich genauer. Mit Meßgeräten ab einer Preiskategorie von ca. DM 700,– kann man die Radioaktivität im Wohnbereich selbst ermitteln. Wichtig hierbei ist, daß das Meßgerät ein Zählwerk hat. Mit Hilfe der Meßergebnisse kann man den prozentualen Unterschied der Radioaktivität vom Inneren des Hauses gegenüber der Hintergrundstrahlung im Freien berechnen. Ausschlaggebend für ein richtiges Meßergebnis ist, daß die Hintergrundstrahlung, der sogenannte Nulleffekt, richtig gemessen wird. Man sollte die Gebrauchsanweisung des jeweiligen Geräts genau befolgen, da man sonst falsche Ergebnisse erhält. Bei Fliesenmessungen sollte man die sogenannte Kontrollmessung des Nulleffekts auf einer Holztischplatte durchführen und genau an dem gleichen Meßpunkt die Aktivität der Probefliese bestimmen. Auf diese Weise läßt sich die radioaktive Überhöhung am sichersten berechnen.

Baubiologische Bewertung
Eine radioaktive Belastung kann besonders bei Altbauten durch Schlackenfüllungen in Holzbalkendecken und Fachwerkwänden auftreten. Abhilfe kann nur durch völliges Entfernen der radioaktiven Füllstoffe geschaffen werden. Die neuen Materialien sollten bevorzugt aus → Lehm, Flußsand, → Ziegelsteinen oder → Perliten bestehen.

Auch radioaktiv überhöhte Fliesen sollte man völlig entfernen, da eine Abschirmung kaum möglich ist. Grundsätzlich sollten vor jeder Sanierungsmaßnahme Messungen durch Spezialisten durchgeführt werden, die anhand von Vergleichsberechnungen mit der Hintergrundradioaktivität bewerten, ob eine Sanierungsmaßnahme aus gesundheitlichen Gründen notwendig ist.

Radon

Natürliche → Radioaktivität kann in der Innenraumluft in überhöhter Konzentration eine gesundheitliche Gefährdung bedeuten. Radon ist ein radioaktives Edelgas, das in Innenräumen auftritt. Es handelt sich vor allem um Radon 222, das beim Zerfall von Radium 226 und Torium 223 entsteht. Das Edelgas wurde 1900 entdeckt und als »Radiumemanation« bezeichnet. 1931 wurde es in Radon umbenannt. Obwohl seit vielen Jahren bekannt ist, daß schon eine geringe Erhöhung der Radioaktivität schädlich sein kann, werden immer noch sogenannte Emanationstherapien durchgeführt. Vor allem zur Behandlung von Ischias, Rheuma und Gicht wird radonhaltige Luft inhaliert, in Emanationsquellen gebadet oder gar radonhaltiges Wasser getrunken. Immer noch werben Kurorte und Heilbäder mit der sagenhaften Wirkung durch radonhaltige Luft und radonhaltiges Wasser.

Diesem Extrem steht auf der anderen Seite die panische Angst vor allem der Nordamerikaner gegenüber. So wird in vielen Gebieten der USA in der Verkaufswerbung für Einfamilienhäuser der Wert der Radonkonzentration in der Raumluft gleich mitangegeben.

Der Mensch atmet Radongas mit der Raumluft ein und in unverändertem Zustand wieder aus. Das Gefährliche an Radon sind die Zerfallsprodukte, die sich an Staubpartikeln (Schwebeteilchen) anlagern. Diese Zerfallsprodukte sind radioaktive → Schwermetalle, die sich im Atemsystem, in Lungen und Bronchien einlagern. Durch die hohe Strahlenbelastung können sich vorwiegend in den sehr strahlungsanfälligen Bronchien Bronchialkarzinome bilden.

Die Gefahr geht immer von den Folgeprodukten der zerfallenden Atome aus, die ebenfalls radioaktiv sind. Durch den fortlaufenden Zerfall der Atome im menschlichen Organismus kann eine sehr hohe Strahlenbelastung an einzelnen Gewebepunkten auftreten.

Für Radioaktivität sowie für sämtliche anderen krebserzeugenden Stoffe läßt sich leider kein → Grenzwert festsetzen, der jegliches Krebsrisiko ausschließt.

Die gültigen Grenzwerte sind daher international sehr unterschiedlich. Für den Laien sollten sie aber noch nicht einmal als Anhaltspunkt dienen, denn jede auch noch so kleine Überhöhung von künstlicher oder natürlicher Radioaktivität kann die Gesundheit des Menschen gefährden!

Da der radioaktive Zerfall nicht regelmäßig auftritt, sondern es sich hier um zufallsabhängige Zerfallsprozesse handelt, sind die Aussagen, daß ein Mensch ab einer bestimmten Dosis von Radon an Lungen- oder Bronchialkrebs erkranken kann, genauso unsicher wie eine Vorhersage der Lottozahlen.

Empfohlene internationale Schwellenwerte:

	Jahr	**Bq/m³ Radon**	
Schweden	1984	1000/175	alte[1]/neue Häuser
England	1983	1000/2000	alte[1]/neue Häuser
Deutschland	1988	250	
USA	1988	150	

[1] Diese Angabe bezieht sich nur auf Häuser mit Schlackenfüllungen in Decken und Wänden.

Radon geht keine chemischen Verbindungen ein. Es kann vom Menschen nicht wahrgenommen werden, da es völlig geruch-, geschmack- und farblos ist. Radon entsteht ununterbrochen durch den Zerfall von Radium. Obwohl seine Halbwertszeit nur ca. dreieinhalb Tage beträgt, ist es überall auf unserer Erde vorhanden, da es in der Erdkruste ständig neu gebildet wird und durch die poröse Erdoberfläche hindurch in die Luft entweicht. Das Edelgas trägt zur ausgeglichenen natürlichen Luftradioaktivität bei.

Radon tritt allerdings nicht nur aus der Erdoberfläche, sondern auch aus Baustoffen aus. So sind z.B. Wand- oder Deckenfüllungen aus Schlacken häufig die Ursache für extrem hohe Radonwerte.

Radioaktiv am meisten belastet sind Bimsstein, Granit, → Betonsteine mit Schlackezuschlägen, Hochofenschlacke, Flugasche und Chemiegips (→ Gips). Die größte radioaktive Abstrahlung geht von Rotschlammsteinen aus. Da Stahlbeton in der Regel Zuschläge aus Hochofenschlacke und Flugasche enthält, ist auch hier die Radonabspaltung überdurchschnittlich hoch. Der gesündeste und beste Baustoff, der sogar in der Lage ist, Radioaktivität in geringen Mengen zu absorbieren, ist naturbelassenes → Holz. Die Höhe der Radonkonzentration in der Raumluft hängt zum großen Teil von der Luftdurchlässigkeit der Baumaterialien ab.

In den sechziger Jahren stellte man das erste Mal fest, daß in Innenräumen hohe radioaktive Konzentrationen auftreten können.

Vor der modernen Bauweise, also bis ca. 1960, konnten hohe Radonkonzentrationen in Innenräumen nur sehr selten entstehen. Durch offenporige Baumaterialien, die noch nicht mit Kunststoffen teilweise sogar luftdicht veredelt waren, konnte das Edelgas permanent an die Außenluft entweichen.

Eigene Messungen Anfang der achtziger Jahre ergaben, daß die Radioaktivität grundsätzlich in fensterlosen Bädern, WC-Räumen und vor allem auch in Kellerräumen um ein Vielfaches höher war als z.B. in Wohnzimmern oder Küchen. Die Radioaktivität nimmt in der Regel mit der Entfernung von der belasteten Quelle erheblich ab. In zehn Zentimetern Entfernung von einer radioaktiv hochbelasteten Wandfliese ist die Intensität der Strahlung z.B. 100mal größer als in einer Entfernung von einem Meter. In unbelüfteten Badezimmern und WCs ist das häufig anders, weil auch ohne eine übermäßig hohe radioaktive Belastung der Fliesen die Radonkonzentration sehr hoch sein kann, so daß die Radioaktivität überall im Raum gleich groß ist.

Bei alten Häusern, deren Kellerböden aus gestampftem Lehm bestehen, kann Radon besonders leicht durch die offenporige Oberfläche treten und die Innenraumluft radioaktiv anreichern. Da aber alte Häuser gleichzeitig großporige und luftdurchlässige Außenwände haben (z. B. Fachwerkholz mit Lehmausfachungen), kann Radon durch den natürlichen Druckausgleich genauso schnell wieder nach außen entweichen, wie es eindringt. Hinzu kommt, daß Fenster und Türen darüber hinaus nicht luftdicht abschließen, so daß Innen- und Außenluft regelmäßig ausgetauscht werden.

Ein modernes Haus dagegen, das nach einem energiesparenden Konzept gebaut wird, ist durch → Kunstharzputze und künstlich aufgeschäumte Wärmedämmstoffe (→ Wärmedämmung) fast völlig luftdicht. Fenster und Türen schließen dicht ab, ein natürlicher Luftaustausch ist kaum möglich. Bei dieser extremen Energiesparbauweise, deren Vorbild die Thermosflasche ist (nichts dringt ein, nichts kann heraus), müssen die Bewohner selbst die Räume gut lüften, damit die Radonkonzentration nicht zu hoch wird.

Kellerräume werden meist überhaupt nicht gelüftet, da sie von den meisten Menschen nur zu Lagerzwecken benutzt werden. Ich habe schon in einem Haus Konzentrationen der Radioaktivität vom Keller bis zum Dachgeschoß gemessen, die um mehr als das zwanzigfache voneinander abwichen.

Grundsätzlich gilt die Regel: Je höher ein Raum im Haus liegt, desto niedriger ist die Radonkonzentration. Im Kellergeschoß ist die Konzentration am größten, im Dachgeschoß am niedrigsten. Wer im Erdgeschoß eines nicht unterkellerten Hauses schläft, muß genauso häufig lüften wie derjenige, der sein Schlafzimmer im Keller hat.

Die größte Radonbelastung habe ich bisher in einem modern sanierten, ca. 200 Jahre alten Fachwerkhaus gemessen. Folgende Fehler haben die Eigentümer begangen: Auf das Fachwerk, das aus Kiefernholz bestand, wurde außen eine vollflächige Kunstschaum-Wärmedämmung aufgebracht, die mit einem fast luftdichten Kunstharzputz überzogen wurde. Alle → Holzfenster wurden ausgewechselt und gegen mehrfach abgedichtete → Kunststoffenster ausgetauscht. Da sich Lebensmittel in einem naturbelassenen Keller viel besser lagern lassen als in einem Betonkeller, wurden hier keine Sanierungsmaßnahmen durchgeführt. Der luftdurchlässige, offenporige, gestampfte Lehmboden ließ also weiterhin ununterbrochen Radon in das Gebäude eindringen. Darüber hinaus strömten aus den Schlackenfüllungen der Kellerdecke zusätzlich erhebliche Mengen von Radon ins Erdgeschoß.

Die Bewohner lüfteten das Haus nur sehr wenig, so daß die Radonkonzentration stark anstieg. Sie betrug im Erdgeschoß etwa 500 Bq/m^3 (Grenzwert: 250 Bq/m^3). Im »luftigen«, nicht ausgebauten Dachgeschoß dagegen betrug sie nur ca. 65 Bq/m^3.

Reißerische Pressemitteilungen Anfang der neunziger Jahre verunsicherten viele Hausbewohner. Es war die Rede davon, daß man Risse im Kellerboden sofort durch eine Fachfirma abdichten lassen solle, um ein Eindringen des »gefährlichen« Radons aus dem Erdboden ins Haus zu verhindern. Diese Meldungen waren übertrieben. Weniger als ein Prozent der deutschen Bevölkerung lebt in Gebieten, in denen die Radonbelastung so hoch ist, daß Schutzmaßnahmen beim Bau von Häusern unbedingt beachtet werden müssen. Damit das Radon erst gar nicht ins Haus eindringen kann, sollte das Kellergeschoß in solchen Gebieten aus möglichst luftdichten Materialien hergestellt werden. Ein massiver Betonboden sowie massive Betonaußenwände sind hierfür am besten geeignet. Zusätzliche Abdichtungen durch Folien oder Dachpappen können ein Eindringen des Radongases verhindern. Zudem sollte man darauf achten, daß alle Baumaterialien ab dem Erdgeschoßfußboden offenporig und sorptionsfähig sind. Nur dadurch ist gewährleistet, daß eindringendes Radon aus den Obergeschossen auf natürlichem Weg wieder entweichen kann. Im Kellergeschoß hingegen kann Radon nicht durch den abgedichteten Beton hindurchdringen und bleibt regelrecht von außen stecken.

Die höchsten Radonkonzentrationen wurden im Saarland, im Raum Koblenz, in einigen Gebieten des nördlichen Schwarzwaldes sowie im Bayerischen Wald gemessen.

Mitte der achtziger Jahre wurde in ca. 6000 Wohnungen der Bundesrepublik Deutschland die Radonkonzentration gemessen.

Bei 50 Prozent lag der Wert unter 40 Bq/m^3.

Bei 10 Prozent lag der Wert über 80 Bq/m^3.

Bei 1 Prozent wurden mehr als 220 Bq/m^3 gemessen.

Bei 0,01 Prozent (10 Wohnungen) lag der Wert über 500 Bq/m^3.

Demnach liegt die durchschnittliche Belastung bei etwa 40–50 Bq/m³. Nach einer Empfehlung der Strahlenschutzkommission sollte eine Radonsanierung ab einem Meßwert von 250 Bq/m³ durchgeführt werden. Diese Empfehlung macht allerdings in vielen Fällen überhaupt keinen Sinn, da dieser Wert in schlecht gelüfteten Innenräumen schnell erreicht ist, selbst wenn das Haus in einer unbelasteten Gegend steht.

Baubiologische Bewertung
Die Luftkonzentration von Radon kann sich in einem Raum, je nach Belüftung, auf das Zehnfache erhöhen. Grundsätzlich sollte man alle Räume zu jeder Jahreszeit gut lüften. Da die Radonbelastung in Kellerräumen am stärksten ist, sollte man hier Permanentlüftungen einbauen. Am einfachsten ist es, in jedem Kellerraum immer mindestens ein Fenster geöffnet zu halten. Auf diese Weise kann man in über 99 Prozent des Bundesgebietes ohne Angst vor einer erhöhten Radonkonzentration leben.

Maßnahmen zur Sanierung sollten nur durchgeführt werden, wenn die Radonkonzentration trotz ständiger Belüftung auf über 100 Bq/m³ steigt. Zur Ermittlung der Radonwerte stellt man Sammeldosen, die mit Aktivkohle gefüllt sind, auf den Fußboden. Nach einer Meßzeit von ein bis vier Tagen werden sie zur Auswertung in ein Labor geschickt. Mittlerweile gibt es eine DIN-Bestimmung, die dieses Meßverfahren genau beschreibt. Darin wird empfohlen, bei Meßwerten über 250 Bq/m³ Wiederholungsmessungen durchzuführen. Man sollte sich allerdings nicht an die DIN-Vorschriften halten, da hierbei nur in ungelüfteten Räumen gemessen werden darf. Während der Zeit, in der ein Radonsammler aufgestellt ist, sollten die Räume aber wie immer gelüftet werden – nicht mehr und nicht weniger. Nur so erhält man realistische Werte, die das normale Wohnklima repräsentieren.

Je staubiger die Luft, desto mehr radioaktive Folgeprodukte können sich daran binden, die dann eingeatmet werden. Ist die Luft mit Zigarettenrauch angereichert, können sich viel mehr radioaktive Zerfallsprodukte anbinden als in frischer Außenluft.

Die Radonkonzentration nimmt in der Regel vom Kellergeschoß zum Erdgeschoß schon um ca. 50 Prozent ab und sinkt pro Folgegeschoß weiter.

Einer Überhöhung natürlicher Radioaktivität in Innenräumen kann man nur durch ausreichendes Lüften vorbeugen. Ähnlich verhält es sich im übrigen auch bei chemischen Schadstoffen, die z.B. aus Baumaterialien, → Farben, Klebern (→ Klebstoffe), → Spanplatten oder → Teppichböden austreten.

Am höchsten ist die Radonbelastung, wenn die Räume für längere Zeit unbelüftet waren, z.B. nach einem drei- bis vierwöchigen Urlaub. Bei Ihrer Rückkehr sollten Sie das ganze Haus daher vom Keller bis zum Dach gründlich durchlüften.

Rauhfasertapete

Bei der Herstellung von Rauhfasertapeten werden Holzfasern in ein Trägerpapier eingebettet, auf das eine zweite Papierschicht aufgebracht wird.

Einschichtige Rauhfasertapeten sind unter dem Namen »Prägetapete« erhältlich. Sie sind in der Regel einmal mit Dispersionsfarbe vorgestrichen. Prägetapeten mit Dispersionsvoranstrich sind nur dann zu empfehlen, wenn gewährleistet ist, daß mit Naturdispersionen ohne chemische → Lösemittel gearbeitet wurde. Man sollte beim Kauf zudem darauf achten, daß der Altpapieranteil mindestens 80 Prozent beträgt. Rauhfasertapeten dieser Art sind in verschiedenen Stärken, mit unterschiedlichen Strukturen erhältlich.

Baubiologische Bewertung
Rauhfasertapeten mit dem RAL-Umweltzeichen »UZ 35« eignen sich hervorragend für eine giftfreie Oberflächengestaltung von Wänden. Als Kleber sollte man Methylzelluloseleim ohne chemische Zusätze verwenden. → Formaldehyd als Konservierungsmittel oder Fungizide (→ Biozide) gegen Schimmelpilzbildungen sollten nicht in Tapetenkleistern enthalten sein.

Raumlufttechnische Anlagen → Klimaanlagen.

Regenwassernutzung

Eine Regenwassernutzung hilft, unser kostbarstes Gut, das Trinkwasser, zu sparen und für das zu benutzen, wofür es eigentlich gedacht ist, nämlich zum Trinken. Über 50 Prozent des Trinkwassers könnten dadurch gespart werden. Ca. 45 Liter kostbares Trinkwasser werden täglich von jedem Menschen im Toilettenbecken hinuntergespült. Regenwassersammelanlagen sind auch bei nachträglichem Einbau ökologisch sehr empfehlenswert.

Pro Person sollte ein Speichervolumen von ca. 1 000 Litern angesetzt werden. Regenwasser ist nicht nur für die Toilettenspülung sehr gut geeignet, sondern auch für die Waschmaschine, für Reinigungsarbeiten und für das Gießen der Blumen im Garten. In einigen Ländern Westeuropas gibt es bereits Subventionen und Zuschüsse für den Einbau von Anlagen zur Regenwassernutzung. Es ist offensichtlich, daß eine Regenwassernutzung die effizienteste Einsparung von Trinkwasser und Energie ist. Häufig wird über Hunderte von Kilometern Trinkwasser herangepumpt und durch aufwendige Filtermaßnahmen gereinigt. Regenwasser hingegen fließt in riesigen Mengen völlig ungenutzt über die Kanalisation in die Kläranlage. Bei einer Regenwassernutzung wird es auf dem Hausdach gesammelt und über Rohre in einen Speichertank geleitet. Durch Grob- und Feinfilter werden Verunreinigungen und gröbere Schwebestoffe aufgehalten. Regenwassersammelbehälter aus → Beton, Metall oder aus Kunststoff können im Keller offen aufgestellt oder im Erdreich eingegraben werden.

Eine kleine Druckerhöhungsanlage sorgt für den nötigen Wasserdruck für die Versorgung der Spülkästen, der Waschmaschine oder des Gartenschlauchs. Achtung! Regenwasser darf nicht als Trinkwasser benutzt werden.

Da Regenwasser durch den niedrigen pH-Wert sehr aggressiv ist, können normale Wasserrohrmaterialien wie z.B. verzinkte Eisenrohre oder Kupfer nicht verwendet werden (→ Trinkwasserrohre). Hier gibt es nur zwei Alternativen: → Kunststoffrohre und nichtrostende → Stahlrohre. Die Kosten für Edelstahlrohre sind zwar relativ hoch, da aber 50 Prozent des Trinkwassers eingespart werden können, amortisiert sich der Einbau einer Regenwassersammelanlage schon in ein paar Jahren. In der Regel benötigt man auch keine baubehördliche Genehmigung für den Einbau.

Die Anlage sollte grundsätzlich von Fachleuten installiert werden, damit hundertprozentig gewährleistet ist, daß keinerlei Verbindung zwischen Trinkwasserrohren und Regenwasserrohren entstehen kann. Es müssen immer zwei völlig voneinander getrennte Wasserkreisläufe installiert werden, der eine nur für das Regenwasser und der zweite für das Brauchwasser. → Wasser sparen.

Resonanz

Resonanzeffekte, die durch → Mikrowellen ausgelöst werden, können auch im menschlichen Körper entstehen. Für die Schulmedizin ist diese Erkenntnis noch sehr neu. Bisher war nämlich nicht bekannt, daß durch Elektrizität ein eigentlich nichtelektrisches Phänomen – Resonanz im biologischen Organismus – erzeugt wird. Aus der Antennentechnik ist bekannt, daß die Energie im hochfrequenten Bereich nur sehr gering sein muß, um eine Resonanz zu erreichen. Man spricht hier von einer »passenden« oder auch von einer sehr »geringen Steuerleistung«. Auch in einem biologischen System können durch geringe Steuerleistungen Resonanzeffekte entstehen, die große biologische Fehlsteuerungen auslösen. Mikrowellen, z.B. Strahlungen von Richtantennen, können mechanische Resonanzen im menschlichen Organismus auslösen. Naturmediziner interessieren sich zunehmend für derartige Phänomene, besonders für Resonanzeffekte, die einen Herzinfarkt auslösen.

Ohne Resonanz wäre die Physik in ihren Erkenntnissen vor über hundert Jahren stehengeblieben. Durch die Ausnutzung der Resonanz wurde der Siegeszug der Fernseh- und Radiotechnik überhaupt erst möglich. Ohne Resonanz könnte z.B. eine Stimmgabel nicht vibrieren, eine Antenne nicht funktionieren und auch ein Laserstrahl wäre undenkbar. Wenn ein Düsenjäger die Schallmauer durchbricht, entspricht seine Geschwindigkeit der Schallgeschwindigkeit. In diesem Moment entsteht Resonanz, die man akustisch durch den berühmten Knall wahrnimmt. Marschiert eine Menschenkolonne im Gleichschritt über eine Brücke, können sich die Schwingungen so stark aufschaukeln, daß sie in Resonanz mit der Brücke selbst kommen. Wenn das geschieht, stürzt die Brücke ein. Gläser können durch Resonanzeffekte zum Springen gebracht werden. Bei Radios und Fernsehern macht man sich den Resonanzeffekt folgendermaßen zunutze: Eine Radioantenne empfängt Tausende von verschiedenen elektromagnetischen Schwingungen. Das schwingende System im Radio besteht aus einem elektrischen Schaltkreis, dessen Spannung periodisch schwankt. Einzelne Radiosignale können nun mit dem Schaltkreis in Resonanz geraten, wenn sie hier auf genau gleiche Schwingungen stoßen. Die Signale werden verstärkt, gefiltert und sofort in Schall umgewandelt. Beim schnellen Drehen des Senderwahlknopfes ist dagegen lediglich ein Wellensalat zu hören, da es jeweils nur zu einer ganz kurzfristigen Resonanzerscheinung kommt. Das Geheimnis der Resonanz besteht also aus einem Gleichtakt, einer von außen eindringenden Schwingung, mit der Frequenz des Schaltkreises im Radio. Die Wellenlängen müssen dabei genau übereinstimmen. Nur wenn ein von außen eintreffendes Signal exakt mit dem Schwingungsrhythmus einer Zelle übereinstimmt, dringt es in sie ein wie ein Schlüssel ins Schloß und gibt die entsprechenden Informationen an den Zellkern weiter. Die Eigenenergie einer Zelle kann so stark durch einen Resonanzeffekt aufgeschaukelt werden, daß sie sich plötzlich vervielfacht, so daß das System zerstört wird. Welche Kraft durch Resonanz erzeugt werden kann, ist an der enormen Wirkung eines Laserstrahls erkennbar: Eine Masse von Lichtwellen wird zwischen zwei Spiegeln so lange hin- und her geworfen, bis Wellenberge und Wellentäler genau übereinstimmen. Entspricht der Resonanzraum zwischen den Spiegeln genau den Wellenlängen, entsteht der hochenergetische Laserstrahl.

Heute ist bekannt, daß die Bausteine der einzelnen Atomkerne, die Protonen und Neutronen, keine Elementarteilchen sind. Man weiß, daß Protonen und Neutronen aus noch kleineren Bausteinen bestehen, den sogenannten Quarks. Ein Proton z.B. besteht aus drei einzelnen Quarks. Diese können mit Hilfe von Resonanzenergie so angeregt werden, daß sie auf ein höheres Energieniveau überspringen. Durch die modernen Teilchenbeschleuniger ist bekanntgeworden, daß elektromagnetische Schwingungen in geeigneten Hohlräumen zur Resonanz kommen. Man weiß dadurch, daß subatomare Teilchen als angeregte Schwingungszustände von Quantenfeldern einzuordnen sind. Hier geht die Schwingung von Teilchen zu Teilchen über, wie bei einer Kettenreaktion. Das Proton ist beispielsweise ein angeregter Zustand des elektromagnetischen Feldes, dementsprechend ist das Elektron ein angeregter Zustand des Elektronenfeldes und so weiter. Ein Teilchen entsteht also immer dann, wenn durch eine Wechselwirkung das entsprechende Feld angeregt wird. Wenn man die Kette bis zum Ende weiterverfolgt, so ist die gesamte

Materie der Erde und des Alls ein Produkt der Resonanz. Die Quantenfeldtheorie der letzten Jahre wird mittlerweile auch auf das Gravitationsfeld ausgedehnt. Stephen Hawking geht noch weiter und behauptet, daß durch resonante Wechselwirkungen winziger Materieteilchen die Raumzeit erzeugt wird.

Menschen können nicht – wie der Schaltkreis eines Radios – die richtigen Frequenzen herausfiltern. Sie sind mit einem offenen System vergleichbar, das frei zugänglich für Millionen von künstlich erzeugten Mikrowellen ist. Jedes von außen einwirkende künstlich erzeugte Signal, das zu den Eigenschwingungen bestimmter Zellen paßt, kann diese in Resonanz versetzen, so daß es über eine biologische Fehlsteuerung zur Katastrophe (Krankheit) kommen kann.

Rolläden

Bei Häusern, die vor dem Zweiten Weltkrieg gebaut wurden, war der Einbau von Rolläden sehr selten. Der Einbau in einem modernen Haus dient allein dem Zweck der Abdunklung und dem Sonnenschutz. Mit ihrem Einbau muß man viele Nachteile in Kauf nehmen: Ein Rolladenkasten, der im Mauerwerk installiert wird, verschlechtert den Schallschutz. Rolladenkästen bilden geometrische Wärmebrücken, die in der Regel nur durch zusätzliche künstliche → Wärmedämmungen reduziert, aber niemals vollständig verhindert werden können. Durch den Einbau eines Rolladenkastens wird das homogene Gefüge des Außenmauerwerks unterbrochen, so daß Risse und Putzschäden vermehrt auftreten können.

Ein Rolladenkasten enthält eine Walze, auf die mit Hilfe einer Kurbel oder eines Gurtzuges aneinanderhängende Lamellen aus Kunststoff oder → Aluminium aufgerollt werden. Bei der Herstellung beider Materialien entstehen große Mengen giftiger Schadstoffe. Zudem muß für die Produktion sehr viel Energie aufgewendet werden. Eine Alternative zu Kunststoff und Aluminium sind Naturholzstäbe. Rolläden aus → Holz spielen heute allerdings eine sehr untergeordnete Rolle, da die Massenproduktion von Kunststoff und Aluminium dieses emissionsfreie, umweltfreundliche Naturprodukt vom Markt verdrängt hat.

An Gebäudeseiten, an denen ein Sonnenschutz dringend notwendig ist, sollten Außenrolläden auf die Fensterrahmen aufgesetzt werden, damit sie von der Außenwand getrennt sind. Eine noch bessere Lösung sind aber die altbewährten Fensterläden, die mit drehbaren Holzlamellen ausgerüstet werden sollten, so daß man den Lichteinfall beliebig einstellen kann. Die Annahme, daß heruntergelassene Rolläden nachts einen großen wärmedämmenden Effekt haben, ist nur theoretisch richtig. Wenn ein Aluminium- oder Kunststoffrolladen völlig heruntergelassen wird, schließt er zum Außenfenster fast luftdicht ab. Der Innenraum kann also selbst bei geöffnetem Fenster nicht mehr belüftet werden. Der zusätzliche Wärmedämmeffekt durch das Rollo ist so gering, daß er Einbau- und Herstellungskosten selbst bei 50 Jahre langer Nutzung nicht rechtfertigt.

Baubiologische Bewertung
Da Rolladenkästen, die über dem Fenstersturz in das Mauerwerk eingebaut werden, konstruktiv, schall- und wärmedämmtechnisch nur Nachteile mit sich bringen, sollten sie nicht verwendet werden. Als Sonnenschutz und zur Verdunklung sind Klappholzläden mit drehbaren Lamellenstäben oder von außen aufgesetzte Sonnenstores zu empfehlen.

Roß-Schweifhaar-Matratzen

Eine Matratzenfüllung aus unbehandeltem Roß-Schweifhaar ist das beste biologische Naturprodukt, das auf dem Markt erhältlich ist. Roß-Schweifhaar unterstützt die Kreislauftätigkeit und lindert Rheumaleiden. Es ist ein sehr hygienisches Naturmaterial, da es Körperausdünstungen neutralisieren kann: Die einzelnen Haarspiralen nehmen Luft auf und tauschen sie auf Druck sofort auf natürlichem Wege aus. Roßhaar ist spiralförmig gekräuselt und hat somit die größte Springelastizität aller Naturfasern. Die überdurchschnittlich hohe Füll- und Sprungkraft garantiert eine extrem gute Elastizität der Matratze, die sich jeder Körperbewegung anpaßt und dadurch die Wirbelsäule in jeder Position richtig unterstützt. Bei Entlastung nimmt die Matratze sofort ihre alte Form wieder an.

Roßhaarmatratzen müssen wie jede andere Matratze gepflegt, d.h. gelüftet und aufgeschüttelt werden. Regelmäßiges Wenden, am besten einmal wöchentlich, und ein gewisses Nachstopfen nach dem ersten Jahr der Benutzung sind sehr zu empfehlen.

Einige Roßhaarmatratzen werden aus einzelnen kleinen abgesteppten Teilen zusammengesetzt. Die Pflege ist hierbei besonders einfach. Die einzelnen Segmente können aus der mit einem Reißverschluß versehenen Matratzenhülle entnommen und gewaschen werden. Roßhaarfüllungen dürfen nicht chemisch gereinigt werden, da sie sonst ihre natürlichen biologischen Eigenschaften verlieren und Schadstoffe durch die chemischen Reinigungsmittel aufnehmen, so daß ein Bett dadurch regelrecht vergiftet werden kann.

Baubiologische Bewertung
Roß- und Roß-Schweifhaar-Matratzen sind aufgrund ihrer großen Elastizität, ihrer Füllkraft, der körperstützenden und kreislaufförderndem Eigenschaften, der trockenen, warmen Ausstrahlung und der überdurchschnittlichen Feuchtigkeitsregulation das Beste, was man für den gesunden Schlaf kaufen kann. Roß- oder Roß-Schweifhaar-Matratzen werden noch nicht in Groß-

produktion hergestellt. Häufig werden sie in Kleinbetrieben noch in Handarbeit aus Mischungen von Roß-, Rinder- und Schweifhaaren hergestellt.

Roßhaarmatratzen sollten nicht per Katalog bestellt werden. Die Ausführungen und ganz speziell die Härte der einzelnen Matratzen sind sehr unterschiedlich. Vor dem endgültigen Kauf sollte man probeliegen, denn die ungewohnte Härte kann zum Blutstau an den Druckstellen des Körpers führen. Füllungen aus reinen Schweifhaaren sind elastischer und biologisch wertvoller als ein Gemisch, das unter der Bezeichnung Roßhaar im Handel angeboten wird. → Matratzen.

RSI (Repetitive Strain Injury) → Heimcomputer.

S

Schafwolle → Wolle.

Schaumglas

Zur Herstellung des Dämmstoffes Schaumglas, der unter dem Namen Foamglas besser bekannt ist, wird Quarzsand, Kali-Feldspat, Calcium-Natriumkarbonat und Kohlenstoff zu Glas verschmolzen. Anstelle von Quarzsand wird häufig auch Altglas verschmolzen. Bei einer Schmelztemperatur von ca. 700 bis 1 000 Grad Celsius entsteht durch den Kohlenstoffzusatz ein Aufschäumungsprozeß. Unmengen von vielen kleinen geschlossenen Gasblasen lassen die typische Zellstruktur von Schaumglas entstehen. Die kleinen Bläschen sind gefüllt mit Stickstoff und Schwefelwasserstoff. Sie bewirken die gute Dämmeigenschaft des Schaumglases und machen die Wärmeleitfähigkeit sehr niedrig, sie liegt zwischen 0,045–0,060 W/mK (→ Wärmedämmung). Beim Schneiden oder Bearbeiten der Platten werden viele kleine Bläschen beschädigt, so daß ein typischer schwefelig-fauliger Geruch entsteht. Schaumglas wird als → Dämmstoff im Haus- und Wohnungsbau verwendet. Da es wasser- und dampfdicht ist, kann es aus wohnbiologischen Gründen für den Eigenheimbau nicht empfohlen werden. Für extreme Belastungen wie z.B. auf befahrbaren Garagendecken ist Schaumglas dagegen sehr gut geeignet, da es äußerst druckfest ist. Zudem eignet es sich gut als Wärmedämmung auf begehbaren Terrassen sowie als Außendämmung an Kellerwänden, da es völlig feuchtigkeitsunempfindlich ist.

Baubiologische Bewertung
Ökologisch gesehen ist Schaumglas, das mit Altglas hergestellt wird, sehr zu empfehlen. Gesundheitsschädliche Emissionen sind nicht zu befürchten. Bei Beschädigungen kann lediglich Schwefelwasserstoff in geringen Mengen aus den Bläschen austreten, jedoch kaum Beschwerden hervorrufen. Da Schaumglasplatten in der Regel mit → Bitumen verklebt werden, ist von ihrer Anwendung im Innenbereich abzuraten. Eine Anwendung im Außenbereich ist unbedenklich. Der große Durchbruch im Bausektor wird trotz der sehr guten bauphysikalischen Eigenschaften wohl auch in Zukunft nicht erfolgen, da aufgrund des hohen Energieaufwands, der zur Herstellung not-

wendig ist, auch der Preis im Vergleich zu anderen Dämmstoffen sehr hoch ist. Das Recyceln ist nur bedingt möglich, da der Bitumenkleber von ausgebauten Platten nur schwer zu trennen ist. Lediglich ein kleiner Prozentsatz des Schaumglases kann zu Granulat zerkleinert und dann im Straßenbau wiederverwendet werden.

Schaumstoffmatratzen

Synthetische Schaumstoffe enthalten zwar einen großen Anteil künstlich erzeugter Poren und haben dadurch eine sehr gute Wasseraufnahmefähigkeit, können aber die Feuchtigkeit, die der Mensch im Schlaf an die Matratze abgibt, nur sehr langsam weiterleiten, so daß besonders bei schlechter Un-terlüftung ein Nässestau wie bei einem Schwamm entstehen kann. Bei der Herstellung von Schaumstoffmatratzen werden chemische Binde- und → Lösemittel eingesetzt. Giftige Substanzen können daher in die Atemluft gelangen. Schaumstoffmatratzen können je nach Härtegrad sehr elastisch sein und gute bis sehr gute abstützende Eigenschaften haben.

Baubiologische Bewertung
Aufgrund der schlechten feuchtigkeitsregulierenden Eigenschaften und der möglichen Abspaltung von Lösemittelresten, die oft hochtoxisch sind, muß man diese Matratzen völlig ablehnen. → Matratzen.

Schilfdämmung

Schilfrohrmatten wurden bis Mitte der sechziger Jahre vorwiegend als Träger für → Innen- oder → Außenputze verwendet. Schon im Mittelalter hatte man → Kalkputze an Außenfassaden auf Schilfrohrmatten aufgetragen. Haltbarkeit und Insektenresistenz des Materials sind so groß, daß viele mittelalterliche Bauten bis heute keine oder nur geringfügige Verrottungsschäden an den Schilfrohrplatten aufweisen.

Für Außenwand- und Trittschalldämmungen im Estrichbereich werden Schilfrohrplatten in einer Stärke von zwei bis zehn Zentimetern angeboten. Das einheimische Schilfrohr hat durchschnittliche Schall- und Wärmedämmeigenschaften, gute Diffusionseigenschaften und ist völlig frei von chemischen Stoffen. Obwohl bekannt ist, daß beim Bau eines gesunden und giftfreien Hauses Schilfrohrputzträger anstelle von Kunststoff- oder verzinkten Gittergeweben verwendet werden sollten und die Schalldämmung für → Estriche mit Schilfrohr am kostengünstigsten ist, werden im Vergleich zu Kunststoffprodukten immer noch verschwindend wenig Schilfrohrmatten produziert. Dies liegt nicht zuletzt daran, daß sie besonders sorgfältig verarbeitet werden müssen. Die handwerkliche Qualität wird jedoch bei der modernen Bauweise immer mehr vernachlässigt.

Neue Erkenntnisse über eine Schilfpflanze aus China könnten in den nächsten Jahren eine europaweite Revolution auf dem Dämmstoffsektor einleiten. Chinaschilf (Miscanthus Sinensis Giganteus) ist eine schnell wachsende Pflanze, die in Deutschland bisher nur als Zierpflanze verwendet wird und Tausende von Vorgärten und Parkanlagen ziert. Außer Mais und Zuckerrohr gehören noch über 1750 Pflanzenarten zu der Familie des einkeimblättrigen Chinaschilfs. Das Besondere bei Chinaschilf ist, daß es nicht nur sehr umweltverträglich ist, sondern auch in hohem Maße schadstoffabbauend wirkt. Chinaschilf kann mit der gleichen Wassermenge mehr als die doppelte Menge an Biomasse erzeugen als einheimisches Schilf. Dadurch wird erheblich mehr Kohlendioxid in der Umwelt abgebaut und mehr Sauerstoff produziert. Mit einem intensiveren Anbau von Chinaschilf könnte man kurzfristig der Anreicherung des CO_2-Gehalts in der Atmosphäre entgegenwirken.

Anbauart	Anzahl der Menschen, die von der Biomasse von einem Hektar Größe mit Sauerstoff versorgt werden können	
Brachland		5–15
Wald		15–25
Mais, Weizen		40–60
Hanf		45–115
Chinaschilf		160–240

Quelle: Hanf! Januar 1996.

Von den in der Tabelle genannten Pflanzen kann Chinaschilf am meisten CO_2 reduzieren. Versuche, die über einen Zeitraum von 30 Jahren durchgeführt wurden, ergaben, daß man aus Chinaschilf mit extrem niedrigen Herstellungskosten hervorragende Dämmplatten und Schüttdämmungen produzieren kann. Die Dämmwerte entsprechen denen hochwertiger geschäumter Kunststoffmatten. Chinaschilf kann somit als Grundstoffersatz für viele Kunststoffprodukte dienen (→ Dämmstoffe). Die wirtschaftlichen und ökologischen Vorteile sind so groß, daß Chinaschilf demnächst großflächig in Deutschland angebaut werden soll.

Baubiologische Bewertung
Schilfrohrmatten als Putzträger und als Schall- und Wärmedämmplatten sind eine sehr gute Alternative für Kunststoffprodukte. Gute Wärmedämmung,

hygroskopische Eigenschaften, hohe Dampfdurchlässigkeit, guter Schallschutz und vor allem die niedrigen Herstellungskosten werden die oft sehr gesundheitsschädlichen künstlichen Wärmedämmprodukte in absehbarer Zeit vom Markt verdrängen. Völlig frei von → Bioziden belastet Schilf die Umwelt weder bei der Erzeugung noch beim Recycling. Zudem kann man aus Schilf sehr guten Humus gewinnen. Chinaschilf ist ökologisch gesehen noch wertvoller als das einheimische Schilfrohr und wird sicher zukünftig als Grund- und Ersatzstoff für viele Chemieprodukte sowie als Material für Wärme- und Schalldämmungen den ersten Platz einnehmen. → Wärmedämmung.

Schimmel

Über 10000 verschiedene Arten von Mikroorganismen fallen unter die Bezeichnung Schimmelpilze. Mehr als 100 davon können im Hausbereich auftreten. Einige dieser Pilze werden seit Jahrhunderten genutzt, z.B. für die Gärungsprozesse von Wein und Bier oder für die Herstellung von Roquefort- oder Camembert-Käse. Aus dem Pilzprodukt Penicillin wird ein Antibiotikum und aus der Pilzart Cyclosporin wird ein Immunsuppressivum gewonnen. Viele Schimmelpilzarten sind für den Menschen allerdings giftig. So verderben einige Arten von Penicillium- und Aspergillus-Pilzen durch ihre Schimmelbildung Lebensmittel. Die Giftstoffe, die bei der Schimmelbildung entstehen, werden als Mykotoxine bezeichnet. Die besonders giftigen Aflatoxine, die bevorzugt in alten Nüssen auftreten, geben hochtoxische Substanzen ab, die beim Menschen Organschäden bis hin zu Krebs auslösen können. Auch in der Erde von Blumentöpfen können sich Schimmelpilze bilden. Hierbei handelt es sich vor allem um die Arten Aspergillus fumigatus und Aspergillus flavus. Bei besonders empfindlichen Menschen können diese Erreger zu Lungenmykosen führen, die im weiteren Krankheitsverlauf alle Organe sowie das zentrale Nervensystem angreifen können.

Aus Fäkalien von Tauben, aber auch von Stubenvögeln, können Sporen des Hefepilzes Cryptococcus neoformans entweichen und eingeatmet werden. Bei abwehrgeschwächten Menschen können sie das zentrale Nervensystem schädigen.

In modernen Wohnungen können sich viele verschiedene Arten von Schimmelpilzen bilden. Schimmel tritt in der Regel in Neubauten in besonders gut gedämmten und abgedichteten Räumen mit hoher Luftfeuchtigkeit an feuchten Stellen von → Tapeten, Mauerwerk oder → Putzen auf. Die Schwärzepilze in Wohnräumen können eine hohe Sporenkonzentration in die Raumluft abgeben.

Das Schimmelpilz-Sporenwachstum explodiert förmlich bei Temperaturen über 20 Grad. Bei kalten oder heißen Temperaturen tritt eine Kälte- bzw.

Hitzestarre ein. Die Sporen stellen in dieser Zeit ihr Wachstum völlig ein und gedeihen erst wieder bei normalen Raumtemperaturen. Schimmelpilze wachsen daher in mit Sporen befallenen Räumen jedes Jahr aufs neue, und zwar pünktlich mit dem Beginn der neuen Heizperiode.

Am auffälligsten ist die Schimmelpilzbildung in neuen oder renovierten Häusern und Wohnungen. Intensive → Wärmedämmung, neue → Fenster und abgedichtete Fugen und Ritzen isolieren die Innenräume luftdicht nach außen, so daß keine Feuchtigkeit mehr entweichen kann. In älteren, nicht sanierten Häusern werden die Räume durch undichte Fenster und Fugenöffnungen automatisch gelüftet, ohne daß die Fenster geöffnet werden müssen. Die Feuchtigkeit entsteht in modernen Häusern zum einen durch nur sehr langsam austrocknende Baumaterialien und zum anderen durch Wasserdampf, der beim Kochen oder Duschen oder durch die Bewohner selbst entsteht. Ein Mensch gibt pro Tag ca. zwei Kilogramm Wasserdampf ab. Insgesamt werden so täglich ca. zwölf Kilogramm Wasser an die Innenraumluft abgegeben. Diese Feuchtigkeitsmenge kann nur durch gutes Lüften nach außen gelangen. Häufig bleiben die Fenster aber – bis auf ein paar wenige Momente – die meiste Zeit des Tages geschlossen, da Heizenergie gespart werden soll. Selbst wenn keine geometrischen Wärmebrücken (Wand- oder Deckenanschlüsse, an denen die Wärmedämmung fehlt) und keine anderen Baufehler vorliegen, kann es daher zu Schimmelbefall kommen. Bei jeder dritten sanierten Wohnung und jedem dritten neuen Haus treten Schimmelbildungen während der Winterzeit auf. Wenn sämtliche Wandflächen durch künstliche Wärmedämmaterialien luftdicht verschlossen sind und auch Tapeten und → Farben porenschließende Eigenschaften aufweisen, muß sich der Wasserdampf zwangsläufig an den Oberflächen der Innenwände absetzen. Feuchte Stellen entstehen immer zuerst an den kältesten Flächen der Innenwände, die keiner oder nur sehr wenig Luftzirkulation ausgesetzt sind. Dies sind in erster Linie Wandflächen hinter Schränken, die an Außenwänden stehen, sowie die Sturzbereiche über Fenstern. Aber auch nicht gelüftete Abstellräume oder → Wintergärten können ein ideales Klima für Schimmelpilze bilden.

Tritt Schimmel an einer Wand auf, kann er durch die Poren von Tapeten in den Putz dringen und sich sogar ins Mauerwerk ausbreiten. Daher lassen sich alte, große Schimmelpilzstellen an Innenwänden nur sehr schwer entfernen.

Schimmel in Neubauten oder sanierten Häusern ist nur in seltenen Fällen auf Baumängel zurückzuführen. Durch eine Bohrprobe kann die Ursache sehr schnell festgestellt werden. Beim Bohren kann man beobachten, daß in den meisten Fällen nur die Oberfläche feucht ist. Je tiefer man in Putz oder Mauerwerk eindringt, desto trockener wird der Bohrstaub. Dies ist der Beweis dafür, daß die Feuchtigkeit nicht von außen eindringt, sondern durch mangelhaftes Lüften erzeugt wurde.

Sobald die Fenster beschlagen, sollte man gut lüften, da Wohnungen mit häufig beschlagenen oder angelaufenen Fenstern besonders anfällig für Schimmelbefall sind.

Ein häufiger Fehler, der eine Schimmelbildung ebenfalls fördert, ist das falsche Heizen von Schlafzimmern. Tagsüber werden die Schlafzimmer oft überhaupt nicht oder nur minimal beheizt. Abends, kurz vor dem Schlafengehen, wird die Schlafzimmertür dann geöffnet, um die Wärme des Wohnzimmers auszunutzen und dadurch kurzfristig den Schlafraum mitaufzuwärmen. Die kalte Schlafzimmerluft kann erheblich weniger Feuchtigkeit aufnehmen als die warme Wohnzimmerluft. Sie kann daher die zusätzliche Feuchte, die durch die Warmluft des Wohnzimmers eindringt, nicht kompensieren. Zwangsläufig setzt sich die Feuchtigkeit direkt an den Wänden und an sämtlichen Innenraummaterialien ab. Mit der Zeit bildet sich Schimmel. Der Pilzbefall tritt nur bei hohen Temperaturdifferenzen zwischen Innen- und Außenluft, meistens nur an den Innenseiten von Außenwänden und nur in kalten Jahreszeiten auf.

Bei extremen Wintertemperaturen reicht schon viermaliges Lüften am Tag (jeweils 15 Minuten) aus, um die feuchte Innenraumluft gegen die trockenere Außenluft auszutauschen. Nach Möglichkeit sollte man Zugluft erzeugen, damit ein besserer und schnellerer Luftaustausch stattfinden kann. Dieses Stoßlüften ist sehr wirtschaftlich, weil in der kurzen Lüftungszeit die gespeicherte Wärme den Wänden, Decken und Möbeln nicht entzogen wird. Lediglich die angewärmte Raumluft entweicht nach außen. Nach dem Fensterschließen erwärmt sich die Raumluft durch das Abstrahlen der gespeicherten Wärme von Wänden und Decke innerhalb von wenigen Minuten wieder auf Normaltemperatur. Man sollte unbedingt darauf achten, daß kein Fenster beschlägt und kein Wasser an den Fensterrahmen herunterläuft. Ist dies der Fall oder bilden sich gar Eisblumen an den Fensterscheiben, wird zuwenig gelüftet, und es wird zwangsläufig zur Schimmelbildung kommen. Eine sehr hohe Feuchtigkeit tritt in Badezimmern, Küchen und → Schlafzimmern auf. Wenn die Tapeten hier mit offenporigen → Naturfarben gestrichen werden, zudem ein → Gips- oder → Kalkputz aufgetragen wird und die Außenwand aus porosiertem Mauerwerk besteht, kann ein gewisser Anteil der Luftfeuchtigkeit gepuffert werden. Ein Teil des Wasserdampfes kann nach außen diffundieren, der restliche Teil wird in der Wand gespeichert und bei trockener Raumluft wieder nach innen abgegeben.

Baubiologische Bewertung
Schimmelpilzsporen werden vom intakten Immunsystem eines gesunden Menschen mit guter Konstitution schon auf den Schleimhäuten der Atemwege abgetötet. Infektionen durch Pilzsporen und Mykosen werden durch die noch gut funktionierenden Abwehrmechanismen vermieden. Risikogruppen, dazu gehören Menschen mit chronischen Atemwegserkrankungen,

chronischen Allergien, Asthmatiker, Menschen mit Organtransplantationen und ganz besonders Aidskranke, sind aufgrund ihres angegriffenen Immunsystems durch Mykosen gefährdet. Die Pilzsporen dringen in den Organismus ein, wo sie durch ihr schnelles Wachstum Gewebe und Zellen zerstören und sich auf andere Organe ausbreiten können. Pilzsporen können sich im Organismus verkapseln und dadurch neue Infektionsherde bilden.

Besonders Menschen mit einem geschwächten Immunsystem sollten folgendes beachten: Topfpflanzen mit Erde sollte man nicht in Schlafräume stellen, sondern sie durch Hydrokulturen ersetzen. Bei gut gepflegten Hydrokulturen konnte bisher noch keine Schimmelpilzbildung nachgewiesen werden. Räume mit → Klimaanlagen sollte man meiden. Alte Nüsse sollte man nicht mehr verzehren, da sie schnell von Pilzen befallen werden. Stubenvögel sollten nicht gehalten werden, da sie regelrechte Brutstätten für Pilze bieten. Tierfutter und Käfigeinstreu können ebenfalls schnell von Pilzen befallen werden und dadurch Sporenherde bilden, die in die Atemluft gelangen.

Schimmelpilzbildung kann man vermeiden, wenn man die Luftfeuchtigkeit und die Zimmertemperaturen niedrig hält. In jedem Fall sollte man viel lüften. Wandflächen, an denen kaum eine Luftzirkulation auftritt, wie z. B. hinter Schränken an Außenwänden, hinter langen Vorhängen und an Fensterstürzen, sollten besonders im Winter regelmäßig auf feuchte Stellen kontrolliert werden, so daß kein Nährboden für eine Schimmelbildung entstehen kann.

Eine Schimmelpilzbekämpfung sollte nicht mit chemischen Mitteln (→ Biozide) durchgeführt werden, weil diese in der Regel hochgiftig sind und von den Bewohnern über lange Zeit eingeatmet werden. Dadurch kann es zusätzlich zu Symptomen und Krankheiten kommen. Bei leichtem, nur oberflächlichem Schimmelpilzbefall reicht ein Entfernen der Tapete meistens aus. Anschließend muß die gesamte Fläche getrocknet werden, am besten durch Heißluft (Haarfön). Durch eine selbstgemachte, für den Menschen ungiftige Mixtur, bestehend aus 97 Prozent Alkohol und 3 Prozent Salizylsäure, können durch sattes Aufstreichen an befallenen Stellen Schimmelpilzsporen, die noch nicht tief in den Putz eingedrungen sind, abgetötet werden. Wenn jedoch auch der Putzgrund aufgeweicht und schimmlig ist, müssen alle feuchten Stellen rückstandsfrei und großflächig abgeschlagen werden. Nach anschließender Heißluftaustrocknung und einer Behandlung mit der Alkohol-Salizylsäure-Mixtur sollte ein besonders atmungsaktiver Kalkputz aufgetragen werden.

Schlafzimmer

Ein Drittel seines Lebens hält sich der Mensch im Schlafzimmer, in seinem → Bett auf. In den Tiefschlafphasen wird das Immunsystem besonders gestärkt, dadurch werden Krankheitserreger vernichtet und Giftstoffe abgebaut.

Das Schlafzimmer sollte daher völlig unbelastet sein. Nicht nur das Bett, sondern auch Decken, Wände und Böden sollten keine chemischen Stoffe in die Luft abgeben. Kleber (→ Klebstoffe) und Leime für → Teppichböden und → Tapeten sollten aus Naturharzen, Zellulose oder anderen Naturprodukten bestehen. Auch → Farben an Wänden, auf Tapeten, an Fensterrahmen oder Möbeln sollten frei von chemischen Zusätzen sein.

Möbelpflegemittel sind völlig unnötig. Um das Vergilben von Holzflächen zu verhindern und die Holzmaserung besser hervorzuheben, können Bienenwachs, Lärchenharz, ätherische Pflanzenöle oder Arvenpolitur verwendet werden. Diese Mittel sind frei von künstlichen Beimengungen. → Holz im Schlafzimmer sollte nach Möglichkeit überhaupt nicht behandelt werden, da Pilz- oder Insektenbefall in einem gut gelüfteten Raum nicht auftreten können. Da besonders einheimische Nadelhölzer keimtötende Wirkungen aufweisen, sollten sie bevorzugt für Schlafzimmermöbel verwendet werden.

Auch elektrostatische Aufladungen können die Schlafzimmeratmosphäre stark beeinflussen. Daher gehört zu den wichtigsten Regeln des gesunden Schlafens, daß bei sämtlichen Naturholzoberflächen, wenn sie zur Farbgebung behandelt werden, nur offenporige Materialien verwendet werden. Betten, die mit Chemiefaserstoffen überzogen sind, Schleiflackschränke und mit Kunstharz beschichtete Möbel können sich sehr stark elektrostatisch auf- und entladen (→ Luftelektrizität). Dadurch werden Ionenumpolungen und Feldverzerrungen verursacht, die einen negativen Einfluß auf das biologische System des Menschen haben. Professor Haider hat festgestellt, daß beim Schlaf auf Kunststoffmaterialien die Pulsfrequenz erhöht wird und sich die Hautfeuchtigkeit um bis zu zehn Prozent steigert. Wenn man auf Kunststoffmöbeln sitzt oder schläft, wird der menschliche Organismus gezwungen, sich an unnatürliche Regelmechanismen anzupassen. Die Aufrechterhaltung des thermischen Gleichgewichts ist in diesem Fall ein Streßfaktor für den Organismus. Sämtliche Stoffe für Betten, → Matratzen, Laken, Kopfkissen, Vorhänge oder Gardinen sollten aus Naturfasern hergestellt sein, ohne Zusätze von Kunstfasern.

Zum biologisch gesunden Schlaf gehört eine → biologische Elektroinstallation und/oder der Einbau eines → Netzfreischalters, um künstlich erzeugte elektromagnetische Störungen auf ein Minimum zu reduzieren.

Starke elektromagnetische Quellen wie zum Beispiel → Elektrospeicherheizungen, Sicherungskästen, Radiowecker und Stromverteilungsleitungen sollten mindestens 1,5 Meter vom Bettbereich entfernt sein. Nach Möglichkeit sind alle starken Stromquellen aus einem gesunden Schlafzimmer zu entfernen (→ elektromagnetische Wechselfelder). → Leuchtstoffröhren mit ihrem stroboskopischen Effekt sollten nicht im Schlafzimmer verwendet werden.

Die Höhe des Bettgestells kann in einigen Gegenden eine ausschlaggebende Rolle für einen tiefen gesunden Schlaf spielen, denn besonders bei

Schlafzimmern im Erdgeschoß (ohne Unterkellerung) können sich über dem Boden → Radongase bilden, die schwerer als Luft sind. Die empfohlene Liegehöhe für ein gesundes Bett, ob in Erd- oder Obergeschossen, ist so hoch wie die Sitzhöhe von Stühlen. Die Idealhöhe der Oberkante von Matratzen beträgt vom Boden aus 40 bis 50 Zentimeter.

Spiegel sind für Schlafzimmer nicht zu empfehlen. Die vielen künstlichen elektromagnetischen Störungen, die vorwiegend durch die normale Hauselektrizität entstehen, können durch Spiegel reflektiert werden. Will man auf einen Spiegel bzw. Spiegelschrank im Schlafzimmer nicht verzichten, empfiehlt es sich, die Spiegelfläche über Nacht mit Gardinen oder Vorhangstoffen aus Naturmaterialien abzudecken, um unnötige Reflexionen zu vermeiden.

Eisenteile in unmittelbarer Nähe des Bettbereichs sollte man nach Möglichkeit vermeiden. Sie können das natürliche Erdmagnetfeld verschieben, was zu Befindlichkeitsstörungen führen kann.

Eine übermäßige Staubentwicklung (→ Hausstaub) sollte man ebenfalls vermeiden. Schon allein durch die Schlafbewegungen – jeder Mensch bewegt sich im Schlaf Zwanzig- bis Dreißigmal pro Nacht – entsteht ein hoher Staubanteil in der Luft. Um den Staub auf ein Minimum zu reduzieren, sollten sämtliche Wand-, Decken- und Fußbodenoberflächen so glatt wie möglich sein. → Bodenbeläge sollten darum aus Holz, → Linoleum oder → Kork bestehen, Wand- und Deckenbeläge vorzugsweise aus → Kalkputz mit glatten Oberflächen und → Naturharz-Dispersionsfarben oder aus Nadelhölzern.

Ein gesunder Schlaf ist nur dann möglich, wenn genügend Frischluft vorhanden ist. Während der gesamten Schlafenszeit, ob Winter oder Sommer, sollte ein Fenster permanent auf Lüftungsstellung stehen. Die ideale Schlafzimmertemperatur beträgt 14 bis 17 Grad Celsius die ideale Luftfeuchtigkeit im Schlafzimmer liegt etwa bei 50 Prozent. Am wichtigsten ist es, morgens das Schlafzimmer mindestens 15 Minuten durchzulüften. Währenddessen sollte man auch alle Schranktüren und Schubladen öffnen, so daß die Kleidungsstücke durch die Frischluftzirkulation von → Lösemittel- oder Staubresten befreit werden.

Die beste Himmelsrichtung für Fensterflächen von Schlafzimmern ist zur aufgehenden Sonne, nach Osten hin. Die empfehlenswerteste Schlafrichtung ist Nord/Süd. Langjährige Untersuchungen haben gezeigt, daß 60 Prozent aller Menschen den tiefsten und gesündesten Schlaf haben, wenn sie mit dem Kopf nach Norden und den Füßen nach Süden ausgerichtet schlafen.

Möglichst viele Blumen sollten im Schlafzimmer aufgestellt werden, selbst wenn Schulmediziner besonders Allergiker davor warnen. Diese Warnungen beziehen sich auf einige Topfpflanzen, die bestimmte Schimmelpilze (→ Schimmel) in der Blumenerde für ihr Wachstum benötigen. Die Sporen dieser Pilze (Asperfillus fumisatus und Aspergillus flavus) können als Erreger von Lungenmykosen tatsächlich aus der Blumenerde in die Atemluft dringen. Obwohl nur Menschen mit angegriffenem Immunsystem oder chronischen Krankheiten gefährdet sind, sollte man ausschließlich Topfpflanzen ins Schlafzimmer stellen, die in reiner Hydrokultur, also ohne Erde, wachsen. In langjährigen Untersuchungen konnten keine Schimmelpilzsporen in Hydrokulturen nachgewiesen werden, so daß keine Gefahr einer Aspergillus-Infektion besteht. Blumen sind besonders wichtig im Schlafzimmer, weil sie ein gesundes Raumklima erzeugen und die Luftfeuchtigkeit auf natürliche Art regulieren. Die wichtigste Funktion von Topfpflanzen im Schlafzimmer ist die Staubbindung. Pflanzen mit großen Blattoberflächen binden den Hausstaub am besten und tragen damit zu einer erheblichen Schadstoffreduzierung der Schlafzimmerluft bei. Das stehende alte Wasser der Hydrokulturen sollte viermal im Jahr völlig ausgetauscht werden. Da sich viel Staub auf den Blättern ansammelt, sollten die Pflanzen mindestens einmal im Monat abgewaschen werden – ohne jegliche Zusatzstoffe wie Seifen, Wachse oder Öle. Grünlilien sind besonders geeignet als Schlafzimmerpflanzen, weil sie am meisten von allen Gewächsen in der Lage sind, → Formaldehyd aus der Raumluft aufzunehmen und in ihrem natürlichen Assimilationsprozeß zu zersetzen. Zimmerpflanzen mit großen Blüten wie zum Beispiel Azaleen oder Hyazinthen sollten dagegen nicht im Schlafzimmer aufgestellt werden, weil der Blütenstaub bei Allergikern zu heftigen Reaktionen führen kann.

Schwermetalle → Blei, → Cadmium, → Quecksilber.

Sick Building Syndrome

Nach einer Schätzung des ›Wall Street Journal of Europe‹ von 1993 sind ca. 20 Prozent aller Gebäude in Westeuropa und Nordamerika krankmachend. Die meisten Krankheiten, die auf das Raumklima zurückzuführen sind, treten in Gebäuden auf, die mit → Klimaanlagen ausgestattet sind. Auch in natürlich belüfteten Räumen kann die schlechte Qualität der Innenluft zu Beschwerden und Symptomen führen. Die meisten Fehlzeiten und Krankheiten treten bei Belegschaften nach Umzügen in neue Gebäude auf. Um die vielfältigen Auswirkungen von Innenräumen auf den menschlichen Organismus genauer zu untersuchen, wurden die gebäudebedingten Reaktionen von Menschen in zwei Gruppen eingeteilt:

1. Building Related Illness (BRI): Hierzu gehören Infektionen, die z. B. durch Legionellen (→ Legionellengefahr) entstehen, maligne Erkrankungen, die durch → Radon oder Tabakrauch verursacht werden und Allergien, die durch Milben, → Hausstaub oder Schimmelpilze (→ Schimmel) ausgelöst werden.

2. Sick Building Syndrome (SBS): Hierunter versteht man einen Krankheitskomplex mit unspezifischen Symptomen, die nicht eindeutig diagnostiziert werden können. Folgende Beschwerden treten am häufigsten auf: Brennen und Irritation der Augen, Hautjucken, gespannte und trockene Gesichtshaut und Hautausschläge, Irritationen in der Nase, Halsschmerzen, Husten, trockener Hals, rasche Ermüdung, Leistungsabfall, depressive Gemütszustände, unangenehme Geruchswahrnehmungen, Kopfschmerzen, Grippesymptome, Atembeschwerden, Brustenge und Beschwerden der inneren Organe.

Die Symptome und Krankheiten des SBS treten vorwiegend in modernen Gebäuden z.B. mit Klimaanlagen auf oder in Gebäuden, die in Leichtbauweise erstellt worden sind. Gesundheitlich schädigend können auch Wohnungen und Büroräume sein, die großflächig mit textilen → Bodenbelägen ausgestattet sind sowie besonders gedämmte Gebäude mit Vollwärmeschutz (→ Wärmedämmung), bei denen im Winter die Durchschnittstemperaturen bei über 21 Grad Celsius liegen, oder Häuser, in denen sämtliche Zimmer gleichmäßig beheizt werden (thermisch homogen).

Die Faktoren, die SBS-Symptome und -Krankheiten auslösen können, werden unterteilt in:

- Physikalische Faktoren:
  Geräuschbelästigung durch technische Anlagen, z.B. Infraschall von Klimaanlagen, Außenlärm oder Vibrationen hausinterner Geräte, Staubbelastung, zu hohe Raumtemperatur, zu hohe Luftfeuchtigkeit und in klimatisierten Räumen Belastungen durch Zugluft oder stehende Luft.
- Medizinische Faktoren:
  Vorerkrankungen wie Neurodermitis, Asthma, verschiedene chronische Erkrankungen und individuelle Veranlagung.
- Biologische Faktoren:
  Bakterien, Pilze, Keime und Viren, die sich vorwiegend in Luftbefeuchtungsanlagen vermehren, Ungeziefer und Parasiten, Schimmelpilze sowie Allergene aus der Topferde von bestimmten Zimmerpflanzen.
- Chemische Faktoren:
  → Lösemittel aus → Farben, Klebern (→ Klebstoffe), → Teppichböden, Möbeln, Schaumstoffen und einer großen Anzahl chemisch veredelter Innenausbaumaterialien. Überhöhte Konzentrationen von Kohlendioxid, Kohlenmonoxid und Schwefeldioxid, Belastungen durch → Schwermetalle und Ozon.

Diese krankmachenden Faktoren werden begünstigt durch unzureichende Lüftung bzw. eine zu niedrige Luftwechselrate oder mangelhafte Luftzirkulation, Zugerscheinungen, zu kalte oder zu warme Luft, Beleuchtungsprobleme (→ Beleuchtung), hohe elektrostatische Aufladungen (→ Luftelektrizität) sowie toxische Reinigungsmittel. Nach dem Stillstand von Klimaanlagen am Wochenende kann die Normalisierungsphase der Innenraumluft zum Arbeitsbeginn am Montag morgen bis zu drei Stunden betragen.

Neben den negativen Einflüssen, die von Klimaanlagen ausgehen, ist der Einfluß von textilen Bodenbelägen auf die Raumluft bisher am intensivsten untersucht worden. Teppichböden bestehen aus den unterschiedlichsten Mischgeweben. Die Teppichfasern werden vorwiegend aus Polyamid, Polypropylen und Polyesterfasern hergestellt. Die Trägerschicht setzt sich ebenfalls häufig aus synthetischen Materialien wie Polyester, Polyamid und ähnlichem zusammen. Oft wird eine Schaumstoffbeschichtung auf der Unterseite des Teppichs aufgeklebt, die aus Thermoplasten aus → Styrol-Butadien-Kautschuk oder → Polyurethanen besteht. Zusätzlich werden große Mengen von chemischen Präparaten eingesetzt. Gegen Motten, Insekten und Pilze werden z. B. hochtoxische → Pyrethroide verwendet. So können viele flüchtige Stoffe, die zu gesundheitlichen Schädigungen führen, in die Raumluft entweichen. Es entsteht eine Migration, das ist die Wanderung von verschiedenen Bestandteilen künstlicher chemischer Stoffe, wie z.B. Restmonomere und Weichmacheranteile, die die Luft stark belasten können. Hinzu kommt noch der große Anteil von Lösemitteln aus den Teppichklebern, die gerade bei einer Neuverlegung zu Vergiftungserscheinungen führen können. Weitere Belastungen sind hohe Lösemittelkonzentrationen in Möbeln. Am stärksten ist die Lösemittelkonzentration in der Luft nach dem Entfernen von gasdichten Folien neu hergestellter Möbel. In den ersten drei Wochen nach dem Entfernen der Verpackungsfolien wurde bei mit Dispersionslack beschichteten → Spanplatten die höchste Konzentration des Lösemittels Butylglykol festgestellt. Bei Raumluftmessungen werden vorwiegend → Toluol, Butanol, → Benzol und → Formaldehyd analysiert. Zu den Schadstoffen kommt noch die Kohlendioxid-Konzentration, die häufig über den empfohlenen Richtwerten liegt. Der Mensch selbst ist nämlich eine große CO_2-Quelle. Durchschnittlich atmet er 20 Liter CO_2 pro Stunde aus, das sich in schlecht gelüfteten Räumen schnell ansammelt.

Auch in älteren Häusern können natürliche Belastungen der Luft auftreten. Schon vor hundert Jahren stellte der Hygieniker Max von Pettenkofer bei ersten Untersuchungen des Luftwechsels Schadstoffe in der Raumluft fest. Damals entstanden die Hauptverunreinigungen durch Verbrennungsprozesse beim Heizen oder beim Abbrennen von Lampen. Auch Mikroben wurden in der Atemluft entdeckt, die hauptsächlich aus verdorbenen Lebensmitteln entwichen. In einem modernen Haus ist die Qualität der Innenraumluft allerdings erheblich schlechter als in älteren Häusern und um ein Vielfaches schlechter als die Qualität der Außenluft, hauptsächlich durch überhöhte Wärmedämmaßnahmen und extreme Fugenabdichtungen von → Fenstern und Türen. Nach einer Veröffentlichung im ›New Scientist‹ (Nr. 1960/1995) ist die hohe Zahl von Asthmatoten in den USA auf die Luftverschmutzung der Innenräume in modernen Häusern zurückzuführen.

Baubiologische Bewertung
Innenraumluftbelastungen jeder Art können nur durch ausreichende Belüftung reduziert werden. Am besten eignet sich dafür die Stoßlüftung. In Zeitabständen von zwei bis drei Stunden werden dabei für fünf bis zehn Minuten sämtliche Fenster geöffnet, so daß durch die Zugluft ein völliger Austausch der Luft erreicht wird.

Silikatfarben

Silikatfarben, bekannt auch unter dem alten Namen Wasserglasfarben, sind völlig frei von Löse- und Konservierungsmitteln (→ Lösemittel). Auf Silikatfarben können sich weder Pilze noch → Schimmel bilden, auch sind sie problemlos zu reinigen, weil sie sehr haftbeständig sind. Aufgrund ihrer reinen kristallinen Zusammensetzung sind Silikatfarben ungiftig und als sehr umweltfreundlich einzustufen. Silikatanstriche sind sehr lange haltbar, da sich das Kaliumsilikat mit dem → Kalk des → Putzes zum verhältnismäßig wasserundurchlässigen Calcium-Silikat-Hydrat umwandelt. Dadurch entsteht eine Verkieselung, die zugleich Putzuntergrund und Farbanstrich fest und haltbar macht. Bauphysikalisch ist es ebenfalls ein sehr guter Anstrich, da die Dampfdiffusionsfähigkeit sehr hoch ist und gleichzeitig eine hohe wasserabweisende Wirkung entsteht. Weil Silikatfarben keine filmbildenden Eigenschaften haben, erhalten sie die Struktur des Putzgrundes. Im Gegensatz zu allen anderen Farben kann ein gut aufgebrachter Silikatanstrich weit mehr als 20 Jahre ohne Nachbesserung halten.

Baubiologische Bewertung
In reinen Silikatfarben sind keinerlei Giftstoffe enthalten. Für den Außenbereich sind sie die beste und haltbarste Farbe. Ökologisch sind Silikatfarben ebenfalls unbedenklich, da es keinerlei Entsorgungsprobleme gibt.

Achtung: Die sogenannten Dispersions-Silikatfarben weisen einen Anteil von bis zu fünf Prozent Kunstharzen auf und sind deshalb nicht zu empfehlen. → Farben und Lacke.

Solarzellen

Mit Solarzellen wird durch Photovoltaik Elektrizität gewonnen. Solarzellen bestehen aus äußerst dünnen Schichten von Halbleitermaterialien. Meistens wird Silicium verwendet. Beide Seiten der Halbleiterplatten sind unterschiedlich gepolt. Die eine Seite ist negativ geladen, dadurch entsteht ein Elektronenüberschuß, während die andere Seite positiv geladen ist und einen Elektronenmangel aufweist. Wenn Sonnenlicht oder auch nur diffuses Tageslicht auf eine Solarzelle fällt, wandern die verschieden gepolten Elektronen von einer Seite auf die andere. Dadurch baut sich eine Spannung auf. Eine Dioden-Sperrschicht verhindert, daß die unterschiedlichen Ladungen aufeinandertreffen. An den Anschlußleitungen der Zelle entsteht eine elektrische Gleichspannung. Die gewonnene Elektrizität wird mit einem Wechselrichter in Wechselstrom umgewandelt. Dieser wird direkt in das Hausversorgungsnetz eingespeist, so daß kostenintensive und umweltbelastende Kernkraftenergie eingespart werden kann.

Der Wirkungsgrad von Solarzellen ist immer noch sehr gering. Es werden verschiedene Arten von Solarzellen hergestellt: amorphe, polykristalline und monokristalline. Amorphe Solarzellen weisen einen Wirkungsgrad bis maximal 8 Prozent auf, polykristalline bis 13,5 Prozent und monokristalline bis 15 Prozent. In Deutschland können monokristalline Solarzellen bei einer durchschnittlichen Sonneneinstrahlung einen Wirkungsgrad von ca. 10 Prozent erreichen. In südeuropäischen Ländern kann der Wirkungsgrad aufgrund der stärkeren Sonneneinstrahlung bis zu 15 Prozent betragen.

Baubiologische Bewertung
Mit Solarzellen ist es möglich, netzunabhängig Strom zu erzeugen. Besonders geeignet sind sie für Garten- und Ferienhäuser oder Wohnmobile. Die photovoltaische Elektrizitätserzeugung ist geräusch- und emissionsfrei. Sie eignet sich zudem sehr gut zum Nachrüsten für schon bestehende Häuser. Mit der Nutzung von Solarzellen trägt man dazu bei, umweltfeindliche Energieerzeugung zu vermeiden. Diese Einsparung ist erheblich größer als die Emissionen, die bei der Herstellung der photovoltaischen Zellen entstehen. Um eine optimale Energieausnutzung zu erzielen, sollten Solarzellen möglichst genau nach Süden ausgerichtet werden. Da zu große Solarflächen auf dem Dach negative elektromagnetische Wirkungen im Gebäude verursachen können, sollten sie nach Möglichkeit nicht unmittelbar über Schlafzimmern angebracht werden.

Sonnenkollektoren

Sonnenkollektoren wandeln Sonnenlicht in Wärmeenergie um. Man macht sich hier das Prinzip des Treibhauseffektes zunutze: Ein Sonnenkollektor hat auf der Oberseite eine transparente Abdeckung, meistens aus Glas. Die kürzeren einfallenden Sonnenstrahlen wandeln sich hinter dieser Glasscheibe in langwelligere Infrarot-Wärmestrahlen um. Unter der Glasscheibe befinden sich Wasserrohre, die schwarz eingefärbt sind. Diese sind auf einer schwarzen Platte (Absorberfläche) befestigt, so daß eine optimale Absorption der Wärme von den Sonnenstrahlen erfolgt. Die langwellige infrarote Wärmestrahlung wärmt auf der Absorberfläche das Wasser in den Leitungen auf.

In einem geschlossenen Kreislauf strömt das aufgewärmte Wasser in ein gut gedämmtes Speichergefäß, während abgekühltes Wasser wieder zurück in den Sonnenkollektor fließt, um erneut aufgewärmt zu werden. Sehr wichtig bei der Gewinnung dieser Art von Heizenergie ist, daß der Warmwasserspeicher besonders gut wärmegedämmt ist. Die so gewonnene Energie kann bei einem Wirkungsgrad von ca. 70 Prozent den gesamten Warmwasserbedarf der Bewohner eines Einfamilienhauses decken. Voraussetzung dafür ist lediglich, daß die Brauchwassertemperatur nicht mehr als 45 Grad Celsius beträgt. Höhere Temperaturen sind unwirtschaftlich und unnötig. Um mit Sonnenkollektoren eine möglichst hohe Ausnutzung zu erreichen, sollten sie möglichst nach Süden orientiert auf Dächern, Garagen oder im Garten montiert werden. Die optimale Winkelneigung für die größtmögliche Sonnenenergieausnutzung beträgt 45 Grad.

Baubiologische Bewertung
Der Betrieb von Sonnenkollektoren ist umweltfreundlich und völlig emissionsfrei. Bei der Herstellung entstehen nur geringfügige Umweltbelastungen. Da Sonnenkollektoren kostenlos warmes Wasser liefern und eine aufwendige umweltschädliche Energieerzeugung somit unnötig ist, sind sie ökologisch sehr zu empfehlen.

Zu große Sonnenkollektorenflächen auf dem Dach können allerdings negative elektromagnetische Felder im Gebäude verursachen. Darum sollten sie nach Möglichkeit nicht auf Dachflächen angebracht werden, die unmittelbar über Schlafzimmern liegen.

Spanplatten

Seit den fünfziger Jahren werden Spanplatten als Ersatz für Massivholzbretter verwendet. Anfänglich wurden sie vor allem furniert und im Möbelbau eingesetzt. Mittlerweile ist die Spanplattenproduktion so vielseitig, daß man schon viele konstruktive Elemente sowie Innenausbaumaterialien eines Hauses daraus herstellen kann, z.B. Fußböden, Möbel, Innenwandverkleidungen und Unterkonstruktionen. Im Gegensatz zu Massivholz verziehen sich die Platten nicht. Heute gibt es wohl kaum noch ein Haus, in dem nicht viele Quadratmeter Spanplatten verarbeitet worden sind. Insgesamt wurden 1994 in Deutschland über zehn Millionen Kubikmeter davon hergestellt und verarbeitet; ungefähr 50 Prozent waren in rohem oder geschliffenem Zustand, ca. 30 Prozent waren kunststoffbeschichtet, der Rest wurde furniert oder lackiert. 50 Prozent der Spanplatten finden Verwendung in der Möbelindustrie, 40 Prozent im Bauwesen und die restlichen 10 Prozent werden in der Verpackungsindustrie, im Fahrzeug-Containerbau sowie in anderen Bereichen verwendet.

Das Grundmaterial für Spanplatten sind holzhaltige Faserstoffe. Vor allem handelt es sich um Industrieabfälle wie Altholz von Verpackungsmaterialien, Bahnschwellen, Masten, Bau- und Restholz sowie Rund- und Durchforstungsholz. Äußerst kritisch ist dagegen die Verwendung großer Mengen von Bindemitteln, mit denen die aufgearbeiteten Holzspäne zu Platten gepreßt werden. Sie schädigen nicht nur die Umwelt, sondern auch die menschliche Gesundheit.

In 90 Prozent der Fälle wird als Bindemittel Formaldehydharz verwendet, das mit Holzspan keine dauerhafte Verbindung eingeht. So gast → Formaldehyd ununterbrochen aus den Spanplatten aus und belastet die Raumluft. Das Gas entweicht so lange, wie die Spanplatte existiert. Erst wenn die Späne selbst zerbröseln, besteht keine Gesundheitsgefahr mehr. Formaldehyd – z.B. aus Deckenverkleidungen – kann also noch nach 10 bis 30 Jahren die Bewohner schädigen.

Selbst wenn die Spanplatten von allen vier Seiten beschichtet, furniert, lackiert oder mit Plastik versehen sind, tritt aus Öffnungen, Ritzen und Bohrungen für Möbelbeschläge und Scharniere Formaldehyd aus.

Das Gas entweicht vorwiegend an den Stellen, die nicht verklebt oder zusätzlich geschützt sind, wie z.B. an Sägeschnitten der Rückseiten von Regalbrettern. Darum ist es auch bei neuen Schrankwänden häufig nicht möglich, den vom Bundesgesundheitsamt festgelegten Richtwert von 0,1 ppm (parts per million) einzuhalten, zumal erhöhte Luftfeuchtigkeit und überdurchschnittliche Temperaturerhöhung den Formaldehydgehalt in der Raumluft erheblich steigern können.

Die Prüfverfahren für die Festlegung von Grenzwerten erfolgen unter Normbedingungen. Sie sind natürlich nicht mit den Bedingungen in einem Wohnraum zu vergleichen. Allein schon durch die unterschiedlichen klimatischen Verhältnisse im Sommer und im Winter sind die Innentemperaturen und die Luftfeuchtigkeit sehr unterschiedlich. Mißt man die Werte bei einer Temperatur von 20 Grad Celsius und einer Luftfeuchtigkeit von 50 Prozent, kann es durchaus sein, daß eine neue Schrankwand die Raumluft mit nicht mehr als 0,1 ppm Formaldehyd belastet. Eine Messung im gleichen Raum, die ein viertel Jahr später, bei einer Raumtemperatur von 25 Grad Celsius und einer Luftfeuchtigkeit von 75 Prozent zur Sommerzeit durchgeführt wird, kann dagegen einen Formaldehydwert von 0,15 ppm ergeben. Bei entsprechend hoher Luftfeuchtigkeit und einer Temperaturerhöhung von zehn Grad kann sich die Formaldehydabgabe aus Spanplatten sogar verdoppeln. Da Möbel, Decken, Wandverkleidungen und Parkettböden aus furnierten Spanplatten grundsätzlich erheblich mehr Formaldehyd an die Innenraumluft abgeben können, als der Richtwert erlaubt (Emissionsklasse = max. 0,1 ppm), werden mittlerweile sogenannte formaldehydarme Spanplatten angeboten. So werden z.B. Phenoplaste (PF), das sind Phenol-Formaldehydhaltige Harze für die Herstellung verwendet. Sie geben weniger Formaldehyd ab. Sie werden vor allem für wetterbeständige Spanplatten (Typ V 100) verwendet. Diese Spanplatten sind auch für Auskleidungen in Naßräumen mit hoher Luftfeuchtigkeit geeignet. Da die phenolharzverleimten Spanplatten vorzugsweise in Feuchtebereichen eingesetzt werden, reichert man sie schon bei der Produktion mit weiteren Zusatzmitteln an: z.B. Fungizide als Pilzschutzmittel (→ Holzschutz, chemischer). Auch Halogen-, Bohr- oder Phosphorverbindungen werden als Feuerschutzmittel eingesetzt. Da die Herstellung von Phenoplasten teurer ist als die von normalen Harnstoff-Formaldehyd-Spanplatten, werden sie nur zu einem sehr geringen Prozentsatz verwendet und eingebaut.

Weitere Bindemittel mit reduzierter Formaldehydabgabe für Spanplatten bestehen aus Harnstoff-Melamin-Formaldehydharzen. Diesen müssen Härter zugesetzt werden, wie z.B. Ammonium-Persulfat, Ammonium-Sulfat oder Ammonium-Chlorid. Häufig werden auch noch Farbstoffe beigemengt, vor allem, um die unterschiedlichen Plattentypen, wie z.B. Aminoplaste und Phenoplaste, unterscheiden zu können.

Bei völlig formaldehydfreien Spanplatten bestehen die Bindemittel aus → Isozyanaten, Portlandzement, → Gips oder Magnesiumzusätzen. Formaldehydfreie mineralisch gebundene Spanplatten bestehen zu ca. 65 Gewichtsprozent aus Holzspänen, 10 Prozent sind gebundenes Wasser und 25 Prozent mineralische Bindemittel. Zusatzmittel wie Erhärtungsbeschleuniger und andere Zuschlagstoffe werden ebenfalls beigemengt.

Magnesitgebundene Spanplatten werden seltener hergestellt, zementgebundene sind dagegen im Handel erhältlich. Die mineralisch gebundenen Spanplatten sind erheblich widerstandsfähiger gegen Pilzbefall, Feuer und Feuchtigkeit als kunstharzgebundene. Gesundheitlich unbedenklich sind sie ebenfalls, da sie weder Formaldehyd noch Kunstharze enthalten.

Gipsgebundene Spanplatten enthalten als Bindemittel meistens REA-Gips. Sie sind leichter zu verarbeiten als die zement- bzw. magnesitgebundenen Platten, und ihr Feuchtigkeitsverhalten ist besser als das von Kunstharzspanplatten. Gipsgebundene Spanplatten sind zudem frei von Kunstharzen und Formaldehyd.

Isocyanatgebundene Spanplatten (PMDI) haben ähnliche Feuchtigkeitseigenschaften wie phenolharzgebundene Platten. Sie sind von ihren gesundheitlichen Auswirkungen her sehr umstritten. Sie sind zwar formaldehyd- und alkalifrei, aber man schätzt Isozyanat zehnmal so gefährlich ein wie Formaldehyd selbst. Es handelt sich hier um einen hochtoxischen Stoff, der aufgrund seiner schwer abzuschätzenden Wirkungen eigentlich überhaupt nicht im Wohnbereich verwendet werden sollte. Die intensive Werbung für isocyanatgebundene Spanplatten mit dem Aufdruck »formaldehydfrei« täuschen dem Verbraucher dagegen ein ungiftiges Material vor. Isocyanate können sich bei Luftfeuchtigkeit unter anderem in krebserzeugende Amine umwandeln. Aufgrund dieser möglichen Gesundheitsgefährdung hat das

Bundesgesundheitsamt auch bisher die Auszeichnung für isocyanatgebundene Spanplatten mit dem Umweltsiegel (→ Umweltzeichen) verweigert. Man kann also keinesfalls von einer gesunden Alternative zu formaldehydhaltigen Spanplatten sprechen.

Baubiologische Bewertung
Formaldehydhaltige Spanplatten sollte man selbst dann nicht verwenden, wenn sie vom Hersteller als formaldehydarm gekennzeichnet sind. Je mehr Spanplatten im Wohnbereich eingebaut werden, desto größer kann die Formaldehydbelastung in der Raumluft sein. Das unsichtbare Formaldehydgas fällt durch seinen stechenden Geruch auf.

Auch sogenannte formaldehydfreie Spanplatten, die meistens als Bindemittel Isozyanat-Zusätze enthalten, sind wegen ihrer ungeklärten Gesundheitsrisiken keinesfalls zu empfehlen. Weitere gesundheitliche Risiken, die von Spanplatten ausgehen, wie z.B. die Verwendung von Fungiziden und Feuerschutzmitteln, können ebenfalls erheblich zur Wohngiftbelastung beitragen.

Sanierungsmaßnahmen: Als Übergangslösung kann man versuchen, die Spanplatten mit Hilfe von Spezialanstrichen luftdicht zu versiegeln. Eine große Palette von luftdichten Anstrichsystemen ist auf dem Markt: z.B. Acrylharzlack, Polyesterlack, alkydharzhaltige Ölfarben und Zwei-Komponenten-Polyurethanlacke. Da im einzelnen noch nicht bekannt ist, welche neuen gesundheitsschädlichen Substanzen von diesen Beschichtungen in die Innenluft abwandern, kann dies nur eine Notlösung zum schnellen Bremsen des Formaldehydausstoßes sein. Eine weitere Möglichkeit sind sogenannte formaldehydbindende Dispersionsbeschichtungen und -lösungen, die mit dem Pinsel aufgestrichen werden. Auch hier ist allerdings nicht bekannt, welche chemischen Ausgasungen nach der Aushärtungsphase in die Luft gelangen.

Durch Aufkleben von Folien oder Furnieren kann man Spanplatten ebenfalls luftdicht beschichten. Auch hier ist die Gefahr allerdings wieder sehr groß, daß neue chemische Substanzen eingebracht werden, die langsam und stetig in die Innenluft austreten. Besonders schwierig ist das luftdichte Versiegeln von Spanplatten an offenen Schnittkanten von Einlegebrettern, an Bohrungen, an Schlössern und Scharnieren. Auch Sanierungsmaßnahmen mit luftdichten Beschichtungen sind gesundheitlich äußerst kritisch, weil hier Restmonomere frei werden können. Im Brandfall können sich giftige Gase entwickeln.

Am sinnvollsten ist es, die Formaldehydbelastung in der Raumluft messen zu lassen und anhand der Werte zu ermitteln, ob eine Sanierung notwendig ist. Die einzige wirklich effektive Sanierungsmaßnahme ist das Entfernen sämtlicher Spanplatten aus Wohn- und Schlafräumen.

Abgesehen von mineralisch gebundenen Spanplatten, die aufgrund ihrer Zusammensetzung ökologisch unbedenklich sind, sollte man keine Spanplatten im Wohnbereich verwenden. Auch die Entsorgung von Spanplatten ist problematisch, da sie wie vorbehandeltes Holz zu entsorgen sind. Sie müssen also in speziellen Verbrennungsanlagen vernichtet werden. Der anfallende Restmüll muß dann auf Sondermülldeponien endgelagert werden.

Sperrholz

Unter den Oberbegriff Sperrholzplatten fallen Holzwerkstoffe, die aus drei oder mehr Lagen verleimter Holzfurniere bestehen. Handelsbezeichnungen der unterschiedlichen Holzwerkstoffe sind Hohlraumsperrholz, Stabplatten, Stäbchenplatten, Streifenplatten, Furnierplatten, Mehrschichtsperrholz, Sternholz und Tischlerplatten.

Wenn die Mittellage aus Vollholz besteht, handelt es sich meistens um Tischler-, Streifen- oder Stäbchensperrholzplatten. Eine Weiterentwicklung zum Kunstharzprodukt ist die Kunstharz-Preßholzplatte, die zusätzlich mit bis zu 35 Prozent Kunstharz getränkt ist und vorwiegend im Maschinen- und Möbelbau verwendet wird. Sperrholzplatten werden im Bausektor, hauptsächlich im Innenausbau, als Decken- und Wandbekleidungen verarbeitet. Die Nachfrage nach Sperrholzplatten steigt ständig. 1994 betrug die Produktion nach Schätzungen ca. eine Million Kubikmeter. Der Anteil von Sperrholzplatten an der Gesamtmenge der Holzwerkstoffe beträgt bereits 10 Prozent.

Sperrholzplatten sind teurer als → Spanplatten, aber auch widerstandsfähiger. Daher werden sie bevorzugt für hochwertigere Innenausbauarbeiten verwendet. Als Rohstoff für Sperrholz werden hauptsächlich Buche und Fichte sowie → Tropenholz verarbeitet. Für die großflächige Verleimung werden ähnliche Bindemittel wie bei der Spanplattenproduktion verwendet. Es handelt sich meistens um Harnstoffharze, Phenolharze, Phenolresorcin- und Melaminharze. Bei bestimmten Sperrholzplatten werden, ähnlich wie bei den wasserfesten Spanplatten (V 100), toxische Fungizide (→ Biozide) und Feuerschutzmittel verarbeitet. Bei kunststoffbeschichteten Sperrhölzern werden Pholyvinylchlorid (→ PVC), → Polystyrol, Harnstoff-Formaldehydharz oder Melamin-Formaldehydharz eingesetzt.

Besonders kritisch bei Sperrholz ist das Ausgasen von → Formaldehyd – ähnlich wie bei Spanplatten – oder das Auswandern von Restmonomeren aus Kunststoffen. Aufgrund dieser Zusätze entwickeln Sperrholzplatten im Brandfall giftige Gase.

Baubiologische Bewertung

Der wertvolle Naturrohstoff → Holz wird mit großen Mengen zum Teil hochtoxischer Bindemittel und teilweise auch mit Kunststoffbeschichtungen »veredelt«, um einen breiteren Anwendungsbereich im Bausektor und Maschinenbau zu ermöglichen. Die gravierenden Nachteile, die dadurch für den Anwender entstehen, sind hauptsächlich giftige Ausdünstungen von Bindemitteln (vorwiegend Formaldehyd), Fungiziden, Feuerschutzmitteln und Restmonomeren aus Kunststoffen. Nicht nur die Herstellung ist umweltschädigend, sondern auch die Entsorgung ist äußerst kritisch. Sperrholz muß als »behandeltes Holz« entsorgt werden (Sondermülldeponie über Verbrennungsanlagen). Es kann heute bisher nicht recycelt werden. Dies wird erst dann möglich, wenn die Hersteller Bindemittel, → Farben, Schutzmittel und Fungizide verwenden, deren Entsorgung unproblematisch ist.

Als ungiftige Alternative für Sperrholzplatten ist eigentlich nur unbehandeltes Vollholz zu empfehlen. Der Anteil an toxischen Bindemitteln bei Sperrholzplatten ist allerdings in der Regel geringer als bei Spanplatten.

Stahlrohre, verzinkte

Verzinkte Stahlrohre sind nach wie vor die günstigsten Installationsrohre für Trinkwasserleitungen. Bei aggressivem Wasser ist eine hausinterne Enthärtung und Rostschutzdosierung am leichtesten möglich. Wichtig ist, daß das Rohrleitungssystem nach der Installation mehrfach vom Sanitärinstallateur mit warmem Wasser durchgespült wird, damit die → Lösemittelreste, die bei der Herstellung der Installation an Schweißstellen im Rohrinneren entstehen, rückstandslos weggewaschen werden.

Bei verzinkten Stahlrohren sollte man, wie bei → Kupferrohren, stehendes Wasser am Morgen vor dem ersten Trinkwassergebrauch gründlich abfließen lassen.

Baubiologische Bewertung
Bei aggressivem Trinkwasser mit niedrigem pH-Wert (unter 6,5) sollten verzinkte Stahlrohre den Vorzug vor Kupferrohren (Gefahr von Kupferionenabwanderungen) erhalten. → Trinkwasserrohre.

Steinwolle → Mineralfasern.

Strahlensucher – Strahlenflüchter

Die → Geobiologie beschäftigt sich mit standortbezogenen Einflüssen – z.B. von unterirdischen Wasseradern und geologischen Verwerfungen – auf den Menschen. Im Laufe der Jahrhunderte wurden die Erkenntnisse über die vielschichtigen Einflüsse von Reizzonen auf Pflanzen und Tiere immer mehr gefestigt. So gibt es Pflanzen und Tiere, die Strahlen meiden, und andere, die sich genau dort ansiedeln oder aufhalten, wo Strahlen auftreten. Strahlensucher und Strahlenflüchter werden daher als Fingerzeig der Natur bezeichnet, die der Mensch für sich nützen kann.

Strahlensucher		**Strahlenflüchter**
	Bäume:	
Eiche		Birke
Erle		Buche
Esche		Fichte
Robinie		Kiefer
Weide		Tanne
	Obstbäume:	
		Apfel
		Birne
		Kirsche
		Marille
		Pfirsich
		Zwetschge
	Sträucher:	
Hasel		Berberitze
Holunder		Brombeere
Sanddorn		Flieder
Spindelstrauch		Hartriegel
		Heckenkirsche
		Johannisbeere
		Kreuzdorn
		Stachelbeere
		Weißdorn
	Gemüse:	
		Blumenkohl
		Bohne
		Erbse
		Gurke
		Karotte
		Kartoffel
		Kohlrabi
		Rhabarber
		Rotkraut
		Spargel

Strahlensucher		**Strahlenflüchter**
	Getreide:	
		Gerste
		Hafer
		Mais
		Roggen
		Weizen
		Zuckerrohr
	Blumen:	
Adlerfarn		Aster
Beifuß		Azalee
Bockshornklee		Begonie
Brechnuß		Chrysantheme
Brennessel		Geranie
Dost		Nelke
Eisenkraut		Priemel
Engelwurz		Rose
Fieberklee		Rudbeckie
Fingerhut		Sonnenblume
Gnadenkraut		Veilchen
Kalmus		Weinstock
Mädesüß		
Meisterwurz		
Pestwurz		
Tollkirsche		
Wolftrapp		

Stall- und Haustiere sind – mit Ausnahme von Katzen – Strahlenflüchter. Wenn Haustiere gezwungen werden, auf Störfeldern zu leben, können folgende Symptome auftreten: gestörtes Verhalten, Aggressivität, Unruhe, Trägheit und vor allem eine unerklärliche Abmagerung trotz guter Ernährung. Zudem beobachtet man eine überhöhte Anfälligkeit für Infektionskrankheiten.

Katzen bevorzugen Plätze, die von Störfeldern beeinflußt werden. Den Lieblingsplatz einer Katze sollte der Mensch daher nicht als Schlafplatz wählen. Die Tabelle zeigt weitere Strahlensucher und -flüchter:

Strahlensucher	**Strahlenflüchter**
Ameisen	Vögel
Bienen	Intensivste Abneigung gegen Störzonen zeigen Störche und Schwalben. Tauben nisten nie auf Reizzonen.

Strahlensucher	**Strahlenflüchter**
Hornissen	
Wespen	
Wildwechsel/Vogelfluglinien	

Die Strahlenempfindlichkeit von Lebewesen ist streng wissenschaftlich noch nicht nachweisbar. Die Realität zeigt jedoch, daß Pflanzen, Tiere und Menschen auf Störfelder reagieren. Wenn Menschen oder Tiere jede Nacht an einem Platz schlafen, der geophysikalische Anomalien aufweist, müssen sie nicht grundsätzlich krank werden. Viele Beispiele zeigen aber, daß bestimmte Menschen über Reizzonen schwer krank werden, während andere selbst nach Jahrzehnten überhaupt keine negativen Veränderungen spüren. → Radiästhesie, → Radiästhetische Messungen, → Wünschelrutenphänomene.

Strahlungsheizkörper

Strahlungsheizkörper sind eine konsequente Weiterentwicklung biologischer Heizungssysteme (→ Heizung). Sie bestehen aus einer Strahlungsplatte, die an allen vier Seiten abgekantet ist. Auf der Rückseite der Strahlungsplatte sind Heizrohre in Schlangenform angebracht, die im Heizkreislauf als Vor- und Rücklauf mit einem regulierbaren Thermostatventil an eine → Zentralheizung angeschlossen sind. Der Strahlungsheizkörper besteht aus dem elektromagnetisch sehr neutralen Material Messing. Das schlangenförmig verlegte Warmwasser-Rohrleitungssystem sorgt genau wie bei Radiatoren (→ Heizkörper) oder Konvektoren für eine gleichmäßige Aufheizung der gesamten Fläche. Die Strahlungsheizkörper werden je nach Wärmebedarf und Größe des Raums individuell angefertigt. Da sie ohne Abstand direkt an den Wandflächen befestigt werden und nur maximal drei Zentimeter tief sind, entsteht ein hoher Strahlungsanteil von bis zu 80 Prozent. Genau wie → Fußleistenheizungen können Strahlungsheizkörper auch mit sehr niedriger Temperatur gespeist werden. Je niedriger die Temperatur, desto größer müssen die Strahlungsheizkörper sein. Die Strahlungsflächen können zwei bis drei Quadratmeter betragen. Sie geben eine angenehme, staubfreie Strahlungswärme ab, ähnlich wie Kachelgrundöfen (→ Kachelofen).

Im Gegensatz zu Konvektoren sollten Strahlungsheizkörper nicht in Fensternischen oder an Fensterbrüstungen angebracht werden. Sie eignen sich aufgrund ihres hohen Anteils an Strahlungswärme besonders für Innenwände. Sie heizen die Rückwand, an der sie befestigt sind, langsam auf, so daß eine noch größere Strahlungsfläche entsteht, welche wiederum die

Innenseiten der Außenwände aufwärmt und gleichzeitig die kalte Zugluft, die zwangsläufig von Fensterflächen abgegeben wird, erheblich vermindert.

Baubiologische Bewertung
Strahlungsheizkörper geben, gleich nach dem Kachelofen, den größten Anteil an staubfreier Wärmestrahlung ab. Da sie wie normale Konvektoren oder Radiatoren an Wandflächen angebracht werden, vermindern sie, im Gegensatz zur Fußleistenheizung, keine Stellflächen für die Inneneinrichtung. Man sollte mit möglichst niedriger Vorlaufwärme größtmögliche Strahlungsflächen schaffen, so daß ein gesundes, staubfreies Raumklima entsteht.

Strohkernmatratzen

Strohkernmatratzen werden in der Regel aus Roggenstroh hergestellt. Nach dem Trocknen wird das Stroh gepreßt, meistens mit Sisalgarn versteppt und in Jutegewebe (→ Jute) eingenäht. Die Strohkernmatratze hat von allen Naturfasern die beste Luftzirkulationseigenschaft und kann damit Feuchtigkeit und Temperatur am besten regulieren. Bei der Verwendung von Strohkernmatratzen sollte man auf eine feste Unterlage achten. Die einzelnen Stäbe der → Lattenroste müssen breiter sein als sonst, da das Stroh schneller geknickt und zermahlen wird als andere Naturmaterialien. Eine Strohkernmatratze muß in einen möglichst staubdichten Überzug eingenäht werden, da aufgrund des dauernden Aneinanderreibens der einzelnen Halme Staub entsteht, der sonst die Schlafzimmerluft belasten kann. Daher müssen Strohkernmatratzen grundsätzlich nach zwei bis drei Jahren erneuert werden. Mittlerweile gibt es Strohkernmatratzen mit Schafschurwollauflagen, die erheblich weicher sind.

Baubiologische Bewertung
Strohkernmatratzen sind nur bedingt zu empfehlen, da das Roggenstroh nach dem Trocknungsprozeß sehr häufig mit Chemieprodukten antibakteriell behandelt wird. Ein weiterer Nachteil ist ihre geringe Elastizität. Durch das Verpressen des Strohs entstehen Matratzen mit dem höchsten Härtegrad. Für Kinderbetten sind Strohkernmatratzen aufgrund ihrer großen Härte nicht zu empfehlen. Strohkernmatratzen sind eine sehr preiswerte Alternative zu → Schaumstoffmatratzen und gut geeignet für Ferienhäuser, die nur selten benutzt werden. → Matratzen.

Styrol

Styrol wird in mehreren Reaktionsschritten aus → Benzol und Ethylen (Ethylbenzol) erzeugt. Zur Herstellung benötigt man einen Anteil von ca. 50 Prozent Benzol. Es handelt sich um eine farblose Flüssigkeit, die leicht brennbar ist und stechend riecht.

Styrol wird vorwiegend als Ausgangsprodukt für die Herstellung von → Polystyrol sowie zur Herstellung von modernem Synthetikkautschuk (→ Styrol-Butadien-Kautschuk) verwendet.

Der → MAK-Wert von Styrol beträgt 20 ppm (parts per million = Milliliter/Kubikmeter). Es ist ein starkes Nervengift und kann nachweislich fruchtschädigende Wirkungen haben. Styrol steht zudem unter dem Verdacht, krebserzeugende Wirkungen zu haben. Wie bei den meisten anderen gefährlichen chemischen Verbindungen existieren in der Bundesrepublik Deutschland keine → Grenzwerte für Innenräume. Der von der Weltgesundheitsorganisation vorgeschlagene Grenzwert für Styrol in der Außenluft (0,02 mg/m³) ist ca. 4250mal so niedrig wie der MAK-Wert (85 mg/m³). Die weltweite Styrolproduktion beträgt jährlich ca. 17 Millionen Tonnen. Bei der Herstellung und Verarbeitung entweichen jährlich ca. 4500 Tonnen des Umweltgifts in die Atmosphäre.

Folgende Symptome und Krankheiten werden durch Styrol verursacht: Schleimhautreizungen, Bindehautentzündungen, Sehstörungen, Müdigkeit, Depressionen, Kopfschmerzen, Krämpfe, Bewußtlosigkeit, Schwindel, Übelkeit.

Baubiologische Bewertung
Sämtliche Styrol-Produkte wie z.B. Styropor oder Polystyrol sollten wegen ihrer toxischen Zusammensetzung und der umweltbelastenden, energieaufwendigen Produktion für ein gesundes und giftfreies Haus nicht verwendet werden.

Eine direkte Gesundheitsgefährdung besteht bei der Verwendung von Styrol-Produkten in Innenräumen. Vorgefertigte Polystyrolplatten mit eingestanzten Mustern werden häufig zu dekorativen Zwecken als Decken- oder Wandverkleidungen angebracht. Bei Laborversuchen wurde nachgewiesen, daß Styrol als Restmonomer in die Innenraumluft ausgast und dadurch die Gesundheit der Bewohner gefährden kann.

Styrol-Butadien-Kautschuk

Stytol-Butadien-Kautschuk ist der wichtigste Synthetikkautschuk im Baubereich. Seine Hauptbestandteile sind → Styrol und Butadien. Beide gehören zu den krebserzeugenden und erbgutverändernden Arbeitsstoffen. Aus diesen beiden Grundprodukten wird durch Emulsion- oder Lösungspolimerisation künstlicher Kautschuk hergestellt. Weichmacher, Flammschutzmittel, Alterungsschutzmittel, verschiedene Füllstoffe und Pigmente, Haftmittel und Vulkanisierungshilfen machen den synthetischen Kautschuk elastisch, pflegeleicht und haltbar, so daß er immer häufiger als Bodenbelag und in → Teppichböden Verwendung findet. Durch entsprechende Additive können derartige Kunststoffbeläge sogar säure- und laugenbeständig gemacht werden. Weitere Massenprodukte, die aus Styrol-Butadien-Kautschuk gefertigt werden, sind Dacheindeckungen, Kabelisolierungen, Reifen und Schläuche. Die Jahresweltproduktion beträgt über 18 Millionen Tonnen. Mittlerweile ist bekannt, daß bei der Vulkanisation krebserzeugende Nitrosamine entstehen, die besonders in reifenverarbeitenden Betrieben die Raumluft belasten. Die Vermutung liegt nahe, daß Nitrosamine auch in Räumen mit Synthetik-Kautschuk-Böden auftreten. Styrol-Butadien-Kautschuk verursacht die gleichen Symptome und Krankheiten wie Styrol.

Baubiologische Bewertung
In einem gesunden und giftfreien Haus sollte Synthetikkautschuk nicht verwendet werden, da er die hochtoxischen Stoffe Butadien und Styrol beinhaltet. Es gibt genügend Alternativen für → Bodenbeläge wie z. B. Schurwollteppiche, → Kork, → Linoleum, → Fliesen oder → Holzböden, die in großer Auswahl erhältlich sind.

Synthetische Farben → Farben und Lacke.

T

Tageslichtbirnen → Vollspektrumleuchten.

Tapeten

Tapeten zählen zu den wichtigsten Materialien für den Innenbereich. In den meisten Wohnungen und Häusern bedecken sie große Wandflächen. Das Raumklima hängt in hohem Maß von Material, Struktur und Farbbeschichtung der Tapeten ab. Bei der Auswahl von Tapeten hat man daher viele Möglichkeiten, positiv auf die Raumqualität einzuwirken. Ein natürlicher Wandbelag muß in der Lage sein, durch seine Offenporigkeit überhöhte Luftfeuchtigkeit aufzunehmen und diese zum Putzuntergrund durchzulassen. Die Feuchtigkeit wird auf diese Weise gespeichert und anschließend, wenn die Luftfeuchtigkeit im Raum abnimmt, wieder nach innen abgegeben (natürliche Feuchtigkeitsregulierung). Gleichzeitig sollte die Tapete, zusammen mit dem → Putz und dem dahinter liegenden Mauerwerk, in der Lage sein, außer Feuchtigkeit auch Gerüche und Gase aufzunehmen und durch das Dampfdruckgefälle langsam durch die offenporigen Baumaterialien nach außen abzutransportieren. Ist dies möglich, spricht man von einer »atmenden« Wand. Haben Tapeten glatte, praktisch luftdichte Oberflächen, kann die Diffusion völlig verhindert werden. Die anfallende Luftfeuchtigkeit schlägt sich in diesem Fall an der Oberfläche nieder, und zwar vor allem an den kältesten Stellen der Wandoberflächen. Im Laufe der Zeit entsteht ein Feuchtigkeitsstau, der ganze Wandflächen durchfeuchten kann, vor allem an Fensterleibungen, an den Innenseiten von Außenwänden, über Fenstern, hinter Gardinen und Schränken. Die Feuchtigkeit ist ein idealer Nährboden für → Schimmel und Bakterien. Schimmelpilze zerstören nicht nur Tapete, Putz und sogar das Mauerwerk, sondern können hochgradig toxisch auf den menschlichen Organismus wirken. Luftdichte Wandoberflächen aus Kunststoff, Metallfolien oder wasserdichten Anstrichen führen häufig zu »tropfenden« Wänden. Abhilfe kann in diesen Fällen nur dadurch geschaffen werden, daß die Wandbeschichtung zusammen mit dem Tapetenkleber (→ Klebstoffe) rückstandslos entfernt und nach dem Abtrocknen der Wände mit offenporigen Tapeten neu tapeziert wird.

Häufig werden die Wände bei Renovierungsarbeiten lediglich neu gestrichen. Gleichzeitig werden dadurch auch Bakterien, Viren und Keime, die sich im Laufe der Jahre in den Poren angesammelt haben, überstrichen. Die ohnehin schon durch Staub verstopften Poren können die Luftfeuchtigkeit nun noch weniger regulieren. Bei mehrfachen Anstrichen werden sie vollkommen abgedichtet. Um eine schadstofffreie Oberfläche zu erhalten, sollte man beim Bezug eines vorher bewohnten Hauses oder einer Wohnung sämtliche Tapeten entfernen. Generell sollten Renovierungsarbeiten viel öfter durchgeführt werden, als es in den einschlägigen Mietverträgen vorgeschrieben wird. Es empfiehlt sich, die Tapeten alle zwei bis vier Jahre abzubürsten, feucht abzuwischen und dann mit einem Neuanstrich, der frei von künstlichen Löse- und Zusatzmitteln sein sollte, zu versehen. Nach acht bis zehn Jahren sollte die alte Tapete komplett entfernt werden.

Von → Kunststoff-, Vinyl-, Metallfolientapeten oder mit Hochglanz bedruckten Tapeten ist aufgrund der geschlossenen Oberfläche abzuraten. Für gesundes und giftfreies Wohnen sind an erster Stelle → Natur- bzw. → Rauhfasertapeten und Papiertapeten zu empfehlen, die aus Recyclingpapier hergestellt sind. Geeignet sind zudem naturbelassene → Textiltapeten, mit der Einschränkung, daß sie bei besonders rauher Ausführung und einem übergroßen Porenanteil zu regelrechten Staubfängern werden können. Wichtig ist, daß man einen Tapetenkleister verwendet, der frei von Fungiziden (→ Biozide) und chemischen Zusätzen ist. Am besten eignet sich Methylleim. Er besteht aus Methylzellulose, die chemisch neutral ist und keine Fungizide oder Konservierungsmittel enthält. Besonders geeignet ist Methylleim auf Putzuntergründen aus → Kalk. Der auf dem Markt angebotene Stärkeleim, der aus Kartoffel-, Mais-, Roggen- oder Weizenstärke besteht, ist eine sehr gute Alternative, wenn er nicht mit Naturharz- oder Kunstharzseifen und Fungiziden angereichert ist. Spezialtapetenkleister für Textil-, Vinyl- oder Metallfolientapeten sollte man nicht verwenden, da sie erhebliche Mengen von Kunststoffdispersionen enthalten. Diese Zusätze schränken die Diffusionsfähigkeit erheblich ein. Die gleichen Anforderungen sollten auch die Tapetenfarben erfüllen. Dispersionen mit Verdickungsmitteln, Antischaummitteln, Emulgatoren, Stabilisatoren und Trocknungsmitteln sind zu meiden. Das gleiche gilt für Latexfarben, die als Bindemittel oft → Styrol-Butadien-Kautschuk sowie Entschäumer, Verdickungsmittel, Konservierungsmittel und Fungizide enthalten. Für einen emissionsfreien Wandanstrich eignen sich daher nur → Naturharz-Dispersionsfarben, → Leim-, → Kasein-, Leinöl- oder → Silikatfarben. Bei all diesen Farben muß man darauf achten, daß sie frei von toxischen Löse- oder Zusatzmitteln sind. Generell gilt, daß Wandfarben nicht zu dick aufgestrichen werden sollten, da mit jedem Neuanstrich immer mehr Porenanteile geschlossen werden. → Lackierte Tapeten, → Metalltapeten, → Glasfasertapeten.

Technische Richtkonzentrationen (TRK)

Für eine Reihe krebserzeugender und erbgutverändernder Arbeitsstoffe können im Grunde genommen keine Richtwerte ermittelt werden, da bereits minimale Dosen zu Krankheiten und Tod führen können. Darum existieren für diese Stoffe keine → MAK-Werte.

»Krebs und Mutationen manifestieren sich erst nach Jahren und Jahrzehnten und unter Umständen erst in künftigen Generationen. Bei langfristiger Einwirkung geringer Dosen dieser Stoffe summieren sich die gesetzten Veränderungen in hohem Maße; ob und in welchem Umfang Reparaturen eintreten können, kann zur Zeit nicht entschieden werden.« So die offizielle Aussage der Senatskommission zur Prüfung gesundheitsschädlicher Arbeitsstoffe. Trotz dieser Tatsache werden Richtwerte festgelegt, da man angeblich auf bestimmte krebserzeugende Stoffe nicht verzichten kann. Mit Hilfe der technischen Richtkonzentrationen (TRK) für krebserzeugende Stoffe läßt sich eine Beeinträchtigung der Gesundheit lediglich vermindern. »Auch bei Einhaltung der technischen Richtkonzentrationen ist eine Gesundheitsgefährdung nicht vollständig auszuschließen.« Mit diesem Ausspruch hat sich die Senatskommission vor Schadenersatzprozessen in Milliardenhöhe geschützt. Aufgrund der krebserzeugenden und erbgutschädigenden Eigenschaften sollten sämtliche in der TRK-Liste aufgeführten Stoffe vermieden werden.

Anmerkung zur Tabelle: TRK-Werte von Gasen und Dämpfen werden in ml/m^3 angegeben. Bei partikelförmig auftretenden Stoffen erfolgt die Angabe des TRK-Wertes in mg/m^3, bei Fasern bezieht sich der Wert auf die Anzahl von Fasern pro Kubikmeter.

Acrylamid		0,06 mg/m^3
Acrylnitril	3 ml/m^3	7 mg/m^3
Antimontrioxid		0,3 mg/m^3
Arsentrioxid		0,1 mg/m^3
Asbest	250 000 F/m^3	
Benzol	2,5 ml/m^3	8 mg/m^3
Benz(a)pyren		0,005 mg/m^3
Beryllium		0,005 mg/m^3

Butadien 1.3	15 ml/m^3	34 mg/m^3
Cadmium	noch kein Wert bestimmt	
Chrom-Verbindungen		0,1/0,2 mg/m^3
Cobalt		0,1/0,5 mg/m^3
Ethylenoxid	1,0 ml/m^3	2,0 mg/m^3
Hydrazin	0,1 ml/m^3	0,13 mg/m^3
Nickelmetall und Nickelsulfid		0,5 mg/m^3
Vinylchlorid (VC)	2/3 ml/m^3	5/8 mg/m^3

Teppichböden

In Deutschland sind 63 Prozent aller Bodenbeläge Teppichböden. Oft leiden Bewohner in Räumen mit frisch verlegten Teppichen an allergischen Symptomen wie Augenbrennen, Kopfschmerzen, Übelkeit und Hautausschlägen.

Teppichböden, die solche Reaktionen auslösen, bestehen in der Regel aus 100 Prozent Vollsynthetik wie Polyamid, Polypropylen, Polyacryl-nitril und Polyesterfasern. Die Oberschicht, der Kunststoffvelours, wird im Tuftingverfahren auf eine Trägerschicht aufgebracht. Auch diese besteht meistens aus synthetischen Materialien wie Polyester, Polyamid o.ä. Die Beschichtung auf der Unterseite, die den Teppich warm, behaglich und auch schalldämmend macht, kann aus Thermoplasten, aus → Styrol-Butadien-Kautschuk oder aus echtem Schaumstoff, wie z.B. Polyurethan (→ Isocyanate) bestehen. Dieser Chemiecocktail wird durch weitere Zusatzausrüstungen »abgerundet«. Um die Verschmutzung der Teppichböden zu verzögern, werden sogenannte Antisoiling-Präparate eingesetzt. Damit Motten, Insekten oder Pilze Teppiche nicht angreifen, wird schon seit Jahren hochgiftiges Eulan beigemengt. Seit einigen Jahren imprägniert man Teppichböden zu diesem Zweck mit → Pyrethroiden. Erst in letzter Zeit ist aufgrund immer häufiger auftretender Krankheitsfälle der Zusammenhang zwischen Pyre-throidimprägnierungen und gefährlichen Gesundheitsstörungen erkannt worden. Das Gesundheitsministerium bestätigte mittlerweile die Giftigkeit des → Biozids und forderte die Teppichhersteller auf, mit Permetrin behandelte Teppiche zu kennzeichnen oder ganz auf dieses Gift zu verzichten. Über 10000 Menschen wurden Schätzungen zufolge bereits durch mit Permetrin imprägnierte Teppiche gesundheitlich stark geschädigt. Neben diesen Giften werden weitere chemische Ausrüstungen eingesetzt, um den Teppich antistatisch zu machen oder um Keime und Bakterien abzutöten. In ausländischen Teppichen wurde bei Probeanalysen 1990 sogar Pentachlorphenol (→ PCP) gefunden.

Die Rückenbeschichtungen können bei Teppichen die größte Anzahl von flüchtigen Stoffen enthalten, die zu gesundheitlichen Schädigungen führen können. Es entsteht eine Migration, d. h. eine Wanderung verschiedener Bestandteile dieser Kunststoffe, wie z.B. → Lösemittel, Restmonumere und Weichmacher. Sie werden permanent vom Teppichboden an die Luft abgegeben und somit vom Menschen eingeatmet. Dazu gehört z.B. Butadien, das in der → MAK-Werte-Liste als im Tierversuch krebserregend genannt ist. Es reizt die Schleimhäute, führt zu Kopfschmerzen und Schwindel und kann bei Allergikern zu ernsthaften Anfällen (Atemnot, Kreislaufkollaps) führen. Ein weiterer Stoff ist Venylacetat, welches die Leber- und Nierenfunktionen negativ beeinflussen kann. Restmonomere hochgiftiger Isozyanate greifen die gesamten Atemorgane an, führen zu Hauterkrankungen und Kopfschmerzen. Müdigkeit und Schwäche sind weitere Symptome. Die Masse der austretenden Chemizide führt häufig zu einer gefährlich hohen giftigen Konzentration in der Innenluft. Dazu kommt dann noch der große Anteil von Lösemitteln in herkömmlichen Teppichklebern (→ Klebstoffe), die gerade bei einer Neuverlegung zu regelrechten Vergiftungserscheinungen führen können.

Von den 19 gängigen Teppichklebern sind nur 9 lösemittelfrei. Sie werden aber lediglich zur Fixierung des Teppichs benutzt. Nicht nur → Formaldehyd, sondern auch andere gefährliche Chemizide wie Aromate, → Toluol oder Butanol sind Klebern und auch Fixierungen teilweise beigemengt. Fixierungen sind insgesamt ungiftiger als Kleber. Daher sollte man nach Möglichkeit auf eine Vollverklebung des Teppichs verzichten. Ein weiterer Vorteil von Fixierungen ist, daß sich die Teppichböden beim Renovieren leichter abziehen lassen und die meisten Rückstände leicht mit Wasser entfernt werden können.

In letzter Zeit finden bei neu verlegten Teppichen häufig nach zwei bis drei Monaten unerklärliche chemische Reaktionen statt, die sich als rätselhafte dunkle Flecken auf der Oberfläche des Velours abzeichnen. Zusätzlich treten starke Geruchsbelästigungen auf. Aus Kostengründen müssen Neubauten in möglichst kurzer Zeit fertiggestellt werden. Daher kann der → Zementestrich trotz Abbindebeschleunigern nicht vollständig austrocknen. Zu schnell werden Teppichböden vollflächig und fast luftdicht darauf verklebt, so daß die Feuchtigkeit nicht entweichen kann und sich der Abbindeprozeß zum Teil um Jahre verzögert. Dabei entstehen völlig neue, bisher unbekannte chemische Reaktionsprozesse. Bei Luft- und Materialanalysen dieser sich verfärbenden und übelriechenden Teppichböden liegt der Löse- und Bindemittelanteil häufig unter den Grenzwerten. Daß es trotzdem zu Krankheitssymptomen bei den Bewohnern kommt, liegt an der Summe der vielen chemischen Beimengungen. In der Regel klagen die Betroffenen über Unwohlsein, Kopfschmerzen, asthmatische Beschwerden, Allergien und Hautausschläge.

Die Tatsache, daß »dicke Luft« im Wohnzimmer tatsächlich Tage, Monate und auch noch Jahre nach der Verlegung von Teppichböden vorhanden ist, wurde im Frühjahr 1995 vom Fraunhofer-Institut in Hannover bestätigt. Bei Raumluftanalysen wurden 116 chemische Verbindungen festgestellt, die aus Teppichböden in die Raumluft entweichen. Bei der Kommentierung der Untersuchungsergebnisse wurde von einem hohen Gesundheitsrisiko gesprochen, das von neu verlegten synthetischen Teppichböden ausgeht. Die meisten der analysierten chemischen Verbindungen sind gesundheitlich noch nicht bewertet worden, so daß es für sie keine → Grenzwerte gibt, sie sind auch nicht in der MAK-Werte-Liste aufgeführt. Einige chemische Verbindungen aus Teppichböden sind aber bereits als gesundheitsgefährlich, fruchtschädigend und unter dem Verdacht, krebserzeugendes Potential zu haben, in der MAK-Werte-Liste aufgeführt: Cyclohexanon, Ethylbenzol, verschiedene → Xylole, Butadien, → Styrol, Formaldehyd, Toluol und verschiedene andere.

Ein Wollteppich mit dem Siegel IWS bescheinigt die Behandlung mit Mottenschutzmitteln (→ Mottenbekämpfung). Diese Teppiche sind aus gesundheitlichen Gründen jedoch grundsätzlich abzulehnen.

Das ETG-Siegel (Europäische Teppich-Gemeinschaft) gibt Auskunft darüber, ob PCP oder Formaldehyd im Teppich enthalten sind. Die Untersuchungen werden vom Deutschen Teppichforschungsinstitut vorgenommen, allerdings nur dann, wenn die Teppich-Gemeinschaft einen Auftrag erteilt. Unangemeldete Stichproben oder regelmäßige Analysen werden nicht durchgeführt.

1991 hat sich die Gemeinschaft umweltfreundlicher Teppichböden (GuT) gegründet, die mit dem GuT-Gütesiegel dafür bürgt, daß folgende Chemizide oder krebserzeugende Arbeitsstoffe bei der Herstellung nicht verwendet wurden: → Asbest, → FCKW, hochgiftige Azo-Färbemittel, Vinylchlorid, Pestizide, Formaldehyd und PCP. Zudem hat diese Gemeinschaft für vier Chemizide folgende Grenzwerte festgelegt, so daß die Schadstoffkonzentration in der Raumluft erheblich niedriger ist als bei konventionell hergestellten Teppichböden: Toluol 0,2 mg/m³; Styrol 0,01 mg/m²; Vinylcychlohexen 0,002 mg/m³; 4-Phenylcychlohexen 0,03 mg/m³. Zusätzlich wurden Obergrenzen für zwei Summenparameter angegeben, und zwar für aromatische Kohlenwasserstoffe 0,5 mg/m³ und für flüchtige organische Stoffe 1 mg/m³.

Neutrale Laboruntersuchungen ergaben allerdings, daß die vorgegebenen Richtwerte der GuT teilweise erheblich überschritten werden.

Vorsicht ist also geboten, denn das GuT-Gütesiegel besagt bezüglich der Schadstoff- oder Giftfreiheit von Teppichböden nicht viel. Es ist zwar ein erster Schritt in Richtung Wohngiftabbau, aber nichtsdestotrotz enthalten diese Teppichböden immer noch andere, teilweise hochgiftige Substanzen.

Prozentual verlegte Bodenbeläge in Deutschland:
- ca. 63 % Teppichböden, davon bestehen ca. 90 % aus Polyacryl, Polyamid, Polyester u. ä. Ein Anteil von nur 10 % besteht aus Naturmaterialien wie Wolle, Kokos oder Sisal;
- ca. 21 % PVC-Böden;
- ca. 8 % Keramikfliesen;
- ca. 4 % Linoleum;
- ca. 3 % Holzfußböden;
- ca. 1 % Sonstiges.

Baubiologische Bewertung
Nach Möglichkeit sollte aus hygienischen und gesundheitlichen Gründen überhaupt kein Teppichboden mehr verlegt werden. Allergiker sollten besonders darauf achten, da bei Teppichböden die Staubentwicklung viel größer ist als bei glatten Oberflächenmaterialien. Der Teppichboden ist ein Sammelpunkt für Wohngifte aller Art, die aus Möbeln, Vorhängen, → Span-

platten, → Farben und → Klebstoffen austreten. Besonders bei mit → Holzschutzmitteln behandelten Innenräumen gelangen stark giftige Chemizide wie z. B. PCP, Permetrin, → Dichlofluanid und andere in die Luft und setzen sich an den vielen kleinen Fasern der Teppichböden fest. Die mikroskopisch kleinen Giftpartikel sind schwerer als Luft, so daß sich der Chemiecocktail im Teppichboden mehr und mehr konzentriert. Beim Betreten des Teppichs werden die Partikel gemeinsam mit dem → Hausstaub immer wieder in die Luft gewirbelt und zwangsläufig von den Bewohnern eingeatmet. Daher sollte man glatte pflegeleichte Bodenbeläge wie → Kork, → Linoleum, → Fliesen oder → Holzböden bevorzugen. Wenn man trotzdem nicht auf einen Teppichboden verzichten möchte, sollte man folgendes beachten: Grundsätzlich sollten keine Teppiche mit Schaumstoffrücken verlegt werden. Auch auf eine großflächige Verklebung mit giftigen Klebern sollte man nach Möglichkeit verzichten. Randfixierungen oder Klebebänder genügen als Halt für Flächen unter 30 Quadratmetern. Wenn unbedingt vollflächig verklebt werden muß, dann nur mit ungiftigen Naturharzklebern. Bei Woll- oder Kokosteppichen sollte auf dem Zertifikat des Herstellers unbedingt angeführt sein, daß der Juterücken mit »Naturlatex« verklebt wurde.

Textiltapeten

Als Trägermaterial für Textiltapeten dient Tapetenpapier, auf dem Kunststoff- oder Naturfasern aufgeklebt (kaschiert) werden. Kunststoffasern bestehen in der Regel zu über 80 Prozent aus Polyacrylnitril. Gesundheitliche Schädigungen können durch das Austreten von Restmonomeren des Acrylnitrils verursacht werden. Mögliche Symptome und Krankheiten sind: Kopfschmerzen, Übelkeit und Schwindel. Im Tierversuch ist Acrylnitril krebserzeugend.

Bei den Naturfasern von Textiltapeten handelt es sich um → Wolle, Seide, Sisal, Baumwolle, Leinen oder → Jute. Um eine höhere Reißfestigkeit zu erreichen, werden bei einigen Produkten Urethanharze (→ Isocyanate) eingesetzt. Bei diesen Tapeten besteht die Gefahr, daß → Isocyanate in die Innenraumluft abgespalten werden. Auch bei manchen Wollfasertapeten wird zum Faserschutz → Formaldehyd eingesetzt, was zu Allergien und einer großen Anzahl von Symptomen und Beschwerden führen kann. Zum Teil werden die Textilien mit hochtoxischen Fungiziden (→ Biozide) behandelt.

Baubiologische Bewertung
Zu empfehlen sind nur reine Naturfasern ohne chemische Behandlung und ohne Kunstfasereinlagen. Für Allergiker sind Textiltapeten nicht geeignet, da sich in der rauhen Oberfläche überdurchschnittlich viel Staub ansammelt. → Tapeten.

Tinnitus

Interdisziplinär arbeitende Wissenschaftler beschäftigen sich schon seit Jahren mit den Wirkungen von → Mikrowellen auf die Umwelt und den Menschen. Zu den Themen gehören u. a. das Waldsterben, Herzinfarkte, Manipulationen der Nerven und Symptome, die ein Krankheitsbild vor allem im rheumatischen Bereich vortäuschen, obwohl dies real gar nicht existiert. Auch bei der vermehrt zunehmenden Krankheit, dem »Ohrenrauschen«, Tinnitus genannt, sieht man heute Zusammenhänge mit dem → Elektrosmog. Cyril und Smith von der Universität Salford, England, haben 1989 im Verlauf ihrer Arbeit mit elektrisch sensiblen Allergiepatienten festgestellt, daß die Frequenz und nicht die Stärke eines elektromagnetischen Feldes von primärer Bedeutung bei der Auslösung allergischer Reaktionen ist. Ferner war man sehr verblüfft, als man feststellte, daß die Frequenz der Anzahl von seriellen Verdünnungen oder, anders gesagt, den homöopathischen Potenzen entsprach.

Die Ohrengeräusche sind lästig und störend, da das ununterbrochene Klingeln, Sausen, Rauschen, Zischen im Ohr nicht abstellbar ist. Zu jeder Zeit und überall verfolgt es die Betroffenen, die aufgrund des Dauergeräusches psychisch krank werden können. Ohrenfachärzte stehen hilflos vor dieser neuen Krankheit. Meist hilft keine Therapie und kein Medikament. Die Betroffenen können bestenfalls lernen, besser mit dem Tinnitus umzugehen. Schon fast jeder Sechste ist von der neuen Zivilisationskrankheit betroffen. Selbsthilfegruppen wurden weltweit gegründet. In Deutschland ist die aktivste unter dem Namen »Deutsche Tinnitus-Liga e.V.« bekannt geworden.

In England sind die Forschungen über Tinnitus am weitesten fortgeschritten, hier gibt es bereits ca. 40 Kliniken, die sich auf die Linderung des Leidens spezialisiert haben. Trotz modernster Analyse- und Untersuchungsmethoden konnten die Ursachen des Dauerrauschens aber noch nicht ergründet werden. Die meisten Geschädigten sind organisch gesund und weisen keinerlei Schädigungen oder Störungen am äußeren Ohr auf. In der Schulmedizin geht man immer noch davon aus, daß die Ursache im Hörnervensystem zu finden ist. Eigene Untersuchungen ergaben, daß Dauerpfeiftöne, verbunden mit einem Dauerrauschen, meistens bei Menschen ab 45 Jahren auftreten. Laboruntersuchungen zeigen, daß der menschliche Hörnerv in der Lage ist, bestimmte Frequenzen von → elektromagnetischen Wechselfeldern bewußt wahrzunehmen. Besonders elektrosensible Menschen, die in der Nähe von Sendeanlagen leben, leiden nicht nur unter den typischen Empfindungsstörungen (→ Elektrosensibilität), sondern gleichzeitig unter einem Dauerrauschen und Pfeifen in den Ohren. Plötzliches Rauschen, das übergeht in einen hohen Pfeifton, ist ein typisches Symptom, das von künstlich erzeugten Hochspannungsfeldern verursacht werden kann. Beim Überschreiten einer bestimmten Schwelle von Leistungsdichten in niederfrequenten oder hochfrequenten Bereichen nehmen Elektrosensible auf unterschiedliche Art und Weise Elektrizität wahr. Bei Versuchsreihen wird immer wieder festgestellt, daß sie eine Verschlechterung ihres Gesundheitszustandes bei Annäherung an Sendeanlagen verspüren. Meistens sind die Betroffenen jedoch nicht in der Lage, diese Wahrnehmung mit der Elektrizität in Verbindung zu bringen. Die Signalübertragung der Nerven im menschlichen Organismus, also auch der Hörnerven, basiert auf feinen elektrischen Signalen. Ähnlich wie in der Technik können diese elektrischen Signale durch Fremdeinwirkungen gestört werden, so daß es zu Brumm- und Rauschgeräuschen kommt. Wie bei einem Lautsprecher von einer Stereoanlage kann durch Einstreuung nicht abgeschirmter Leitungen ein störender Brumm- und Rauschton im Ohr entstehen. Sämtliche Behandlungs- und Erklärungsversuche der Schulmedizin haben bisher versagt. So ist z. B. der Versuch der Schulmediziner, Ohrenrauschen mit dem Hören des Blutdurchflusses in Verbindung zu bringen, mißlungen. Selbst die amerikanische Arzneimittelbehörde FDA hat bisher noch kein einziges Medikament zur speziellen Behandlung von Tinnitus zugelassen. Da immer mehr Naturmediziner und Biophysiker auf die Erforschung der Zusammenhänge von Mikrowellen und Tinnitus drängen, kann man hoffen, daß diese Projekte in naher Zukunft endlich auch von offizieller Seite unterstützt werden.

Toluol

Toluol gehört zu den → BTX-Aromaten (→ Benzol, → Xylol), die der Gruppe der aromatischen Kohlenwasserstoffe zugeordnet werden. Toluol wird auch als Methylbenzol oder Phenylmethan bezeichnet. Es ist eine farblose Flüssigkeit, die stark lichtbrechend ist.

Toluol wird aus Erdöl oder Steinkohleteer gewonnen und enthält grundsätzlich Benzol-Verunreinigungen. Im Baubereich wird Toluol in erster Linie als → Lösemittel für → Farben und Lacke, Nitroverdünnungen, Kunstharze, Öle, Reinigungsmittel, Verdünner und → Klebstoffe eingesetzt. Häufig wird es als Ersatz für das hochtoxische und krebserregende Lösemittel Benzol verwendet. Der Einsatzbereich ist so groß, daß bei Hausuntersuchungen nach → Formaldehyd am häufigsten das Lösemittel Toluol – oft in sehr großen Dosen – in der Innenraumluft nachgewiesen wird. Am häufigsten tritt es in → Bodenbelägen auf. Hierbei handelt es sich oftmals um Rückstände aus Teppichklebern.

Laut Gefahrstoffverordnung darf Toluol maximal 0,1 Prozent Benzol enthalten. In der → MAK-Werte-Tabelle ist ein Richtwert von 50 ppm (parts per million) angegeben. Für die Raumluft von Wohnungen gibt es keine deutschen Richtlinien oder → Grenzwerte. Daher arbeitet man bei Hausuntersuchungen mit dem Richtwert der Weltgesundheitsorganisation von

0,5 mg/m³. Die MAK-Liste gibt dagegen einen Wert von 190 mg/m³ an. Die WHO setzt die maximalen Belastungswerte von Toluol in Innenräumen somit um das 380fache niedriger an als die MAK-Liste für die arbeitende Bevölkerung.

Aktuelle toxikologische Daten belegen, daß Toluol auf krebserzeugendes Potential sowie auf fruchtschädigende Wirkung untersucht wird. Bei der Einatmung größerer Mengen des Lösemittels besteht die akute Gefahr einer Lungenödembildung. Weitere Krankheitsbilder sind Augenbrennen, Schleimhautreizungen, Kopfschmerzen, Erregungszustände, Hautausschläge, Funktionsstörungen von Leber und Niere sowie Atemnot und Brustbeklemmungen.

Baubiologische Bewertung

Toluol ist mittlerweile wohl das am häufigsten verwendete Lösemittel in Klebstoffen, Reinigungsmitteln und Verdünnern. Rechnet man den Toluolgehalt, der beim Teppichverlegen in eine Wohnung eingebracht wird, hoch, erhält man erschreckend hohe Ergebnisse:

Toluolgehalt des Klebers	**Toluolgehalt pro m² Bodenfläche bei 400 g/m² Kleberauftrag**	**Toluolmenge insgesamt bei 60 m² Bodenfläche**
15 %	60 g	3,6 kg
10 %	40 g	2,4 kg
5 %	26 g	1,56 kg
0,5 %	2,6 g	0,156 kg

Bei Hausuntersuchungen, meistens in Neubauten oder sanierten Wohnräumen, kann man oft noch nach Monaten den penetranten Gestank der Teppichkleber wahrnehmen. Häufig leiden die Bewohner unter Schleimhautreizungen, Augenbrennen und Übelkeit. Bei einer derartigen Belastung durch den hochtoxischen Lösemittelzusatz, der bei Teppichklebern oft verwendet wird, ist es eher noch verwunderlich, daß nicht noch viel ernsthaftere Vergiftungserscheinungen auftreten.

Grundsätzlich sollte man Toluol beim Hausbau oder bei der Renovierung vollständig meiden. Das Lösemittel ist stark gesundheitsschädigend und kann – gerade aus Teppichklebern – über Jahre in die Raumluft ausgasen.

Trinkwasserrohre → Asbestzementrohre, → Bleirohre, → Edelstahlrohre, → Kunststoffrohre, → Kupferrohre, → Messingrohre, → Stahlrohre.

TRK-Werte → Technische Richtkonzentrationen.

Tropenholz

Unter Tropenholz versteht man alle Hölzer, die aus den tropischen und subtropischen Wäldern Asiens, Afrikas und Lateinamerikas stammen. Mahagoni, Teak oder Palisander werden leider immer noch häufig verwendet, da sie den Eindruck von Luxus erwecken. Doch viele Hölzer, wie zum Beispiel Meranti, Gabun, Ramin und Bankirai, werden auch für ganz »gewöhnliche« Zwecke verwendet, z.B. für Sperrholz, einfache Holzleisten, Frühstücksbrettchen, für Fensterrahmen, Türen, Treppen, Parkette, Lärmschutzwände, Bleistifte oder gar für Besenstiele.

Mehr als die Hälfte der Tropenwälder ist bereits schwer geschädigt oder zerstört. Alle drei Minuten wird eine Regenwaldfläche von einer Million Quadratmetern vernichtet. Gleichzeitig stirbt eine Tier- oder Pflanzenart aus. 99 Prozent des Tropenholzes wird im Raubbau gewonnen. Lediglich ein Prozent stammt aus kontrolliertem, naturverträglichem Anbau. Mit einem Anteil von fast fünf Millionen Hektar jährlich ist der kommerzielle Holzeinschlag – neben der Brandrodung riesiger Flächen zur Gewinnung von Weideland und gigantischen Erschließungsprojekten – für die Vernichtung tropischer Regenwälder mitverantwortlich. Der in Millionen Jahren entstandene Regenwald wurde in weniger als 40 Jahren zu über 50 Prozent unwiederbringlich zerstört. Wenn man nicht sofort handelt, wird es bald keinen Tropenwald und damit keine lebensnotwendigen »grünen Lungen« auf unserer Erde mehr geben.

Ein Zusatzvotum des Tropenwaldberichts des Deutschen Bundestages trägt den Titel »Vorsorge zum Schutz der Erdatmosphäre« und beinhaltet den wichtigen Satz: »Wer die Ursachen der Zerstörung der tropischen Wälder untersuchen will, muß darauf gefaßt sein, daß er sich selber als Verantwortlichen erkennt.«

Was der deutsche Häuslesbauer – vielleicht unbewußt – durch die Verwendung von Tropenhölzern im Ökosystem anrichtet, ist kaum vorstellbar. In Deutschland zählt man auf einem Hektar Waldfläche maximal 60 verschiedene Baumarten. Im Amazonas dagegen sind es über 500. Man schätzt, daß es in ganz Europa etwa 3000 Blütenpflanzen gibt, während es im amazonischen Urwald mehr als 50000 sind. Neuere Untersuchungen haben ergeben, daß in einer einzigen Baumkrone im Regenwald Hunderte von Käferarten leben. Man geht davon aus, daß in den Tropenwäldern insgesamt zwanzig- bis vierzigmal so viele Tierarten leben wie auf der restlichen Erde zusammengenommen. Gerade dieser Artenreichtum, die Vielzahl der komplizierten Lebensgemeinschaften zwischen Tieren und Pflanzen kennzeichnen den Reichtum der Regenwälder. Hier liegt auch der Ursprung für die

Entstehung des gleichmäßigen Weltklimas. Regelmäßige Niederschläge haben den immergrünen Tropenwäldern ihren Namen gegeben. Um die Lebensbedingungen zu erhalten, sorgt der Regenwald selbst für die lebensnotwendigen Niederschläge. Wenn dicke Regenwolken über die Tropenwälder ziehen, verdunstet ca. ein Viertel des herunterströmenden Regenwassers durch die Sonneneinstrahlung, um anschließend wieder als Regen herabzufallen. Die Hälfte des Regenwassers wird durch die riesige Pflanzenmenge aufgenommen und anschließend wieder in die Luft abgegeben. Diesen Vorgang nennt man Transpiration. Durch die abgegebene Feuchtigkeit wird der Regenwald immer wieder aufs neue kräftig bewässert. Nur ein Viertel der Niederschläge fließt im Boden ab. Auf diese Weise gehen große Mengen des Regenwassers, z.B. auf dem Weg vom Atlantik zu den Anden, mehrere Male über dem Amazonaswald nieder. Genauso gut funktioniert die Versorgung mit lebensnotwendigen Nährstoffen. Durch den vielen Regen geht das Wachstum viel schneller vor sich als in unseren Regionen und damit verbunden auch das viel schnellere Absterben großer Massen von Pflanzenteilen. Abgestorbene Blätter, die auf den Boden fallen, werden innerhalb von nur neun Monaten vollständig zersetzt. Durch das dichte und flache Netzwerk der Baumwurzeln werden, mit Hilfe von Millionen von Bodenpilzen, die bei der Verwitterung freiwerdenden Stoffe perfekt gefiltert und aufgefangen, so daß das abfließende Regenwasser erheblich nährstoffärmer ist als das Wasser der Niederschläge. Auch der Boden von Regenwäldern ist somit, im Gegensatz zu europäischen Wäldern, nährstoffarm und eigentlich unfruchtbar. Daher wird dieses ökologische System durch gewaltsame Eingriffe des Menschen besonders empfindlich gestört. Durch Baumfällarbeiten wird das geschlossene Blattwerk auf größeren Flächen geöffnet, so daß die Sonnenstrahlen bis auf den Waldboden dringen. Der komplizierte ökologische Kreislauf bricht zusammen, der Boden wird ausgeschwemmt. Wenn die Kahlflächen immer größer werden, wird der Wasserkreislauf gestört. Das hat eine regionale Klimaveränderung zur Folge, die sich vor allem durch lange Trockenzeiten bemerkbar macht. Aus dem fruchtbaren Regenwald wird eine karge Steppenlandschaft. Dadurch werden die klimatischen Bedingungen für das Wetter unserer Erde Stück für Stück verschlechtert.

Die Holzverschwendung beim Baumfällen ist ökologisch nicht zu vertreten. 50 Prozent eines Baums (Äste und Baumkronen) werden ungenutzt am Einschlagsort zurückgelassen. 10 Prozent bleiben beim Zersägen der Stämme liegen. Bei der weiteren Verarbeitung im Sägewerk gehen weitere 30 Prozent des wertvollen Holzes verloren. Nur ungefähr 10 Prozent der Urwaldriesen erreichen den Verbraucher.

Da der Absatz von Tropenholz in Deutschland kontinuierlich zurückgeht, wirbt die Holzindustrie jetzt auch noch vermehrt mit falschen Argumenten dafür. Sie täuscht den Verbrauchern vor, daß beim selektiven Baumfällen das Ökosystem des Tropenwaldes nicht mehr geschädigt wird und durch den

Kauf von Tropenholz neue Arbeitsplätze bei den Ureinwohnern geschaffen werden. Leider hat sich in den letzten beiden Jahrzehnten gezeigt, daß 30 bis 40 Prozent des gesamten Waldes zerstört werden, selbst wenn pro Hektar Regenwald nur zwei Bäume gefällt werden. Bei einem intensiveren Holzeinschlag von drei bis zehn Bäumen pro Hektar können auf Anhieb bis zu 70 Prozent des Waldes zerstört werden. Die Ursache dafür ist, daß für das Roden von einzelnen Bäumen breite Schneisen in die von Menschen bisher unberührten Urwaldgebiete geschlagen werden. Allein die Schäden, die durch das Anlegen von Straßen und Feldschneisen entstehen, führen schon zu einer Entwaldung der Bodenfläche von 20 bis 30 Prozent. In Südostasien wurde ermittelt, daß bei selektiven, also sogenannten schonenden Baumfällarbeiten die Schädigung des betroffenen Urwaldgebietes im Durchschnitt bei über 50 Prozent lag. Das zweite Argument, mit dem Kauf von Tropenholz würde man die Arbeitsplätze der Menschen in den Urwaldgebieten erhalten, ist genauso falsch. Den Hunger in den Dritte-Welt-Ländern kann man unter keinen Umständen mit dem Kauf von Tropenholz verhindern. Richtig ist, daß man für die kurze Zeit des Abholzens der Tropenwälder tatsächlich neue Arbeitsplätze schafft. Die unwiederbringliche Zerstörung des Urwalds läßt die Menschen ihre Arbeit aber schnell wieder verlieren und oft auch ihre Ernährungsgrundlage, die der Urwald ihnen früher geliefert hat.

Es gibt nur wenige Länder, in denen der Verkauf von Tropenholz mehr als fünf Prozent der Deviseneinnahmen ausmacht. Der Anteil von Steuern und Abgaben der Holzhändler ist noch wesentlich geringer. Bei der derzeitigen Zerstörungsrate wird der Wald spätestens in zehn Jahren vernichtet sein. Dann werden die Holzfäller und Hilfsarbeiter arbeitslos sein, und die traditionellen Waldvölker, die bislang von den Produkten des Waldes lebten, werden in die Slums der Städte ziehen.

An der Elfenbeinküste ist die Waldzerstörung derart expandiert, daß der Bestand heute bereits auf ein Zehntel seiner ursprünglichen Größe geschrumpft ist. In Ghana sind über 90 Prozent der Wälder abgeholzt. Sie sind in Brachland umgewandelt worden, und auch die letzten Primärwälder sind verschwunden. In Nigeria ist die Tropenwaldzerstörung so weit fortgeschritten, daß bereits mehr Holz aus dem Ausland eingeführt wird, als man selbst noch in der Lage ist zu exportieren. In den bisherigen Hauptexportgebieten wie Thailand oder der Elfenbeinküste haben die Folgen der Holzwirtschaft zu katastrophalen ökologischen und ökonomischen Konsequenzen geführt. Die Waldbestände dieser Länder mit all ihren nutzbaren Produkten und ihrer wichtigen Funktion für das regionale Klima und den Wasserhaushalt sind infolge einer hemmungslosen Exportpolitik vollständig verschwunden. Nur noch wenige Jahre wird es dauern, bis auch der Tropenwaldbestand in Indonesien, Laos, Myanmar (Birma), Kambodscha und auf den Philippinen restlos vernichtet ist. In Papua-Neuguinea wird die Ausbeutung am radikalsten betrieben. Hier verarbeitet man riesige Regenwaldflächen nicht nur zu Vollholzmöbeln, Vesperbrettchen oder Fensterrahmen; das Tropenholz wird noch mehr zweckentfremdet: Riesige Fabrikanlagen zerkleinern innerhalb von sieben Sekunden einen Urwaldriesen zu Holzschnitzeln, um für die westlichen Länder Verpackungsmaterial herzustellen, das anschließend sofort wieder als Müll vernichtet wird.

Die Philippinen, Vietnam, Kambodscha und Indien sind schon so abgeholzt, daß der Holzhandel für die Wirtschaft so gut wie keine Rolle mehr spielt. Indien muß heute, weil es seinen eigenen Regenwald vernichtet hat, Holz in großen Mengen einführen. Mit welchen Mitteln gearbeitet wird, damit Tropenholz in deutsche Häuser eingebaut werden kann, zeigt ein Bericht der unabhängigen Barnett-Kommission aus Papua-Neuguinea: »Man kann ohne Übertreibung von einigen Unternehmen sagen, daß sie mit der Arroganz von Gummibaronen durch die Lande ziehen, Politiker und andere Führungspersonen bestechen, sozialen Unfrieden verbreiten und Gesetze mißachten, zu dem Zweck, die letzten Reste der wertvollen Holzbestände in der Provinz unter Kontrolle zu bekommen, abzuholzen und ins Ausland zu verschiffen. Diese Unternehmen führen die Landbesitzer hinters Licht und bedienen sich dabei korrupter, leichtgläubiger und gewissenloser Politiker.«

Ein → Umweltzeichen soll in Deutschland für Tropenhölzer eingeführt werden. Der Verband Deutscher Holzeinfuhrhäuser (VDH) gab bekannt, daß er zum rationellen Schutz- und Nutzgedanken von Tropenholz eine Initiative ergreifen werde und in diesem Sinne weltweit auch missionarisch tätig werden wolle. Mit dem Umweltengel sollen Tropenhölzer ausgezeichnet werden, die nur in neu aufgeforsteten Gebieten geschlagen werden, in denen der Urwald vorher bereits Wüste geworden war. Diese Auszeichnung ist zwar wertvoll, aber aufgrund der langen und energieaufwendigen Transporte nach Europa ist diese Art von Holzwirtschaft ökologisch nicht vertretbar. Urwald als Forstwald zu kultivieren, ist faktisch nicht möglich, da das Wort »Urwald« ja unberührte Natur mit einer riesigen Artenvielfalt bezeichnet. Wenn Tropenholz in Forstwäldern entsteht und den Preisen der einheimischen Hölzer angepaßt wird, muß es zwangsläufig zu einem fast unbezahlbaren Luxusartikel werden. Heute ist Tropenholz nur deshalb konkurrenzfähig, weil es in Billigländern gerodet wird. Trotz des riesigen Energieaufwands für Tausende von Kilometern Transportweg erzielt man immer noch größere Verkaufserlöse als bei einheimischen Hölzern. So ist ein Meranti-Stamm aus Malaysia nach seiner Reise um die halbe Welt paradoxerweise immer noch billiger als eine Buche aus dem Wald direkt vor unserer Haustür.

Dank der vielen Umweltinitiativen ist die Nachfrage nach heimischen Hölzern in Deutschland stark angestiegen. Neue Verarbeitungstechniken haben zudem die Verwendbarkeit vieler heimischer Hölzer deutlich erhöht. So eignen sich für den Fensterbau nicht nur die Lärche und Robinie, sondern auch schichtverleimte, preislich günstige Hölzer aus Kiefer und Fichte. Die Weltbank schätzt, daß der Tropenholzhandel im Jahr 2000 von jetzt acht

Milliarden Dollar Gesamtwert auf unter zwei Milliarden zurückgehen wird, weil die Wälder erschöpft sind. Daher hat Thailand als erstes Land der Welt ein völliges Abholzverbot erlassen.

Viele Privatpersonen, Institutionen, Firmen, Gemeinden, Städte und Landesregierungen haben mittlerweile die Wichtigkeit des Schutzes der Tropenwälder erkannt und zum Boykott von Tropenholz aufgerufen, z.B. Schleswig-Holstein, Hamburg, Berlin, Bremen, Hessen, Saarland und Rheinland-Pfalz.

Baubiologische Bewertung

Am leichtesten kann man Tropenholz an seinem Namen erkennen. Während die einheimischen Holzarten uns fast alle bekannt sind, handelt es sich bei den unbekannten Bezeichnungen fast immer um Tropenholz. Nicht selten verbirgt sich Tropenholz auch hinter Bezeichnungen wie Rotholz oder Massivholz. Schwieriger wird es schon, wenn es etwa im Möbelbau als Innenfurnier verwendet wird. Klappen Sie daher beim Möbelkauf auch die Schranktüren auf. Tropenholz zeichnet sich meistens durch eine schwache, geradlinige und astfreie Maserung aus. Lassen Sie sich grundsätzlich beim Kauf von Holzgegenständen bestätigen, daß Ihr Einkauf tropenholzfrei ist, denn jedes Sperrholz aus Tropenholz, jeder Fensterrahmen aus Meranti und jede Parkbank aus Bongossi zerstört unwiederbringlich einen Teil des für die Erde so wichtigen Tropenwaldes.

Die deutsche Forstwirtschaft wartet geradezu darauf, endlich die großen Bestände der Wälder ökologisch und produktiv nutzen zu können. So werden schon bald nicht nur Fichte und Kiefer, sondern auch die anderen Holzarten wie Ahorn, Birke, Buche, Pappel, Robinie, Ulme und viele andere preisgünstiger sein als das mit Recht in Verruf gekommene Tropenholz.

U

Umkehrosmose

Bei der Umkehrosmose wird Trinkwasser erst durch einen Sediment-, dann durch einen → Aktivkohlefilter und anschließend mit normalem Leitungswasserdruck durch eine nur einseitig durchlässige Membran aus Edelstahl gedrückt. Das Prinzip der Umkehrosmose entspricht dem natürlichen Entgiftungs- und Schutzsystem von Zellmembranen im menschlichen Körper. Im einseitig verlaufenden Diffusionsvorgang werden nahezu sämtliche Schadstoffe, Viren und Bakterien an mikroskopisch kleinen Filteröffnungen (kleiner als 0,0001 Mikron) festgehalten. Nur reines Wasser kann die winzigen Öffnungen der Filtermembran durchdringen. Bakterien haben eine Größe von 0,4–1,0 Mikron, und Viren haben eine Größe von 0,02–0,4 Mikron. Damit die Schadstoffe die Membran nicht verstopfen, wird Leitungswasser hinzugeführt, das die Verunreinigungen permanent wegspült. Die Wasserfilterung durch Umkehrosmose wurde entwickelt, weil immer mehr Mediziner eine Übermineralisierung des modernen Menschen erkannt haben. Die unterschiedliche Verwertung von organischen und anorganischen Mineralsalzen im menschlichen Körper wird in den modernen Ernährungswissenschaften noch nicht ausreichend berücksichtigt. Anorganische Mineralstoffe sind vom Organismus praktisch nicht verwertbar. Sie können sogar belastend wirken, da sie sich an Cholesterinkristallen anlagern und dadurch in den Gefäßen zu Verengungen führen können. Immer mehr Mediziner befürchten, daß dadurch im Laufe von Jahren Funktionsstörungen der Nieren, Steinbildungen und Durchblutungsstörungen entstehen. Umstritten ist allerdings, ob solche Verengungen der Gefäße zu Schlaganfällen und Herzinfarkten führen können. Die pharmazeutische Industrie hat die Problematik seit langem erkannt und bindet deshalb Mineralien an Oratat, Gluconat, Citrat und weitere organische Stoffe. Dadurch wird der eingenommene Mineralstoff (z. B. Magnesium) auch wirklich in das Gewebe eingebaut (gute Bioverfügbarkeit). Da das Trinkwasser nach neueren Erkenntnissen dem Körper in erster Linie als Reinigungs- und Lösemittel dient, muß es so frei wie möglich von Schad- und Mineralstoffen sein. Je reiner und mineralstoffärmer das Trinkwasser ist, desto höher ist sein Widerstandswert. Normales Leitungswasser weist einen Rho-Wert (Widerstandswert) von ca. 1500–2500 Ohm auf, das bedeutet, daß der Gehalt an Mineralien, also an stromleitenden Elektrolyten, sehr hoch ist. Reines Trinkwasser dagegen, das durch eine Umkehrosmoseanlage gefiltert wurde, hat Widerstandswerte von über 6 000 Ohm und damit einen optimalen Reinigungswert für den menschlichen Organismus; es ist praktisch mineralstofffrei. Das Umkehrosmoseverfahren ist in vielen Bereichen seit langem unentbehrlich, z. B. bei der Lebensmittelherstellung, in der Pharmaindustrie, der Dialyse (Blutwäsche), der Trinkwasseraufbereitung, der Raumfahrt oder bei Meerwasser-Entsalzungsanlagen.

Baubiologische Bewertung
Mit Hilfe der Umkehrosmose erhält man die beste Trinkwasserqualität, die man bisher mit technischen Mitteln erzielen kann. Sämtliche Verunreinigungen sowie Pestizide, → Dioxine, radioaktive Stoffe und Mineralien werden zu 98 Prozent aus dem Trinkwasser herausgefiltert.

Umkehrosmosegeräte für einen Drei-Personen-Haushalt kosten in der Regel zwischen DM 1 200,– und DM 2 200,–. Da sie das Wasser nicht nur keimfrei und fast vollständig rückstandsfrei filtern, benötigt man auch keinerlei Entkalkungsmittel mehr. Das Wasser ist so klar und rein, daß selbst beim Scheibenputzen keine Kalkrückstände mehr sichtbar sind. Der Bedienungs- und Wartungsaufwand ist bei Umkehrosmosegeräten nur gering. Insgesamt sind sie ökologisch und baubiologisch sehr zu empfehlen. → Wasser, → Wasserentkalkung, → Aktivkohlefilter, → Destilliergeräte.

Umweltzeichen

Das bekannteste Umweltzeichen ist der Blaue Engel, der 1977 in der BRD als »Umweltengel« eingeführt wurde. Die damals zuständigen Minister für Umweltschutz des Bundes und der einzelnen Länder wollten damit umweltfreundliche Produkte auszeichnen. Die Vergabekriterien wurden erarbeitet vom Deutschen Institut für Gütesicherung und Kennzeichnung (RAL), dem Umweltbundesamt und dem jeweiligen Bundesamt, in dem das zur Auszeichnung bestimmte Produkt hergestellt wird. Die Entscheidung, ob ein Produkt mit dem Blauen Engel gekennzeichnet wird, obliegt der Jury Umweltzeichen. Die Jury besteht aus Personen der verschiedensten Gesellschaftsbereiche und wird für drei Jahre vom Bundesministerium für Umwelt eingesetzt. Bis 1991 wurden über 3 600 Produkte ausgezeichnet, die sich gegenüber ihrer früheren Zusammensetzung ökologisch gesehen verbessert haben. Die Vergabe beruht also allein auf diesem Vergleich, nicht aber auf Umweltfreundlichkeit, Ungiftigkeit oder gesundheitlichen Kriterien. Vollkommen unschädliche, die Umwelt nicht belastende Produkte erhalten somit keinen Blauen Engel, weil sie sich aufgrund ihrer hervorragenden umweltfreundlichen Eigenschaften ja nicht mehr verbessern können. So erhält ein elektrischer Rasenmäher z. B. die Auszeichnung, weil er geräuscharm ist, obwohl er mit Elektrizität angetrieben wird, die umweltfeindlich unter hohen Energieverlusten hergestellt wird. Ein Handrasenmäher dagegen, der die Umwelt nicht belastet, erhält diese Auszeichnung nicht, da seine positiven Umwelteigenschaften nicht mehr verbessert werden können. Ein Auto, das grundsätzlich umweltschädigend ist, kann ausgezeichnet werden, weil aufgrund eines eingebauten Katalysators der Schadstoffausstoß reduziert ist. Ein Fahrrad dagegen erhält keine Auszeichnung, da seine unschädliche Antriebsart nicht mehr verbessert werden kann.

Weil das Umweltzeichen nicht hält, was es verspricht und Umweltfreundlichkeit vorgetäuscht wurde, kam es zu einem Prozeß. Ausschlaggebend hierfür war, daß eine Waschmittelfirma bei ihrem neuen Produkt den Anteil von umweltbelastenden synthetischen Tensiden reduziert hatte und daher mit dem Blauen Engel ausgezeichnet werden sollte, der damals noch die Inschrift »Umweltfreundlich, weil . . .« trug. Das Landgericht Düsseldorf stellte 1986 fest, daß die Produkte mit dem Umweltzeichen ausgezeichnet werden, weil sie umweltfreundlicher sind als vorher, aber nicht, weil sie an sich umweltfreundlich sind. Daraufhin wurde die Auszeichnung des Blauen Engels geändert. Anstelle von »Umweltfreundlich, weil . . .« heißt es heute »Umweltzeichen, weil . . .«.

Das ursprünglich als Verkaufshilfe für den Verbraucher gedachte Umweltzeichen ist aber nach wie vor irreführend. Am bedenklichsten kann sich die Auszeichnung bei → Farben und Lacken auswirken. Ungefähr 1000 Farb- oder Lackprodukte wurden ausgezeichnet. Der Verbraucher geht heute immer noch davon aus, daß er eine gesundheitlich unbedenkliche Farbe kauft, wenn sie mit dem Blauen Engel ausgezeichnet ist. Diese Fehleinschätzung kann, besonders wenn die Farbe in Wohn- und Schlafräumen verwendet wird, zu ernsthaften Vergiftungserscheinungen und Krankheiten führen. Der Begleittext zum Blauen Engel auf Farbdosen lautet: »Umweltzeichen, weil schadstoffarm«. Schadstoffarme Lacke mit dieser Auszeichnung führen auch eine offizielle Listennummer mit dem Zeichen RAL-UZ (Umweltzeichen) 12a. Da es sich bei den ausgezeichneten Lacken und Farben nur um Produkte der Chemieindustrie handelt, sind sie grundsätzlich umwelt- und gesundheitsschädigend.

Der Umweltengel wird auch für → Spanplatten vergeben, mit der Auszeichnung: »Umweltzeichen, weil arm an Formaldehyd«. Formaldehydarm bedeutet aber, daß das allergieauslösende Lösemittel → Formaldehyd noch enthalten ist. Bei großflächiger Verwendung solcher Produkte in einem Innenraum können sogar die Emissionswerte der Schadstoffklasse E1 überschritten werden, so daß akute Gesundheitsgefährdungen für die Bewohner entstehen können. Besonders im Baubereich ist die Palette von toxischen chemischen Produkten, die mit dem Blauen Engel ausgezeichnet worden sind, sehr groß.

Die Jury Umweltzeichen hat 1994 neue Kriterien für die Auszeichnung von Computern ausgearbeitet, die nur zwei Jahre gelten. Danach muß die Herstellerfirma erneut nachweisen, daß sie die Kriterien noch erfüllt. Diese Computerauszeichnung ist sehr sinnvoll, da die jährliche Schrottmenge hier zwischen 7500 und 10000 Tonnen beträgt. Durch technische Innovationen wird die Lebensdauer von PC-Geräten immer kürzer, so daß ein neuer PC mittlerweile innerhalb von zwei bis vier Jahren veraltet ist. Durch die strengen Kriterien für den Erhalt des Blauen Engels werden die Computerhersteller nun gezwungen, ihre Anlagen tatsächlich umweltfreundlicher auszustatten. Die Geräte müssen folgende Punkte erfüllen:

- Die Lebenserwartung eines Computers muß verlängert werden, daher muß er modular aufgebaut sein, so daß Erweiterungen und Reparaturen langfristig möglich sind.
- PCs müssen recycelbar sein und dürfen daher keine unlösbaren Verbindungen unterschiedlicher Werkstoffe aufweisen; die Werkstoffvielfalt muß eingeschränkt werden.
- Die verwendeten Kunststoffe dürfen kein → Cadmium und kein → Blei enthalten. Eine Ausnahme gilt für Kleinstteile mit einem Gewicht unter 25 Gramm.
- Als Flammschutzmittel dürfen keine hochtoxischen Chlorparaffine oder polybromierte Biphenyle eingesetzt werden.
- PC-Geräte inklusive Monitor müssen, vor allem im Ruhestand, energiesparender arbeiten.
- → Elektromagnetische Wechselfelder bei Monitoren müssen der schwedischen Norm MPR entsprechen.
- Lärmemissionen beim Betrieb von PC-Geräten müssen eingeschränkt werden.
- Die Hersteller müssen sich verpflichten, Altgeräte zurückzunehmen.

Ein europaweites Umweltzeichen ist im März 1992 durch den EG-Rat (jetzt EU-Rat) beschlossen worden. Das EU-Umweltzeichen setzt erheblich verbesserte Umweltkriterien gegenüber dem Blauen Engel voraus, da es nicht vergleicht, sondern die auszuzeichnenden Produkte in ihrem gesamten Lebenszyklus bewertet. Nach einem Punktesystem werden die Stärken und Schwächen des jeweiligen Produkts ökologisch bewertet. Die Kriterienkataloge werden in Produktgruppen eingeteilt und schreiben einen Mindeststandard der Einzelprodukte vor. Da die einzelnen EU-Länder einen sehr unterschiedlichen Umweltstandard haben, werden wohl die sehr hoch angesetzten Umweltkriterien zugunsten der diesbezüglich noch nicht soweit entwickelten Länder wieder gesenkt werden müssen.

Das bekannteste nichtstaatliche Umweltzeichen in Deutschland ist der Grüne Punkt, der durch die »Duales System Deutschland GmbH« vergeben wird. Er ist als Rücknahme- und Verwertungsgarantie gedacht. Die Auszeichnung hat dabei keinerlei Aussagefähigkeit über umweltschädigende Auswirkungen, über Giftigkeit oder gesundheitliche Beeinträchtigungen des

Produkts. Der Grüne Punkt bezieht sich allein auf die Möglichkeit, die ausgezeichneten Produkte einem Recyclingverfahren zu unterziehen. Dieses sehr umstrittene Umweltzeichen verhindert die Müllentstehung nicht, sondern ist sogar als umweltfeindlich zu bewerten, da es Verpackungsabfälle verwaltungstechnisch fördert. Eine Auszeichnung sollten nur Produkte erhalten, die Müll oder Abfall gar nicht erst entstehen lassen und damit ein energieaufwendiges und umweltzerstörendes Recycling überflüssig machen.

Baubiologische Bewertung
Mit dem Umweltengel ausgezeichnete Produkte sind zwar umweltfreundlicher als nicht ausgezeichnete Altprodukte, aber grundsätzlich immer gesundheitlich und ökologisch als kritisch zu bezeichnen. Daher ist es etwas umweltfreundlicher und weniger gesundheitsschädlich, Lacke und Farben von der Chemieindustrie zu verwenden, die mit dem Umweltengel ausgezeichnet worden sind. Wirklich unschädlich für Natur und Gesundheit ist es aber, Pflanzen- beziehungsweise → Naturfarben zu verwenden (sie sind mit keinem Umweltengel ausgezeichnet), die keine chemischen Zusätze beinhalten.

V

Vollspektrumleuchten

Im Gegensatz zu → Leuchtstoffröhren oder → Energiesparlampen tritt bei Vollspektrumleuchten kein stroboskopischer (Flimmer-)Effekt auf. Durch Gleichschalten eines Vorschaltgerätes wird das Licht über Gleichstrom flimmerfrei produziert. Durch eine bestimmte Mischung von Leuchtstoffen wird ein Lichtspektrum geschaffen, das zu mehr als zwei Dritteln dem natürlichen Licht entspricht. Anstelle von normalem Fensterglas wird ein spezielles Quarzglas für die Glasröhren verwendet, das einen gewissen Anteil an UV-Strahlen durchdringen läßt. In den letzten Jahrzehnten ist die große Bedeutung des natürlichen Farbspektrums erkannt worden, da Büromenschen, die bei künstlichem Licht arbeiten, häufig unter Befindlichkeitsstörungen leiden. Vollspektrumlampen werden mittlerweile vermehrt für Therapiezwecke eingesetzt. Besonders in den USA werden sie häufig in öffentlichen Gebäuden, vor allem in Schulen und Kindergärten, verwendet. Für spezielle Therapiezwecke werden Vollspektrumleuchten mit Gleichstrommotoren ausgerüstet, die das Farbspektrum dem Wechsel des Tageslichts genau anpassen: Morgens strahlen sie kältere Farbtöne aus, die über eine Zumischung von Gelb zur Mittagszeit und rötlichen Farbtönen zum Abend verändert werden.

Baubiologische Bewertung
Vollspektrumlampen bieten die beste Möglichkeit, → Kunstlicht mit möglichst vielen naturnahen Spektralfarben zu erzeugen. Besonders für Büroräume und Arbeitszimmer sind Vollspektrumleuchten sehr gut geeignet und allen anderen Leuchtmitteln vorzuziehen. → Elektrosmog.

Vorratskeller

Eine dauerhafte Lagerhaltung ist in modernen Häusern mit Kellern, bei denen Wände, Decken und Böden aus Stahlbeton bestehen, nur sehr schwer möglich. Obst und Gemüse benötigen für eine gute Lagerung ein natürliches Mikroklima, das nur in Kellerräumen vorkommt, bei denen die Umfassungsmaterialien offenporig und dampfdiffusionsdurchlässig sind sowie feuchtigkeitspuffernde und damit atmungsaktive Eigenschaften aufweisen. → Beton, als verhältnismäßig dichter Baustoff, der dampfbremsende Eigenschaften hat, kann kein natürliches Raumklima mit einer ausgeglichenen Raumluftfeuchtigkeit erzeugen. Nur Mauerwerk ohne künstliche Zusätze kann das ideale Mikroklima entstehen lassen. Der Kellerboden sollte aus einer Lage von mindestens 30 Zentimetern Kalksplit bestehen, auf dem in einem Sandbett ungebrannte Tonziegel (→ Ziegelsteine) verlegt werden. Für die Wände kann man porosierte Tonziegel oder → Kalksandsteine verwenden. Für die Decke eignet sich am besten eine Ziegel-Hohlkörperdecke. Wände und Dekken sollte man mit einem → Kalkputz versehen. Jährlich sollte der Kalkputz neu mit reiner → Kalkfarbe ohne chemische Zusätze gestrichen werden. → Kalk hat sehr gute keimtötende Eigenschaften, die eventuellen Fäulnisbakterien, die bei der Lagerung auftreten können, entgegenwirken. Sehr gut geeignet für den Kellerboden ist auch gestampfter → Lehm.

Je tiefer der Vorratskeller im Boden eingebettet ist, desto konstanter können Raumtemperatur und Luftfeuchtigkeit gehalten werden. Ein gut funktionierender Vorratskeller sollte in trockenem Erdreich erstellt werden, so daß keine wasserführenden Erdschichten das Mauerwerk durchfeuchten. Der Boden muß mindestens 50 Zentimeter über dem Grundwasserspiegel liegen, damit er bei Schwankungen durch starke Regenfälle oder Schneeschmelze kein Wasser ziehen kann. Dampfdichte Abdichtungen der Außenwände, die auf feuchtem Baugrund stehen, bewirken Feuchtigkeitsstauungen im Außenmauerwerk, die den notwendigen Ausgleich der Luftfeuchtigkeit stark einschränken. Der Vorratskeller sollte möglichst an der Nordseite eines Hauses angebracht sein, um eine intensive Sonneneinstrahlung und damit große Temperaturschwankungen zu vermeiden. Für eine Dauerbelüftung ist auch im Winter bei großer Kälte zu sorgen. Dafür sollten Wandöffnungen nach Möglichkeit direkt über dem Bodenbelag angebracht werden, die über einen langen Lichtschacht nach oben für eine gleichmäßige Belüftung sorgen können. Die Lüftungsöffnungen sollten nur mit Fliegendraht und nie durch dicht schließende Fenster verschlossen werden.

- Obst und Kartoffeln sollte man nach Möglichkeit in getrennten Kellerräumen lagern, da sie sehr unterschiedliche Ausdünstungen abgeben und sich dadurch das Mikroklima der Innenraumluft negativ auf die Haltbarkeit auswirkt.
- Die besten Voraussetzungen für eine natürliche und lange Lagerung sind in einem reinen Erdkeller gegeben, dessen Innenseiten komplett mit Lehmziegeln ausgekleidet sind.
- Unreifes Obst ist haltbarer als reifes.
- Am haltbarsten sind Obst und Gemüse im Winter.
- Gemüse mit Schlagstellen sowie überreifes oder beschädigtes Obst sollten überhaupt nicht gelagert werden, da der Fäulnisprozeß dadurch erheblich beschleunigt wird. Meistens hat er an den beschädigten Stellen schon eingesetzt und breitet sich schnell über die ganze Frucht aus.

- Dunkelheit ohne den geringsten Lichteinfall ist eine weitere Voraussetzung für eine optimale Lagerung von Obst und Gemüse. Lichteinfall beschleunigt den Fäulnisprozeß.
- Höhere Temperaturen beschleunigen den Fäulnisprozeß. Schwankende Temperaturen beschleunigen ihn ebenfalls, wobei schwankende niedrige Temperaturen die Haltbarkeit mehr beeinträchtigen als gleichbleibende höhere.

Vorratsraum

Zu einer gut funktionierenden Küche gehört ein Vorratsraum, der direkt von ihr aus zugänglich ist. Der Vorratsraum sollte sich an der Nordseite des Hauses befinden. Er sollte keine Fenster haben und über Öffnungen in der nördlichen Außenwand belüftet werden. Es empfiehlt sich, jeweils zwei Öffnungen direkt über dem Boden und unterhalb der Decke mit einem Durchmesser von ca. zehn Zentimetern auszuführen. Diese werden dann mit feinmaschigem Fliegendraht von innen abgedeckt und bleiben das ganze Jahr über geöffnet. Da im Vorratsraum, im Gegensatz zum → Vorratskeller, Lebensmittel, vor allem Obst und Gemüse, nur kurzfristig gelagert werden, kann seine Grundfläche sehr klein gehalten werden. An sämtlichen Wänden sollte man offene Regale aus naturbelassenem Vollholz anbringen. Die Stärke der Mauern sollte mindestens 36 Zentimeter betragen, als Material empfiehlt sich porosierter → Ziegel- oder → Kalksandstein. Wichtig ist außerdem, daß die Tür zur Küche dicht abschließt und so klein wie möglich ist, damit nicht unnötig viel warme Küchenluft beim Öffnen in den Vorratsraum dringt. Für eine optimale Dämmung sollte die Tür aus mehreren unbehandelten Vollholzschichten bestehen. Für den Boden empfehlen sich unglasierte Ziegelsteine, Wände und Decken werden mit einem mindestens zwei Zentimeter starken → Kalkputz ohne chemische Zusatzmittel versehen. Jährlich sollten sie mit reiner → Kalkfarbe ohne Zusätze gestrichen werden, da → Kalk hervorragende keimtötende Eigenschaften hat. Angesichts der kleinen Fläche eines Vorratsraumes ist es ganz besonders wichtig, daß sämtliche Baumaterialien feuchtigkeits- und wärmeregulierende Eigenschaften aufweisen, damit die Innenraumluft nur geringen Temperaturschwankungen und Feuchtigkeitsunterschieden ausgesetzt wird. So sind z. B. Stahlbetonwände (→ Beton), die dampfsperrende Eigenschaften haben, denkbar ungeeignet.

Baubiologische Bewertung
Für eine optimale Lagerung müssen schwankende und zu hohe Temperaturen im Vorratsraum vermieden werden, und der Lichteinfall sollte auf ein Minimum reduziert werden. Die Tür sollte man immer geschlossen halten, damit kein unnötiger Luftaustausch mit der Küchenluft stattfinden kann.

W

Wandfarben

→ Kunstharz-Dispersionsfarben sollten aus gesundheitlichen und ökologischen Gründen nicht verwendet werden. Bei ihrer Herstellung entsteht eine hohe Umweltbelastung, die Entsorgung ist ebenfalls problematisch, da die Farbreste nicht ins Abwasser gelangen dürfen und als Sondermüll aufwendig entsorgt werden müssen.

→ Naturharz-Dispersionsfarben sind nur im Innenbereich anwendbar und stellen als reines Naturprodukt – ohne Zusätze von Isoalipaten – die qualitativ hochwertigste und gesundheitlich unbedenklichste Alternative zu Kunstharz-Dispersionsfarben dar.

→ Silikatfarben sind für den Außenbereich qualitativ am hochwertigsten, weil sie den längsten Schutz für die Außenhaut von mineralischen → Putzen bieten. Zwar sind Silikatfarben lösemittelfrei, doch können in Dispersionssilikatfarben bis zu fünf Prozent Kunstharze gebunden sein. Hier sollte man besser auf die reinen kristallinen Silikatfarben zurückgreifen.

→ Kalkfarben sind nur für den Innenbereich zu verwenden. Sie sind biologisch am wertvollsten, da sie keimtötende und desinfizierende Eigenschaften aufweisen.

→ Kaseinfarben sind nur für den Innenbereich nutzbar. Wenn keine giftigen Konservierungsmittel zugesetzt werden, sind sie ebenfalls eine hervorragende Alternative zur Kunstharz-Dispersion für den Innenwandanstrich.

Kalk- und Kaseinfarben sind zudem sehr haltbar. Viele Decken- und Wandgemälde in Kirchen und Schlössern haben viele Jahrhunderte den unterschiedlichen Temperatur- und Feuchtigkeitseinflüssen standgehalten. Synthetische Farbe dagegen platzt unter solchen Umständen über kurz oder lang ab.

→ Leimfarben sind ein ökologisch unproblematischer und wirtschaftlicher Wandanstrich für den Innenbereich.

Wärmedämmung

Vor 2000 Jahren wußten die Baumeister bereits, wie ein gesundes Haus zu funktionieren hat. Der Römer Vitruvius schrieb schon ein paar Jahre vor Christi Geburt seinen wichtigsten Kernsatz: »Ein Haus soll den Menschen nicht nur vor Wind und Wetter schützen, sondern es muß auch den Dampf aus der Luft von innen nach außen leiten können.«

Diese für ein gesundes Innenraumklima wichtige Aussage wird bei der modernen Wärmedämmung nicht zur Kenntnis genommen. Ein nach neuesten Erkenntnissen wärmegedämmtes Haus hat einen Thermosflascheneffekt. Die supergedämmte Außenwand verhindert, daß die Wärme von innen nach außen dringt, und sie verhindert genauso, daß die Wärme von außen nach innen dringt. Ein optimal gedämmtes Haus mit Vollwärmeschutz ist heute grundsätzlich mit Kunststoffaserarmierungen und Kunststoffputzen gegen Regen und Feuchtigkeit isoliert. Fensterritzen sind hermetisch versiegelt, Dachkonstruktionen sind luftdicht verschlossen, so daß ein natürlicher Luftaustausch unmöglich ist. Die permanent erzeugte Luftfeuchtigkeit und die Baufeuchte können nicht mehr regelmäßig nach außen transportiert werden. Eine Stahlbetonwand benötigt bis zu fünf Jahren, bis sie abgetrocknet ist. Allein durch die Atmung des Menschen entstehen ca. zwei Kilogramm Wasserdampf pro Tag. Insgesamt bilden sich bei normalem Wohnverhalten durch Kochen, Duschen und Waschen täglich pro Haushalt ca. zwölf Liter Wasser in der Luft. Bei einem vollwärmegedämmten Haus kann dieses täglich anfallende Wasser nur durch vermehrtes Lüften an die Außenluft abgegeben werden. Da bei chemisch hergestellten Volldämmungen die Feuchtigkeit nicht durch das Mauerwerk nach außen dringen kann und besonders im Winter über 90 Prozent der Bevölkerung zuwenig lüften, entstehen bei vielen Neubauten regelrechte Schimmelpilzkolonien (→ Schimmel). In alten, massiven Häusern, mit 30 bis 40 Zentimeter starken Außenmauern, gibt es weder Kunststoffugen noch luftdicht zugestopfte Dach- und Wandanschlüsse. In diesen Häusern, die vor dem Zweiten Weltkrieg gebaut wurden, tritt selbst bei ungenügender Belüftung und zuwenig Heizwärme in der Regel kein Schimmel auf.

Im Zuge der Energiesparmaßnahmen werden folgende, zum Teil regelrecht krank machende Fehler begangen: Es wird zuviel und falsch gedämmt, es wird zuwenig geheizt und es wird fast gar nicht gelüftet.

Mittlerweile kommt die Dämmstoffindustrie allerdings von den jahrzehntelang empfohlenen beidseitigen Dampfsperren bei Ziegeldächern ab. Tausende von Feuchtigkeitsschäden haben gezeigt, daß beidseitige dampfdiffusionsdichte Absperrungen zu gravierenden Mängeln führen können. Im Prinzip ist eine dampfdichte Ummantelung einer Wärmedämmung bei richtiger handwerklicher Ausführung auch nach Jahren noch mängelfrei. Im Zuge der schwierigen Verlegung und aufgrund von notwendigen Bohrungen, Nagellöchern oder auftretenden Rissen werden in der Praxis Dampfsperren an der Innenseite oft beschädigt, so daß Wasserdampf aus der Raumluft in die Dämmatten eindringen kann. Da die Außenseite der Dämmatten ja auch dampfdicht abgesperrt ist, kann die Feuchtigkeit nicht hinausdiffundieren. So sammelt sich im Laufe der Jahre immer mehr Feuchtigkeit in der Dämmatte. Die Dämmeigenschaften werden dadurch immer schlechter, gravierende Bauschäden treten auf. Um eine optimale und DIN-gerechte Winddichtigkeit sowie die von den Herstellern künstlicher Mineralwolldämmstoffe (→ Mineralfasern) gewünschte Dampfsperre zu erhalten, werden zusätzliche Abdichtungsmaßnahmen im Innenbereich durchgeführt. Die wirksamste Methode ist, eine PE-Folie als Dampfsperre auf der Innenseite der Dämmung an der Dachschräge anzubringen. Mit Klebebändern werden die einzelnen Folienbahnen aneinandergeklebt. Bei Anschlüssen an Wände werden sogenannte Kompribänder verwendet, die mit Anpreßleisten luftdicht verschraubt werden. Häufig werden die Anschlüsse von Bauteilen allerdings nur mit Klebebändern abgedichtet, was sehr oft zu Mängeln führt. Die Klebebänder können sich schon nach kurzer Zeit vom Mauerwerk lösen. Dadurch wird nicht nur die Winddichtigkeit, sondern auch die Funktion der Dampfsperre selbst aufgehoben. Feuchtigkeit dringt von unten in die Dämmschichten ein und kann nach oben nicht mehr entweichen, weil ja in der Regel die obere Abdeckung auch aus einer diffusionsdichten Folie besteht. Damit eventuelle Feuchtigkeitsansammlungen in der Wärmedämmschicht nach außen diffundieren können, empfehlen die Mineralfaserhersteller, die obere Abdeckung direkt unter der Dachlattung nicht mehr als Dampfsperre, sondern nur noch als Dampfbremse auszuführen. Baubiologisch sollte dies noch verbessert werden, denn für ein gesundes Raumklima muß erreicht werden, daß die gesamte Dämmkonstruktion beidseitig dampfdiffusionsoffen ist, d. h., daß die Dachdämmung »atmen« kann. Die Wärmedämmabdeckung auf der Innenseite der Dachschräge sollte daher niemals aus einer Dampfsperre, sondern aus einer Dampfbremse bestehen. Sie muß staubdicht angebracht werden, so daß Mineralfaserfeinstäube nicht in die Innenraumluft eindringen können. Die Abdeckung der Oberseite der Wärmedämmung direkt unter den Dachlatten sollte möglichst dampfdiffusionsoffen sein.

In jeder Wärmedämmung und auch in massivem Mauerwerk entsteht aufgrund der auftretenden Temperaturunterschiede ein stetiges Dampfdruckgefälle. Das Luftdruckgefälle verläuft immer von der warmen zur kalten Seite. Im Winter wandert es also von innen nach außen und im Sommer von außen nach innen. Diese Luftdruckdifferenzen bewirken z. B. bei einem offenporigen Ziegelmauerwerk (→ Ziegelsteine) im Winter den wichtigen Abtransport der Luftfeuchtigkeit nach außen. Nichtsdestotrotz ist es notwendig, die Räume mehrmals am Tag gut zu lüften.

Für eine gute Wärmedämmung empfehlen sich grundsätzlich → Dämmstoffe, die einen großen, mit Luft oder Gasen gefüllten Porenanteil haben. Hierbei ist besonders wichtig, daß die Luft »steht«. Sobald eine Luftströmung in Wärmedämmatten entsteht, wird die Dämmeigenschaft erheblich vermindert. Wenn z.B. die oberste Abdeckbahn der Wärmedämmung eines Satteldaches eingerissen oder beschädigt ist, können Luftströmungen entstehen, die einen hohen Wärmeverlust zur Folge haben. Aus diesem Grund müssen Wärmedämmungen – egal ob Matten oder Schüttungen – mit Pappen oder Folien beidseitig gegen Luftströmungen abgeschottet werden. Keinesfalls sollte man das Haus dampfdicht abschotten (Dampfsperre).

In den meisten Fällen kann man auf die Dämmung der Süd- und Westseite eines Hauses verzichten, da die solaren Wärmegewinne hier bei z.B. 36 Zentimeter starken, mit Holzsägemehl porosierten Ziegelsteinen enorm hoch sind. Wenn an kalten Wintertagen die Sonne scheint, werden die äußeren Putzschichten so stark erwärmt, daß ihre Oberflächentemperatur die Temperatur beheizter Innenräume übersteigt. Eine mit → Kalkputz versehene Außenfassde kann Temperaturen von bis zu 50 °C erreichen. Es entsteht ein Wärmestrom von der wärmeren Außenseite durch das Mauerwerk nach innen. Dieser Vorgang dauert bei einer 36 cm starken Wand mehrere Stunden. Wenn die Sonne also mittags die Außenwand erwärmt, erreicht die solare Energie am Abend die Innenseite und gibt ihre Wärme an die Räume ab. Grundsätzlich sollten unbeschattete Süd- und Westwände daher nur aus homogenem (einschichtigem) Mauerwerk ohne zusätzliche Wärmedämmungen erstellt werden. Der Energiegewinn durch die passive Solarenergie der Sonne ist um ein Vielfaches größer als energieaufwendige Maßnahmen zur Herstellung zusätzlicher Wärmedämmschichten. Selbst bei sehr sparsamem Heizen kann die gespeicherte Wärme nachts ein Auskühlen der an Süd- und Westseite gelegenen Räume verhindern.

Um die Solarenergie optimal auszunutzen, sollte man nur schwere, wärmespeicherfähige Materialien wie z.B. Ziegelsteine für die Außenwand verwenden. Leichtbaustoffe erwärmen sich zwar sehr schnell, können die Wärme aber nur schlecht speichern, so daß diese häufig gar nicht bis zur Oberfläche der Innenseite vordringt.

Bei einer Nordwand dagegen ist an kalten Wintertagen die Oberflächentemperatur des → Außenputzes viel niedriger als die Innentemperatur. Daher empfiehlt sich zur Einsparung von Heizenergie eine zusätzliche Dämmung auf der Nordseite und evtl. auch auf der Ostseite des Hauses.

Empfehlungen für eine ökologische Wärmedämmung

- Es sollten nur Dämmstoffe verwendet werden, die aus ungiftigen natürlichen Materialien bestehen und keine Entsorgungsprobleme mit sich bringen. Zu empfehlen sind: Kokosfasermatten (→ Kokosfaser-Dämmung), → Holzfaserplatten, → Holzwolle-Leichtbauplatten, → Kork, Schafwollmatten, Stroh, Schilfmatten (→ Schilfdämmung), → Zellulosedämmstoffe, → Blähton, → Perlite, → Jute.
- Mit großem Energieaufwand hergestellte Chemieschaumstoffe sollten nicht verwendet werden, da sie im Haus kaum mehr Energie einsparen, als schon vorher bei ihrer Produktion verbraucht wurde.

- Der Putzträger sollte nicht aus Kunststoff, sondern aus Jute bestehen. Wichtig sind zudem atmungsaktive Putzbeschichtungen auf Kalkbasis. Der Putz selbst sollte nicht aus luftdichtem Kunstharz hergestellt sein.
- Bei Häusern mit dünnen Mauern sollte man auf der Nordseite eine zusätzliche Wärmedämmung anbringen. Je besser und hochwertiger (Naturdämmstoffe) die Dämmung hier ist, desto mehr Energie kann eingespart werden.
- Ost- und Westseiten bei Häusern mit dünnem Mauerwerk sollten nur gedämmt werden, wenn der Wärmeverlust auch nach sonnigen, frostigen Wintertagen nachts spürbar groß ist.
- Gut besonnte Südseiten sollten auch bei dünnem Außenmauerwerk (24 cm) nur in Extremfällen zusätzlich gedämmt werden, z.B. bei starker Beschattung → Flachs, → Hanf, → Jute, → Schaumglas, → Wolle.

Wärmepumpe

Nach dem Prinzip eines Kompressorkühlschranks wird bei einer Wärmepumpe Umwelt- oder Abwärme entzogen, durch Kompression aufgeheizt und für die Brauchwassererwärmung oder für Heizungsanlagen genutzt. Die Wärme wird der Außenluft, dem Erdreich oder dem Grundwasser entzogen. Häufig wird auch die Abwärme von Maschinen oder Heizungsanlagen durch Wärmepumpen genutzt. Die ersten Kompressionswärmepumpen, die für eine alternative Brauch- und Heizungswassererzeugung im Baubereich eingesetzt wurden, waren elektrisch betrieben. Mittlerweile weiß man, daß diese Elektrowärmepumpen einen sehr schlechten Nutzungsgrad haben. Er beträgt 80 Prozent. Der Nutzungsgrad von gas- oder dieselbetriebenen Wärmepumpen beläuft sich dagegen auf mehr als 130 Prozent, so daß man nur hier von einem wirklichen Gewinn der Umgebungs- oder Abwärme sprechen kann. Der Wirkungsgrad von elektrobetriebenen Wärmepumpen ist deshalb so schlecht, weil Strom unter hohen Abwärmeverlusten erzeugt wird, während gas- oder dieselbetriebene Pumpen ihre eigene Motorwärme effektiv mitnutzen. Elektrowärmepumpen sind nicht nur wegen ihres viel schlechteren Nutzungsgrades, sondern auch wegen ihrer energieaufwendigen und umweltbelastenden Primärenergieerzeugung abzulehnen. Dieselbetriebene Wärmepumpen kann man ökologisch nur vertreten, wenn sie mit entsprechenden Abgasreinigungsanlagen ausgerüstet sind. Eine umweltschonende und energiesparende Möglichkeit, Brauch- und Heizwasser zu erhitzen, bietet eine gasbetriebene Wärmepumpe. Eine wirtschaftliche Beheizung über Wärmerückgewinnung mit einer Wärmepumpe kann auch über die normale Außenluft erfolgen. Hierbei wird die Wärmegewinnung bei Temperaturen unter null Grad Celsius unwirtschaftlich. Daher ist in unseren Breitengraden im Winter die Beheizung eines Hauses nur durch eine Außenluftwärmepumpe allein nicht zu empfehlen. Sehr effektiv sind Wärmepumpen, die Abwärme von Kellerräumen, Motoren, → Klimaanlagen oder dem Abwasser nutzen. Mit einer Grundwasserwärmepumpe z. B. kann ein Haus das ganze Jahr über ohne Zusatzheizung beheizt und mit warmem Wasser versorgt werden. Für die Abwärmenutzung des Grundwassers müssen allerdings spezielle Genehmigungen eingeholt werden, damit gewährleistet ist, daß keine Grundwasserverschmutzung durch eventuell austretende Kühlmittel auftreten kann.

Baubiologische Bewertung
Wärmepumpen, die mit Elektrizität betrieben werden, sind aufgrund ihres schlechten Wirkungsgrades und der umweltbelastenden Primärenergieerzeugung nicht zu empfehlen. Gaswärmepumpen sind eine für unsere Breitengrade sehr gute Möglichkeit, ein Haus das ganze Jahr über, bis auf Frostperioden, vollständig mit Heiz- und Warmwasserenergie zu versorgen. Nachteilig daran ist, daß für Tage mit hohen Minustemperaturen eine Zusatzheizung installiert werden muß.

Wärmeschutzverordnung

Seit dem 1. Januar 1995 ist die neue Wärmeschutzverordnung (WSVO) in Kraft. Durch eine erheblich größere Wärmedämmung von Häusern soll ein großer Teil der Heizenergie gespart und damit der Kohlendioxidausstoß vermindert werden, der die drohende Klimakatastrophe mitverursacht.

Erstmals kam die Wichtigkeit von Wärmedämmungen für Häuser durch die Ölkrise in den siebziger Jahren ins Gespräch, als die Abhängigkeit von den knappen natürlichen Ressourcen sichtbar wurde. Daraufhin wurde 1976 das erste ernstzunehmende Energiespargesetz erlassen. Die neue Verordnung soll eine überflüssige Vergeudung von Heizenergie verhindern. So z. B. bei schlecht gedämmten Häusern, in denen Fensterscheiben bis zum Boden reichen und die Heizkörper davor eigentlich mehr den Garten als das Zimmer beheizen. Die neue Wärmeschutzverordnung gilt nicht für bereits gebaute Häuser, sondern nur für Neubauten oder Hauserweiterungen. Gleichzeitig damit ist der Kampf um die Marktanteile bei den Dämmstoffherstellern eingeläutet worden.

Bei der Berechnung des Wärmeschutznachweises sind genau wie bei der alten Verordnung Zahlen und Werte oft realitätsfremd. Das Maß aller Dinge im modernen Hausbau ist der sogenannte k-Wert, der Wärmedurchgangskoeffizient $W(m^2 K)$. Der k-Wert ist der Wärmestrom, der durch eine Fläche von einem Quadratmeter bei einem Temperaturunterschied von einem Grad Celsius (1 Kelvin der absoluten Temperaturskala) in Abhängigkeit von Dicke und Zusammensetzung eines Baustoffes in einer Sekunde hindurchfließt. Bei einem geringen Wärmeverlust ist der Dämmwert hoch und der k-Wert sehr niedrig. Materialien mit einem kleinen k-Wert sind folglich gut für die Wärmedämmung geeignet. Ist die Wärmeleitfähigkeit eines Materials groß, wie z. B. bei → Beton, so ist die Wärmedämmfähigkeit sehr schlecht. Ist die Wärmeleitfähigkeit eines Stoffes, wie z. B. einer Kokosfasermatte (→ Kokosfaser-Dämmung), gering, so ist die Wärmedämmfähigkeit sehr hoch.

Die Wärmeleitfähigkeit W(m K) wird in der Formelsammlung als Wärmeleitzahl mit dem Buchstaben λ benannt. Die Wärmeleitzahl λ gibt die Wärmemenge an, die innerhalb einer Sekunde bei einem Temperaturgefälle von einem Grad Celsius (1 Kelvin in der absoluten Temperaturskala) durch einen Kubikmeter Stoff dringt. Mit diesen theoretischen Berechnungen wird die Wärmemenge bestimmt, die in einer gewissen Zeit durch einen Bauteil verlorengeht. In der neuen Wärmeschutzverordnung werden erstmals solare Wärmegewinne mitbewertet. Endlich wird hier der Tatsache Rechnung getragen, daß der solare Wärmegewinn von großen Südfenstern oder Dachflächenfenstern beachtlich ist.

Die wichtigsten solaren Wärmegewinne, die durch monolithische Außenwände erzielt werden, sind allerdings nach wie vor unberücksichtigt geblieben. Demzufolge wird die große Wärmespeicherfähigkeit von massiven ungedämmten Außenwänden als kostenloser Wärmezugewinn (→ Wärmedämmung) nicht in die Berechnungen miteinbezogen.

Ein großer Vorteil der neuen WSVO ist, daß aufgrund der geforderten dickeren Wärmedämmschichten bei Satteldächern die Vollsparrendämmung häufiger zur Ausführung kommen wird. Der Sparren wird dabei in seiner gesamten Höhe mit Dämmaterial ausgestopft. Die Unterbahn sollte möglichst dampfdicht sein, während die Abdeckung oben, direkt unter den Dachlatten dampfdurchlässig sein muß. Die bisher technisch erforderliche und zwingend vorgeschriebene Hinterlüftung zum Abtransport von Feuchtigkeit entfällt bei einer Vollsparrendämmung. Vollsparrengedämmte Häuser haben sich hervorragend bewährt, da aufgrund der dampfdurchlässigen Abdeckung in der Regel kein Feuchtigkeitsstau entsteht. Vorteilhaft bei der Vollsparrendämmung ist auch, daß chemischer Holzschutz nach DIN 68 800 sehr oft nicht mehr notwendig ist, da die Dämmstoffe imprägniert (Flammschutz) und meistens mit Borsalzen behandelt sind, die insektizide und fungizide (→ Biozide) Eigenschaften aufweisen.

Unter Fachleuten wird der Erfolg der verschärften Vorschriften sehr unterschiedlich beurteilt. Da eine angenehme Raumtemperatur nur durch Strahlungswärme entsteht, die von der Wärmespeicherfähigkeit der Baumaterialien abhängt, muß die Regelung von allen abgelehnt werden, die aus gesundheitlichen Gründen ein einschaliges homogenes Mauerwerk für Außenwände bevorzugen. In einem massiven Haus kann man aufgrund der guten Wärmespeicherfähigkeit der Außenwände die Sonneneinstrahlung sehr gut ausnutzen. Das langsame Aufheizen und Abkühlen von Wänden und Decken sorgt für ein natürliches und angenehmes Raumklima. Ein echter

Vollwärmeschutz dagegen, der für Niedrigenergiehäuser vorgeschrieben ist, läßt sich eigentlich nur bei Leichtbauweisen mittels extremer Dämmschichten oder mit Massivwänden, die zusätzliche starke Außendämmungen erhalten, realisieren. Dabei stellt sich die Frage, ob die Primärenergieerzeugung, die notwendig für die Herstellung der Dämmaterialien ist, jemals kompensiert werden kann. Die Befürworter zusätzlicher Wärmedämmungen berufen sich häufig auf die Tatsache, daß über 70 Prozent der Heizenergie durch die Fensterflächen verlorengehen. Notwendiges Lüften läßt den Hauptanteil der Wärme nach außen entweichen. Daher wird der Einbau von elektrischen Lüftungssystemen immer mehr empfohlen. Auf die natürliche Belüftung der Wohnräume soll man demnach verzichten und sich statt dessen Lüftungsanlagen mit Wärmetauschern und komplizierten Filtersystemen einbauen lassen. Wenn eine natürliche Lüftung aber nicht mehr möglich ist, nimmt die Schadstoffkonzentration der Innenraumluft durch → Löse- und Bindemittel wie z. B. → Formaldehyd oder → Phenole, Biozide und Flammschutzmittel immer mehr zu.

Die Baukosten werden durch die gesetzlich vorgeschriebenen Superdämmungen erheblich steigen. Die luftdichte Abschottung der Innenräume wird gravierende Baumängel vor allem durch Schimmelpilze (→ Schimmel) nach sich ziehen.

Vergleichsmessungen haben bereits 1985 gezeigt (Bruchsaler Messung), daß ein supergedämmtes Haus mehr Heizenergie benötigt als ein massives Haus aus den zwanziger Jahren ohne Zusatzdämmung. So mußte das massive Haus nur an ca. 200 Tagen im Jahr beheizt werden. Das moderne Leichtbauhaus dagegen mußte an fast 300 Tagen beheizt werden, da hier besonders in den Übergangszeiten im Herbst und im Frühjahr die Sonneneinstrahlung nicht ausgenutzt werden konnte.

Baubiologische Bewertung
Viele Hersteller von porosierten → Ziegelsteinen haben die Wärmedämmfähigkeit der Ziegel durch eine intelligente Anordnung von Luftporen und Luftkammern derart erhöht, daß bereits ein 30 Zentimeter starker Stein den neuesten Anforderungen der Wärmeschutzverordnung entspricht. Aus wohnbiologischen Gründen ist ein einschaliges massives Außenmauerwerk einer supergedämmten Leichtbauweise oder einem zweischaligen Wandsystem in jedem Fall vorzuziehen.

Warmluftheizung

Bei der Warmluft-Zentralheizung wird über ein Luftkanalsystem die in einer zentralen Heizkammer erwärmte Luft über Ventilatoren in die einzelnen Räume hineingeblasen. Vorteilhaft ist dabei, daß kalte Räume sehr schnell aufgeheizt werden, da nur die Luft erwärmt wird. Genauso schnell wie die Raumluft sich aufheizt, kühlt sie allerdings nach dem Abschalten der Heizung auch wieder ab. Da es sich um eine reine Warmlufterzeugung handelt, entstehen starke Luftbewegungen, die permanent → Hausstaub aufwirbeln. Nachteilig ist ebenfalls, daß sich die einzelnen Luftschächte nur sehr schwer oder gar nicht reinigen lassen. Für großvolumige Räume, die nur vorübergehend und nur während bestimmter Tageszeiten beheizt werden müssen, sind Warmluftheizungen sehr empfehlenswert. Es sollte sich dabei aber um Räume handeln, die nicht für den dauernden Wohnaufenthalt genutzt werden.

Warmluftkamine sind mit großen Lüftungsklappen ausgerüstet, durch die Warmluft in Innenräume hineingeblasen wird. Dadurch wird zwar der Wirkungsgrad und die Heizleistung gegenüber offenen Kaminen (→ Kamin, offener) erheblich verbessert, aber es entsteht auch hier eine starke Luftbewegung, die Staubaufwirbelungen und Geruchsbelästigungen mit sich bringen.

→ Kachelöfen werden häufig mit Warmluftheizeinsätzen ausgerüstet, um eine bessere Heizwirkung zu erreichen. Auch hier kommt es zu den Luftbewegungen, welche die Innenraumluft negativ beeinflussen.

Baubiologische Bewertung
Bei dieser Heizungsart ist das Temperaturgefälle im Raum sehr stark. Warme Luft steigt nach oben, während der Bodenbereich verhältnismäßig kühl bleibt. Durch Staubaufwirbelungen und Zugerscheinungen entsteht ein negatives Raumklima. Für Räume, die nur kurzfristig benutzt werden, ist die Warmluft-Zentralheizung gut geeignet, während sie für Räume, die dem dauernden Aufenthalt dienen, nicht zu empfehlen ist. → Heizkörper, → Heizung.

Wasser

Wasser ist unser wichtigstes Lebensmittel. Seine Qualität ist in der DIN 2000 (Trinkwasser-Verordnung) festgelegt. Danach muß Trinkwasser frei von Krankheitserregern, keimarm, appetitlich, farblos, kühl, geruchlos und geschmacklich neutral sein. Trinkwasser darf laut Verordnung auch keine Zusätze erhalten, so daß keine Korrosionsschäden im Leitungsnetz entstehen können. Leider sind all diese Voraussetzungen aufgrund der immer mehr zunehmenden Umweltbelastung keinesfalls gegeben. Darum wurden → Grenzwerte für Schadstoffe eingeführt. Allein die Tatsache, daß es Grenzwerte für äußerst giftige Schadstoffe gibt, macht schon die Grundvoraussetzung für gesundes Wasser zunichte.

Wasser wird mit der chemischen Formel H_2O bezeichnet. Über die Qualität allerdings sagt diese chemische Kennzeichnung nichts aus. Es können sich Wasserstoffmoleküle eines chemischen Lösemittels, z.B. eines Heizkörperlacks, mit den Molekülen des Sauerstoffs von Ozon verbinden. Das Resultat ist ebenfalls H_2O, allerdings in hochgiftiger Form. Auch der Baustoffzusatz Wasser als wichtigstes Lösemittel für → Beton, → Mörtel, → Putze, → Estrich, → Farben und Lacke sollte frei von toxischen Verschmutzungen sein, damit Naturprodukte wie z.B. Pflanzenfarben nicht plötzlich gesundheitlich schädigende Wirkungen haben.

Die Trinkwasserqualität wird zunehmend schlechter. Täglich gelangen immer mehr Abgase aus Industrie und Verkehr sowie chemische Rückstände, Pestizide, Nitrate aus Düngemitteln, Phosphate, chlorierte Kohlenwasserstoffe und viele andere giftige Stoffe ins Grundwasser. Die Abgase und Gifte, die von der »zivilisierten« Menschheit produziert werden, sickern langsam ins Grundwasser und werden in 20 bis 100 Jahren von unseren Urenkeln getrunken. Der Kreislauf des Trinkwassers entspricht einem geschlossenen ökologischen System: Abgase und chemische Rückstände, die in die Luft entweichen, gelangen über die Wolken durch das Regenwasser auf die Erde zurück. Dort sickern sie im Laufe der Zeit ins Grundwasser, um später wieder als Trinkwasser entnommen zu werden. Wir bekommen alles wieder auf den Tisch, entweder über das Trinkwasser oder über das Essen. Außer Pestiziden und Nitraten wird auch eine große Anzahl von Schadstoffen und Salzen analysiert, z.B. Arsenverbindungen, → Blei, → Cadmium und andere → Schwermetalle, Natriumsulfat, Chloride, Fluoride, Kolibakterien, Viren, organische Stoffe, → Dioxine, → Chlor, Sedimente, radioaktive Stoffe. Die Konzentration von Insektiziden und Pestiziden (→ Biozide) im Regenwasser ist bereits so hoch, daß man seinen Gemüsegarten nicht mehr mit Regenwasser gießen sollte, da sonst der Verzehr gesundheitlich sehr bedenklich wird. Die Vergiftung des Trinkwassers ist so weit fortgeschritten, daß bereits Quellwasser aufgrund einer zu hohen Aluminiumbelastung, die durch den sauren Regen entsteht, ungenießbar geworden ist. Schadstoffgrenzwerte für Trinkwasser, die von der EU erlassen wurden, werden in manchen Regionen überschritten. Der EU-Grenzwert z.B. von Nitrat (20 mg/l) kann aufgrund von Rückständen, die bei Massentierhaltungen entstehen, schon lange nicht mehr von den Wasserwerken eingehalten werden. Mit Ausnahmegenehmigungen von 50 mg/l wird die EU-Richtlinie hier praktisch außer Kraft gesetzt. Die deutsche Trinkwasserverordnung kann von einigen Wasserwerken, vor allem in den neuen Bundesländern, bei weitem nicht mehr eingehalten werden. Vor allem die pH-Werte und damit verbunden der Kalzium- und Magnesiumgehalt sind zu niedrig, so daß durch freie ungebundene Kohlensäure Leitungsrohre zerstört werden und Menschen schwer erkranken können (→ Kupferrohre). In Deutschland werden jährlich über 30000 Tonnen Pestizide auf Felder und Äcker versprüht, so daß man die Grenzwerte auch für diese Stoffe drastisch erhöhen mußte. Der Grenzwert von 0,1 µg Einzelpflanzenschutzmittel pro Liter Wasser kann zwischenzeitlich von den Wasserwerken auf 0,5 µg als Summenwert für sämtliche Pestizide erhöht werden. Aufgrund des immer giftiger werdenden Trinkwassers sind bereits noch höhere Grenzwerte in Arbeit, die 0,1 µg jedes einzelnen Pestizids (in Deutschland gibt es bereits 62 zugelassene) pro Liter Wasser zulassen sollen. Der Summengrenzwert von 0,5 µg/l kann dann also um ein Vielfaches überschritten werden. Da Pestizide bei Regen direkt in das Grundwasser gelangen und heute schon etwa 70 Prozent des Trinkwassers aus dem Grundwasser gewonnen wird, muß die Vergiftung von Wasser zwangsläufig immer mehr zunehmen. Von klarem, geruchlosem, farb- und geschmacklosem Trinkwasser kann schon seit Jahren nicht mehr die Rede sein. Mancherorts riecht Leitungswasser derartig nach Chlor, daß es eigentlich als ungenießbar eingestuft werden müßte. Chlor ist das billigste und am meisten verwendete Mittel, das Viren und Bakterien im Leitungswasser vernichtet. Giftiges Chlor sowie abgelöste Viren und Bakterien schlucken wir tagtäglich mit Tee oder Kaffee hinunter. Weltweite Untersuchungen über den Zusammenhang von Krankheiten und der Qualität des Trinkwassers ergaben: Je reiner und sauberer das Trinkwasser ist, desto niedriger ist die Krebs- und Infarktrate beim Menschen.

Ein völliges Verbot der Einleitung von Chemierückständen, eine konsequente Reduzierung von ökologisch nicht abbaubaren Zusätzen in sämtlichen Reinigungsmitteln und eine drastische Einschränkung der intensiven Düngung und des Pestizidverbrauchs sind der einzige Weg, die Wasserqualität zumindest auf dem jetzigen Stand zu halten.

Durch die starke Bauentwicklung und der damit verbundenen großflächigen Versiegelung der Böden kann immer weniger Niederschlagswasser versickern. Im Zuge von Flußbegradigungen und Trockenlegungen von Mooren und Sümpfen wird das Oberflächenwasser einfach in die Kanalisation geleitet. Die Folge ist, daß der Grundwasserspiegel sinkt und in vielen Regionen im Sommer schon akuter Trinkwassermangel auftritt. Zudem kommt es zu gravierenden Baumängeln, da die Grundwasserabsenkung den Boden austrocknet und sich dadurch die Konsistenz und damit Elastizität, Steifigkeit und Tragfähigkeit des Bauwerkuntergrundes negativ verändern. Bis vor ein paar Jahren noch konnte man sich die Ursache von bestimmten Rissen in Fundamenten und Betonwänden nicht erklären. Heute weiß man, daß besonders in Gebieten, in denen der Grundwasserspiegel ursprünglich nicht viel tiefer war als die Fundamente der Häuser, das Absinken besonders gravierende Bauschäden verursacht. Die Eisenbewehrung in tragenden Fundamenten reicht plötzlich nicht mehr aus, so daß die am meisten belasteten Teile der Gründung nachgeben und teilweise sogar abreißen, was zur völligen Zerstörung eines Hauses führen kann. Unterfangungen und Fundamentvergrößerungen sind aufwendig und sehr teuer.

Abhilfe kann man nur schaffen, wenn man mit dem kostbaren Trinkwasser äußerst sparsam umgeht (→ Wasser sparen) und Regenwasser besser nutzt (→ Regenwassernutzung). → Wasserreinigung.

Wasserbett

Ein Wasserbett besteht aus einem Holz- oder Plastikkasten, in dem sich, je nach Größe, über 1 000 Liter Wasser in einer Plastikfolie befinden. Das Wasser wird vorher chemisch antibakteriell behandelt, um Fäulnisprozessen vorzubeugen. Grundsätzlich ist ein Wasserbett mit Heizspiralen und einem Thermostat ausgerüstet, damit das Wasser automatisch und zu jeder Zeit auf die gewünschte Temperatur aufgeheizt werden kann. Die Luftdichtigkeit der Kunststofffolie sowie die mangelhafte Fähigkeit, Feuchtigkeit zu regulieren, wirken sich negativ auf den Schlafkomfort aus. Um diese Eigenschaften ein wenig zu verbessern, legen die Hersteller auf die Plastikhülle des Wasserpolsters Schafschurwoll- oder Kunststoffdecken auf.

Messungen des Instituts für baubiologische Anwendungen in Fellbach ergaben, daß Wasserbetten eine Quelle hoher → elektromagnetischer Felder sind. Da die elektrische Warmwasserheizung praktisch dauernd in Betrieb ist, sind die Schlafenden die ganze Nacht den elektromagnetischen Feldern ausgesetzt. An der Oberseite des Wasserbetts ist das magnetische Wechselfeld überhöht, der Wert beträgt, je nach Konstruktionsaufbau des Betts, zwischen 40 und 60 Nanotesla. Das elektrische Wechselfeld ist noch mehr überhöht. Es schwankt zwischen 100 und 350 Volt/Meter. Die großen Unterschiede sind auf die unterschiedliche Ausführung der Elektroheizung und ihren Abstand zur Liegefläche zurückzuführen. Bei normalen Betten, die nicht in der Nähe von großen elektromagnetischen Quellen stehen, wie z.B. von Radioweckern oder → Leuchtstoffröhren, sind die Werte im Durchschnitt erheblich niedriger. Sie betragen beim elektrischen Wechselfeld ungefähr 0 bis 30 Volt/Meter und beim magnetischen Wechselfeld ungefähr 20 bis 40 Nanotesla.

Folgende Symptome und Krankheiten können aufgrund einer Dauerbelastung durch überhöhte künstliche elektromagnetische Felder entstehen: Herzrhythmusstörungen, Schweißausbrüche, Gliederzittern, starke Schlafstörungen, Kopfschmerzen, Migräneanfälle und Nervosität.

Baubiologische Bewertung
Wasserbettbesitzer äußerten sich bei Befragungen ausschließlich positiv über den Liegekomfort. Durch die Anpassungsfähigkeit des Wassers wird das Rückgrat sehr gut unterstützt.

Aus biologischer Sicht ist ein Wasserbett allerdings nicht zu empfehlen, da die Feuchtigkeitsregulierung aufgrund des fast luftdichten Plastikmaterials ungenügend ist. Dieses Manko können selbst die aufgelegten Schurwolldecken nicht ausgleichen. Im Sommer entstehen daher Hitzestaus, so daß die Schlafenden unnötig schwitzen. Für das Schlafen zu zweit ist das Wasserbett ebenfalls sehr ungeeignet, da jeder Mensch seine Körperposition in der Nacht zwanzig- bis dreißigmal ändert. Bei jeder Bewegung spürt der Bettpartner den dadurch entstehenden Wellenschlag. Aufgrund der künstlich erzeugten elektromagnetischen Felder, die durch die Wasserheizung entstehen, ist das Wasserbett vollkommen abzulehnen.→ Bett.

Wasserentkalkung

In vielen Regionen Deutschlands ist das Trinkwasser sehr hart, weil es verhältnismäßig viele härtebildende Mineralstoffe wie Magnesium und Kalzium enthält. Weiße Flecken an Waschtischen, Fliesen und Duschkabinen zeigen an, daß das Wasser sehr hart ist.

Härtebereiche	**Grad dH (deutsche Härte)**	**Anteile in alten Bundesländern**
weich	bis 7	ca. 14 %
mittelhart	7–14	ca. 33 %
hart	14–21	ca. 46 %
sehr hart	über 21	ca. 7 %

Entkalkung durch Ionentauscher
Bügeleisen, Wasserkocher, Wasch- und Kaffeemaschinen sowie Durchlauferhitzer verkalken durch hartes Wasser sehr schnell. Sogenannte Ionentauscher wirken diesem Prozeß entgegen. Wie der Name schon sagt, werden Kalzium- und Magnesiumionen durch Natriumionen ausgetauscht: In einen Behälter werden Kunstharzkügelchen gefüllt, an die Natriumionen angelagert sind. Das harte Wasser strömt durch den Behälter, Kalzium und Magnesium bleiben an den Kügelchen hängen, und Natriumionen werden im Austausch vom Wasser aufgenommen. Ist eine bestimmte Wassermenge auf diese Art und Weise enthärtet worden, sind die Kunstharzkügelchen mit Kalzium und Magnesium angereichert, und es kann kein Austausch mehr stattfinden. Eine elektronisch gesteuerte Regeneration löst nun den Rückspülungsvorgang aus, bei dem der Ionentauscher mit Kochsalzlösung (Natriumchlorid) durchgespült wird. Dabei lösen sich die Kalzium- und Magnesiumionen wieder von den Kunstharzkügelchen und fließen zusammen mit einer hohen Salzkonzentration ins Abwasser. Der Ionentauscher kann nun aufs neue das mineralreiche Trinkwasser enthärten.

Durch die regelmäßige Regeneration der Ionentauscher wird die Umwelt erheblich belastet, da große Mengen von Natriumchlorid über das Abwasser in Flüsse und Seen geleitet werden. Daher sollte man diese Geräte nicht verwenden. Zum Entkalken von Dampfbügeleisen und Geräten, die heißes Wasser produzieren (z. B. Waschmaschine, Geschirrspüler) werden ohnehin meistens Essig oder spezielle Entkalkungsmittel eingesetzt.

Die Angst vor Kalk oder Kesselstein im Rohrleitungssystem ist eigentlich unbegründet, denn Kalkstein setzt sich in der Regel erst dann fest, wenn das Wasser auf über 60 Grad Celsius erhitzt wird. Erst ab dieser Temperatur fallen Magnesium- und Kalziumionen als Kalk aus und bilden dann den gefürchteten Kesselstein. Daher sollte die Waschmaschine beim Waschen deutlich unter 60 Grad Celsius (empfehlenswert ca. 50 Grad Celsius) eingestellt werden, dann kann eigentlich keine Verkalkung mehr auftreten. Auch in einem geschlossenen Rohrleitungssystem einer Zentralheizung kann sich kein Kalkstein festsetzen.

Eine große Gefahr bei Ionentauschern entsteht durch Verkeimungen. 1994 stellte man bei einer Untersuchung fest, daß von 15 Ionentauschern keiner die Trinkwasservorschriften in mikrobiologischer Hinsicht erfüllte. Zwar versuchen die Gerätehersteller, die Keime zu bekämpfen, indem sie chemisch-physikalische Maßnahmen durchführen (z. B. Verwendung von elektrolytischem Chlorgas oder Salzlösungen), doch bei keinem der getesteten Geräte gelang dies vollständig. Mit der Zeit bilden sich in den Ionentauschern sogenannte Biofilme auf den Harzkügelchen und an der Oberfläche der Gefäße. Da im Trinkwasser grundsätzlich Bakterien enthalten sind, können sich diese an den Biofilmen festsetzen, so daß sich eine regelrechte Brutstätte für Mikroorganismen bilden kann. Die Biofilme wirken sogar als Schutzschicht, in der die Keime selbst die Regeneration überleben und sich schnell vermehren können.

Häufig bieten die Hersteller zu einem Ionentauscher noch ein Dosiergerät zur Nachbehandlung an, welches die Leitungsrohre vor Korrosion schützen soll. Weiches Wasser sondert keine Ablagerungen mehr auf der Rohrinnenseite ab, so daß die schützende Schicht aus Kesselstein durch die Entkalkung nicht mehr vorhanden ist und es auf lange Sicht z.B. bei Stahlrohren zur Korrosion kommen kann. Laut Angaben verschiedener Hersteller ist es daher notwendig, einen Schutzfilm durch eine Phosphat- oder Silikatdosieranlage auf die Innenwände der Leitungsrohre aufzubringen. Daher wird fast immer zusammen mit der Installation einer Entkalkungsanlage eine Dosieranlage eingebaut, die in regelmäßigen Abständen, abhängig vom Wasserverbrauch, Phosphate oder Silikate ins Trinkwasser pumpt. Zusätzliche Phosphate im Leitungswasser sind aber nicht nur eine weitere große Belastung für die Umwelt, sie können auch gesundheitsschädlich für den Menschen werden. So werden in Häusern und Wohnungen mit zusätzlichen Dosieranlagen häufig Hautausschläge, Ekzeme, Allergien und Augenbrennen beobachtet.

Vorteilhaft an der Wasserreinigung durch einen Ionentauscher ist lediglich, daß → Schwermetalle, Natrium, Magnesium, Kalzium, Chloride und Phosphate herausgefiltert werden. Nicht gereinigt wird das Wasser von Viren und Bakterien, organischen Stoffen, → Dioxinen, → Chlor, Pestiziden und Insektiziden (→ Biozide).

Baubiologische Bewertung
Vom Kauf und der Installation eines Ionentauschers wird abgeraten. Bereits installierte Geräte sollten außer Betrieb gesetzt werden. Auch Phosphat-Dosieranlagen sollten nicht für die Trinkwasserversorgung verwendet werden. Die Warnungen vor Kalkablagerungen und der Zerstörung von Geräten und Rohren sind stark übertrieben. Falls aufgrund von sehr hartem Wasser (über 21 Grad deutscher Härte) Kalkablagerungen in Maschinen befürchtet werden, kann unter Umständen in einem getrennten Leitungssystem nur für diese Geräte ein Ionentauscher eingebaut werden. Ohnehin wenden die meisten Verbraucher bei Waschmaschinen und Geschirrspülern für die Enthärtung das Prinzip des Ionentauschs an, denn häufig wird zusätzlich Salz zum Entkalken bei den Waschvorgängen eingesetzt.

Entkalkung durch Elektro- und Permanentmagneten
Die magnetische Entkalkung ist zwar noch umstritten, jedoch bewirkt sie nachweislich eine erhebliche Minderung der Kalkablagerungen. Kalzium und Magnesium verlieren durch die Magnetwirkung für bestimmte Zeit ihre Haftfähigkeit. Die Härtebildner werden im Wasser gelöst und können sich nicht in kristalliner Form an Rohrleitungswänden festsetzen. Das bedeutet, daß sich der Gehalt an Magnesium und Kalzium nicht verringert und das Wasser seinen ursprünglichen Härtegrad behält. Das Magnetverfahren wirkt ohne chemische Zusätze und ist ökologisch unbedenklich.

Baubiologische Bewertung
Für besonders hartes Wasser empfiehlt sich zur Verhinderung von Kalkablagerungen im Rohrleitungssystem ein Permanentmagnet. Dies ist die preiswerteste Möglichkeit, da für die Entkalkung kein Strom benötigt wird. Auch die Anschaffung ist günstig. Eine Reinigung des Wassers oder ein Entzug von Schadstoffen ist mit dieser Methode nicht möglich. → Aktivkohlefilter, → Wasserreinigung, → Destilliergeräte, → Umkehrosmose.

Wasserlack → Farben und Lacke.

Wasserreinigung

Kristallklares, ungiftiges Trinkwasser gibt es aufgrund der großen Umweltverschmutzung nur noch verhältnismäßig selten auf dieser Erde. Verschiedene Methoden der Wasseraufbereitung sollen zwar eine gute Trinkwasserqualität garantieren, aber leider erhalten die Verbraucher häufig qualitativ schlechtes Wasser. Schon in alten Zeiten reinigten Menschen ihr Trinkwasser. Sie kochten es ab, weil häufig, wie auch heute noch in tropischen Gegenden der Dritten Welt, Krankheitserreger im Wasser enthalten waren. Kocht man Wasser mehrere Minuten lang ab, kann man einigermaßen sicher sein, daß gesundheitsschädliche Viren, Sporen und Bakterien abgetötet werden. Heute sind in unseren Breitengraden kaum noch Krankheitserreger im Trinkwasser zu finden, da die Wasserwerke zur Desinfektion große Mengen Chemikalien ins Trinkwasser geben. Feste Bestandteile der modernen Wasseraufbereitung sind z.B. die Zugabe von → Chlor, Ozon, Silber sowie die Behandlung mit Peroxid und Ultraviolettbestrahlungen. Die Vielzahl der giftigen Chemikalien, mit denen grundsätzlich jedes Leitungswasser belastet ist, kann natürlich nicht durch Abkochen beseitigt werden.

Der Mensch trinkt ca. 60000 Liter Wasser in seinem Leben. Es ist daher sehr wichtig, daß das Wasser möglichst unbelastet ist. Viele Menschen gehen dazu über, anstelle von Leitungswasser Mineralwasser zum Kochen und Trinken zu benutzen. Die Mineralwasserhersteller boomen wie noch nie, nicht zuletzt deshalb, weil sie mit dem niedrigen Schadstoff- sowie dem hohen Mineralgehalt der Mineralwässer werben und den Verbrauchern eine eiserne Gesundheit versprechen. Mit dieser Art von Werbung werden die Verbraucher in die Irre geführt. Der menschliche Organismus deckt in der Regel seinen täglichen Mineralstoffbedarf über die festen Nahrungsmittel vollkommen ab. Gemäß der gültigen Trinkwasserverordnung dürfen nur so viele Mineralstoffe im Trinkwasser enthalten sein, daß ein Bruchteil des Tagesbedarfs gedeckt wird. Die moderne Alternative, zum Mineralwasser zu greifen, ist daher gesundheitlich kaum besser zu bewerten als der Genuß von normalem Leitungswasser. Zudem ist es wichtig zu wissen, daß nicht der Mineralgehalt den guten Geschmack des Wassers bewirkt. Das Gegenteil ist der Fall: Trinkwasser wird um so schmackhafter, je weniger Mineralstoffe es enthält. Das Wasser, das einer Bergquelle entspringt, vorher durch tiefe Gesteinsschichten gefiltert wurde und gut mit Sauerstoff gemischt ist, hat einen sehr niedrigen Mineralgehalt und gilt als Inbegriff der Frische. Bei Untersuchungen von Tafelwässern wurden große Verunreinigungen festgestellt, sogar hochgiftige Arsenanteile wurden analysiert. Ca. die Hälfte aller untersuchten Mineralwässer entsprachen noch nicht einmal den Trinkwasserrichtwerten der EU.

Selbst wenn die Wasserwerke in der Lage wären, durch gut funktionierende Trinkwasser-Reinigungsanlagen sämtliche Verunreinigungen des Wassers zu eliminieren, könnten durch den kilometerlangen Transport in Rohrleitungen neue Schadstoffe aufgenommen werden, so z.B. besonders bei → Kupfer-, → Asbestzement- und → Bleirohren.

Baubiologische Bewertung
In jedem Haus und in jeder Wohnung sollte aufgrund der schlechten Trinkwasserqualität eine gut funktionierende Wasserreinigungsanlage installiert werden, zumal die Aussichten, daß unser Trinkwasser reiner und ungiftiger

wird, sehr schlecht sind. → Wasser, → Wasserentkalkung, → Aktivkohlefilter, → Destilliergeräte, → Umkehrosmose.

Wasser sparen

Der durchschnittliche Wasserverbrauch liegt in Deutschland pro Person bei ca. 150 Litern täglich. Davon wird der größte Anteil, nämlich ca. 32 Prozent, für die Toilettenspülung (ca. 45 l) benutzt. An zweiter Stelle liegt mit etwa 30 Prozent das Duschen oder Baden (ca. 42 l). Der Wasserverbrauch für Wäschewaschen, Putzen und Geschirrspülen liegt an dritter Stelle (ca. 25 l). Für die Körperpflege werden ca. 8 Liter Wasser verbraucht und für den Garten und zum Blumengießen ca. 6 Liter. Für die Autopflege werden ca. 3 Liter genutzt.

Nur 2 Prozent des kostbaren Trinkwassers (2–3 l) werden täglich zum Trinken oder Kochen verwendet. Die restlichen 98 Prozent werden zum größten Teil sinnlos verschwendet. In den letzten 30 Jahren hat sich der Trinkwasserverbrauch verdoppelt. Etwa 70 Prozent des Trinkwassers werden aus dem Grundwasser gewonnen. Durch die Entnahme so großer Wassermengen sinkt der Grundwasserspiegel beständig ab. Daher muß der Wasserverbrauch drastisch eingeschränkt werden.

Die folgenden Maßnahmen helfen Wasser einzusparen:

- Durch tropfende Wasserhähne und nicht richtig schließende Dichtungen bei Spülkästen können bis zu 5000 Liter Wasser im Jahr verlorengehen. Daher sollten solche Mängel schnell behoben werden.
- Einhebelmischventile in Küche und Bad erleichtern die Wasserdosierung und helfen somit, Trinkwasser sowie Warmwasserenergie einzusparen.
- Durch den Einbau von Durchflußbegrenzern in sämtlichen Wasserhähnen läßt sich der Wasserverbrauch um mindestens ein Drittel senken.
- Duschen statt Baden! Eine Woche täglich duschen entspricht der Wassermenge, die man für ein einziges Vollbad benötigt.
- Für die Dusche gibt es einen Spar-Duschkopf, der die Wassermenge erheblich reduziert, aber die Qualität des Duschvorgangs nicht einschränkt.
- Toilettenspülung: Durch den Einbau einer Spartaste kann man den Wasserverbrauch drastisch senken. Bei einem »kleinen Geschäft« benötigt man erheblich weniger Spülwasser als bei einem »großen Geschäft«. Durch die richtige Bedienung der Spartaste kann man jährlich bis zu 7000 Liter Wasser pro Person einsparen.
- Durch den Einbau einer Anlage zur → Regenwassernutzung für die Waschmaschine, die WC-Spülung und die Gartenbewässerung kann weit mehr als ein Drittel des normalen Wasserverbrauches eingespart werden. → Wasser.

Wintergarten

Wenn Sonnenstrahlen durch geschlossene Fensterflächen in ein Haus eindringen, steigt die Raumtemperatur auch an kühlen Tagen sofort an. Die vorwiegend kurzwelligen Lichtstrahlen (Ultraviolettstrahlen) werden durch Fenstergläser hindurchgelassen und treffen auf Wände und Fußböden der Wohnräume. Durch die Wärmeentwicklung im Raum werden die Strahlen langwelliger, so daß sie in den Infrarotbereich übergehen. Die geschlossenen Glasflächen lassen die länger gewordenen Wärmestrahlen nicht mehr nach außen zurück. Den dadurch entstehenden Treibhauseffekt kann man besonders bei Wintergärten und großen Südverglasungen ausnutzen.

Um eine möglichst große Wärmeausnutzung durch kostenlose Sonnenenergie zu erreichen, müssen in einem Wintergarten große Wärmepufferzonen geschaffen werden. Dies erreicht man durch wärmespeicherfähige Wände und Bodenmaterialien. Die eingefangene Wärme wird durch die Speicherwände oder direkt über Lüftungsöffnungen ins Haus weitergeleitet. Die Pufferzone, die durch das Luftvolumen des Wintergartens entsteht, kann bei richtiger Ausrichtung – am besten ist eine Südwestlage – vor allem in den Monaten Januar und Februar über 25 Prozent Energie einsparen. Zudem wird der Wohnwert durch einen Wintergarten erheblich gesteigert.

Langzeituntersuchungen in Frankreich haben gezeigt: Je tiefer die Außentemperatur sinkt, desto größer wird der thermische Wirkungsgrad im Wintergarten. Im Extremfall kann man sogar bis zu 50 Prozent Energie einsparen.

Nach Mittelwertsberechnungen unserer deutschen Klimazonen kann ein Wintergarten von Anfang April bis einschließlich Oktober von morgens bis abends genutzt werden, im Februar, März und November durchschnittlich sieben bis acht Stunden pro Tag und in den Monaten mit den wenigsten Sonnenstunden, im Dezember und Januar, noch jeden dritten Tag für ca. fünf Stunden.

Baubiologische Bewertung
Für ein gesundes Haus ist ein Wintergarten sehr zu empfehlen. Die Konstruktionen und Fensterrahmen sollten aus Naturholz gefertigt sein (→ Fenster). Die Fensterflächen dürfen nicht aus Wärmeschutzglas bestehen, da es die gewünschte Sonneneinstrahlung abdämpft. Am besten eignet sich eine normale Isolierverglasung ohne Beschichtung und ohne Gasfüllung. Boden- und Rückwände zum Haus sollten aus wärmespeichernden → Ziegeln, wenn möglich Tonziegeln, bestehen. Durch den Anbau eines Wintergartens auf der Süd- oder Südwestseite eines Hauses kann man nicht nur Heizenergie einsparen, sondern auch die Wohnqualität erheblich verbessern, da man mehr Kontakt mit der Natur bekommt und den Rhythmus der Jahreszeiten bewußt erleben lernt.

Wohngiftbestimmungen

Aus der internationalen Arbeitsmedizin sind Tausende von Krankheitsfällen im Zusammenhang mit bestimmten Stoffen bekannt.

Bauarbeiter, die jahrelang Asbestzementprodukte (→ Asbest) bearbeitet und eingebaut haben, sind in erhöhtem Maß gefährdet, an Lungenkrebs zu erkranken. Bei Möbelschreinern, die ihr Berufsleben lang Säge- und Schleifstaub eingeatmet haben, liegt die Nasenhöhlenkrebsrate über dem Durchschnitt. Friseure leiden besonders oft an Blasentumoren, weil sie häufig in Berührung mit bestimmten Haarfärbemitteln kommen, die krebsauslösend sind. Bei Krankenschwestern, die Operationsbestecke in Begasungsschränken sterilisieren, tritt überdurchschnittlich oft Leukämie auf. Das gilt beispielsweise auch für Arbeiter, die hohen → elektromagnetischen Wechselfeldern ausgesetzt sind. Maler und Spritzlackierer weisen eine überhöhte Rate an Hirntumoren auf. Bei Bauhandwerkern, die häufig Spezialkleber (→ Klebstoffe) und Fugenfüller verwenden, werden vermehrt Organtumore festgestellt. Dreher, die ungeschützten Hautkontakt mit Kühlflüssigkeiten haben, leiden vermehrt unter Organtumoren. Bei Angestellten von chemischen Reinigungen, Krankenhauspersonal, Transportarbeitern, Schlossern, Drehern, Schweißern und Arbeitern, die mit der → PVC-Herstellung beschäftigt sind, treten überdurchschnittlich häufig Krebsbildungen an Leber, Magen, Darm, Blase und Niere auf. Die Liste, die den Zusammenhang von bestimmten chemischen Stoffen und Krankheiten aufzeigt, wird immer länger, weil die Forschungsarbeiten im neuen Fach Umweltmedizin gerade erst begonnen haben. Die Schwierigkeit, die Zusammenhänge zu erkennen, besteht hauptsächlich darin, daß die Latenzzeit beispielsweise bei Krebs sehr lang ist. Sie liegt je nach Einwirkungsdauer des krebserregenden Stoffs, der Konstitution des Betroffenen und der Art des Tumors zwischen 6 und 60 Jahren. In der Arbeitsmedizin schätzt man, daß 20 bis 30 Prozent aller Krebsfälle am Arbeitsplatz auf die langfristige Einwirkung schädlicher Stoffe zurückzuführen sind. Da die gleichen oder ähnliche Stoffe zwar in geringeren Dosen, aber in viel größerer Anzahl meistens in der Innenraumluft von Wohnungen und Häusern auftreten, sind Menschen dort ganz besonders gefährdet. Da sich ein Mensch in der Regel viel längere Zeit in seiner Wohnung aufhält als an seinem Arbeitsplatz, ist er der Summe der Wohngifte auch über einen längeren Zeitraum ausgesetzt. Hausfrauen und Kinder halten sich am längsten im Haus auf. Daher treten Symptome und Krankheiten bei ihnen erheblich früher auf als bei den berufstätigen Familienangehörigen.

In einem modernen Haus gibt es ca. 70 000 chemische Verbindungen. Viele davon sind in → Löse- und Bindemitteln von → Farben und Klebern, in Kunststoffen, → Spanplatten, in → Holzschutzmitteln, → Bioziden, Konservierungsstoffen, → Estrichen, chemischen Harzen, Ölen, Reinigungs- oder Abbeizmitteln, → Bodenbelägen und ungezählten anderen Baustoffen enthalten. Im Laufe der Zeit können giftige Dämpfe entweichen. Die bei Untersuchungen am häufigsten gefundenen Wohngifte sind → Formaldehyd, PCP (Pentachlorphenol), → Benzol, → Dichlofluanit, → Furmecyclox, → Phenol, → Pyrethroide, → Xylol, → Toluol und eine große Palette von Bioziden und polyzyklischen aromatischen Kohlenwasserstoffen. Andere Wohngifte wie z. B. Asbest- und → Mineralfasern, überhöhte → Radioaktivität oder hohe → Radonbelastung werden auch sehr häufig bei Wohnraumuntersuchungen festgestellt. Wohngifte entweichen in Form von Metallstaub oder -ionen z. B. aus Kupfer im → Trinkwasser, → Cadmium, → Blei oder → Quecksilber. Sehr toxische Wohngifte entweichen aus der Gruppe der → Isocyanate, vor allem → Polyurethanen (PUR), PUR-Dämmplatten, Montageschäumen und Kabelisolierungen, aus Klebstoffen und aus der Gruppe der schwerflüchtigen polychlorierten Biphenyle (→ PCB), aus Kunststoffen, Fugenmassen, Papierbeschichtungen, Flammschutzmitteln, Klebestoffen und Schalölen.

Die typischen Krankheiten, die durch Wohngifte entstehen, sind Kopfschmerzen, allgemeine Schwäche, Schlaflosigkeit, Übelkeit, Magenkrämpfe, Augen- und Schleimhautreizungen, Atemwegserkrankungen, Hautausschläge, Depressionen und Aggressivität. Bei schweren Belastungen durch Biozide treten verschiedene Blutkrankheiten, Knochenmarkschwund, Schädigungen des gesamten Nervensystems bis hin zu Tumorbildungen an verschiedenen Organen, Infektionsanfälligkeit, Allergien, chronische Bronchitis, Atemnot, Herz-Kreislauf-Störungen sowie Hautveränderungen auf.

Da Betroffene aufgrund ihrer untypischen Symptome von der Schulmedizin nicht behandelt werden können, werden sie immer häufiger – besonders von Naturmedizinern – aufgefordert, Wohngiftuntersuchungen durchführen zu lassen. Diese Untersuchungen werden in der Regel nicht von Krankenkassen bezahlt und meistens nur von privaten Institutionen durchgeführt.

Bei Wohngiftbestimmungen werden die Betroffenen zunächst befragt:

- ob sie in letzter Zeit ihre Wohnung renoviert haben
- ob sie neue Spanplatten oder neue Lederpolster gekauft haben
- aus welchem Material die Matratzen bestehen
- wann das letzte Mal → Holzschutzmittel in Innenräumen aufgestrichen wurden
- ob es sich bei dem Haus um eine Leichtbauweise, in der vorwiegend Spanplatten verwendet wurden, handelt
- ob nach längerer Abwesenheit, während der nicht gelüftet wird, unangenehme, fremdartige oder stechende Gerüche wahrnehmbar sind
- ob viele tote Fliegen auf Teppichböden und Fensterbänken zu finden sind
- ob Krankheiten und Symptome sich bei längerer Abwesenheit vom Haus schnell bessern
- ob auch bei Haustieren Symptome und Krankheiten aufgetreten sind
- ob Zimmerpflanzen kränkeln oder eingehen

Nach Auswertung dieser Fragen können dann gezielte Untersuchungen durchgeführt werden.

Sind großflächige Holzverkleidungen aus beschichteten oder furnierten Spanplatten vorhanden, werden Raumluftmessungen durchgeführt. Eine bewährte Methode ist z.B. die Gasprobenentnahme. Dabei wird eine genau bemessene Menge der Raumluft durch eine Absorptionslösung geleitet. Hierfür benötigt man eine Vakuumpumpe, einen Gasmengenzähler, einen Trockenturm zur Entfeuchtung der Luft, einen Durchflußmesser zur Einstellung der Luftgeschwindigkeit sowie einen Luftdruck- und Temperaturmesser. Die Luftvolumenprobe wird dann im Labor photometrisch analysiert. Mit der sogenannten Sulfit-Pararosanilin-Methode kann man die Formaldehydkonzentration in der Luft am genauesten ermitteln. Zusätzlich zur Luftanalyse kann eine Materialprobe aus der Holzverkleidung entnommen werden, die im Labor auf Formaldehyd und gegebenenfalls auf ca. 20 Biozide untersucht wird. Mit der Infrarotspektroskopie oder der Rasterelektronikmikroskopie werden Größe und Anzahl von Feinstaubpartikeln von Asbest oder künstlichen Mineralfasern ermittelt. Lösemittelanalysen werden mittels Luftmessungen und Probeentnahmen von → Teppichböden,→ Tapeten, lackierten Holzteilen, Kunstschaummatratzen und Lederpolstern durchgeführt. Sehr hilfreich zur Klärung der Ursache von Krankheiten kann die Analyse des Inhalts von Staubsaugerbeuteln sein. Aus der Zusammensetzung des → Hausstaubs lassen sich oft Rückschlüsse auf andere Emittenten aus Boden-, Decken- und Wandbelägen schließen, die aufgrund ihrer toxischen Eigenschaften den menschlichen Organismus stark schädigen können. Untersuchungen des Trinkwassers auf → Schwermetall-, Pestizid-,→ Chlor- und Kupferrückstände können ebenfalls aufschlußreich für verschiedene Krankheitsbilder sein. Keimzahlbestimmungen der Raumluft können auf das Vorhandensein verschiedener Schimmelpilzarten hinweisen. Blutanalysen auf Biozide, Perchlorethen und Trichlorethen können dem Hausarzt helfen, eine Therapie im Zusammenhang mit einer Hausgiftsanierung einzuleiten.

Für exakte Wohngiftuntersuchungen ist es wichtig, daß nur Meßmethoden angewendet werden, die sehr genau sind und vorgeschriebenen Analysemethoden entsprechen. Wohngiftbestimmungen durch Schnellmessungen mit physikalischen Geräten, die große Ungenauigkeiten aufweisen, können bestimmte Gifte zwar feststellen, sind aber ungeeignet, um genaue Meßwerte anzugeben, die Rückschlüsse auf eine gesundheitliche Gefährdung zulassen. Auch Luftmessungen, die durch Handpumpen über Röhrchensysteme durchgeführt werden, können nur Anhaltspunkte vermitteln. Bei diesen einfachen Systemen können hohe Schwankungen bei den Meßwerten auftreten, da andere Schadstoffe in der Luft ein Verfärben der Prüfröhrchen genauso verursachen können wie der Stoff, nach dem man eigentlich sucht. Formaldehydmessungen mit Teststreifen sind für eine Ermittlung realistischer Werte ungeeignet.

Die Kosten für chemische Analysen sind noch sehr unterschiedlich. Sie liegen für Lösemittelanalysen und Biozidbestimmungen sowie bei Formaldehydbestimmungen aus Luft- oder Materialproben zwischen DM 350,– und DM 1 000,–.

Vor einer Hausuntersuchung sollte man sich eine Preisliste zusenden lassen und sich vergewissern, daß die Messungen fachkundig durchgeführt werden. Bei Biozid- und Lösemittelanalysen sollte gaschromatographisch oder massenspektroskopisch gemessen werden. Schwermetalle sollte man atomabsorptionsspektroskopisch, Asbest- und Mineralfaseranalysen infrarotspektroskopisch oder besser noch rasterelektronenmikroskopisch ermitteln. Unter der Bezeichnung VOC (Volatile Organic Compounds = flüchtige organische Verbindungen) versteht man die Bewertung der Luftqualität von Innenräumen. Bei diesen Untersuchungen ermittelt man das Verhältnis von schadstoffemittierenden Quellen und Luftwechselrate und versucht anhand dieser Werte das gesundheitliche Risiko für den Menschen abzuschätzen. Bisher konnten nur ca. 400 flüchtige Substanzen in der Innenraumluft analysiert werden.

Die flüchtigen organischen Verbindungen werden in folgende chemische Hauptgruppen unterteilt: Alkane, aromatische Kohlenwasserstoffe, Terpene, Halogenkohlenwasserstoffe, Ester, Ketone und Aldehyde, diese allerdings ohne Formaldehyd. Ihre Konzentration ist grundsätzlich in der Innenraumluft höher als im Außenbereich. Die Emittenten der VOC sind hauptsächlich in Baumaterialien, Einrichtungsgegenständen, Bürochemikalien, Reinigungs-, Desinfektions- und Pflegemitteln zu finden. Der Hauptemittent von VOC sind synthetische Teppichböden. Eine genaue Abschätzung des gesundheitlichen Risikos durch die Einwirkung dieser Stoffe auf den menschlichen Organismus ist noch nicht möglich, da langjährige Erfahrungen fehlen. Durch den verstärkten Einsatz von Wärmedämmaßnahmen entsteht eine hohe Konzentration von VOC. Die neue → Wärmeschutzverordnung verschärft diesen Zustand zusätzlich. Bisher sind von der Weltgesundheitsorganisation noch keine Grenzwerte herausgegeben worden, jedoch werden folgende Symptome und Beschwerden ab einer Konzentration von mehr als 25 Milligramm pro Kubikmeter angegeben: Konzentrationsschwäche, Kopfschmerzen, Nasen- und Augenreizungen. Das Problem von Kombinationswirkungen hat man zwar erkannt, aber nur in Einzelfällen erforscht. Fest steht, daß die Raumluftbelastung durch eine große Luftwechselrate erheblich reduziert werden kann. Da in der Regel viel zuwenig gelüftet wird, extreme Wärmedämmungen und Abdichtungsmaßnahmen zusätzlich den regelmäßigen Luftaustausch unterbinden und die meisten Dämm- und Abdichtungsmaterialien sehr oft Schadstoffe abgeben, wird die Belastung durch VOC immer mehr ansteigen.

Symptome und Krankheiten, die durch VOC entstehen können:

Konzentrationsbereich der Summe der nachgewiesenen flüchtigen organischen Verbindungen	**Gesundheitliche Auswirkungen Bewertung**
Summe kleiner als 0,2 mg/m³	Keine Irritation oder Unbehagen, Komfortbereich
Summe 0,2 bis 3,0 mg/m³	Irritation/Störung des Wohlbefindens möglich bei Interaktionen mit anderen Faktoren, Zwischenbereich
Summe 3,0 bis 25 mg/m³	Irritation und Kopfschmerzen bei Interaktionen mit anderen Faktoren möglich, Bereich des Unbehagens
Summe größer als 25 mg/m³	Neurotoxische Effekte möglich, toxischer Bereich

Wolle

Die Verwendung von Schafwolle zu Wärmedämmzwecken ist nicht neu. Schon seit Hunderten von Jahren wird Schafwolle nicht nur für Kleidung, sondern auch im Hausbau zum Ausstopfen von Ritzen und Hohlräumen verwendet. Schafwolle als Dämmaterial im Hausbau zu benutzen bedeutet, ein hochwertiges Naturmaterial, das eigentlich ein Nebenprodukt ist, zu verwerten. Schafe werden hauptsächlich wegen ihres Fleisches und für die Landschaftspflege gehalten. Nur ein kleiner Teil der Schafwolle wird verwendet. Die Rohwolle ist meistens verschmutzt und hat einen hohen Fettanteil. Im Idealfall wird sie vor der weiteren Verarbeitung zu → Dämmstoffen ohne chemische Zusätze gewaschen. Um die für den Hausbau notwendige Brandschutzklasse B 2 zu erreichen, wird in die Wolle Borax-Salz eingemischt. Borax ist ein natürliches Salz, das bei Hitze schmilzt und so die Sauerstoffzufuhr, die für ein Brennen notwendig ist, verhindert. Nach der Borax-Behandlung wird die Rohwolle in einer Art Spinnprozeß mechanisch zu Dämmatten vernadelt.

Die Dämmeigenschaften der Schafwolle sind sehr gut. Mit einer Wärmeleitzahl von 0,04 W/mK (→ Wärmedämmung) übertrifft sie sogar einige chemisch hergestellte Dämmstoffe. Die Dämmatten haben zudem eine hohe Diffusionsfähigkeit, sind widerstandsfähig gegen Schimmelpilze (→ Schimmel) und tierische Schädlinge und weisen eine hohe Alterungsbeständigkeit auf. Sie lassen sich überall dort verwenden, wo bisher kritische Dämmstoffe wie künstliche Mineralwollen (→ Mineralfasern) verwendet wurden. Für Dachsparrendämmungen und das Ausstopfen von Ritzen und Anschlüssen von Fenstern und Türen ist Schafwolle besonders gut geeignet. Auch als

Schalldämmung in Filzform für Akustikdecken und unter → Estrichen ist sie sehr zu empfehlen.

Schafwolle ist zwar resistent gegen Insekten, sollte aber vor dem Einnisten von Schädlingen wie z. B. Mäusen geschützt werden. Was für Menschen angenehm und wärmend wirkt, übt die gleiche Anziehung auch auf Klein- und Kleinsttiere aus. Besonders im Dachgebälk sollten Lüftungsöffnungen ganzjährig mit feinmaschigem Drahtgeflecht oder Lochblechen abgedeckt werden.

Baubiologische Bewertung
Ökologisch und baubiologisch gesehen ist Schafwolle als Dämmstoff sehr empfehlenswert. Es entstehen keine gesundheitsschädigenden Faseremissionen oder toxischen Ausdünstungen von → Bioziden oder Klebstoffresten, wie bei künstlichen Mineralwollen.

Die Entsorgung ist völlig problemlos, denn zum einen kann Schafwolle aufgrund ihrer hohen Beständigkeit jederzeit wiederverwertet werden und zum anderen verrottet sie als Kompost zu wertvollem Humus.

Wünschelrutenphänomene

Besonders sensitiv veranlagte Menschen sind in der Lage, mit Hilfe einer Wünschelrute oder eines Pendels Reizzonenphänomene zu spüren. In Fachkreisen bezeichnet man diesen Vorgang als »Muten«. Diese Strahlenfühligkeit fällt unter das große Gebiet der → Radiästhesie. Wünschelrutenphänomene werden häufig auch bei Bauschäden nachgewiesen. So können Störzonen sogar Risse und Zerstörungen am Außenmauerwerk bewirken. Feuchtigkeitsflecke, deren Ursprung zunächst unerklärlich scheint, oder Außenputzstellen, die trotz mehrfacher Reparatur immer wieder reißen und abfallen, können Hinweise auf unterirdische Wasserläufe sein.

Wünschelrutenphänomene sind auch in der Natur sichtbar. Das biologische Strahlungsmilieu kann zu vielfältigen Fehlerscheinungen führen. Indikatoren für Störzonen sind z. B. schräg gewachsene Bäume, die zum Erstaunen des Betrachters gerade gegen die Windrichtung geneigt sind, Auswucherungen und Krebsgeschwüre an Bäumen, die in manchen Waldgebieten in regelrechten Formationen auftreten, ein stark voneinander abweichender Pflanzenwuchs, der nicht auf unterschiedliche Bodenqualität zurückzuführen ist, z. B. verkrüppelte Bäume mit kümmerlichem Wuchs neben artgleichen, die in vollem Saft stehen.

Zur Auswahl des richtigen Platzes für das Schlafzimmer gab es früher einen alten bayerischen Brauch. Genau an der Stelle, an der das Schlafzimmer eingeplant war, wurde vor Baubeginn ein Loch gegraben und ein Ameisenhaufen eingesetzt. Man wartete ein bis zwei Monate und beobachtete das

Leben der Ameisen. Blieben die Ameisen an dieser Stelle, dann wurde das Schlafzimmer an eine andere Stelle verlegt, da Ameisen zur Gruppe der → Strahlensucher gehören. Nur wenn die Ameisen sich aus diesem Bereich fortbewegten, konnte man sicher sein, daß der Platz störungsfrei war.

Gerade in ländlichen Gebieten ist heute noch gut bekannt, daß in Häusern, in denen Wünschelrutenphänomene spürbar sind, Menschen schneller krank werden und vorzeitig altern. In Häusern, die auf großen Grundwassergebieten stehen oder eine ungesunde Feuchtigkeitsbildung an Kellerwänden aufweisen, sind Wünschelrutenphänomene besonders intensiv spürbar.

Wahrscheinlich hat Kodie 1939 als erster systematische Messungen von Bettplätzen durchgeführt. Er untersuchte dabei 10000 verschiedene Standorte. Die Auswertung ergab, daß die Betten der Menschen, die Krebs hatten, auf Reizzonen standen. Nach seiner Aussage gab es keinen einzigen Krebsfall in einem störungsfreien Bett. Kodie war wohl auch der erste, der das Wünschelrutenphänomen wissenschaftlich nachgewiesen hat. Demnach ist über gefährdeten Schlafplätzen eine senkrechte, nach oben steigende, auch in den oberen Stockwerken nachweisbare ionisierende Strahlung vorhanden. → Abschirmgeräte, → Geobiologie, → Radiästhetische Messungen.

X

Xylol

Xylole sind farblose Flüssigkeiten, die leicht entzündlich sind. Sie gehören zur Gruppe der BTX-Aromate (→ Benzol, → Toluol, Xylol) und werden den aromatischen Kohlenwasserstoffen zugeordnet. Die am häufigsten verwendeten Xylole werden unter den Bezeichnungen o-Xylol und p-Xylol in den Handel gebracht.

Xylole werden als → Lösemittel für Natur- und Kunstharze, Fette, Wachse, → Bitumen, Teer und → Kleber sowie zur Herstellung von Polyester, Kunstfasern, für → Farben und Lacke, Farbentferner, Schädlingsbekämpfungsmittel (→ Biozide), Reinigungsmittel, Alkydharze und als Zwischenprodukt für Weichmacher verwendet. Sie werden im Gegensatz zu Toluolen und Benzolen bei Hausuntersuchungen meistens nur in geringen Dosen gefunden. Aus der → MAK-Werte-Tabelle kann man entnehmen, daß es sich um einen gefährlichen Stoff handelt. Xylolen werden fruchtschädigende Wirkungen nachgesagt, die Untersuchungen sind aber noch nicht abgeschlossen. Der MAK-Wert beträgt 100 ppm (parts per million). Das entspricht der zweifachen Menge des Wertes für Toluol – dem wohl am häufigsten verwendeten Lösemittelzusatz. Da die MAK-Werte ausschließlich für den Arbeitsschutz entwickelt wurden, dürfen sie auf keinen Fall für den Wohnbereich übernommen werden. Für einen echten Gesundheitsschutz zu Hause sind sie um ein Vielfaches zu hoch.

Folgende Symptome und Krankheiten können durch Xylol verursacht werden: Schleimhautreizungen, Augenbrennen, Kopfschmerzen, Schwindel, Brechreiz; bei direkter Berührung mit der Haut entstehen akute Hautentzündungen. Ferner wurden Funktionsstörungen an Leber, Nieren und Herz sowie Beeinträchtigungen des Nervensystems beobachtet.

Baubiologische Bewertung
Bei der Verwendung von Farben, Klebern, Lösemitteln und Fleckentfernern ist darauf zu achten, daß keine Xylole enthalten sind.

Z

Zellulose-Dämmstoffe

Der organische Faserdämmstoff Zellulose wird durch ein Recycling-Verfahren hergestellt. Altpapier wird mechanisch zerkleinert und mit pulverförmigem Borsalz vermischt, so daß die Papierfasern bei einem Mahlverfahren eine flockige Struktur erhalten. Die recycelte Zellulosemasse wird auf etwa ein Drittel ihres Volumens gepreßt und in Säcken zur weiteren Verarbeitung an Baustellen geliefert. Die Zellulosedämmflocken haben eine sehr gute Wärmeleitfähigkeit von 0,045 W/mK (→ Wärmedämmung). Die Dampfdiffusionseigenschaften und die gute Hygroskopizität gewährleisten eine natürliche Pufferung der Raumluftfeuchtigkeit. Die Flocken werden mit Schläuchen unter Luftdruck in sämtliche zu dämmenden Hohlräume eingeblasen – z.B. bei Dämmungen von Dachsparren oder Holzbalkendecken. Mit diesem Verfahren können auch die kleinsten Hohlräume und Ritzen vollvolumig gefüllt werden. Für Zwischenwände, z.B. aus Holzkonstruktionen, wird ein Sprühverfahren zum Einbringen der Zelluloseflocken verwendet. Die Dämmflocken werden vor dem Einblasen in die Zwischenräume mit Wasser befeuchtet. Dabei müssen alle Außenseiten der zu dämmenden Flächen vor dem Einblasverfahren mit dampfdiffusionsoffenen Pappen winddicht bespannt werden. So vermeidet man, daß Fasern in die Innenraumluft austreten, denn beim Einblasen entsteht ein hoher Staubanteil.

Zelluloseflocken sind resistent gegen Ungeziefer, Schimmelpilze (→ Schimmel) und sogar gegen Bakterien. Ein zusätzlicher Einsatz von → Bioziden ist völlig unnötig. Bei chemischen Analysen konnten bisher keine Schadstoffe festgestellt werden. Da bei Altpapier jedoch grundsätzlich mit Verunreinigungen von Druckerschwärze zu rechnen ist, die früher polychlorierte Biphenyle (→ PCB) und → Blei enthielten, weisen die Hersteller von Zellulosedämmstoffen darauf hin, daß sie nur vorsortiertes Papier verarbeiten.

Baubiologische Bewertung
Da Zelluslosedämmflocken aus Altpapier hergestellt werden, ist dieser → Dämmstoff als ökologisch sehr wertvoll einzustufen, zumal in Deutschland ein Überangebot an Altpapier besteht. Da im Einblasverfahren auch die kleinsten Hohlräume gedämmt werden, ist er anderen Dämmstoffen weit überlegen. In naher Zukunft sollen Zellulosedämmstoffe auch in Plattenform

hergestellt werden, so daß beim Einbringen die überdurchschnittlich hohe Staubfaserbildung entfällt. Da weder → Löse- noch Bindemittelreste oder Biozide austreten können, handelt es sich um einen hygienisch einwandfreien, gesundheitlich völlig ungefährlichen Stoff, der seit seiner baurechtlichen Zulassung 1993 praktisch überall im Bauwesen sinnvoll eingesetzt werden kann.

Zement

Zement ist ein fein gemahlenes hydraulisches Bindemittel. Er ist der wichtigste Zusatzstoff für die Herstellung von → Beton. Die wichtigsten Zementarten sind: Portlandzement, Eisenportlandzement, Hochofenzement und Traßzement. Die Rohstoffe sind natürlichen Ursprungs und bestehen aus Kalkstein (→ Kalk) und Ton. Die Zusätze bestehen aus Gipsstein (→ Gips), Eisenoxyd, Sand und Löß. Nach dem Zerkleinern der Rohstoffe in einer Brechanlage werden die Zusätze beigemischt. In sogenannten Mahltrocknungsanlagen wird die Mischung pulverförmig zerkleinert und getrocknet, so daß Rohmehl entsteht. Anschließend wird das Rohmehl vorwiegend in Drehöfen auf bis zu 1450 Grad Celsius erhitzt, so daß bei einigen Bestandteilen ein Schmelzprozeß eingeleitet wird. Durch eine verhältnismäßig schnelle Kühlung nach dem Brennen entsteht der Klinker. Er wird zu sehr feinem Pulvermehl gemahlen; das reaktionsfähige Endprodukt Zement entsteht. Bei den mehrstufigen Mahlprozessen werden weitere Zuschläge beigemischt wie z.B. Hüttensand, Traßzement oder Gipsstein, aber auch hydraulische Stoffe wie Hochofenschlacke, Ölschieferrückstände u.a.

Der Energieverbrauch zur Herstellung von Zement ist sehr hoch. Für die Herstellung von einem Kilogramm Zementklinker benötigt man durchschnittlich 3350 Kilojoule. Beim aufwendigen Brennprozeß entstehen pro Kilo Zement 8–14 Kubikmeter hochtoxische Abgase. Aufgrund gesetzlicher Grenzwertsenkungen müssen heute alle Abluftanlagen durch Filter entstaubt werden, so daß der Ausstoß, vor allem der → Schwermetalle, nicht mehr ganz ungehindert in die Außenluft gelangen kann. Belastet wird die Umwelt von Zementwerken hauptsächlich mit Thallium, → Cadmium, Beryllium, Kobalt, Nickel, → Blei, Chrom und Arsen. Die aufwendige Entsorgung dieser hochtoxischen Flugasche ist durch einen genialen Trick erheblich erleichtert worden. Man verwendet die toxischen Rückstände einfach wieder als Zusatzstoff für die Zementherstellung. Insgesamt entstehen jährlich ca. drei Millionen Tonnen Flugasche. Allerdings kann bei weitem nicht alles als Zusatzstoff von Zement wiederverwendet werden. Die stark gesundheitsgefährdende Flugasche zu entsorgen, ist ein bisher ungelöstes Problem. Vorläufig gibt es nur den sehr unbefriedigenden Weg der Endlagerung. Hochofen- und Eisenportlandzement können erhöhte → Radioaktivität aufweisen.

Immer wieder werden zur Befeuerung für den Brennprozeß von Zement problematische Sonderabfälle verwendet, z. B. Altöl, das häufig mit → PCB verseucht ist. Auch ist nicht bekannt, ob die flüchtigen Schwermetalle Thallium, Cadmium, Blei und → Quecksilber in der Sinterzone fest im Zement eingebunden werden oder sich später vom fertig abgebundenen → Mörtel oder Beton ablösen können. Es ist darum dringend davon abzuraten, Zement zu verwenden, der in mit Sondermüll befeuerten Zementöfen produziert wurde.

Baubiologische Bewertung
Da Zementprodukte aufgrund ihrer hochtoxischen Beimengungen gesundheitlich sehr kritisch sind, sollten sie beim Hausbau sowenig wie möglich verwendet werden. Da Zement außer bei Mörteln und → Zementestrichen am häufigsten im Beton verwendet wird, sollte er in einem Haus, das nach den Kriterien des gesunden und giftfreien Wohnens geplant und gebaut wird, nur bei konstruktiv absolut notwendigen Bauteilen wie Stützen oder Unterzügen zum Einsatz kommen.

Zementestrich

Die fertig gemischte Estrichmasse besteht aus → Zement und einer unterschiedlich feinen Körnung von Sandzuschlägen. Als Zusatzmittel können Betonverflüssiger, Erstarrungsbeschleuniger, Luftporenbildner und Kunststoffdispersionen zugesetzt werden. Bei einem fachmännisch gut verlegten Zementestrich wird sowenig Wasser wie möglich zugegeben, damit die Rohbaufeuchte nicht unnötig gesteigert wird und Feuchtigkeitsschäden vermieden werden.

Zementestrich hat die gleichen Eigenschaften wie → Beton. Er ist stark wärmeleitend und wenig wärmedämmend. Zementestrichböden sind also grundsätzlich fußkalt.

Baubiologische Bewertung
→ Estriche aus Zement sind das preiswerteste Material für den Fußbodenaufbau. Um die Fußkälte zu vermeiden, empfiehlt es sich, Holzdielenböden oder Vollholzparkett als → Bodenbelag aufzubringen.

Zementestriche mit Kunstharzzusätzen können Schadstoffemissionen in die Raumluft abgeben. Zudem kann bei Zusätzen von Traß- oder Hochofenschlacke eine erhöhte → Radioaktivität entstehen. Um die radioaktive Belastung auf ein Minimum zu reduzieren, sollte man ausschließlich Portlandzement für einen Zementestrich verwenden.

Zementputze → Außenputz.

Zentralheizung

Bei einer Zentralheizung werden alle Zimmer eines Hauses über eine zentrale Heizkesselanlage beheizt. Der Heizkessel wird erwärmt durch Gas, Öl, Kohle oder Holz. Das erhitzte Wasser im Kessel wird im Leitungssystem des Heizkreislaufes zu den einzelnen → Heizkörpern transportiert. In den Heizkörpern gibt das Wasser seine Wärme ab und fließt abgekühlt wieder in den Heizkessel zurück, wird wieder aufgewärmt und versorgt die Heizkörper erneut mit Wärme. Dieser Kreislauf funktioniert nach den Gesetzen der Schwerkraft. Warmes Wasser kann von allein nach oben steigen und in abgekühlter Form schnell wieder nach unten in den Kessel zurückfließen. Um eine gleichmäßige Regelung zu ermöglichen, wird eine Umwälzpumpe in den Heizkreislauf eingebaut. Die Erwärmung der Räume erfolgt bei den meisten modernen Heizkörpern durch Konvektion (Luftumwirbelung) und nur zu ca. 15 Prozent durch Strahlungswärme. Da kalte Luft schwerer ist als warme, fällt sie auf den Heizkörper herab, erwärmt sich, steigt an der Wand hoch bis zur Decke, bewegt sich zur gegenüberliegenden Wand und fällt dort abgekühlt wieder auf den Boden. Sie streicht anschließend über den Fußboden bis zum Heizkörper, wo sie wieder erwärmt wird, nach oben steigt und erneut durch den Raum zirkuliert. Bei dieser Konvektion werden feinste Staubpartikel vom Boden und von den Wänden aufgewirbelt und verteilen sich im ganzen Raum (→ Hausstaub). Bei zu hohen Oberflächentemperaturen der Heizkörper kann die staubige Luft auch noch verschwelen. Die Luftqualität wird durch diese Beheizungsart erheblich verschlechtert.

Bei Zentralheizungen, die mit Niedertemperatur (maximal 50 Grad Celsius) betrieben werden, kommt es aufgrund der größeren Heizflächen nur zu geringen Luftbewegungen, so daß der Hausstaubanteil in der Luft sehr niedrig ist. Auch Staubverschwelungen lassen sich so vermeiden. → Heizung.

Ziegelsteine

Ziegelsteine bestehen aus Ton, Lehm, Sand und Zuschlägen. Man formt zunächst Rohlinge, die dann getrocknet, gepreßt und gebrannt werden. Je nachdem, welche Zuschläge man beimischt, kann man Mauersteine, porosierte → Mauerziegel und Dachziegel herstellen. Bei den porosierten Ziegelsteinen ist ein verhältnismäßig großer Luftporenanteil notwendig, um die Wärmedämmeigenschaften für die Verwendung als Außenwandstein zu erhöhen (→ Wärmedämmung).

Bei den porenbildenden Zusätzen handelt es sich in der Regel entweder um Sägemehl, Holzgranulat oder um chemische Produkte wie Polystyrol-Granulat (→ Polystyrol). Das Granulat wird, bevor es in die Tonmasse eingebracht wird, mit Dampf zu kleinen Perlen vorgeschäumt. Beim Brennvorgang werden die Rohlinge langsam, entgegen der Flammrichtung, durch einen Tunnelofen gefahren. Hierbei verschwelen und verbrennen die Polystyrol-Kügelchen und bilden viele kleine Poren und Bläschen im Ziegelstein. Danach diffundiert Luft in die kleinen Hohlräume und erhöht somit den Wärmedämmwert des Ziegelsteins um ein Vielfaches. Im Gegensatz dazu weist ein normaler Mauerziegel keine künstlich erzeugten Poren auf. Beim Verbrennen der Polystyrol-Kügelchen entstehen hochgiftige Schwelgase, die unter anderem große Mengen des krebserzeugenden Stoffes → Benzol enthalten. Erheblich umweltfreundlicher und mit weniger Abgasentstehung verbunden ist das Porosieren der Ziegelsteine mit Holzgranulat oder mit Sägemehl. Wenn das Holzgranulat allerdings aus → Spanplatten hergestellt ist, kann gesundheitsschädliches → Formaldehyd austreten.

Selbst ein Laie kann den Unterschied zwischen Ziegelsteinen, die mit Polystyrol oder mit Sägemehl porosiert worden sind, leicht erkennen. Bei den mit Kunstschaum hergestellten Ziegeln sind die Poren optisch größer und daher gut sichtbar, während sie bei der Sägemehlporosierung kaum zu erkennen sind. Bauphysikalisch sind die Wärmedämmeigenschaften beider Porosierungsarten als gleich gut zu bewerten.

Sehr umstritten ist, ob giftige Gase aus eingebauten Ziegelsteinen entweichen können. Mit Sicherheit enthalten Polystyrol-porosierte Ziegel in geringen Mengen → Styrol, → Benzol und → Phenole. Wieweit eine Ausgasung in die Innenraumluft möglich ist, ist aber bisher noch nicht untersucht worden.

Eine einschalige porosierte Ziegelsteinaußenwand mit einer Stärke von mindestens 30 Zentimetern erfüllt die Bestimmungen der neuen → Wärmeschutzverordnung und alle wichtigen bauphysikalischen Eigenschaften. Sie ist wärme- und schalldämmend, dampfdurchlässig, druckfest und wärmespeichernd.

Baubiologische Bewertung
Aufgrund der hohen gesundheitsschädigenden Rückstände, die bei der Polystyrolverbrennung entstehen, sollten nur mit Holzgranulat oder Holzsägemehl porosierte Ziegelsteine verwendet werden.

Obwohl der Energieaufwand zum Brennen der porosierten Ziegelsteine verhältnismäßig hoch ist, sind diese aufgrund ihrer hervorragenden bauphysikalischen Eigenschaften und vor allem wegen ihrer hohen Wärmedämmfähigkeit der beste Baustoff für tragende Außenwände. In einer Wandstärke von mindestens 30 Zentimetern und ohne zusätzliche Wärmedämmaßnahmen (wie Vollwärmeschutz, Dämmputz) ist eine Außenmauer, die aus diesen Ziegelsteinen besteht, auch von ihren raumklimatischen Eigenschaften her sehr zu empfehlen, zumal in der Regel keine Schadstoffe freiwerden. Auch die Entsorgung ist problemlos, da man die Ziegel ohne großen Energieaufwand leicht recyceln kann. → Mauerziegel.

Adressen

Naturfarben

Aglaia Naturfarben Beecksche Farbwerke Postfach 810224 70519 Stuttgart 0711/7261003	Naturfarben, Putze, Kleber, Imprägnierungen, Pflegemittel
AGN Arbeitsgemeinschaft der Naturfarbenhersteller Im Asemwald 12 70599 Stuttgart 0711/7227951	Zusammenschluß verschiedener Naturfarbenhersteller
Aquamarin-Naturfarben Vertretung Deutschland Fa. Pixner Bodenseestraße 109 81243 München 089/884954	Naturfarben
Auro Naturfarben Alte Frankfurter Straße 211 38002 Braunschweig 0531/2814141	Naturfarben, Putze, Kleber, Imprägnierungen, Pflegemittel
Biofa-Naturfarben Dobelstraße 22 73087 Bad Boll 07164/94050	Naturfarben, Putze, Kleber, Imprägnierungen, Pflegemittel
Bio Pin Naturfarben Postfach 146 26351 Wilhelmshaven 04421/2020-67/68	Naturfarben, Putze, Kleber, Imprägnierungen, Pflegemittel
Hesdorfer Naturfarben Hirtenweg 50 27356 Rotenburg/Wümme 04261/63888	Naturfarben, Putze, Kleber, Imprägnierungen, Pflegemittel

Holzweg Naturfarben ecotec GmbH Altenauer Straße 23 58597 Lüdenscheid 02351/26122	Naturfarben
Kaluza-Naturfarben Alexanderstraße 13 26121 Oldenburg 0441/82870	Naturfarben
Keim Farben GmbH Keimstraße 16 86420 Diedorf 0821/4802-0	Naturfarben, Putze, Kleber, Imprägnierungen, Pflegemittel
KFR Kreide-Farbenwerk-Rügen GmbH Qualzendorf 1 18551 Sagarol 038302/2228	Naturfarben
Kreidezeit Naturfarben Hindenburgerstraße 15–16 31195 Lamspringe 05183/5651	Seminare über Farben zum Selbermachen, Verfahren mit natürlichen u. ungiftigen Rohstoffen
Leinos Naturfarben GmbH 42579 Heiligenhaus 02056/2861	Naturfarben, Putze, Kleber, Imprägnierungen, Pflegemittel
Livos Pflanzenfarben Hadergasse 13 97469 Gochsheim 09721/62062	Naturfarben, Tapeten, Bodenbeläge, Kork, Dämmstoffe, Beleuchtung
Natural-Naturfarben Postfach 1116 83381 Freilassing 08654/3240	Naturfarben

Naturhaus-Naturfarben
Wittelsbacherstraße 9
83022 Rosenheim
08031/940038

Naturfarben

Sehestedter Naturfarben
Alter Fährberg 7
24814 Sehestedt
04357/1049

Naturfarben

Volvox Naturfarben
23911 Harmsdorf
04541/3502

Imprägnierungen, Pflegemittel, Naturfarben, Putze, Kleber

Weitere Adressen:

Akademie für Arbeitsmedizin
und Umweltmedizin Berlin
Lorenzweg 5
12099 Berlin
030/75509-201

AKU Akademie für Kommunalen
Umweltschutz
Kasinopark 2
49124 Georgsmarienhütte
05401/82010

Ökologisches Bauen, Asbestsanierung, kommunaler Umweltschutz
Fachtagungen

Allergie- und umweltkrankes Kind e.V.
Westholtener Straße 142
45892 Gelsenkirchen
0209/30530

Appel, Heinrich
Johs.-Menge-Straße 1
36396 Steinau a. d. Straße
06663/6870

Meßgeräte

Arbeitsgemeinschaft allergiekrankes Kind Hilfe für Kinder mit Asthma, Ekzem oder Heuschnupfen e.V. Bundesverband Hauptstraße 29 35745 Herborn 02772/928730	Elternselbsthilfeorganisation, Workshops, Seminare, Hilfe für Betroffene
Arbeitsgemeinschaft Wohnberatung e.V. Buschstraße 85 53113 Bonn 0228/264011	Entscheidungshilfe zur Verbesserung der Wohnqualität, Broschürendienst
Arbeitskreis Elektro-Biologie e.V. Taubenstraße 14 85649 Brunnthal 08102/4420	Beratungen, Untersuchungen, Seminare
Arbeitskreis für Elektrosensible Alleestraße 135 44793 Bochum 0234/9120387	Hilfestellung für Elektrosensible und Betroffene
Arbeitskreis zur Förderung des giftfreien und gesunden Wohnens Stuttgarter Straße 30 70736 Fellbach 0711/585158	Baubiologische Messungen
Arbeits- und Forschungsgemeinschaft Gewerbestraße 17 79219 Staufen 07633/500191	Vorträge und Bauherren-Seminare über Bauen, Wohnen, Sanieren
artefact Bremsbergallee 24960 Glücksburg 04631/3361	Lehmbauarchitektur, Kompostoiletten, Solarküchen

Bau-Biologie am Bodensee Brauneggerstraße 49 78462 Konstanz 07531/21477	Lehmbaukurse, Farbenseminare, Umweltpädagogik, baubiologische Vorträge und Schulungen
Baubiologie Meyland Bruhn Heideweg 3 56379 Sulzbach 02604/8554	Öffentliche Vorträge zu den Themen Baubiologie und Lehm
Bayerische Akademie für Naturschutz- u. Landschaftspflege Seethaler Straße 6 83410 Laufen 08682/7097	Lehrgänge Natur- und Umweltschutz, Ökologie
BEB Bildungs- u. Lehrgangszentrum Hauptstraße 29 67806 Bisterschied 06364/257	Dokumentation von Lehmbautechnik, Erhaltungstechnik von alten Bausubstanzen
Bio-Physik Mersmann GmbH Laacher Straße 19 56653 Wassenach 02636/1616	Meßgeräte
Bios Bildungs- u. Informationszentrum Alpenstraße 13 86159 Augsburg 0821/572630	Ganzheitliches Leben und Forschen, Baubiologie/Ökologie
Braun von Gladiß, Dr. med. Karl-Heinz Amelungstraße 2 21385 Amelinghausen 04132/8110	Ganzheitsmedizinische Beratung für Ärzte
Bremer Umweltinstitut für Analyse und Bewertung von Schadstoffen e.V. Wielandstraße 25 28203 Bremen 0421/76078	

Bundesverband für Umweltberatung
Richard-Wagner-Straße 11–13
28209 Bremen
0421/343400

Bundesverband gegen Elektrosmog i.G.
Klosterstraße 9
65391 Lorch
06775/1675

Bundesverband Gesundes
Bauen und Wohnen e.V.
Postfach 1543
38005 Braunschweig
0531/352851

Erforschung, Herstellung und
Verwendung von
Naturprodukten

Bund für Umwelt und Naturschutz
Im Rheingarten 7
53225 Bonn
0228/400970

Centrum für Baubiologie
und Ökologie
Belziger Straße 74
10823 Berlin
030/7816119

Vorträge über Renovieren/
Sanieren, Solartechnik,
Elektrosmog, Luftschadstoffe

Daunderer, Dr. med. Max
Weinstraße 11
80331 München
089/293232

Umweltmediziner

Deutscher Allergie-
und Asthmabund e.V.
Hindenburgstraße 110
41061 Mönchengladbach
02161/183024

Deutsches Zentrum für Handwerk u. Denkmalpflege Propstei Johannesberg 36041 Fulda 0661/49530	Seminare/Kurse für Architekten, Bauhandwerker, Denkmalpfleger
ecomed Verlagsgesellschaft Rudolf-Diesel-Straße 3 86899 Landsberg 08191/125573	Veranstaltungen zu den Themen Abfall und Gefahrengut
Endotronic GmbH (HE/EH/VH) Siggen 32 88260 Argenbühl 07566/465	Meßgeräte
Evangelische Akademie, Baden Vorholzstraße 5 76137 Karlsruhe 0721/9349-297	Tagungen zum Themenbereich Ökologie
Fischer, Erich-W. Völkinger Straße 17 45481 Müllheim 0208/36366	Einführungs- und Intensiv-Seminare Elektrobiologie
Forum für Zukunftsenergie Godesberger Allee 90 53175 Bonn 0228/376942	Kongresse und Tagungen in verschiedenen Städten
Frauenbildungshaus Osteresch Zum Osteresch 1 48496 Hopsten-Schale 05457/1513	Frauen-Öko-Bauprojekt, Seminare für Beruf, Kunst, Musik, Gesundheit, Selbsterfahrung
Genitron Instruments GmbH (HE) Heerstraße 149 60488 Frankfurt/M. 069/976514-0	Geräte zur Messung elektromagnetischer Felder und zur Elektrostreßmessung am Körper

Geobiologischer Arbeitskreis Kassel Kurt Wienberg Hamelner Straße 34 31840 Hess. Oldendorf 05158/1012	Seminare, baubiologische Messungen
Geobionic Adlerweg 1 69429 Waldbrunn-WK 06274/6868	Gesellschaft für Geobiologie
Gesamthochschule Kassel Menzelstraße 13 34109 Kassel 0561/8045312	Lehmbau-Einführungskurse
Gesellschaft für Umwelt C.-Ross-Weg 24 24601 Ruhwinkel 04323/6531	Abwasserreinigung, bewachsene Dächer, Garten- und Landschaftsbau
Giercke Baubiologie Teschensudberg 35 42349 Wuppertal 0202/476449	Vorträge, Seminare zu Biwak- und Baumhausbau
Haus Sonne 79677 Aitern-Multen 08380/677	Studienreisen und Seminare über gesunde Lebensführung, Ökologie
Hessischer Landesverband gegen Elektrosmog e.V. Klosterstraße 9 65391 Lorch 06775/1675	
IBN Institut für Baubiologie und Ökologie Holzham 25 83115 Neubeuern 08035/2039	Fernlehrgang Baubiologie, Seminare

IFÖS-Ingenieurgesellschaft für Ökologische Systemtechnik Fechnerstraße 19 10717 Berlin 030/8621601	Seminare über Haus- u. Energietechnik, regenerative Energiequellen, Wasserspartechnik u.v.m
IGUMED Interdisziplinäre Gesellschaft für Umweltmedizin Duisburger Straße 7 40477 Düsseldorf 07763/20014	
Ingenieurbüro W. Haas Unterortstraße 6–8 65760 Eschborn 06196/43685	Umweltschutz in Gebäuden, Seminare und Einzelberatung für Hausbesitzer, Mieter, Verbraucher
Institut der Umweltgutachter u. -berater in Deutschland (IdU) e.V. Eupener Straße 137 50933 Köln 0221/949847-0	Verringerung von Umweltbelastungen in der Industrie, Ausbildung von Umweltgutachtern
Institut für Baubiologie Heilig-Geist-Straße 54 83022 Rosenheim 08031/17091	
Institut für Ganzheitliche Weiterbildung Hohbuchweg 10 88147 Achberg 08380/677	Seminare zu ökologischem Bauen, Naturkleidung, Lehmbau, Humustoiletten, Solarkochern, ökologische Sommerwerkstatt
Institut für Städtebau Stresemannstraße 90 10963 Berlin 030/2611611	Kurse zu Städtebau, Baulandmobilisierung, Entwicklung in den ländlichen Räumen, Altbausanierungen

Institut für Umweltkrankheiten
Im Kurpark 1
34308 Bad Emstal
05624/8061

Institut für Umweltmedizin und Umweltkrankheiten
Klinikum der Albert-Ludwigs-Universität
Hugstetter Straße 55
79106 Freiburg
0761/286982

Institut Lehmbau
Benediktstraße 22
86947 Weil-Beuerbach
08195/758

Kurse Lehmbau u. Lehmofenbau in Beuerbach, Frankreich, Ungarn

Interessengemeinschaft der Holzschutzmittel-Geschädigten e.V.
Unterstaat 14
51766 Engelskirchen
02263/3786

Literatur, Beratung, Vorträge, Rechtshilfe

Interessengemeinschaft für Amalgam- u. Wohngift-Geschädigte
c/o J. Kuth
Dischlerstraße 7
79117 Freiburg
0761/67500

Vorträge, Beratung, Informationsabende

Interessengemeinschaft Pyrethroid-Geschädigter in der IHG e.V.
Unterstaat 14
51766 Engelskirchen
02263/3786

Hilfestellung für Betroffene

Jahnke Bioelektronik GmbH
Schützenstraße 14
87616 Marktoberdorf
08342/4959

Meßgeräte

Jordan, Harald M. Bauernreihe 8 27726 Worpswede 04792/3647	Von den geistigen Gesetzen beim Bauen
Katalyse-Institut für angewandte Umweltforschung Weinsberg 190 50825 Köln 0221/5461055-58	Ökologische Verbraucherberatung für Mitglieder
Kirchner GmbH Hochallee 49 20149 Hamburg 040/417834	Meßtechnik, Ozonmeßgeräte
Kirschmann, Dipl.-Ing. Hansmartin FH Baubiologie IBN (DL) Schatzweg 3 70597 Stuttgart 0711/7977384	Elektrobiologische Haus-, Schlafplatz- und Arbeitsuntersuchung, Beratung bei Sanierung und Neuinstallation
Lindauer Zentrum f. Ganzheitliches Heilen und Lernen Webergasse 13 88131 Lindau 08382/23319	Seminare/Vorträge zu Elektrobiologie, Geobiologie, Gesundheit, Hausuntersuchung, Sanierungen
Masiol – Umwelterhaltende Produkte GmbH Rosenanstraße 25 63303 Dreieich 06103/61794	Vorbeugender und bekämpfender Holzschutz
May Steinhausen, Ingeborg Brückenstraße 50 60594 Frankfurt am Main 069/614707	Beratung für Bildschirmgeschädigte

Mittkreither Hof
Dipl.-Ing. Arch. Theodor Henzler
Mittkreith 2
93176 Beratzhausen
09493/1530

Seminare über Bauen und Wohnen z. B. »Zukunftsorientierte Gestaltung/Neue Ästhetik«

NAKOS Nationale Kontakt- und Informationsstelle zur Anregung und Unterstützung von Selbsthilfegruppen
Albrecht-Achilles-Straße 65
10709 Berlin-Wilmersdorf
030/8926602

Ökodorf-Institut
Ginsterweg 3
31595 Steyerberg
05764/2154

Führungen, Beratung für Gemeinschaftsgründungen, Seminare, Workshop »Leben in Gemeinschaft«

Ökologische Akademie
Baiernrainer 17
83623 Linden
08027/1494

Umweltschutz, Permakultur, Abfallberater-Ausbildung u.v.m.

ÖKO-Partner-Haus
Radlkofer Straße 16
81373 München
089/505130

Vorträge über gesundes Bauen und Wohnen, Bauzentrum München

ÖKO-Zentrum NRW
Sachsenweg 8
59073 Hamm
02381/302200

Seminare und Messen über Baubiologie/Ökologie

OTTI Technologie-Kolleg
Wernerwerkstraße 4
93049 Regensburg
0941/2968820

Seminare zu den Themen Kunststoffrecycling, Solarenergie, Elektromagnetische Verträglichkeit

PrinzHöfte,
Verein für ganzheitliches Lernen e.V.
Simmerhauser Straße 1
27243 Prinzhöfte
04244/644

Seminare zu den Themen Lehmbau, Permakultur und Bildungsurlaub

Privates Institut für baubiologische Anwendungen e.V.
Stuttgarter Straße 30
70736 Fellbach
0711/584680

Expertisen, Gutachten, Messungen, Analysen

Schulungszentrum Regenwasser-nutzung
Brachttalstraße 18
63699 Kefenrod
06054/2750

Tagesseminare über Regen-wassernutzung, gesundes Bauen und Wohnen, Solar- und Brennwerttechnik

Selbsthilfegruppen der Chemikalien- und Holzschutzmittelgeschädigten
Rudolf-Clausius-Straße 4
97080 Würzburg
0931/49141

SSB Spezial-Seminare Bau GmbH
Bavariaring 35
80336 München
089/7250787

Seminare zu den Themen Wärme- und Feuchteschutz von Gebäuden

Strahlungswärme-Heizflächen Kälberer
Porschestraße 2
73269 Hochdorf
07153/53871

Beratung, Berechnung von Strahlungswärme, Niedertemperaturheizungen

Studiengang Naturheilkunde und Psychologie
Unterortstraße 16
65760 Eschborn
06196/42917

Ausbildung zum Gesundheits-berater, Heilpraktiker, Seminare für Allergie- und Mykosebehandlung

Studienwerk für goetheanische
Kunst u. Wissenschaft
Inselstraße 8
79199 Kirchzarten
07661/61671

Ausbildung zum Raumtherapeuten für Architekten, Bauingenieure etc.

Tagungs- und Begegnungshaus
Niederkaufungen
Kirchweg 1
34260 Kaufungen
05605/3015

Bildungsurlaube, Ökoführerschein, Radreisen, Wochenendseminare

UBIZ Umwelt Bildungs Zentrum
Pfarrer-Baumann-Straße 17
97514 Oberaurach
09529/221

Vorträge zu den Themen Ökologisch bauen, Photovoltaik, Raumklima u.v.m.

Umweltinstitut München
Elsässer Straße 30
81667 München
089/4802971

Verband für angewandte biologische
Elektrotechnik e.V.
Eichendorffweg 3
49170 Hagen a.T.W.
05401/9575

Biologische Elektrifizierung der Häuser, gesundes Licht

Verein zum Schutz der Kinder vor
Schadstoffen e.V.
Theodor-Körner-Straße 32
42853 Remscheid
02191/26470

Vögele Entwicklungs- und Vertriebs-
gesellschaft mbH für physikalische u.
geobiologische Meß- und Lehrmittel
Schwabstraße 14
71106 Magstadt
07159/42377

Netzfreischalter, Feldmeßgerät EMVM-Meter, Wünschelruten

Wissenschaftsladen Dortmund
Lindemannstraße 84
44137 Dortmund
0231/104002

Elektrosmog, Wohngifte, ökologische Baustoffe, Umweltmedizin, Niedrigenergiehäuser, Holzschutz

ZEBET Berlin
Berliner Straße 36
13507 Berlin
030/43901-0

Gebäudeerneuerung, Lehmbau, umweltverträgliches Bauen, Baurecht

Auslandsadressen

Luxemburg

Ackermann, Ursula
64, Rue de la Forèt
L-7227 Bereldange
00352/339533

Österreich

Energiesparverein Vorarlberg
Bahnhofstraße 9
A-6851 Dornbirn
0043/5572/31202-0

Ausbildung, Lehrgänge, Fachvorträge über Energietechnik, Solarnutzung, Baubiologie etc.

Fraunholz, Edgar
Oberwindau 21
A-6363 Westendorf
0043/5334/6035

Schwerpunkt:
Holzschutzmittel

IBO Österreich. Institut für
Baubiologie u. Ökologie
Landstraßer Hauptstraße 67
A-1036 Wien
0043/01/71337930

Seminare, Beratung, Fernlehrgang Baubiologie

Internationale Gesellschaft für
Elektrosmog-Forschung
Büro Österreich
Pramaweg 45
A-6353 Going
0043/05358/2326

Durchführung von Messungen elektromagnetischer Strahlungsbelastungen

Österreichisches Institut für
Baubiologie
Apostelgasse 39
A-1030 Wien

Schweiz

Fachgruppe Farbe u. Gestaltung
FFB + IG Lehm
Eglistrasse 8
CH-8004 Zürich
0041/1/3632395

Farben- und Lehmseminare
auf Anfrage

Gruber, Nelly
Schürliweg 1
CH-8046 Zürich
0041/1/3722064

Schwerpunkt: Isocyanate

Schweiz. Interessengemeinschaft
Baubiologie/Bauökologie
Dubsstrasse 33
CH-8003 Zürich
0041/1/4634868

Seminare, Beratung, Fernlehrgang
Baubiologie

Stichwortverzeichnis